Die Strafbarkeit der juristischen Personen am Beispiel des Umweltstrafrechts

Europäische Hochschulschriften
Publications Universitaires Européennes
European University Studies

Reihe II
Rechtswissenschaft

Série II Series II
Droit
Law

Bd./Vol. 3466

PETER LANG
Frankfurt am Main · Berlin · Bern · Bruxelles · New York · Oxford · Wien

Chariklia Athanassiou

Die Strafbarkeit der juristischen Personen am Beispiel des Umweltstrafrechts

Eine rechtsvergleichende Untersuchung zum deutschen, griechischen und angloamerikanischen Recht

PETER LANG
Europäischer Verlag der Wissenschaften

Die Deutsche Bibliothek - CIP-Einheitsaufnahme

Athanassiou, Chariklia:

Die Strafbarkeit der juristischen Personen am Beispiel des Umweltstrafrechts : eine rechtsvergleichende Untersuchung zum deutschen, griechischen und angloamerikanischen Recht / Chariklia Athanassiou. - Frankfurt am Main ; Berlin ; Bern ; Bruxelles ; New York ; Oxford ; Wien : Lang, 2002
(Europäische Hochschulschriften : Reihe 2, Rechtswissenschaft ; Bd. 3466)
Zugl.: Heidelberg, Univ., Diss., 2000
ISBN 3-631-39129-3

D 16
ISSN 0531-7312
ISSBN 3-631-39129-3

www.peterlang.de

Meinen Eltern

In Dankbarkeit

Vorwort

Die vorliegende Arbeit wurde im Wintersemester 2000 von der Juristischen Fakultät der Universität Heidelberg als Dissertation angenommen.

Für die Veröffentlichung sind die neuesten Entwicklungen in Rechtsprechung und Literatur eingearbeitet worden.

Mein besonderer und herzlichster Dank gilt meinem verehrten Doktorvater und Lehrer, Herrn Professor Dr. Dr. h.c. Thomas Hillenkamp, für seine fruchtbare und ermutigende Betreuung. Er hat die Arbeit mit großer Aufmerksamkeit und durch wertvolle Hinweise und permanente Kritik nachhaltig gefördert. Er hat mir, vor allem, die Möglichkeit gegeben, sowohl während meines Magister-, als auch während meines Promotionsstudiums, meine Kenntnisse im deutschen Strafrecht zu vertiefen.

Meine Zeit bei seinem Lehrstuhl, wo ich auch als wissenschaftliche Hilfskraft gearbeitet habe, war eine der fruchtbarsten Phasen meines Studiums.

Meinen herzlichen Dank möchte ich auch Herrn Professor Dr. Dieter Dölling für die Erstellung des Zweitgutachtens aussprechen.

Besonderen Dank schulde ich auch meinen Professoren für Strafrecht und in Athen, insbsondere Herrn Professor I. Giannidis, Herrn Professor Nestor Kourakis und Herrn Professor Ilias Anagnostopoulos für ihre vielseitige Unterstützung.

Ferner danke ich allen Mitarbeitern am Lehrstuhl für Strafrecht und Strafprozeßrecht in Heidelberg, insbersondere Frau Dr. Brigitte Tag und Herrn Dr. Ralph Ingelfinger, mit denen ich während des Entstehens dieser Arbeit einen kreativen Gedankenaustausch führen konnte. Frau Seib vom Sekretariat gilt auch mein Dank.

Meinen Freunden in Heidelberg, Frau Dr. Adamantia Kaloudi, Frau Dr. Birgit Lankisch, Frau Dr. Eleni Liaskou und Herrn Panagiotis Verveniotis, LL.M Boston University, bin ich auch zu Dank verpflichtet für Ermutigung und Hilfe während der Arbeit.

Zu danken habe ich ferner meinen Freunden in Athen für ihre unschätzbare Unterstützung während meines Studiums in Deutschland.

Schließlich gilt mein besonderer Dank meinen Eltern und meinem Bruder, welche mit allen Mitteln mein ganzes Studium unterstützt haben. Meine Doktorarbeit widme ich ihnen in Dankbarkeit

Athen, Sommer 2002

Inhaltsverzeichnis

Einleitung und Problemstellung

A. Grund und Grenzen der Untersuchung

Am Samstag, den 10. November 1986, wurde kurz nach Mitternacht in der Lagerhalle eines großen schweizerischen Chemieunternehmens in Basel ein Feuer entdeckt. In der Lagerhalle waren etwa 1.200 Tonnen Chemikalien gelagert. Darunter waren 900 Tonnen hochgiftiger chemischer Produkte. Als die Baseler Feuerwehrleute versuchten, den Brand unter Kontrolle zu bekommen, wurden mindestens 34 verschiedene giftige Substanzen zusammen mit Tausenden Kubikmeter Wasser am Rheinabschnitt 169 in den Rhein gespült, weil das Chemieunternehmen über kein ausreichendes Auffangbecken verfügte. Mindestens 30 bis 40 Tonnen hochgiftiger Substanzen, einschließlich des Insektizides E 605 und geschätzte 200 Kilogramm organischer Quecksilberverbindungen gelangten in den Rhein. Bei einer Wassergeschwindigkeit von etwa 3,7 Kilometern pro Stunde flossen die giftigen Substanzen auf einer Strecke von 70 Kilometern den Rhein hinunter und breiteten sich eine gute Woche später in der Nordsee am Rheindelta in den Niederlanden aus. Bis Analysen darüber angestellt werden konnten, ließ das Unternehmen durch einen Sprecher verlauten, daß die Substanzen bloß harmlose Farbstoffe seien.

Schadensschätzung: 150.000 tote Aale, riesige Mengen von totem Zander, von toten Flußbarben und -barbsen, Ausrottung aller Wasserfliegen und der Fliegenraupen zu 80 % sowie der Wassermollusken in hohem Maße. Über eine Strecke von 280 Kilometern erlitt der Rhein schlimmste ökologische Schäden durch den Unfall.

Ein Teil der giftigen Substanzen sickerte ins Flußbett und in die direkte Umgebung des Unfallorts. Dort war der Fluß im Umkreis von einigen hundert Metern mit mehreren hundert Kilogramm Insektiziden verseucht.

Es dauerte acht bis zehn Jahre, bis sich der Aalbestand wieder erholt hatte. Der direkte Schaden durch das Feuer allein in Basel wurde auf etwa 20 Millionen geschätzt.

Wichtiges "Detail": im Jahre 1977 hatte die Chemiefirma ihre Lagerhalle 956, die ursprünglich für Maschinen und Geräte geplant war, mit Genehmigung der Regierungs-Bauversicherung des Bezirks Basel in eine Lagerhalle für Chemikalien umgebaut, ohne daß weitere Feuerlöscher installiert werden mußten. Ein automatischer Feuerlöscher, der 125.000 Franken gekostet hätte, wurde nicht angeschafft, obwohl die Züricher Versicherungsgesellschaft in einer Risiko-Abschätzung 1981 speziell für die Lagerhalle 956 festgestellt hatte, daß "im Falle eines Feuers außer der Luftverschmutzung auch Wasserverschmutzung durch die Vermischung von Löschwasser und Chemikalien erwartet werden kann."[1]

Man kann fast mit Sicherheit davon ausgehen, daß der Firma Sandoz die volle Verantwortung für diese gravierende, vielleicht die gravierendeste Umweltkatastrophe in Mitteleuropa, zukommt.

Darüberhinaus sprechen die Reaktionen des Chemieunternehmens klar für dessen Verantwortlichkeit; die Firma Sandoz und ihre Versicherer haben sich sofort nach dem Unfall bereiterklärt, alle Schäden auszugleichen und haben insgesamt ca. 30 Millionen Schweizer Franken an Gemeinden, den französischen Staat, die Bundesländer Baden-Württemberg, Hessen und Rheinland-Pfalz sowie an Einzelpersonen gezahlt.[2]

Auch der Bundespräsident der Schweiz, A. Egli, hatte die internationale Verantwortlichkeit der Schweiz für den Vorfall anerkannt.

Die großzügige Entschädigungspolitik der Firma Sandoz[3] läßt einerseits keine Zweifel an ihrer Verantwortlichkeit für den katastrophalen Unfall. Andererseits bringt sie die panische Angst des Unternehmens zum Ausdruck, durch ein Gerichtsverfahren im Ruf geschädigt zu werden.

Rechtliche Folgen des katastrophalen Unfalls: Nach jahrelangen Strafverfahren wurden endlich nur zwei Angehörige der Werksfeuerwehr zu 200,- bzw. 500,- Franken Geldstrafe verurteilt, weil sie im Anschluß an die Löscharbeiten den Tatort sauberspritzten und auf diese Weise den Schmutz des Rheins vermehrten.

Nicht nur die Firma Sandoz, als juristische Person, sondern auch die für die normgemäße Organisation dieser Firma verantwortlichen natürlichen Personen blieben vom strafrechtlichen Verfahren und strafrechtlicher Verantwortung völlig verschont.

Anhand dieses sensationellen Beispiels kommt das Thema dieser Arbeit in eindrucksvoller Weise zum Ausdruck. Die vorgelegte Untersuchung ist um eine

---

1 Zitiert am Schneider, Jugendstrafrecht, Wirtschaftsstrafrecht und Strafvollzug, 1992, S. 153-154.

2 Der Sandoz-Fall hat übrigens erstmals die Diskussion über ökologische Schäden ausgelöst. Näher hierzu: Erichsen Sven, Der ökologische Schaden im internationalen Umwelthaftungsrecht, 1993; Kadner, Der Ersatz ökologischer Schäden, 1995.

3 Sie hat nicht nur alle eingetretenen Schäden völlig ausgeglichen, sondern auch für Maßnahmen zur Wiederherstellung des Ökosystems des Rheins gesorgt, die weit über den Schadenersatz hinausging. So wurden z.B. Wiederherstellungsmaßnahmen für Gebiete finanziert, die nicht stark geschädigt waren. Eine solche Entschädigung wäre ohne Zweifel im Rahmen eines Gerichtsverfahrens nicht erreicht worden. Siehe zum ganzen: Erichsen, a.a.O., S. 9.

Anwort auf die aktuelle Kernfrage der Unternehmensstrafbarkeit im Bereich des strafrechtlichen Umweltschutzes bemüht.

I. Untersuchungsobjekt

Untersuchungsobjekt dieser Arbeit ist die Erforschung der Unternehmensstrafbarkeit sowohl de lege lata als auch de lege ferenda am Beispiel des Umweltstrafrechts. Erforscht werden muß das Ob und das Wie einer Bestrafung von delinquenten Unternehmen im umweltrechtlichen Bereich.[4]

Es handelt sich dabei um eine aktuelle Frage des ganzen Wirtschaftsstrafrechts, das bekanntermaßen eine betonte Unternehmensbezogenheit aufweist. Für die Erforschung dieser Frage wurde ganz bewußt der Bereich des Umweltstrafrechts ausgewählt, als repräsentatives Beispiel unternehmensbezogener Kriminalität.

Gravierende Gefahren gegen die Umwelt gehen nicht von den einzelnen Bürgern, sondern von großen Unternehmen und Betrieben aus. Die meisten oder zumindest die gefährlichsten Umweltdelikte werden vorwiegend aufgrund von Profitstreben innerhalb von großen Unternehmen begangen.

Fundamentale Prinzipien des Strafrechtssystems und endogene Probleme des Umweltstrafrechts stehen jedoch einer Bestrafung dieser "großen Verschmutzer" vehement im Wege, was angesichts des alarmierenden Zustandes unserer natürlichen Umwelt kaum zufriedenstellend erscheinen kann. In keinem anderen Bereich des Wirtschaftsstrafrechts kommt die Machtlosigkeit der klassischen Strafrechtslehre deutlicher zum Ausdruck.

Erfaßt wird bisher vorwiegend Bagatell- oder Jedermannskriminalität.[5] Die "großen Verschmutzer" bleiben vom (Umwelt)-Strafgesetz verschont. Der oft zitierte Ausdruck "die Kleinen hängt man und die Großen läßt man laufen" findet im Umweltstrafrecht, trotz seines populistischen Gepräges, seine volle Berechtigung.

Ein starkes praktisches Bedürfnis nach Bewältigung dieser Kriminalitätsform wird sowohl von der Lehre als auch von der Praxis fast einstimmig anerkannt, da ansonst das Umweltstrafrecht zu einem bloßen Alibi-Instrument mit rein symbolischem Appellcharakter verkommen wird.

---

4 Vorzuziehen im folgenden ist der Terminus strafrechtliche "Verantwortlichkeit" und nicht strafrechtliche "Haftung", da der letztere auf das Zivilrecht verweist.

5 Über die Entwicklung der registrierten Umweltkriminalität siehe Kapitel "kriminalpolitische Aspekte"; ausführlicher dazu: Kaiser, Kriminologie 3. Aufl. 1996, S. 894ff.

II. Untersuchungsziel

Die Möglichkeit des Einsatzes des Strafrechts gerade in diesem Bereich der Unternehmenskriminalität ist Gegenstand der vorliegenden Arbeit.

Das wird in seinen allgemeinen Grundzügen erforscht werden. Ziel ist die Beantwortung der Frage, ob die Bestrafung der juristischen Personen nach geltendem und nach künftigem Strafrecht zulässig und geboten ist. Daran anschließend folgt die Erarbeitung eines angemessenen Lösungsvorschlags.

Das Schwergewicht dieser Untersuchung wird auf einer Perspektive De – lege – ferenda liegen, da eine Bestrafung der Unternehmen dem geltenden Kernstrafrecht völlig fremd ist.

III. Untersuchungsgang

Die Strafbarkeit der juristischen Personen kann von zwei verschiedenen Ausgangspunkten aus untersucht werden:

Man kann sich einerseits fragen, ob eine Bestrafung der juristischen Person selbst mit unserem Rechtssystem vereinbar wäre und man kann andererseits darauf abstellen, ob ein praktisches Bedürfnis dafür besteht und ob diesem Bedürfnis der Vorrang eingeräumt werden muß.

Wir werden an das Thema vom ersten Ausgangspunkt herangehen, damit wir die theoretische Dimension in den Mittelpunkt unserer Überlegungen stellen. Als Arbeitshypothese dient der Grundsatz unserer Strafrechtsordnung "societas delinquere non potest" als ein grundlegendes, dogmatisch gefestigtes Strafrechtsprinzip, das sich auf die Grundregel der Eigenverantwortlichkeit des Individuums stützt.

Das Strafrecht sowohl Deutschlands als auch Griechenlands wird seit jeher so verstanden, daß nur der Mensch taugliches Subjekt seiner Normen sein kann. Juristische Personen oder andere Gebilde fallen nicht in den Zuständigkeitsbereich des Strafrechts, so daß jede Form kollektiver Verantwortlichkeit abgelehnt wird.

Hauptaufgabe dieser Untersuchung ist also die theoretische Bestätigung des Grundprinzips "societas delinquere non potest".

Ausgangspunkt dieser Arbeit ist somit die Frage, ob und inwieweit Wirtschaftsunternehmen der strafrechtlichen Kontrolle im Bereich des Umweltschutzes unterworfen sein können.

Auf die Berücksichtigung kriminalpolitischer Aspekte und Notwendigkeiten kann natürlich nicht verzichtet werden, sie werden jedoch nicht im Mittelpunkt der Argumentation stehen. Der Schwerpunkt liegt folglich im Versuch, Möglichkeiten und Grenzen des Strafrechts in bezug auf die gefährlichsten "Täter" der Umweltdelikte aufzuzeigen.

Die Untersuchung ist ferner rechtsvergleichend auf die Rechtslage in Deutschland und in Griechenland ausgerichtet, was angesichts der gemeinsamen dogmatischen Grundlagen durchaus möglich ist.

Allerdings sind beide Länder im Umweltstrafrecht bisher ganz unterschiedliche Wege gegangen – wobei Deutschland eindeutig die Vorreiterrolle einnahm.

Für dieses komplexe Forschungsziel, das sowohl theoretische als auch praktische Aspekte miteinbezieht, wäre jedoch eine Beschränkung auf deutsches und griechisches Recht wenig ergiebig. Es empfiehlt sich deshalb, einen Blick auf andere Länder zu werfen, die im Vergleich zu Deutschland und Griechenland eine gegenteilige Rechtslage aufweisen.

Als passendes Gegenmodell bieten sich hier insbesondere die angelsächsischen Länder an, die eine strafrechtliche Haftung von Unternehmen seit langem vollauf anerkannt und durchgesetzt haben.

Es geht allerdings nicht um einen umfassenden Vergleich. Es sollen hauptsächlich die Grundstrukturen des angloamerikanischen Instituts des "corporate crime" erörtert werden.

Im gleichen Rahmen wird eine Darstellung verwandter kontinentaleuropäischer Rechtsfiguren relativ jüngeren Datums erfolgen.

Ziel der Arbeit ist es, aufgrund einer eingehenden Erörterung der grundlegenden theoretischen und praktischen Aspekte eine dogmatisch und kriminalpolitisch haltbare Konzeption für die Bewältigung der relevanten Sachprobleme zu entwickeln.

Die Ausarbeitung eigener Reformüberlegungen zur Kräftigung und Effektivierung des geltenden deutschen Umweltstrafrechts im sensiblen und risikoreichen Bereich der Unternehmenskriminalität und die Vornahme einiger de lege ferenda orientierter Vorschläge zum griechischen Recht stehen am Ende der Arbeit.

B. Erläuterung der Grundbegriffe

Bevor auf die dogmatischen Grundfragen der Unternehmensstrafbarkeit im ersten Kapitel dieser Arbeit eingegangen wird, scheint es angebracht, die Grundbegriffe der Thematik vorzustellen.

Vom Allgemeinen zum Besonderen kommen folgende Begriffe in Betracht: Wirtschaftsstrafrecht und sein kriminologisches Gegenstück: die Wirtschaftskriminalität; Unternehmen und Unternehmenskriminalität, Umweltstrafrecht und Umweltkriminalität.

Die Frage der Strafbarkeit von juristischen Personen stellt ein gemeinschaftliches Kernproblem der gesamten Wirtschaftskriminalität dar, welche im übrigen als ein eigenartiger Kriminalitätsbereich mit besonderen Charakteristika betrachtet werden muß.

Die Wirtschaftskriminalität wurde zuerst von Edwin Sutherland erforscht. Sutherland hat sich allerdings mehr mit der rechtswidrigen Tätigkeit von Menschen beschäftigt, die der oberen Gesellschaftsschicht angehörten. Seine Arbeit weißt daher eine soziologische Dimension auf.[6]

Das Wirtschaftsdelikt wurde folglich von Sutherland als eine Sache der wirtschaftlich Mächtigen definiert:"a violation of the criminal law by a person of the upper socioeconomic class in the course of his occupational activities". Mit dieser Definition war teilweise auch eine Kritik am kapitalistischen Gesellschaftssystem insgesamt verbunden.[7]

Es ist mittlerweile ein Gemeinplatz, daß vieles, was zur White-Collar Kriminalität geschrieben wird, einen ideologischen Hintergrund aufweist. Von juristischer Seite muß dieser Aspekt des Problems außer Acht bleiben.

Im Laufe der Zeit wurde jedoch schnell klar, daß auch "blue collar workers" wirtschaftsschädigend vorgehen können und somit die White Collar-Kriminalität "im Sutherlandschen Verständnis entmythologisiert" wurde.[8]

Das soziale Bild hat sich während des letzten Kriegs völlig verändert und die Grenzen zwischen den sozialen Schichten sind fließender geworden.[9]

Damit wurde auch der gesamte Forschungsgegenstand der Wirtschaftskriminalität erweitert. Die Kriminologen sprechen nunmehr von "occupational crime", von Straftaten also, die im Rahmen einer beruflichen Tätigkeit begangen werden.[10]

Diese kurze Darstellung der Entwicklung des Wirtschaftskriminalitätsbegriffs führt zum Ausgangspunkt für die Definition der Wirtschaftsdelikte nach heutigem Stand. Es fällt allerdings nicht leicht, den Begriff des Wirtschaftsstrafrechts klar-

6 Sutherland, White-Collar-Crime, New York, 1949, 1961.

7 Seidel, NJ 1972, S. 360.

8 Kaiser, Kriminologie, 3. Aufl., § 72, Rn. 19.

9 Zur Demokratisierung des White-Collar-Crime siehe Kaiser, Kriminologie, § 60. S. 434ff.

10 Der Begriff "occupational crime" geht auf eine Arbeit von R. Quinney mit dem Titel "The study of white collar crime, towards a reorientation in theorie and research" zurück, Journal of Criminal Law 55, 1964, S. 208-214, 210ff.; Kourakis, Die Wirtschaftsdelikte I, 2. Auf. 1998, S. 30.

zulegen. Eine allgemein akzeptierte Definition ist bislang noch nicht vorhanden.[11]

Die Bestimmungsversuche haben zu einer Zweiteilung geführt; Anhänger einer "täters-" und Anhänger einer "schadensbezogenen" Definition stehen sich gegenüber.[12]

Erste Versuche zur Definierung der Wirtschaftskriminalität gingen vom Täterkreis aus.

Spätere Versuche waren primär am Gegenstand der Wirtschaftskriminalität orientiert. Die Vertreter einer "tätersbezogenen" Definition bezeichnen die Wirtschaftsdelikte als Verletzungen oder Gefährdungen "der sozialen Marktwirtschaft" in globo oder als eine Verletzung von überindividuellen Rechtsgütern des Wirtschaftslebens.[13] Sie werden in diesem Zusammenhang auch als "wirtschaftlich schädliche Verhaltensweise" bezeichnet.[14] Das Interesse verlagert sich also dabei vom Subjekt auf den Gegenstand.

Man kann heutzutage die Wirtschaftskriminalität, wie es auch von der überwiegenden Lehre vertreten wird, objektbezogen als Angriff gegen die Gesamtwirtschaft, definieren.[15]

Den Vorrang verdient allerdings eine Synthese der verschiedenen Definitionen. Wirtschaftsdelikte sind sonach solche Delikte, die eine Verletzung (Schädigung oder Beeinträchtigung) der ordnungsgemäßen Funktion der Wirtschaft herbeiführen und von Personen im Rahmen einer wirtschaftlichen Tätigkeit begangen werden.[16]

Der Täterkreis der Wirtschaftsdelikte weist viele Besonderheiten auf: Die Täter rekrutieren sich in der Regel aus der mittleren und oberen Gesellschafts-

---

11 Tiedemann, JuS 1989, S. 689ff.; Eisenberg, Kriminologie, 4. Aufl. 1995, § 47, S. 900ff., Kourakis, Das Wirtschaftsdelikt in Griechenland heute, PoinDik 2000, S. 644ff.

12 Lampe, Aktuelle Probleme der Wirtschftskriminalität in: Deutsch-polnisches Strafrechtskolloquium 1995, S. 95ff.

13 Tiedemann, Wirtschaftsstrafrecht und Wirtschaftskriminalität, Bd. I, 1976, S. 50; Otto Harro, 5. Deutsch-Sowjetisches Kolloquium, 1992, S. 183 ff.

14 Lampe, Handwörterbuch, Bd. 9, S. 310; ders. in: Deutsch-Polnisches Kolloquium, 1995, S. 95ff.

15 Tiedemann, Wirtschaftsstrafrecht und Wirtschaftskriminalität, 1976, Bd. I., S. 50.

16 Kourakis, Die Wirtschaftdelikte, S. 33ff. Eine andere Formulierung findet sich in: Arzt/Weber, LH 4 2. Aufl. 1989, Rn. 5 und E. Schlüchter, Zweites Gesetz zur Bekämpfung der Wirtschaftskriminalität, 1987, S. 5f. wonach "Wirtschaftsstrafrecht im engeren Sinne die Summe der Strafgesetze ist, deren Schutzobjekte die Gesamtwirtschaft oder funktionell wichtige Zweige und Einrichtigungen der Gesamtwirtschaft sind," während der Begriff "Wirtschaftskriminalität" die Taten erfaßt, "die gegen solche Strafgesetze verstoßen". Ähnliche Definitionen finden sich auch bei Otto, ZStW 1984, 342 und Schünemann, wistra 1982, 41.

schicht. Sie besitzen eine gute Ausbildung und sind ganz überwiegend in kaufmännischen Berufen tätig. Daher können sie mit Raffinesse und Phantasie ihre Straftaten begehen und danach verschleiern.[17]

Die erfaßten Verdächtigen in Wirtschaftsstrafverfahren sind völlig untypisch für Durchschnittsdelinquenten und sind in der Regel Ersttäter mit solidem Lebenshintergrund.[18]

Aus diesen Gründen werfen sowohl die Vorbeugung als auch die Ermittlung der Wirtschaftsdelikte besondere Schwierigkeiten für die Strafrechtspraxis auf.

Es handelt sich ferner um einen Kriminalitätsbereich mit ganz bestimmten eigenartigen Charakteristika; es sind komplexe Deliktsformen, Rechtgutsferne, Ermittlungsschwierigkeiten und vor allem die aktive Beteiligung von juristischen Personen anzutreffen.[19]

Das Strafrecht versucht mit allen Kräften – aber trotzdem vergebens – den neuen Anforderungen gerecht zu werden. Im Rahmen dieses Versuchs wurden während der letzten Jahren sämtliche Bereiche wirtschaftlicher Tätigkeit kriminalisiert.[20]

Die Bewältigung der Wirtschaftskriminalität bereitet jedoch wegen ihrer eigenartigen Struktur erhebliche, fast unüberwindbare Schwierigkeiten. Wie es Noll zutreffend formuliert hat: "Das geltende Strafrecht und seine Dogmatik sind auf eine gegenständlich einfache Mikrokriminalität zugeschnitten, bei welcher ein einzelner Täter ein individualisiertes Opfer schädigt".[21]

Bei der Wirtschaftskriminalität beobachtet man eine wesentliche Modifizierung aller Grundbegriffe der klassischen Straflehre:

An die Stelle der klassischen Individualrechtsgüter treten allgemeine Schutzinteressen, wie die Funktionsfähigkeit der Ökonomie, die Interessen der

---

17 Über den Täter der Wirtschaftsdelikte siehe Manoledakis, in: IV Kongress der EEPD, 1993, S. 99.

18 Rund 300.000 von insgesamt 1,4 Millionen neu eingeleitete Ermittlungsverfahren wurden im Jahr 1989 gegen Mitarbeiter deutscher Unternehmen eröffnet. siehe: Adams/Eidam, Die Organisation des betrieblichen Umweltschutzes, 1991, S. 147.

19 Wirtschaftskriminalität gilt als "Prüfstein des Strafrechts", Jung H., 1979.

20 Die strafrechtlichen Vorschriften zum Schutz der Umwelt, der Kapitalanlagebetrug, der Subventions- und Kreditbetrug sind allesamt Tatbestände neueren Datums oder wurden erst jüngst in das StGB aufgenommen. Daneben wurden auch eine Menge ähnlicher Vorschriften ins Nebensstrafrecht aufgenommen: z.B. §§ 399 ff. AktG, §§ 82 ff. GmbHG, das Außenwirtschafts- oder das Kriegswaffenkontrollgesetz.

21 Noll in: 49. DJT 1972, Sitzungsberichte, S. M 20.

Verbraucher oder der Schutz des Ökosystems.[22] Die Frage nach dem Opfer bleibt häufig im Dunkeln, da es nicht leicht individualisierbar ist.[23]

Bei der Ermittlung des Täters und der Zurechnung der Schuld, von dem Kausalitätsnachweis ganz zu schweigen, stößt man ebenfalls auf enorme Schwierigkeiten und die ganze Lehre des Allgemeinen Teils wird im Bereich der Wirtschaftskriminalität hart auf die Probe gestellt.[24]

Der Prüfungsgegenstand dieser Untersuchung beschränkt sich jedoch nur auf die Täterfrage der Wirtschaftsdelikte und zwar nur in Bezug auf einen bestimmten Bereich der Wirtschaftskriminalität.

II. Wirtschaftskriminalität als Unternehmenskriminalität

Eine der Besonderheiten dieser Kriminalitätsform stellt die Tatsache dar, daß fast alle Wirtschaftsstraftaten im Rahmen eines am Wirtschaftsverkehr teilnehmenden Unternehmens begangen werden.

Sie sind also der sog. Unternehmens- oder Verbandskriminalität zuzuordnen.[25]

Unter dem Terminus "Unternehmenskriminalität" ist – aus kriminologischer Sicht – das Delinquenzverhalten eines Unternehmens zu verstehen.

Aus juristischer Sicht läßt sich dieser Begriff nochmals unterteilen:

– Erstens in die Kriminalität der in einem Unternehmen handelnden natürlichen Personen – vor allem der Führungskräfte – und

– Zweitens in die Kriminalität des Unternehmens als juristische Person selbst.

Maßgebendes Kriterium für diese Zweiteilung ist der Haftungsträger.

Die erste Variante orientiert sich am Individualtäter und stellt folglich ein Problem des Individualstrafrechts dar. Die in Deutschland seit Ende der 70er Jahre gebräuchliche Bezeichnung "Unternehmenskriminalität" deutet mehr auf das

---

22 Vgl. Prittwitz C., Strafrecht und Risiko, 1993; Herzog F., Gesellschaftliche Unsicherheit und strafrechtliche Daseinsvorsorge, 1991.

23 Kaiser, Kriminologie, 3. Aufl. 1996, § 72, Rn. 3.

24 Die Rechtsguts-, Täter-, Opfer-, Schadens-, Kausalitäts- und Zurechnungsfrage wird stark belastet. Aus diesem Grund werden auch viele Stimmen gegen den Einsatz des Strafrechts in diesem Bereich laut. Siehe dazu Volk, JZ 1982, 85 ff.

25 Es wird geschätzt, daß 80 % aller Fälle schwerer Wirtschaftskriminalität in Deutschland unter dem Mantel eines Unternehmens begangen werden, Liebl, Bundesweite Erfassung von Wirtschaftsstraftaten, 1984, S. 135. Näher hierzu: Schünemann, Unternehmenskriminalität und Strafrecht, 1979, S. 5.

kriminelle Verhalten der einzelnen Personen im Unternehmen hin. Es handelt sich um eine enwickelte Form der schon lange bekannten Verbandskriminalität.[26]

Die zweite Variante deutet hingegen auf den Begriff des "corporate crime" in dem Sinne hin, daß das Unternehmen selbst als delinquentes Subjekt und demzufolge als Verantwortungsträger betrachtet wird. Es handelt sich also hier nicht um das kriminelle Verhalten im Rahmen eines Unternehmens, sondern um das kriminelle Verhalten des Unternehmens selbst.[27]

Diese zweite Variante bildet den Gegenstand der vorliegenden Arbeit. Es soll nämlich erforscht werden, ob und wie ein Unternehmen selbst die strafrechtliche Haftung für die in seinem Aktionsbereich begangenen (Umwelt)Straftaten sowohl de lege lata als auch de lege ferenda tragen muß.

Es empfiehlt sich an dieser Stelle einige Bemerkungen zum Begriff der Verbandskriminalität in seiner kriminologischen Dimension vorzunehmen. Die Verbandskriminalität hat als spezifische Kriminalitätsform besondere Beachtung sowohl in der strafrechtlich als auch in der kriminologisch relevanten Literatur verdient.

Die kriminologische Literatur zur Verbandskriminalität basiert namentlich auf verschiedenen gruppensoziologischen Hypothesen oder Untersuchungen.

Welche besondere Merkmale weist aber diese Kriminalitätsform auf, und aus welchem Grund hat sie wissenschaftliches Interesse erregt?

Das erste und auffälligste Merkmal der Verbandskriminalität ist die Beziehung der Verbandsdelikte zum Zweck des Verbandes. Das Verbandsinteresse bestimmt völlig das Verhalten der Individuen, die als Organe oder Vertreter handeln.

Sofort erkennbar ist auch ein weiteres Merkmal der Verbandskriminalität: Sie ist innerhalb eines Verbandes, bzw. eines Unternehmens begrenzt, was einen besonderen Einfluß auf die Entwicklung und die Ermittlung der relevanten Delikte hat.

Mit Busch liegt das (Verbands-)Delikt "in der Lebenssphäre" des betreffenden Verbands.[28]

Busch hat zum ersten Mal die Hypothese aufgestellt, in Verbänden sei das individuelle Verhalten der Mitglieder an die gegebenen Bedingungen angepaßt. Wegen dieser Rahmenbedingungen ergäbe sich eine erhöhte Delinquenzbereit-

---

26 Schünemann, a.a.O., S. 5ff.; R. Schmitt, Strafrechtliche Maßnahmen gegen Verbände, S. 132; Kaiser, Kriminologie, 3. Aufl. 1996, § 74, Rn. 15.; Seiler, Strafrechtliche Maßnahmen als Unrechtsfolgen gegen Personenverbände, 1967, S. 119.

27 Clinard/Yeager, Corporate Crime, S. 12ff.; Tiedemann, Multinationale Unternehmen und Strafrecht, S. 3ff.

28 R. Busch, Grundfragen der strafrechtlichen Verantwortlichkeit von Verbänden, S. 208.

schaft.[29] Diese Hypothese wurde jedoch empirisch nicht bestätigt und ist in der juristischen Literatur äußerst umstritten.[30]

Sutherland war viel früher ebenfalls zu dem Ergebnis gelangt, daß die berufliche Sozialisation in Organisationen einen maßgeblichen Einfluß auf die Haltung der Individuen hat.[31]

Zu vergleichbaren Ergebnissen sind ferner Clinard/Quinney und Cohen/Short gekommen, die auch eine Tendenz zur Wertneutralisierung durch Gruppenbindung feststellten.[32]

Schünemann spricht später in seinem, fundamentaler Bedeutung, strafrechtlichen Werk von der "kriminellen Verbandsattitüde". Eine Überbetonung der Verbandsinteressen könne die Hemmschwelle der einzelnen Mitglieder abbauen und zu einer "kollektiven Neutralisierung" führen.[33]

1. Der Standpunkt der Organisationstheorie

Besonders aufschlußreich im Rahmen dieser Thematik ist der Standpunkt der Organisationstheorie, die sich mit den Organisationen als autonomen sozialen Teilsystemen gründlich befaßt hat.[34]

Nach dieser Theorie stellt eine Organsisation aufgrund der stark formalisierten Binnenstruktur eine selbständige und handlungsfähige Einheit mit eigenem Verhalten dar. Sie wird somit nicht als ein Zusammenschluß von Individualverhaltensweisen, sondern als ein geschlossenes selbsthandelndes "autopoietisches" System angesehen.[35]

---

29 Busch, a.a.O. S. 98.

30 Engisch in: 40. DJT, Sitzungsberichte, S. E 33f.; Lang-Hinrichsen, FS für Mayer, S. 67.

31 In seinem Werk "White collar crime" ist Sutherland den von 70 bedeutenden Gesellschaften in den letzten 25 Jahren begangenen Delikten nachgegangen. Trotz seiner verschiedenartigen Ausgangshypothesen ist die Arbeit von Sutherland von erheblicher Bedeutung für die Frage der Verbandskriminalität. Sie ist auch repräsentativ für ein Land mit ausgebautem Verbandswesen. Nach seinen Ergebnissen handelt es sich bei den im Verbandsbereich begangenen Delikten um gut überlegte und organisiert durchgeführte Verstöße, die dem (wirtschaftlichen) Interesse des Verbandes selbst dienen sollten, White collar crime, New York, 1949, S. 239, 257, 264ff.; ders., in: American Sociological Review, 5 (1940), S. 1ff.

32 Clinard/Quinney, Criminal Behaviour System, S. 213; Cohen/Short, in: Sack/König, Kriminalsoziologie, S. 374ff.

33 Schünemann, Unternehmenskriminalität, S. 23.

34 Grundlegend hierzu: Luhmann, Funktionen und Folgen formaler Organisation, 1995, S. 23ff, 112 ff.

35 Teubner, Recht als autopoietisches System, 1989; Hoffmann, Organisationsforschung, 1973; Endruweit, Organisationssoziologie, 1981.

Die moderne Gesellschaft ist inzwischen so komplex geworden, daß der Organisationstheorie zufolge alle ihre Teilsysteme als autopoietische Untergliederungen (Sub-Systeme) betrachtet werden können. Das Recht, die Wirtschaft und auch die Unternehmen sind als solche eigenständigen und handlungsfähigen Subsysteme zu erfassen.[36]

Diese Systeme besitzen eine immanente Funktionsdynamik und reagieren auf die Anforderungen anderer gesellschaftlicher Systeme nach ihrer eigenen Logik.[37]

Die Wirkung des Rechts wird wegen der weitgehenden Autonomie der Systeme (Organisationen) beträchtlich eliminiert.[38]

Das Problem, das logischerweise auftaucht, bezieht sich auf die Frage, inwiefern diese Systeme der staatlichen Kontrolle unterworfen werden können.

Im Lichte dieser Theorie ist auch das Unternehmen als ein solches selbstbezügliches (autopoietisches) System mit Eigendynamik zu begreifen.

Es geht nicht mehr um die Summe der Individualverhaltensweisen der Mitglieder, sondern um ein eigenes, eigenmächtiges Verbandsverhalten.[39] Das Unternehmen wird zum selbständigen Subjekt gemacht, und die Frage, die sich stellt, ist, ob dieses Subjekt durch klassische Normbefehle ansprechbar ist oder vielmehr, ob es zur Selbstregulierung fähig ist.[40]

Dieser Theorie ist nicht ohne weiteres zu folgen. Sicher ist, daß hinter der Verbands- bzw. der Unternehmenskriminalität ein enorm gefährliches Potential steckt.

2. "Organisierte Unverantwortlichkeit"

Die meisten Unternehmensdelikte werden seitens der Täter unter Ausnutzung ihrer Position und Macht begangen, welche mit der Eingliederung in eine Organisation verbunden sind.

Das geltende Strafrecht kennt keine Strafbarkeit des Unternehmens selbst. Nur im deutschen Ordnungswidrigkeitenrecht besteht die Möglichkeit der Verhängung einer Verbandsgeldbuße (§ 30 OWiG), die von der h.M. als "Strafe im weiteren Sinne" angesehen wird.

In sehr vielen, wenn nicht sogar in den meisten Fällen wird derjenige, dem nach dem jeweiligen Organisationsaufbau die Entscheidung über die Verübung

---

36 Teubner, ZHR 1985 (149), S. 482ff.
37 Siehe Heine, Strafrechtliche Verantwortlichkeit von Unternehmen, S. 35ff.
38 Näher hierzu Teubner, a.a.O., S. 117.
39 Über die Eingliederung in die Organisation siehe Luhmann, a.a.O., S. 89ff.
40 Siehe dazu: Jakobs, AT 2. Aufl. § 6, Rn. 44; Willke, Systemtheorie, 4. Aufl. 1993; Fuchs, Niklas Luhmann – beobachtet. 2. Aufl. 1993.

einer Wirtschaftsstraftat zusteht, nicht mit demjenigen identisch sein, der nach seiner Stellung in der Organisation für die Ausführung der Tatbestandshandlung zuständig ist.

Daraus folgt, daß die herkömmlichen strafrechtlichen Zurechnungskriterien, die auf dem die Tatbestandshandlung selbst ausführenden Täter basieren, sehr schwer in solchen Fällen Anwendung finden können.

Die meisten Probleme bei der Erfassung der Unternehmenskriminalität ergeben sich aus der modernen, besonders komplexen Struktur der Unternehmen. Sie ist unter dem Schlagwort "organisierte Unverantwortlichkeit"[41] hinreichend beschrieben worden, so daß im vorliegenden Zusammenhang nur wenige Bemerkungen notwendig sind.[42]

In modernen wirtschaftlichen Einheiten stellt man eine umfangreiche Delegation von Pflichten fest, die ihrerseits zur Dezentralisierung der Aufgaben führt.

Die Entscheidungsgewalt der Unternehmen wird von einer größeren Zahl von Mitarbeitern bestimmt, und die Gefahr einer "Verflüchtigung der Verantwortung" ist damit sichtbar.[43]

Nach neuen Organisationsmodellen werden die Unternehmen nicht mehr in Ebenen, sondern in Bereichen gemeinsamer Aktivität organisiert.

Durch systeminterne Auflösungsprozesse wandelt sich der Verband zu einem lockeren Verband von Subsystemen.[44]

Es ist folglich zu erwarten, daß eine derartige Unternehmensstruktur gravierende Konsequenzen für die Haftung innerhalb des Unternehmens hat; das Strafrecht steht dann vor der schweren Aufgabe, den Täter in diesem Labyrinth zu entdecken und ihn zu bestrafen. Dies ist aber kaum einfach.

Aufgabe dieser Arbeit, wie es am Anfang erläutert wurde, soll es sein zu klären, inwieweit juristische Personen in Form eines Unternehmens wegen Umweltsstraftaten zur Verantwortung gezogen werden können und – wenn nicht – welche Alternativen zur strafrechtlichen Verantwortung in Betracht kämen.

Zuerst muß allerdings die Beziehung der Umweltkriminalität zur Wirtschafts- und insbesondere zur Unternehmenskriminalität aufgezeigt werden.

---

41 Der Begriff findet sich erstmals bei Ostermayer, Kollektinschuld im Strafrecht, ZRP 1971, S. 76.

42 Näher dazu: Schünemann, a.a.O., S. 30 ff.; Noll in: 49. DJT Bd. II., 1972, S. M 28; Krauß, Plädoyer 1989, S. 40ff.

43 Otto, Die Strafbarkeit von Unternehmen und Verbänden, 1993, S. 8.

44 In der Managementlehre wird diese Organisationsform als "assoziative Organisation" oder "Adhocracy" bezeichnet; siehe: Bosetzky, Grundzüge einer Soziologie der Industrieverwaltung, 1970, S. 123ff.; Mintberg, Structure in systems: A synthesis of the research on organisationdesign, 1980, S. 336ff.; Remer, Organisationslehre, 1989, S. 215ff.; Otto, a.a.O., S. 8.

III. Umweltkriminalität als Unternehmenskriminalität

Die Umweltkriminalität fällt unter den Begriff der Wirtschaftskriminalität – nunmehr auch nach der Definition des Europarates.[45] Entscheidendes Kriterium für diese Einordnung ist die wirtschaftliche Dimension der Umweltdelikte.[46]

Die Umweltkriminalität ist ferner nicht nur der Wirtschafts-, sondern auch der Unternehmenskriminalität zuzuordnen. Das Verhältnis der Umweltkriminalität zur Wirtschafts- und Unternehmenskriminalität entspricht demjenigen eines Teils zum Ganzen.

Motiv für die entsprechenden Straftaten ist, wie schon erwähnt, das Profitstreben, wie z.B. die kostengünstigere Beseitigung von Schadstoffen oder die Einsparung von Betriebsausgaben zur Erzielung eines höheren Gewinns.

Gefahren für die Umwelt ergeben sich vorrangig aus dem industriellen Bereich als Nebenwirkungen seiner Entwicklung.[47]

Die umweltrechtlichen Vorschriften beziehen sich vorwiegend auf die unternehmerische bzw. industrielle Tätigkeit. Zu denken ist zunächst an bestimmte Umweltdelikte, sofern sie die Verletzung verwaltungsrechtlicher Pflichten, denen nur Unternehmen obliegen, sanktionieren.[48]

Wegen seiner engen Verflechtung mit der unternehmerischen Tätigkeit bietet sich also das Umweltstrafrecht als ein ausgezeichnetes Beispiel für die Analyse der zur Diskussion stehenden Fragen.

---

45 Appendix to Recomendation No R (81) 12 of the Committee of Ministers to Member States of Economic Erimes: List of Economic Offenses: Nr. 16: Offenses against the environment.

46 Otto, Strafrechtsdogmatische Aspekte der Wirtschaftskriminalität in: 5. Deutsch-Sowjetisches Kolloquium, 1992, S. 190.

47 Eidam stellt vier strafrechtliche Risikobereiche in Unternehmen fest: Umweltbereich, Betriebsstättenrisiko, Produktrisiko, Verkehrs- und Verkehrswirtschaftsbereich, in: Unternehmen und Strafe, S. 179ff.

48 § 329 Abs. 2 StGB z.B. untersagt den verbotswidrigen Betrieb von Anlagen und den Abbau fester Stoffe in Wasser- und Heilquellenschutzgebieten. Verboten sind betriebliche oder gewerbliche Anlagen, auch von öffentlichen Unternehmen (§ 330 d Nr.3.), nicht aber dem Privatgebrauch dienende Anlagen. Alleinige Normadressaten dieser Normen sind Unternehmen, die derartige Anlagen betreiben. Unternehmnensbezogen sind auch die Tatbestände der §§ 325, 326 Abs. 3, 328 Abs. 2 StGB. Aber auch dort, wo die Unternehmen nicht alleinige Adressaten einer umweltstrafrechtlichen Vorschrift sind, wird meistens eine unternehmerische Tätigkeit vorausgesetzt.

IV. Kreis der in Frage kommenden juristischen Personen

Die Problematik der Strafbarkeit der juristischen Personen war ursprünglich auf Personenmehrheiten im allgemeinen gerichtet. Dies wird ausführlich an späterer Stelle aufgezeigt. Hier sei nur bemerkt, daß man ursprünglich nicht von der Strafbarkeit der juristischen Person sprach – der Begriff war gänzlich unbekannt – sondern von der Bestrafung sämtlicher Gebilde, wie z.B Städte, Kirchen, Körperschaften usw., die zusammen mit den natürlichen Personen der staatlichen Strafgewalt unterworfen waren.

Im Laufe der Zeit bildete sich die juristische Person als eine rechtlich geregelte, soziale Organisation mit eigener Rechtsfähigkeit und eigenen Rechten und Pflichten heraus.[49]

Diese Rechtsfiktion steht, soweit das möglich ist, der natürlichen Person – zumindest im Bereich und für die Zwecke des Zivilrechts – gleich.

Das Strafrecht nimmt dagegen keinerlei Bezug auf die juristischen Personen. Handlungssubjekte, Normadressaten und Bestrafungssubjekte der strafrechtlichen Normen sind ausschließlich die natürlichen Personen.

Wenn man von der Strafbarkeit der juristischen Person spricht, stellt man nicht auf den terminus technicus des Zivilrechts, sondern auf eine reale Erscheinungsform als organisierte Personenmehrheit ab. Die Zuerkennung der Rechtsfähigkeit ist im strafrechtlichen Konzept nebensächlich.

Dieser Auffassung folgt auch der deutsche Gesetzgeber in § 30 OWiG, wo es heißt; "Hat jemand als vertretungsberechtigtes Organ einer juristischen Person..., als Vorstand eines nicht rechtsfähigen Vereins..., eine Straftat oder Ordnungswidrigkeit begangen...".

Im Rahmen dieser Arbeit wird somit auch von einem funktional-strafrechtlichen Begriff der juristischen Person Gebrauch gemacht, nämlich in der Form eines Unternehmens als eine im sozio-ökonomischen Leben tätige Wirtschafteinheit.[50] Abgestellt wird auf die juristische Personen des Privatrechts.[51]

Juristische Personen des öffentlichen Rechts werden ausgeklammert. Die Einbeziehung solcher juristischen Personen in das System strafrechtlicher Steuerung von Unternehmen würde den Grundsatz der Gewaltenteilung beeinträchti-

---

49 Larenz/Wolf, BGB-AT, 8.Auf. § 9, S. 165ff.; H.Köhler, BGB-AT, 1998, § 9 I; H. J. Hirsch, Die Frage der Straffähigkeit von Personenverbände, 1993, S. 23.

50 In der jüngsten Diskussion zum Thema Verbandsstrafbarkeit ist die Rede von der Straffähigkeit von "Unternehmen". Siehe die Arbeiten von Schünemann: Unternehmenskriminalität, Schroth: Unternehmen als Normadressaten und Sanktionssubjekte und Ehrhardt: Unternehmensdeliquenz und Unternehmensstrafe.

51 Die weitaus meisten Verbandsdelikte werden im Bereich der Handelgesellschaften begangen (OHG, KG und ihre Mischformen).

gen. Eine Strafkompetenz nationaler Gerichte für juristische Personen des öffentlichen Rechts würde zu der Friktion führen, daß ein Gericht eine Körperschaft, zum Beispiel eine Gebietskörperschaft, bestrafen könnte, deren Bestandteil es selbst ist. Dies wäre unzulässig.[52]

Bedauerlicherweise gibt es bis heute keine einheitliche Definition in der Rechtswissenschaft für den Begriff "Unternehmen". Es wird je nach Rechtsgebiet unterschiedlich definiert.[53] In juristischen Kommentaren wird der Begriff "Betrieb" als technisch-organisierte Einheit definiert, während der Begriff "Unternehmen" als rechtlich wirtschaftliche Einheit erfaßt wird.[54]

Man kann jedenfalls davon ausgehen, daß der Begriff des Unternehmens stets den des Betriebs umfaßt.[55] Ein Unternehmen kann also aus mehreren produktionstechnischen Einrichtungen und Betrieben bestehen, nicht aber ein Betrieb aus mehreren Unternehmen. Mehrere Unternehmen können ferner zu einem Konzern zusammengefaßt werden.

Somit ist festzuhalten, daß unter dem Begriff "Unternehmen" im Rahmen dieser Arbeit, wie auch sonst im Bereich des Wirtschaftsstrafrechts, eine organisierte wirtschaftliche Einheit verstanden werden soll.

Diese Einheit muß zwei Grundvoraussetzungen erfüllen: sie muß erstens gewinnorientiert sein und sie darf zweitens keine Beziehung zur organisierten Delinquenz aufweisen.[56] Es geht also um einen Sammelbegriff für wirtschaftlich tätige Gebilde mit verschiedenen Rechtsträgern.[57]

Speziell für die Erforschung der zu erörternden Frage wird also pauschal auf einen umfassenden non-personalen Täterbegriff abgestellt. Ausgewählte Rechtsform der juristischen Person sowie gesellschaftsrechtliche Besonderheiten bleiben dabei unberücksichtigt.

---

52 Für die Kontrolle dieser juristischen Personen sind die Parlamente sowie die Verfassungs- und Verwaltungsgerichte zuständig. Der Mechanismus der Rechtsaufsicht ist auch dafür zuständig, die Körperschaften des öffentlichen Rechts zu kontrollieren. siehe: Badura/Ehlers/Erichsen/Ossenbühl/Papier/Rudolf Allgemeines Verwaltungsrecht, 11. Auf. 1998, § 1, Rn. 18; anderer Auffassung, A. Schwinge, Strafrechtliche Sanktionen gegen Unternehmen, S. 82ff.

53 Eidam, Unternehmen und Strafe, S. 18.

54 Schönke/Schröder, 25. Auf., § 14, Rn. 28, 29.

55 LK-Schünemann, 11. Aufl., § 14 Rn. 54.; Eidam, a.a.O., S. 15ff.

56 Das Profitstreben wird von manchen Autoren als selbständiges Merkmal des Wirtschaftsdeliktes erfaßt. Dazu: Kourakis, Die Wirtschaftsdelikte, S. 38ff.

57 Schroth, a.a.O., S. 21.

Erster Abschnitt – Allgemeiner Teil

In diesem ersten Teil der Arbeit wird unsere Kernfrage als ein allgemeines mehrdimensionales Problem des Strafrechts und insbesondere des Wirtschaftsstrafrechts behandelt.

Die daraufbezogene Untersuchung beschränkt sich nicht nur auf das Umweltstrafrecht, sondern erstreckt sich auf sämtliche Bereiche des Wirtschaftsstrafrechts, in denen juristische Personen als Täter auftauchen können.

Das Umweltstrafrecht wird in diesem Teil der Arbeit nur als Beispiel benutzt, während der zweite besondere Teil der Arbeit einer eingehenden Befassung mit dieser Regelungmaterie gewidmet ist.

A. Unternehmensstrafrecht

Grob skizziert kommen unter dem viel benutzten Begriff "Unternehmensstrafrecht" zwei verschiedene Fragenkreise in Betracht:

– Einerseits die strafrechtliche Verantwortung der einzelnen Individuen, die im Rahmen eines Unternehmens delinquieren und

– Andererseits die strafrechtliche Verantwortlichkeit des Unternehmens selbst.

Bei der ersten Variante geht es um individuelle Haftung auf der Grundlage des klassischen Individualstrafrechts. Für die Ermittlung der Verantwortlichkeit und die Festsetzung der Schuld kommen dabei zwei Vorgehensweisen und dementsprechend zwei Bezugspunkte in Betracht:

– Man kann entweder auf die unmittelbar für das Unternehmen handelnde natürliche Person (Zurechnung nach unten) abstellen oder

– auf die für das Verhalten dieser Personen in der Unternehmensleitung Verantwortlichen (Zurechnung nach oben).

Bei der zweiten Variante des Unternehmensstrafrechts geht es um kollektive, de lege lata ausgeschlossene Verantwortlichkeit und man muß folglich auf das Unternehmen selbst als handelndes Rechtssubjekt abstellen. Dies hätte zur Folge, daß sich die Sanktionen gegen dieses Subjekt als überpersonale Einheit richten. Dieser Konstellation des Unternehmensstrafrechts wird unter B (S. 45) nachgegangen.

Die erstgenannte Konstellation mit ihren zwei Varianten bezieht sich auf die strafrechtliche Haftung der Individuen, die in große Unternehmen eingegliedert sind.

Somit ist sie dem geltenden Individualstrafrecht und nicht dem uns hier interessierenden Unternehmensstrafrecht zuzuordnen. Diese Haftung der einzelnen Personen innerhalb großer Unternehmen und Systeme stellt zwar ein brennendes und aktuelles Thema dar, das in der letzten Zeit sowohl von der Wissenschaft als auch von der Praxis intensiv diskutiert wurde. Im Rahmen dieser Untersuchung soll aber seine eingehende Erörterung unterbleiben. Um ein vollständiges Bild des Fragenkomplexes "Unternehmenskriminalität" zu verschaffen, scheint jedoch eine Skizzierung seiner wichtigsten Aspekte unentbehrlich. Für weitere und gründlichere Angaben wird auf die relevante, umfangreiche Literatur und Rechtsprechung hingewiesen.

I. Individualstrafrechtliche Verantwortung in Unternehmen – Überforderung und Disfunktionalität des geltenden Strafrechts

Der Mensch betätigt sich im sozialen Zusammenleben in zweierlei Stellungen: einmal als willens- und handlungsfähiges Einzelwesen und andererseits als Mitglied von Personenverbänden.

Strafrecht sowohl in Deutschland als auch in Griechenland versteht unter dem Begriff "Täter" nur einzelne Menschen. Für ein Strafrechtssystem, dessen gesamte Konzeption auf die Zuschreibung individueller Verantwortung wegen einer sittlich fehlerhaften Entscheidung einer natürlichen Person ausgerichtet ist, entstehen in bezug auf die Ahndung der Unternehmenskriminalität unüberwindbare Hindernisse und Hemmungen, die zur Überforderung und Disfunktionalität des ganzen Systems geführt haben.[58]

Diese Schwierigkeiten betreffen die gesamte Lehre von Täterschaft und Teilnahme und beziehen sich auf die Zuordnung sämtlicher unternehmensbezogener Straftaten zu einem bestimmten Urheber.

---

58 Deswegen wird behauptet: "die Bekämpfung der Wirtschaftskriminalität mit den Mitteln des Strafrechts gilt als Prüfstein des gesamten Strafrechtssystems", H. Jung, Die Bekämpfung der Wirtschaftskriminalität als Prüfstein des Strafrechtssystems, Berlin 1979. Der Streit entzündet sich erst an der Frage, in welchem Umfang das "Strafrecht als Instrument der Wirtschaftspolitik" eingesetzt werden kann und darf, siehe Harro Otto, Das Strafrecht als Instrument der Wirtschaftspolitik, MschrKrim 63 1980), 397 ff.

Das Maß und die Intensität dieser Schwierigkeiten sind an dieser Stelle aufzuzeigen, bevor wir uns mit der Kernfrage einer Strafbarkeit des Unternehmens selbst befassen.

Ausgangshypothese unserer Überlegungen bildet das Versagen des Strafrechtssystems vor den ihm gestellten hohen Anforderungen einer effizienten Erfassung der individuellen Täter im Labyrinth moderner Unternehmen.

1. *Die Ermittlung des Täters in unternehmerischem Konzept und die "organisierte Unverantwortlichkeit".*

Bei der Ermittlung im Falle eines unternehmensbezogenen Delikts kommen zwei unterschiedliche Ebenen in Betracht:

– Zuerst muß das für die tatbestandsmäßige Handlung oder Unterlassung kausale Unternehmen ermittelt werden.[59] Dieses Problem stellt sich für das Individual- wie auch für das Unternehmensstrafrecht gleich. Um die Ermittlungen entweder auf individueller oder auf kollektiver Ebene fortzuführen, muß man jedenfalls das "verantwortliche" Unternehmen aufspüren.

– Angenommen dieser "Verantwortliche" ist in Form eines Unternehmens entdeckt, stellt sich auf einer zweiten Ebene das Problem der Ermittlung des konkreten einzelnen Täters und der individuellen Zurechnung.

Schlüsselwort für diese Ermittlung in großen Unternehmen ist die "organisierte oder "strukturelle individuelle Unverantwortlichkeit", anders "betrieblicher Organisationsschutzwall" genannt.[60]

Schünemann hat sich als erster mit betrieblicher Organisation und strafrechtlicher Verantwortung im Jahre 1979 auseinandergesetzt.[61] Er hat aufgezeigt, daß

---

59 In großen Ballungsgebieten mit einer vermehrten Anzahl von Einleitern und Emmitenten wird die Ermittlung des Verursachers durch die Kumulations-, Summations- und synergetischen Effekte fast unmöglich. Samson, ZStW 1987, 617ff.; M. Ronzani, Erfolg und individuelle Zurechnung im Umweltstrafrecht, 1992, S. 43ff.

60 G. Heine, Die strafrechtliche Verantwortlichkeit von Unternehmen, 1995, S. 198; Schünemann, Unternehmenskriminalität, S. 31ff.; ders., in: Breuer (Hrsg.), Umweltschutz und technische Sicherheit in Unternehmen, 9. Trierer Kolloquium 1993, 1994, S. 139ff., 142f., 188.; Schmidt-Salzer, ebenda, S. 184f.; Stratenwerth, FS für Schmitt 1992, S. 301; Lampe, ZStW 1994, 708ff.; Schall, in: Schünemann (Hrsg.) Wiedervereinigung 1996 Arbeitskreis Strafrecht "Unternehmenskriminalität" Bd. III, S. 102ff.; siehe auch die soziologische Arbeit von Beck, Gegengifte.

61 Schünemann, Unternehmenskriminalität, S. 30ff.. ders., Strafrechtdogmatische und kriminalpolitische Grundfragen der Unternehmenskriminalität, wistra 1982, 41; ders., Ist eine direkte Haftung von Wirtschaftsunternehmen zulässig und erforderlich? in: International Conference On Environmental Criminal Law, Taiwan, Roc Chapter AIDP 1992, S. 463.

das Handeln von Individuen mit der Größe des Unternehmens und mit der betrieblichen Dezentralisierung von Kompetenzen sehr einfach verschwinde und dadurch eine beträchtliche Präventionslücke im Bereich der Unternehmenskriminalität entstehe.[62] Die Unternehmensstruktur gerät folglich zu einer "organisierten Unverantwortlichkeit" aller.[63]

Dies wurde ebenfalls von der Organisationstheorie durch Hinweis auf die Eigengesetzlichkeit und die operative Geschlossenheit komplexer Wirtschaftseinheiten plausibel gemacht (die organisierte Unverantwortlichkeit als Folge formaler Organisation).[64]

Daraus folgt, daß eine Isolierung personaler Verantwortung für betriebliches Versagen immer komplizierter wird und daher auch der direkten regulativen Einflußnahme auf Unternehmen enge Grenzen gesetzt sind. "An den Klippen der Arbeitsteilung zerschellen die klassischen Prinzipien der Verantwortlichkeit".[65]

Hinzu kommen Abschottungsmechanismen im Unternehmen, die ein Zugriff auf die oberste Leitungsebene verhindern.[66] Das Unternehmen tritt in den Vordergrund als ein geschlossenes System. Dieses System kann mit den klassischen rechtlichen Mitteln sehr schwer gesteuert werden.[67]

Empirisch gefestigt wird die Hypothese einer organisierten Unverantwortlichkeit durch die Tatsache, daß die registrierte Kriminalität in sämtlichen Bereichen des unternehmensbezogenen Wirtschaftsstrafrechts eine Bagatell-Dimension aufweist.

Hervorragendes und repräsentatives Beispiel für diese bittere Wirklichkeit bietet das Umweltstrafrecht, wo die Konsequenzen der organisierten strukturellen und individuellen Unverantwortlichkeit besonders illustrativ zum Ausdruck kommen; "Der typische Straftäter im Umweltbereich ist der Bauer, bei Geldwäsche der kleine Dealer".[68]

Grund hierfür ist die Tatsache, daß die unmittelbar handelnden Täter in diesem Rechtsgebiet in den untersten Unternehmensetagen lokalisiert werden.

---

62 Über Organisation und Delegation im Unternehmen siehe Eidam, Unternehmen und Strafe, S. 152ff.

63 Schünemann, Unternehmenskriminalität, S. 34ff.

64 N. Luhmann, Folgen formaler Organisation, 4. Aufl. 1995, 12 Kap. S. 172ff.; näher hierzu: Heine, Die strafrechtliche Verantwortlichkeit, S. 41ff.

65 Luhmann, a.a.O., S. 185.

66 Heine G., a.a.O., S. 198f.

67 Das Unternehmen ist als ein "geschlossenes Rechtssubjekt", "wie ein Mensch" zu erfassen. Schmidt-Salzer, NJW 1996, 3.

68 Heine G., ZUP 1995, 63ff.; ders., JZ 1995, 653ff.

Umweltstraftaten sind, im Gegensatz zu anderen Wirtschaftsdelikten, keine typischen "Leitungsdelikte".[69] Es versteht sich von selbst, daß die Tatausführung und die Tatverantwortung in solchen Fällen sich nicht identifizieren lassen.

Vom unmittelbaren Täter bis zum eigentlichen Verantwortlichen, der in den oberen Etagen des Unternehmens sitzt, ist es ein strafrechtlich weiter Weg. Dieser Weg ist für unser klassisches Strafrecht schwer oder kaum gangbar.

Die einzige in Frage kommende Möglichkeit für die Bewältigung der Unternehmenskriminalität im Rahmen des klassichen individualstrafrechtlichen Instrumentariums ist das Abstellen auf die Unternehmensleitung oder auf die Entscheidungsträger, die das Unternehmensverhalten steuern und beeinflußen können.

a) Ahndung des unmittelbar handelnden Täters

Für die Bestrafung des unmittelbar handelnden Täters, der in aller Regel und im Umweltstrafrecht fast ohne Ausnahme auf der unteren Hierarchie-Stufe steht, ergeben sich keine besonderen Schwierigkeiten.

Das zur Verfügung stehende strafrechtliche Instrumentarium ist hierfür durchaus tauglich und die Bestrafung erfolgt nach der klassichen Täterschaftslehre.

Allgemeindelikte werden nach den allgemeinen Regeln der Täterschaft und der Teilnahme von den §§ 25-29 StGB erfaßt. Der Rechtsfigur der unmittelbaren Täterschaft kommt in diesem Konzept eine gewichtige Bedeutung zu, was natürlich bei der Erfassung der Unternehmensleitung nicht der Fall ist.

Bei Sonderdelikten wird durch §14 StGB (wortgleich: § 9 OWiG für den Ordnungswidrigekeitenbereich) die Überwälzung der Sonderpflichtstellung vom sonderpflichtigen Subjekt (dem Unternehmen) auf gesetzlich genau bestimmte Personen ermöglicht, und dadurch kann die Strafbarkeit der einzelnen handelnden Täter problemlos begründet werden. Damit sind Sonderdelikte keine Sonderdelikte mehr, sondern es treten – dem Prinzip der Einzelverantwortung ent-

69 Noch eine nicht zu unterschätzende Eigentümlichkeit des Umweltstrafrechts stellt die Tatsache dar, daß der Regel- und Problemfall der Umweltkriminalität von Unternehmen vorwiegend den Bereich der Fahrlässigkeit und "Betriebsunfälle" betrifft, und nicht die simple Konstellation des Arbeitsnehmers, der-vom Geschäftsherrn angewiesen-das Ventil öffnet und wissentlich über die erlaubte Menge hinaus Abwässer einleitet. Die entstehenden Probleme der Erfolgsabwendungsmöglichkeit und der Vorhersehbarkeit seitens der Unternehmensleitung liegen auf der Hand.

sprechend – natürliche Personen an die Stelle des de lege lata straffreien Unternehmens ein.[70]

Was aber problematisch erscheint ist die kriminalpolitische Zweckmäßigkeit einer solchen wenig ergiebigen und ebensowenig gebotenen Bestrafung.

Die effektive Bewältigung der Unternehmenskriminalität durch Bestrafung einzelner untergeordneter Mitarbeiter ist selbstverständlich nicht zu erwarten und die Einflußnahme auf das Unternehmen selbst bleibt aussichtslos.

b) Ausweg: Ahndung der Unternehmensleitung?

Die einzige im Rahmen des Individualstrafrechts erfolgsversprechende Lösung zur Ahndung der Unternehmenskriminalität bleibt die Abwälzung der Verantwortung nach oben, zu den wirklich Verantwortlichen in den obersten Leitungsetagen des Unternehmens.

Dazu kommen zwei unterschiedliche Wege in Betracht:[71]

aa) "Bottom-Up"

Nach dem klassischen Weg der tradierten Zurechnungslehre setzt man bei den unmittelbar Handelnden – den näher zu der Quelle stehenden – an, und bewegt sich von daher nach oben.[72]

Bei unternehmensbezogenen Delikten und insbesondere bei Umweltdelikten führt aber dieser Weg in die Sackgasse.

Unlösbare Fragen, die hier auftauchen sind folgende: Wer hat gehandelt? Hat der, der gehandelt hat, es selbstverantwortlich gemacht oder war er an Anweisungen gebunden? Wer ist dann diese oberste Person, die alle wesentlichen Entscheidungen trifft?

---

70 Näher Achenbach, Ahndende Sanktionen gegen Unternehmen und die für sie Handelnden, in: Schünemann (Hrsg.), Coimbra Symposium für C. Roxin 1995, S. 285ff.; Bottke, Empfiehlt es sich, die strafrechtliche Verantwortlichkeit für Wirtschaftsstraftaten zu verstärken?, wistra 1991, 83ff.; Schall H., Wiedervereinigung, III, 1996, S. 121f.; Ransiek, Unternehmensstrafrecht, S. 89ff.

71 Diese Wege entsprechen zwei aus der Betriebswirtschaftslehre übernommenen Methoden, die als Ermittlungsmethoden benutzt werden: "Top down", d.h. Ermittlung von oben nach unten und "Bottom up", d.h. Ermittlung von unten nach oben. siehe: Schmidt-Salzer, Produktverantwortung, Bd. I, Strafrecht, 2. Aufl. 1988, S. 112ff.; Eidam, Unternehmen und Strafe, 1993, S. 152, 380.; Franzheim, Umweltstrafrecht, 1991, S. 117ff. Schmidt-Salzer, NJW 1990, 2968; Kuhlen, NStZ 1990, 566ff.; ders., JZ 1994, 1144ff.; Tiedemann, NJW 1986, 1844; ders., NJW 1988, 1172.

72 Franzheim, Umweltstrafrecht 1991, S. 117.

Um diese Fragen zu lösen muß man die unternehmerische Organisationsgliederung nach oben verfolgen, bis man zu den eigentlichen Verantwortlichen an der Spitze des Unternehmens gelangt. Zur Klärung der strafrechtlichen Haftung muß man nämlich parallel zur Verantwortungsverteilung im Unternehmen vorgehen, um herauszufinden, wer die Entscheidung über das zum Erfolg führende Verhalten getroffen hat. Bis hin zur Unternehmensspitze ist es aber ein strafrechtlich weiter Weg.

Wenn es um hierarchisch klar organisierte Unternehmen geht, ergeben sich keine besonderen Schwierigkeiten. Aber im Fall einer dezentralisierten hochkomplexen Organisation schwindet die Verantwortung im Labyrinth des Unternehmens nach oben und der ganze Versuch scheitert an unüberwindbaren Hindernissen.

Das Individualstrafrecht ist hier anhand seiner klassischen Zurechnungsmethode unfähig, den oder die Täter im unternehmerischen Bereich zu ahnden und die Inkompatibilität des Strafrechts mit der Unternehmenskriminalität kommt klar zum Ausdruck.

bb) "Top Down"

Der zweite Weg für die Erfassung der Unternehmenskriminalität besteht im Abstellen auf die Unternehmensleitung als solche, er läuft also in die gegenteilige Richtung zu der klassichen Zurechnungsmethode.

Diese Methode, die sowohl von der Lehre als auch von der Praxis befürwortet wird, versucht den einzigen gangbaren Weg für die Ahndung der Verantwortlichen in Unternehmen frei zu machen, indem sie die Übertragung der Verantwortung nach oben bezweckt.

Abgestellt wird dementsprechend nicht auf das Verhalten der unmittelbar Handelnden, sondern auf das "unternehmerische Handeln". Es handelt sich nämlich um eine zweistufige Methode:

– Zuerst erfolgt die Feststellung des unternehmerischen Handelns im Sinne einer unternehmensbezogenen Straftat und

– dann erfolgt die Zuschreibung dieses Halndelns zu den Verantwortungsträgern innerhalb der Unternehmenshierarchie.

Technisch betrachtet muß man zuerst entdecken, wer die Allzuständigkeit der Geschäftsleitung besitzt und von daher, dem Weg der Aufgaben und Anweisungen folgend, muß man den individuell Handelnden ermitteln.[73] Man arbeitet also von oben nach unten, von der Geschäftsleitung abwärts.

---

73 Franzheim, a.a.O., S. 121; Heine, a.a.O., S. 161.

Sowohl der Gesetzgeber als auch die Gerichte bewegen sich neuerlich in diese Richtung, um eine Bestrafung der wirklich Schuldigen in Unternehmen zu erreichen. Der Gesetzgeber statuiert immer häufiger Pflichten für bestimmte Sozialbereiche: für den Schutz der Umwelt, für die Produkthaftung, für das Bankwesen. Die Rechtsprechung experimentiert andererseits in der letzten Zeit mit der Verwendung zivilrechtlicher Maximen.

Gemeinsames Ziel dieser Bemühungen ist, die Pflichtverletzung innerhalb des Unternehmens den tatsächlich Verantwortlichen zuzurechnen.[74]

Diese neue Zurechnungsform, die im Erdal-Urteil ihre prinzipielle Anerkennung gefunden hat und vorwiegend an die Problematik der Unterlassungsdelikte anknüpft, verdient einer besonderer Erörterung, die an späterer Stelle erfolgt. Sie bildet nämlich die einzige Chance des Induvidualstrafrechts im Bereich der Unternehmenskriminalität, Einfluß zu bekommen.

Zuerst folgt aber eine kurze Darstellung der übrigen in Betracht kommenden Konstellationen einer Übertragung der strafrechtlichen Verantwortung auf die Unternehmensleitung und zwar im Rahmen und anhand der herrkömmlichen Täterschafts- und Teilnahmelehre über aktives Handeln.

(1) Unmittelbare Täterschaft

Als erstes kommt die unmittelbare Täterschaft in Betracht, die selbstverständlich sehr schwer oder sogar unmöglich zur Ahndung der Unternehmensleitung paßt und nur für Handlungen auf unteren Hierarchieebenen tauglich ist.[75]

Die unmittelbare Täterschaft setzt nämlich das Vorliegen von Tatherrschaft voraus und ist in Fällen arbeitsteilig verwirklichter Straftaten völlig nutzlos.[76]

Wenn man die eigentlich Schuldigen im Unternehmen zur strafrechtlichen Verantwortung ziehen will, kommen nur die Rechtsfiguren der mittelbaren Täterschaft[77] und der Mittäterschaft in Frage.

(2) Mittelbare Täterschaft

Die mittelbare Täterschaft ist prinzipiell in Fällen klarer und hierarchischer Unternehmensstrukturen unproblematisch.[78]

---

74 Siehe Weber, ZStW 1984, 380ff.; Bottke, wistra 1991, 1ff.; Heine, ZUP 1995, 63ff.; Kuhlen, Strafrechtliche Produktverantwortung, S. 35ff.; Hassemer, Produkthaftung, S. 65f.;

75 Über die unmittlebare Täterschaft siehe: LK-Roxin, 11. Aufl. § 25 Rn. 47ff.

76 Über die Tatherschaftslehre siehe: Jakobs AT, 21/35; Jescheck/Weigend AT, § 61, IV; LK-Roxin, 11. Aufl. § 25, Rn. 36.

77 Grundlegend zur mittelbaren Täterschaft LK-Roxin, 11. Aufl. § 25, Rn. 53ff.

Mit der Größe und der Verwicklung der Organisation schwindet erwartungsgemäß auch die mittelbare Täterschaft der Unternehmensleitung.[79]

Lehre und Praxis greifen im Rahmen ihres Versuches, diese Täterschaftsform zu begründen und auszuschöpfen, auf die dritte Erscheinungsform der mittelbaren Täterschaft, d.h. auf die mittelbare Täterschaft kraft Organisationsherrschaft zurück.[80]

Der BGH hat in seiner Grundentscheidung zur mittelbaren Täterschaft die Grundsätze der Organisationsherrschaft auch auf Wirtschaftsunternehmen für anwendbar erklärt.[81]

Diese Täterschaftsform setzt aber nach verbreiteter Meinung voraus, daß sich der Machtapparat als Ganzer vom Recht gelöst habe, was bei Wirtschaftseinheiten nicht der Fall ist. Diesem Versuch wird ferner vorgeworfen, er werfe mehr Probleme auf, als er zu lösen vermag.

Hauptargument gegen die Anwendung der mittelbaren Täterschaft im unternehmerischen Konzept bildet die Annahme, daß es in aller Regel unzutreffend sei, Wirtschaftsunternehmen mit verbrecherischen Machtapparaten gleichzusetzen.[82]

Eine solche Konstellation leide überdies an dogmatischer Konsistenz und Genauigkeit und führe zur Uferlosikeit der strafrechtlichen Haftung in Unternehmen durch "Täterkloning".[83]

(3) Mittäterschaft

Unter der Bedingung, daß jeder Mittäter einen objektiven Tatbeitrag geleistet hat, der vom gemeinschaftlichen Tatentschluß getragen wird, behandelt das Gesetz alle Mitwirkenden als Täter, weil der Tatanteil eines jeden von ihnen allen

---

78 Schild, Täterschaft als Tatherschaft, 1994, S. 23.

79 Schünemann, Unternehmenskriminalität, S. 95ff.; Weber, ZStW, 1984, 402; OLG Stuttgart, NJW 1977, 1406.

80 Grundlegend dazu Roxin, Täterschaft und Tatherschaft, 7. Aufl. 2000, § 24, S. 242ff.; LK-Roxin, 11. Aufl. 1993, § 25, Rn. 128f.; ders. GA 1963, 193ff.; Sch/Schr/Cramer/Heine, 26. Aufl., § 25 Rn. 25, 25a.; Schroeder, Täter hinter dem Täter, 1965, S. 166ff., 143ff.

81 BGHSt. 40, 218ff.; Anm. von Roxin JZ 1995, 49ff. ablehnend: Jakobs, NStZ 1995, 26ff.; kritisch: Schroeder, JZ 1995, 177ff.; Lackner StGB 21. Aufl. 1995, § 25, Rn. 2; Bottke, Haftung aus Nichtverhütung von Straftaten Untergebener, 1994, S. 62; zustimmend Roxin in: LK, § 25, Rn. 88ff.

82 Heine, Strafrechtliche Verantwortlichkeit, S. 104.

83 Siehe eingehend hierzu: Heine, Grenzüberschreitungen, FS für Eser, S. 64ff.; ders., Strafrechtliche Verantwortlichkeit, S. 104f.

anderen Beteiligten als eigener zugerechnet wird und deshalb jeder so behandelt wird, als habe er selbst alle Tatbestandsmerkmale erfüllt.[84]

Mittäterschaft kommt im unternehmerischen Konzept nur dann in Betracht, wenn das Direktionsrecht mehreren Personen zusteht. Verlangt wird ein bewußtes und gewolltes Zusammenwirken.

In Fällen vorsätzlich herbeigeführter Straftaten ist die Annahme einer solchen Konstellation weithin unproblematisch.[85] Hat ein mehrköpfiges Gremium über eine Unternehmensentscheidung zu befinden, so ist neuerdings – durch die Erdal-Entscheidung des BGH – jeder einzelne verpflichtet, alles ihm Mögliche und Zumutbare zu tun, um die richtige Entscheidung durchzusetzen.[86] Dann kann das Ergebnis der Gesamtentscheidung jedem Beteiligten als individuelles Verhalten zugerechnet werden.[87]

Maßgeblich hierfür ist die Entscheidungskompetenz der Mitglieder der Geschäftsleitung, so daß "sich strafrechtliche Zurechnung und Entscheidungszuständigkeit decken".[88]

Die Situation erschwert sich bei den häufig eintretenden Fällen der vermeidbaren, nicht vorsätzlichen Herbeiführung einer Straftat durch das Verhalten mehrerer Personen.

Die fahrlässige Mittäterschaft wird vom überwiegenden Teil der Lehre abgelehnt, da es am gemeinsamen Tatentschluß fehlt.[89]

Für die fahrlässige Mittäterschaft hat sich Harro Otto aus Anlaß einer Entscheidung des schweizerischen Bundesgerichts eingesetzt und versteht sie als "gemeinschaftliche Pflichtverletzung".[90] Insofern nimmt er auch eine fahrlässige Mittäterschaft für arbeitsteiliges Verhalten im unternehmerischen Konzept an. Zum gleichen Schluß gelangt auch Ransiek.[91]

---

84 Grundlegend dazu: Jescheck/Weigend, AT, § 63, S. 673ff.; LK-Roxin, 11. Aufl. § 25, Rn. 153ff.

85 Ransiek, a.a.O., S. 59ff. Grundlegend hierzu: BGHSt. 6, 249; Sch/Schr/Cramer/Heine, § 25, Rn. 61ff.; Tröndle/Fischer, 49 Aufl., § 25, Rn. 6; Jescheck/Weigend, AT, S. 614; LK-Roxin, § 25, Rn. 130ff.

86 BGHSt. 37, 106ff.; Kuhlen, NStZ 1990, S. 566ff.; Otto, Die Strafbarkeit von Unternehmen, S. 8; Beulke/Bachmann, JuS 1992, S. 737ff.; Jakobs, AT, 29/102a.

87 Schünemann, Unternehmenskriminalität, S. 31f.

88 Ransiek, a.a.O., S. 66, 67.

89 Jescheck/Weigend, AT § 63, I 3a, S. 676; Baumann/Weber/Mitsch, AT § 29, Rn. 90; im Prinzip ablehnend auch: Roxin-LK, 11. Aufl. § 25 Rn. 221; Sch/Schr/Cramer/Heine, § 25 Rn. 101; Tröndle/Fischer, 49. Aufl. § 25, Rn. 10; Bindokat JZ 1979, 434ff.; SK-Samson, I, Stand, 12/1992, § 25, Rn. 54, 41; Herzberg, Täterschaft und Teilnahme, 1977, S. 72ff.; Lackner/Kühl, StGB 22.Auf., § 25, Rn. 13.

90 Otto, Jura 1990, 49ff; ihm folgend Brammsen, Jura 1991, 537.

91 Ransiek argumentiert mit dem Gesichtspunkt, § 25 Abs. 2 StGB spreche nicht von gemeinschaftlicher Tatbegehung und nicht vom gemeinsamen Tatentschluß. Er be-

(4) Anstiftung

Die Anstiftung wird als Beteiligungsform bei klarer Organisation des Unternehmens generell für möglich gehalten.[92] Auch die gemeinsame Anstiftung in Mittäterschaft ist anzunehmen, wenn sich Kollegialentschlüsse von Leitungsorganen in ihrem Fortwirken linear verfolgen lassen.[93]

Je komplexer aber die Unternehmensorganisation, desto weniger kann von Anstiftung die Rede sein.[94]

Insgesamt läßt sich feststellen, daß die tradierten Täterschafts- und Teilnahmeformen des Strafrechts sich sehr schwer tun, die Zurechung strafrechtlicher Verantwortung im Hinblick auf die Unternehmensleitung zumindest in Form des aktiven Handelns zu gewährleisten.

(5) Unterlassungsstrafbarkeit der Unternehmensleitung

Einen Ausweg aus dieser bedauerlichen Situation könnte vielleicht das (unechte) Unterlassungsdelikt bereitstellen.[95]

Dem Unterlassungsdelikt wird ohnehin häufig die Funktion zugewiesen, Probleme und Unstimmigkeiten des aktiven Handelns auszuräumen.[96]

Gefragt wird im Rahmen der Unterlassungsproblematik im unternehmerischen Konzept nach der Haftung der Geschäftsleitung für die Nichtverhinderung betrieblicher Rechtsgutsverletzungen.[97]

---

trachtet also das letzte nicht als notwendiges Merkmal der Mittäterschaft. Ransiek, a.a.O., S. 70ff.

Harro Otto nimmt nämlich an, ein gemeinsamer Tatentschluß nach § 25 Abs. 2 StGB ist in der Weise erforderlich, daß gemeinsam gehandelt oder unterlassen werden soll und damit auch bei fahrlässiger Tatbestandsverwirklichung aller oder bei gemischt vorsätzlich und fahrlässiger Tatbestandsverwirklichung möglich. in: Jura 1990, 47ff.; ders., Die Strafbarkeit von Unternehmen, 1993, S. 9ff. Anhaltspunkte dafür bietet auch die Lederspray – Entscheidung, welche sich jedoch auf eine widersprüchliche und dunkle Argumentation stützt. Otto H., Die Strafbarkeit, S. 10.

92 Siehe Jescheck/Weigend AT § 64. S. 686ff.; Heine, Strafrechtliche Verantwortlichkeit, S. 106.

93 LK-Roxin, § 26, Rn. 33ff.

94 Heine, a.a.O., S. 105ff.

95 Siehe dazu Ralph Busch, Unternehmen und Umweltstrafrecht, S. 512ff.

96 Insbesondere Schünemann sieht darin "den Schlüssel für die Steigerung der Präventionseffizienz des Individualstrafrechts". Schünemann in: Tiedemann Symposium, S. 274; näher zu seiner Konzeption in: Grund und Grenzen der Unterlassungsdelikte, 1971; ders., wistra 1982, 41, 43.; ders., GA 1985, 341, 375ff.; LK-Schünemann, § 14, Rn. 65; ders., Unternehmenskriminalität, S. 84ff.

Im Prinzip wird eine solche Garantenpflicht des Betriebsinhabers oder des Geschäftsherrn sowohl von der Rechtsprehung als auch von der herrschenden Lehre durchaus anerkannt.

Was die Reichweite und die dogmatische Präzisierung einer solchen Garantenhaftung angeht, herrscht allerdings alles andere als Konsens.[98]

Der Lehre ist bisher bloß gelungen, eine spezifische Verantwortung der Betriebsleitung für die Überwachung betrieblicher Gefahrenquellen zu begründen.[99]

Von erwähnenswerter Bedeutung in dieser Hinsicht ist der Beitrag der Rechtsprechung, dem eine Vorreiterrolle bei der Anerkennung der Verantwortung der Unternehmensleitung zukommt.[100]

---

97 Relevant für die Unterlassungsstrafbarkeit ist der Spezialtatbestand der Aufsichtspflichtverletzung des § 130 OWiG, der die Verletzung der Aufsichtspflicht durch die Leitungsorgane eines Unternehmens für den Fall mit Geldbuße bedroht, daß im Unternehmen durch diese Verletzung eine Straftat oder Ordnungswidrigkeit begangen wird, die durch eine gehörige Aufsicht zu verhindern gewesen wäre. Diese Regelung spielt unter dem Spektrum der allgemeinen Unterlassungstheorie eine eher sekundäre Rolle und zielt auf die Sicherung schon bestehender Sonderpflichten des Unternehmens und nicht auf die Aufrechterhaltung allgemeiner Ordnung im Unternehmen. Siehe dazu: Achenbach, Frankfurter Kommentar zum OWiG, 32/35, Lfg. 1993/1994, vor §§ 38, 39.; Eidam, Unternehmen und Strafe, S. 142ff.; Rogall, ZStW 1986, 573;
Im Rahmen der Reform des Umweltstrafrechts im Jahre 1989 wurde übrigens eine Übernahme der Aufsichtspflichtverletzung im Kernstrafrecht vorgeschlagen. BT-Drs. 12/192, S. 38, 43.; siehe auch Eidam, Unternehmen und Strafe, S. 146f.
Der 49. DJT hat sich eindeutig (61:42 Stimmen) für eine solche Übernahme ausgesprochen, Tiedemann, 49. DJT, Bd. I, 56ff.

98 Rogall, ZStW 1986, 573ff.; Schünemann, wistra 1982, 42ff.; Sch/Schr/Stree, § 13 Rn. 52; einschränkend Göhler, in FS für Dreher, 1977, S. 611ff.; einschränkend auch Jescheck-LK, 11. Aufl. § 13 Rn. 45; SK-Rudolphi, StGB, 7. Auflage, 2000, § 13 Rn. 22, 35a; Bottke, wistra 1991, 85ff.; Hsü, Garantenstellung des Betriebsinhabers, S. 254.

99 Tröndle/Fischer, § 13, Rn. 11-12; LK-Jescheck, § 13 Rn. 35; SK-Rudolphi, 7. Aufl., § 13, Rn. 28; Sch/Schr/Stree, § 13 Rn. 11, 48; Jakobs AT, 29/31; Jescheck/Weigend, AT § 59 IV 4. S. 624.; Brammsen, GA 1993, 110; Heine, Die strafrechtliche Verantwortlichkeit, S. 118ff.; Eidam, Unternehmen und Strafe, S. 165;

100 Das OLG Karlsruhe hat z.B. schon im Jahre 1972 die Pflicht des Vorgesetzten zur Verhinderung betriebsbezogener Straftaten ausdrücklich erklärt. GA 1978, 283.; einschränkend hierzu: LK-Jescheck, 11. Aufl. § 13 Rn. 45. Der behauptet, daß "die Annahme einer Rechtspflicht des Geschäftsherrn zur Verhinderung strafbarer Handlungen des Untergebenen durch die Rechtsprechung, unzutreffend einen im Zivilrecht entwickelten Gedanken auf das Strafrecht ausdehne".

(a) Erdal-Fall

Bahnbrechend erweist sich nämlich die BGH-Entscheidung aus dem Jahre 1990, das sog. Erdal-Urteil, ein als "Markstein" bewertetes Urteil[101], welchem im Schrifttum die Anerkennung einer Garantenstellung der Unternehmensspitze für Straftaten Untergeordneter entnommen wird.[102]

Der BGH bestätigte in dieser Entscheidung die Verurteilung sämtlicher Geschäftsführer der Herstellungs- und der beiden Vertriebsgesellschaften zu Gefängnis- und Geldstrafen wegen fahrlässiger und gefährlicher Körperverletzung. Das Gericht warf den Angeklagten vor, sie hätten die massenweise hergestellten, im häuslichen Bedarf gebrauchten Sprays nicht zurückgerufen, obschon sie durch zahlreiche Schadensmeldungen von der ernstzunehmenden Gefahr für die Gesundheit einer unbestimmten Zahl von Verbrauchern Kenntnis genommen hatten.[103]

Damit wurde eine Garantenstellung aus Ingerenz angenommen und das pflichtwidrige Vorverhalten der Unternehmensleitung wurde vom BGH durch das Inverkehrbringen der Sprays als gegeben erachtet.[104]

Der BGH geht zwar davon aus, daß jeder Geschäftsführer – bei einem mehrköpfigen Vorstand oder mehreren Geschäftsführern einer GmbH – für seinen Verantwortungsbereich strafrechtlich zur Verantwortung gezogen werden kann.

In Krisen- und Ausnahmnesituationen nimmt allerdings der BGH den Grundsatz der "Generalverantwortung und Allzuständigkeit der Geschäftsleitung" an.[105]

Die Geschäftsleitung hat also, abgesehen von den üblichen Organisations-, Kontroll- und Aufsichtspflichten, auch konkrete Eingriffspflichten in Ausnahme- und Krisensituationen, welche übrigens nicht delegierbar sind.

Von einer solchen Ausnahmesituation war auch im Lederspray-Fall auszugehen. Es handelte sich jedoch nicht um eine Art Kollektivschuld, da das Verschulden jedes einzelnen Unternehmensmitglieds geprüft und bejaht werden mußte. Dafür spricht ferner die Tatsache, daß der BGH das einzige Nichtmitglied der Geschäftsführung freigesprochen hat.[106]

---

101 Schmidt-Salzer, NJW 1990, 2967.

102 BGHSt. 37, 106; siehe dazu die Anmerkungen von Meier, NJW 1992, 3193; Schmidt-Salzer, NJW 1990, 2966; Kuhlen, NStZ 1990, 566; Brammsen, Jura 1991, 533; Puppe I., JZ 1992, 30; Beulke, JuS 1992, 737; Kloepfer/Vierhaus, Umweltstrafrecht, S. 57.

103 BGHSt. 37, 121.

104 BGHSt. 37, 117.

105 BGHSt. 37, 124.

106 Schmidt-Salzer, NJW 1990, 2969.

In dieser revolutionären Entscheidung des BGH zeigt sich deutlich die Bemühung der Rechtsprechung, die oben genannte Bottom-up Methode anzuwenden, um eine allumfassende, kriminalpolitisch indizierte Ahndung der tatsächlich schuldigen Unternehmensorgane zu erreichen.

Fehlerhafte Vorgänge im Unternehmen wurden der Unternehmensleitung als eigenes Handeln zugerechnet und eine Flucht der Geschäftsleitung vor der Verantwortung wird demzufolge, trotz des neuen Trends der betriebswirtschaftlichen Organisationstheorie (Abschied vom Linienkonzept und Einführung eines Systems weitgehender Dezentralisierung), erheblich erschwert.[107]

Die Begründung der Primärhaftung an der Spitze des Unternehmens – trotz Fehlens herkömmlicher Tatherrschaft – könnte als eine Art funktional-sozialer Täterschaft interpretiert werden. Der BGH ging davon aus, daß Kollektiv-Verhalten des Unternehmens gegeben war und von daher nahm er eine Zurechnung dieses Verhaltens zu bestimmten Unternehmensangehörigen vorwiegend auf Leitungsebene vor.

Die Täterstellung des Verbandes wird also im Prinzip begründet und weiter auf Betriebsangehörige übertragen, so daß man von einer Zuschreibung kollektiver Prozesse sprechen kann.[108]

Die obiter dicta des Urteils lassen im übrigen den Weg für eine umfassende soziale Verantwortlichkeit der Organe völlig frei.

Die Grundargumente dieser Entscheidung sind wegen ihrer grundsätzlichen Natur vom Produktstrafrecht auch ins Umweltstrafrecht und in sämtliche Bereiche der Wirtschaftskriminalität übertragbar.[109]

2. *Kritische Bemerkung*

Eine Bewertung dieser Entscheidung läßt zwei Feststellungen zu:

– Kriminalpolitisch gesehen und vom Zweck einer Effiziensmaximierung her ist die Lederspray-Entscheidung und damit der gesamte Versuch des BGH zur Erreichung einer Bestrafung der Unternehmensleitung völlig zutreffend und begrüßenswert. Die Probleme der strukturellen individuellen Unverantwortlichkeit ließen sich durch diese Vorgehensweise scheinbar mühelos lösen und die Unter-

---

107 Meier schreibt: nach dem Urteil sei "*Arbeitsteilung kein Schutzschild für Wirtschaftskriminelle mehr*" in: NJW 1992, 3193, 3199.

108 Kuhlen, WiVerw 1991, 243ff.; Hilgendorf, NStZ 1993, 15f.; Brammsen, Jura 1991, 536ff.; Schmidt-Salzer, NJW 1990, 2966.

109 Schmidt-Salzer, NJW 1990, 2967. Hat das Führungsorgan Verantwortung delegiert, wandern die Garantenpflichten mit; Heine, Die strafrechtliche Verantwortlichkeit, S. 122.

nehmen sähen sich nunmehr einer ernsthaften Gefahr der Bestrafung ausgesetzt.[110]

– Aus dogmatischer Sicht muß jedoch diese Vorgehensweise des BGH sehr skeptisch und zurückhaltend beurteilt werden. Die kriminalpolitisch erwünschte Übertragung der Verantwortung auf die Unternehmensleitung gerät zum zentralen dogmatischen Problem dieser Entscheidung.

Die Annahme einer Allzuständigkeit und Generalverantwortung der Geschäftsleitung in Krisensituationen und die sich darauf stützende Strafbarkeit entfernt sich erheblich von den strengen wenig flexiblen Voraussetzungen der strafrechtlichen Täterschaftsformen und bringt eine unerträgliche Ausweitung der klassischen Zurechnungslehre und damit eine fragliche Lockerung der Täterschaftsvoraussetzungen mit sich. "Daß damit eines der strafrechtlichen Grundprinzipien, nämlich die Selbstverantwortung eines jeden einzelnen für sein Tun und zugleich auch die Strukturen von Täterschaft und Teilnahme verwischt werden, liegt auf der Hand".[111]

Nicht nur hinsichtlich der Täterschaft, sondern auch in bezug auf die weitgehende Lockerung des Kausalitätsnachweises wirft die Erdal-Entscheidung zahlreiche Bedenken auf.[112] Eine solcherart Verantwortungszuschreibung ist mit der prinzipiellen Abneigung unseres Strafrechts gegen vereinfachte Zurechnungsmethoden schwer vereinbar.[113]

Die Rechtsprechung muß folglich in der Zukunft diese allgemeine Unternehmenshaftung genauer bestimmen und konkrete Kriterien für ihre Etablierung ausdifferenzieren.[114]

Aus diesen Gründen ist die Entscheidung im Schrifttum, trotz weitgehender Gefolgschaft im Ergebnis, auf heftige Kritik gestoßen.[115]

---

110 Schmidt-Salzer berichtet, "die Entscheidung soll für die Praxis zum Teil "alptraumartigen Charakter" gehabt haben, ins. weil von einer Art Kollektiverantwortung für die Unternehmensleitung insgesamt berichtet wurde. in: NJW 1990, 2966ff.

111 Winkelbauer W., Umweltstrafrecht und Unternehmen, FS für Lenckner 1998, S. 647.

112 Eingehend hierzu: Heine, Die strafrechtliche Verantwortlichkeit, S. 123ff.; vgl. auch Hilgendorf mit einer Darstellung der literarischen Stellungnahme in JuS 1994, 662f.

113 Im Ergebnis auch so: Winkelbauer, in: FS für Lenckner, 1998, S. 659.

114 In diese Richtung geht die Kritik Ingeborg Puppes, die eine genauere Erfassung der Zurechnungsbeziehungen, also der Verteilung von Kompetenzen, insbes. in einer kollektiven Unternehmensleitung, fordert. in: JR 1992, 27.; dies., Probleme der Kausalität und Zurechnung ins. im Umweltstrafrecht in: Deutsch-Polnishes Strafrechtskolloquium 1995, S. 231f.

115 Für eine zurückhaltende Interpretation des Urteils (fraglich wegen Orientierung an zivilrechtlichen Gedanken) spricht sich Schünemann aus in: UTR Bd. 26, S. 144ff. 153f.; Kuhlen, Fragen einer strafrechtlichen Produkthaftung, 1989, S. 90ff., 148ff;

3. Zwischenergebnis

Einer Gesamtbewertung der oben erörterten, vom klassischen Individualstrafrecht angebotenen Möglichkeiten läßt sich folgende Schlußfolgerung entnehmen.

Die Kapazität des Individualstrafrechts ist bei der Bewältigung unternehmensbezogener Straftaten und kollektiver Fehlentwicklungen in weitem Umfang begrenzt. Die tradierte Zurechnungslehre ist auf eine solche Aufgabe nicht eingestellt und die für ein Individualdelikt geltenden Maßstäbe sind in Fällen eines Verbandsdelikts untauglich und entkräftet.

Je intensiver sich das Individualstrafrecht um die Beeinflußung kollektiver Phänomene bemüht, desto tiefgreifender verlieren seine Grundprinzipien Sinn und Bedeutung.[116]

Gerade diese mehr oder weniger allgemein anerkannte Feststellung bekräftigt die heute immer häufiger erhobene Forderung nach Einführung einer echten Unternehmensstrafbarkeit, innerhalb oder auch außerhalb des klassischen Strafrechts, im zweiten Fall als eine "zweite Spur".[117]

Der einzige Weg zur Anpassung an die neue Situation wäre eine Ausweitung der überkommenen Maßstäbe des Strafrechts, so daß sie auch auf kollektive Personen übertragbar und brauchbar wären.

Die Grenzen einer solchen Ausweitung sind aber schwer festsetzbar und eine Vielzahl individualstrafrechtlicher Garantien könnten durch drohende Uferlosigkeit riskiert werden.[118]

Es ist somit sicher – insbesondere angesichts der neuen Entwicklungen in der Rechtspraxis –, daß das Individualstrafrecht an die Grenzen seiner Leistungsfähigkeit gestoßen ist.

Angesichts der Machtlosigkeit des vorhandenen Instrumentariums und des dringenden kriminalpolitischen Bedürfnisses nach Reaktionen im Bereich der Unternehmenskriminalität muß die Forderung nach der Suche neuer andersartiger Formen und Methoden nachdrücklicher denn je erhoben werden.

Heine schreibt: "*eine Verallgemeinerung der BGH-Grundsätze hätte für die überkommene Lehre kaum absehbare Folgen*", a.a.O., S. 161.

116 Schünemann, Tiedemann Symposium, S. 278f; Ronzani, a.a.O., S. 149ff.

117 So der Vorschlag Heines in: Strafrechtliche Verantwortlichkeit von Unternehmen, 1995.

118 Heine, Die strafrechtliche Verantwortlichkeit, 1995, S. 159ff., 243ff.

II. Individualstrafrechtliche Wege zur Ahndung der Unternehmensleitung im griechischen Strafrecht

1. Allgemeine Bemerkungen

An dieser Stelle sind einige aufschlußreiche Bemerkungen zur lex lata des griechischen Strafrechts vorzunehmen.

Im Prinzip geht man im griechischen Strafrecht vom gleichen dogmatischen Ausgangspunkt aus, dem Grundsatz "societas delinquere non potest".

Es wird hier der Einstellung des griechischen Rechts zur Strafbarkeit von juristischen Personen nur insoweit nachgegangen, als sie Besonderheiten und Eigentümlichkeiten im Vergleich zur deutschen Rechtslage aufweist.

Das neugriechische StGB aus dem Jahre 1950 ist – rechtspolitisch gesehen – auf den liberalen Rechtsstaat zugeschnitten.

In Einklang mit der Bestimmung des Art. 7 der griechischen Verfassung aus dem Jahre 1975 stellt das neugriechische StGB das Prinzip "nullum crimen nulla poena sine lege" an die Spitze seiner Bestimmungen (§ 1).[119]

Das gr. StGB zögert nicht, aus Rechtssicherheitsgründen eine Definition der Straftat vorzunehmen. Die Straftat wird als eine "rechtswidrige, schuldhafte, gesetzlich strafbedrohte Handlung" definiert (§ 14 gr. StGB).

Als Handlung wird ein vom Willen getragenes Verhalten verstanden. Diese Formulierung ist selbstversändlich auf Menschen zugeschnitten. Vom Willen der juristischen Person als einem rechtlichen Gebilde, kann nicht die Rede sein. Ihr Tätigwerden kann also dem menschlichen Verhalten keineswegs zugeordnet werden.[120]

Die Schuld ist nach dem gr. StGB ein normatives Verbrechenselement, wie es aus der Regelung der Entschuldigungsgründe (des Verbotsirrtums in § 31, des schuldausschließenden Notstandes in § 32 und der Notwehrüberschreitung in § 23 Abs.2) klar zu entnehmen ist.

---

119 Art. 7 der heute geltenden griechischen Verfassung ist gleichlautend mit Art. 7 der Verf. von 1952, der seinerseits bereits in allen Verfassungen des neugriechischen Staates, nach der Revolution von 1821, verankert gewesen ist.

120 N. Chorafas, Strafrecht, 1978, S. 112-113.; Androulakis AT, Die Verbrechenslehre, 2000, S. 147ff.; G. Mangakis, AT, 1982, S. 145-146. Herrschend in der griechischen Lehre ist der soziale Handlungsbegriff; eingehend zum Handlungsbegriff, Giannidis, in: StGB Kommentar, §§ 14-19, 1997, S. 34, 38f.

Sachlicher Inhalt dieses Elements ist die Vorwerfbarkeit, und Bezugspunkt dieser Vorwerfbarkeit ist die sich in der Tat äußernde Persönlichkeit des Täters.[121]

Ein derartiges rechtliches Unwerturteil kann sich nur gegen den einzelnen Menschen richten. Handlungssubjekt und Adressat des rechtlichen Vorwurfs, im Sinne der Schuld, ist nur die natürliche Person.

Genau wie die Handlungsfähigkeit ist auch die Schuldfähigkeit ein Merkmal, das nach h.M. im griechischen Recht nur dem Menschen zugeschrieben werden kann.[122]

Das dritte Hindernis gegen die Bestrafung von juristischen Personen ergibt sich aus dem Wesen und der Funktion der Strafe. Nach herrschender Ansicht stellt die Strafe ein Übel dar, welches ein sozialethisches Mißbilligungsurteil der Rechtsordnung zum Ausdruck bringt.[123]

Grundsubstanz jeder Strafe ist ihre ethische Beziehung zur Person des Verurteilten. Diese ethische Beziehung schließt automatisch die juristische Person aus dem Sanktionssystem aus.[124]

Nähert man sich also dem Thema der Bestrafung von juristischen Person rechtsdogmatisch an, stößt man auf die drei, vom deutschen Strafrecht bereits bekannten Gegenargumente: Handlungs-, Schuld- und Strafunfähigkeit der juristischen Personen.

Nach griechischem Strafrecht spricht man, genau wie nach deutschem, von der strafrechtlichen "Immunität" der juristischen Personen.

Der Satz "societas delinquere non potest" stellt hier auch ein grundlegendes, unwiderlegbares Prinzip der Strafrechtsordnung dar[125]. Dieses Prinzip unterstreicht die in allen romanischen Rechtsordnungen zu findende Geltung des Schuldprinzips und der betonten Personenbezogenheit der Strafe.

Zentrales oder, besser gesagt, alleiniges Bezugsobjekt des Strafrechts ist nur der Mensch, als selbstbestimmtes und frei handelndes Subjekt.

Dieser Haupteinwand gegen die Strafbarkeit von juristischen Personen folgt aus der Interpretation der verfassungsrechtlichen Garantie der Menschenwürde (Art. 2 Abs.1 der griechischen Verfassung von 1975) und der Persönlichkeit im

---

121 Mangakis, Das neugriechische Strafrecht, in: Mezger, Das ausländische Strafrecht der Gegenwart, Bd III, 1959, 2. Abschnitt, § 4.

122 Über den Schuldgrundsatz m griechischen Strafrecht: Giannidis, StGB-Kommentar, §§ 14-19, 1997, S. 76ff..

123 Chorafas, Strafrecht AT, S. 83ff.

124 Über den Begriff und die Zwecke der Strafe siehe: Kourakis, StGB-Kommentar, §§ 50-78, S. 17ff.

125 Siehe den aktuellen Beitrag von Agapios Papanaeofitou, Die strafrechtliche Verantwortung von juristischen Personen, FS für G.A. Mangakis 1999, S. 215ff.

Sinne des Erfordernisses personaler Schuld als unerläßliches Verbrechenselement.

Die juristische Person und sämtliche Personenverbände bleiben außerhalb des Anwendungsbereichs des Strafrechts.

Diese Rechtsauffassung bildet die, fast einstimmig, herrschende Meinung sowohl in der Lehre als auch in der Rechtsprechung im griechischen Recht.

Nikolaos Chorafas, der Hauptverfasser des allgemeinen Teils des griechischen Strafrechts, hat die Befestigung dieses Rechtssatzes entscheidend geprägt. Die juristische Person ist nur eine Rechtsfiktion (persona ficta), die über keinen eigenen Willen verfügt und deswegen nicht mit strafrechtlichen Mitteln ansprechbar sein kann.[126] Nur im Zivilrecht ist die juristische Person "doli capax". Für die Straftaten, die in ihrem Interesse begangen werden, haften nur die als Vertreter der juristischen Person handelnden Organe. Diese Auffassung hat auch in der ständigen Rechtsprechung einen festen Platz gefunden.[127]

Die prinzipielle Straffreiheit juristischer Personen steht jedoch in direktem Gegensatz zu den Strukturen und den Besonderheiten des Wirtschaftsstrafrechts, welches auch in Griechenland ein relativ hohes Entwicklungsniveau erreicht hat. Es wurde vornehmlich im Laufe der zweiten Hälfte dieses Jahrhunderts entwickelt und verfügt über eigenartige Strukturen und einen hohen Grad an Technizismus, genau wie das in Deutschland der Fall ist.[128]

Die Problematik des Täterkreises der Wirtschaftsdeliquenz ist im großen und ganzen deckungsgleich mit der des deutschen (Wirtschafts-)Strafrechts.

Es ist jedoch eine unwiderlegbare Tatsache, daß die griechische Strafrechtswissenschaft sich nicht derart ausführlich mit der Frage auseinandergesetzt hat, wie das in Deutschland der Fall ist.

Die Notwendigkeit einer Sanktionierung von Verbänden entsteht zwangsläufig mit der zunehmenden Industrialisierung einer Gesellschaft, die bewirkt, daß immer häufiger Personenverbände als Störfaktoren im sozialen Getriebe auftauchen.

---

126 Chorafas, AT, § 29, S. 112.

127 Areopag 438/1974, PoinChr 1974, 692; AP 73/1959, PoinChr 1959, 337; AP 260/1961, PoinChr 1961, 540; LG Athen 1171/1959, PoinChr 1959, 428.

128 Eine summarische Darstellung des griechischen Wirtschaftsstrafrechts "Wirtschaftsdelikte in Griechenland. Erscheinungsformen und Kriminalpolitik" gibt Kourakis in: Liebl Karlhans (Hrsg.), Internationale Forschungsergebnisse auf dem Gebiet der Wirtschaftskriminalität 1987, S. 73ff. Über das deutsche Wirtschaftsstrafrecht siehe Tiedemann, Das deutsche Wirtschaftsstrafrecht in: Kühne/Miyazawa (Hrsg.), Neue Strafrechtsentwicklungen im deutsch-japanischen Vergleich 1995, S. 67ff.

Da Griechenland bis vor kurzem vorindustrielle Wirtschaftsstrukturen aufwies, waren die aus der übermäßigen wirtschaftlichen Tätigkeit folgenden Gefahren rein theoretischer Natur.

Juristische Personen im Sinne von großen wirtschaftlichen und industriellen Einheiten waren im griechischen Territorium nicht tätig, so daß eine unternehmensbezogene Kriminalität praktisch fremd war.

Aus diesem Grund hat sich auch die Frage der Strafbarkeit von juristischen Personen nie ernsthaft gestellt.

Trotz ihrer unbestrittenen Bedeutung für Gesetzgebung und Rechtswissenschaft ist sie nur sporadisch und punktuell Gegenstand wissenschaftlicher Bemühungen geworden.

Abgesehen von der grundlegenden Untersuchung von T. Philippides aus dem Jahre 1950 mit dem Titel "Die strafrechtliche Haftung der juristischen Person" wird das Thema nur beiläufig in Lehrbüchern und Kommentaren behandelt.

In Deutschland dagegen, wie auch in allen Industriestaaten, hat das Thema einen so breiten Umfang gewonnen, weil die wachsende Rolle der Wirtschaftsunternehmen eine proportionale Erhöhung der sozialen Kosten mit sich gebracht hat. In einigen Rechtsgebieten, vor allem im Wirtschaftsstrafrecht, hat die verbandsbezogene Kriminalität derart beunruhigende Dimensionen angenommen, daß die Behandlung der Problematik viel dringender geworden ist. Insbes. in Deutschland ist dieses Thema bereits eingehend untersucht, so daß der Gesetzgeber bald mit seiner Lösung beginnen könnte.

In Griechenland dagegen hat die Diskussion erst vor kurzer Zeit, mit dem beginnenden Wirtschaftswachstum, begonnen.[129] Anschaulich kommt das Problem im Feld des Umwelt(straf)rechts zum Ausdruck und das griechische Strafrecht steht, genau wie das deutsche, ohnmächtig den neuen Risiken gegenüber. Die traditionellen Prinzipien des griechischen Strafrechts passen sich schlecht den Strukturen des Wirtschaftsstrafrechts an, als einem Recht relativ jungen Ursprungs mit eigenartigen Strukturen und mit einem hohen Grad an Technizismus. Sie werden nämlich durch die neue Materie auf eine harte Probe gestellt.

Die Barriere des Grundsatzes "societas delinquere non potest" steht einer effizienten strafrechtlichen Bewältigung dieser Kriminalitätsform vehement im Wege und seine Geltung scheint de lege lata unumstößlich zu sein.

---

129 Papaneofitou, Die strafrechtliche Verantwortung von juristischen Personen, in FS für G.A. Mangakis, 1999, S. 195ff.

2. *Die lex lata des griechischen Strafrechts*

Der griechische Gesetzgeber hat, wegen der mangelnden praktischen Notwendigkeit, nur sporadisch und unsystematisch versucht, die aus der unternehmerischen Tätigkeit herauskommenden Gefahren zu bewältigen. Dabei hielt er sich zudem immer an den Rahmen und die Auswahl der Mittel des klassischen Strafrechts.

Die unwiderlegbare Geltung des Prinzips "societas delinquere non potest" hat den Weg zur Einführung einer Verbandsstrafe immer blockiert.

"Nach den im Strafrecht geltenden Grundsätzen kann eine juristische Person kein handelndes Subjekt einer Straftat sein; für die in ihrem Interesse begangenen Straftaten werden nur die für sie handelnden Vertreter und Organe zur Verantwortung gezogen".[130]

Die Versuche des griechischen Gesetzgebers, die Unternehmenskriminalität mit den vorhandenen Mitteln zu kontrollieren, sind eher als Umgehungsversuche anzusehen und sind hauptsächlich auf den Bereich des Nebenstrafrechts beschränkt.

Anzeichen für eine gesetzgeberische Durchbrechung des Prinzips "societas delinquere non potest" sind allerdings nicht zu erkennen.

Im Unterschied zu einer zunehmenden Tendenz im europäischen Ausland, welche Strafen und/oder Verwaltungssanktionen gegenüber Unternehmen positiv einschätzt, unterstützt die griechische Strafrechtswissenschaft keineswegs eine solche Richtung.

Wenn man das griechische Recht in bezug auf die Frage des unternehmerischen abweichenden Verhaltens durchsieht, stellt man folgendes fest:

Griechenland gehört zu den Ländern, die Verbandssanktionen nur in Nebensystemen wirtschaftlicher Steuerung zulassen. Es handelt sich dabei um Sanktionen verwaltungsrechtlicher Natur, die die Unterstützung der staatlichen Lenkung von verschiedenen Bereichen des wirtschaftlichen und sozialen Lebens beabsichtigen.

Das Strafrecht im engeren Sinne kommt selbstverständlich nicht in Frage. Über ein Strafrecht im weiteren Sinne, entsprechend einem kodifizierten Rechtsgebiet, wie dem OWi-Recht in Deutschland, verfügt aber Griechenland nicht.[131]

---

130 Siehe: Areopag, 73/1959, PoinChr 1959, 337; AP 260/1961, PoinChr 1961, 540; AP 438/1974, Poin Chr. 1974, 692; LG Athen 1171/1959, PoinChr. 1959, 428.

131 Das griechische Kernstrafrecht enthält -neben Verbrechen und Vergehen- auch die Übertretungen. Diese werden mit Haft oder geringer Geldstrafe sanktioniert, auch wenn sie fahrlässig begangen werden. § 26 Abs. 3 gr. StGB. Die Haftstrafe dauert mindestens einen Tag und höchstens einen Monat (§ 55 gr. StGB). Die Geldstrafe beträgt mindestens 50.000 und höchstens 5.000.000 Drs (§ 57 gr. StGB).

Nur im Nebenstrafrecht hat der griechische Gesetzgeber durch fragliche und problematische, jedenfalls aber unklare Rechtskonstruktionen versucht, die juristische Person zu ahnden.[132]

Daneben existiert nur noch der Bereich des Verwaltungsrechts, in dem sowohl Geldbußen als auch andere Verwaltungssanktionen gegen juristische Personen vorgesehen sind.

Die Auswege, die bisher vorgeschlagen wurden, bleiben alle auf den Rahmen des geltenden Individualstrafrechts begrenzt. Das griechische Strafrecht sucht immer die Verantwortlichkeit einer natürlichen Person festzustellen, auch soweit Zuwiderhandlungen aus einer juristischen Person heraus begangen werden.

Um dies zu erreichen gibt es zwei Möglichkeiten, die nach individualstrafrechtlichen Maßstäben konzipiert sind:

– Die erste Möglichkeit besteht in der Abwälzung der Verantwortung nach unten, d.h. in der Sanktion gegen die für die juristische Person handelnde natürliche Person.[133]

Das Ergebnis einer solchen Vorgehensweise erscheint unbillig, wenn man bedenkt, daß die eigentliche kriminelle Energie von dem auch im Unternehmen verantwortlichen Vorgesetzten auszugehen und der Arbeitnehmer nur aufgrund seiner betrieblichen Unterordnung der Anweisung nachzukommen pflegt.

Eine Entlastung der juristischen Person und ihrer Spitze hätte, wegen der Bemessung der Sanktion nach den Verhältnissen des einfachen Angestellten und der Erstattungsfähigkeit von Geldstrafen, nur eine normdestabilisierende Wirkung.

– Die zweite Möglichkeit besteht in der Übertragung der Verantwortung nach oben: Die Sanktion richtet sich hier gegen diejenigen, die in der Unternehmensspitze für die handelnden natürlichen Personen verantwortlich sind.[134]

Aufgrund der Dürftigkeit der ersten Möglichkeit besteht der griechische Gesetzgeber – vorwiegend im Nebenstrafrecht – auf der Bestrafung der Unternehmensleitung für Handlungen oder Unterlassungen der juristischen Person. Dies entspricht dem Trend der aktuellen deutschen Rechtslage.

---

132 Siehe Beispiele dazu unter3b.

133 Eine Ausdehnung der strafrechtlichen Verantwortlichkeit nach unten, entsprechend der Vertreterhaftung des deutschen Rechts – § 14 StGB – ist im griechischen Strafrecht nicht vorgesehen.

134 Die dritte Konstellation, das Unternehmen selbst als überindividuelle Einheit zur Verantwortung zu ziehen, kommt nach griechischem Strafrecht kaum in Frage.

3. Die Ahndung der Unternehmensleitung

Die Abneigung der griechischen Strafrechtswissenschaft gegen die Pönalisierung überindividueller Einheiten hat zu angreifbaren, dogmatisch unbilligen Rechtskonstruktionen geführt.

Verfolgtes Ziel aller vom Gesetzgeber ausgewählten modi operandi war immer, einer Abschiebung der Verantwortung nach unten entgegenzutreten und die obersten Leitungsorgane des Unternehmens haftbar zu machen, was, kriminalpolitisch gesehen, angebracht und empfehlenswert war.

Bezugspunkt der Haftung im Unternehmen de lege lata ist die Unternehmensleitung. Ihre Haftung ist entweder subjektiv oder objektiv konzipiert.[135]

a) Subjektive Haftung

aa) Garantenhaftung

Eine solche Garantenhaftung der Geschäftsherrn für Rechtsverstöße der unterstellten Mitarbeiter ist im Prinzip, gemäß §15 gr. StGB (unechtes Unterlassungsdelikt), zulässig.

Sie wird aber sowohl von der Lehre als auch von der Praxis skeptisch betrachtet.[136]

Eine befriedigende, feste Stütze für die Garantenhaftung der Unternehmensleitung zu entwickeln, ist der griechischen Strafrechtswissenschaft bisher nicht gelungen. Die Betrachtung des Unternehmens und seiner Arbeitnehmer als eine Gefahrensquelle ist äußerst strittig und problematisch.[137]

Die wahre Ursache für diese skeptische Haltung gegenüber der Unterlassungshaftung liegt in der generellen Abneigung der griechischen Strafrechtswissenschaft gegen die Garantenstellungstheorie, da sie dem Willen des historischen Gesetzgebers widerspreche.

---

135 Kourakis, Wirtschaftsdelikte und Wirtschaftsstrafrecht, in: Strafrechtliche Nebengesetze, 1985, S. 66; Philippides T., Die strafrechtliche Verantwortlichkeit von juristischen Personen, S. 87ff.

136 Grundlegend hierzu: Androulakis, Studien zur Problematik der unechten Unterlassungsdelikte, 1963.; ders., Menchliches Verhalten als zentraler Bezugspunkt rechtlicher und insbes. strafrechtlicher Normierung, FS-Zepos, 1973, S. 3ff.; Dedes Ch., Die Arten der Unterlassungsdelikte, GA 1977, 230ff.

137 Spyrakos D., Die strafrechtliche Haftung der Unternehmen, in FS für Daskalopoulos, Bakas, Stamatis, II., S. 385ff.

Darüber hinaus wird sie wegen fehlender Bestimmtheit als unvereinbar mit Art. 7 Abs. 1 gr.Verf. angesehen.[138]

Im §15 gr.StGB wird ausdrücklich von "besonderer Rechtspflicht" gesprochen. Damit ist nicht jede Garantenpflicht, sondern nur die aus Gesetz, Vertrag oder einer früheren (gefährlichen) Handlung entspringende gemeint.[139]

Dieser Auffassung folgt auch die Rechtsprechung des obersten Gerichts – des Areopags – mit einer einzigen Ausnahme: in seiner ersten Entscheidung zum Handeln durch Unterlassen hat der Areopag die Grenzen der "besonderen Rechtspflicht" überschritten.[140] Seither vertritt er aber ständig die formelle Rechtspflichtstheorie.[141]

In den häufig aufgetretenen Fällen der fahrlässigen unechten Unterlassungsdelikte im unternehmerischen Kontext (§§ 15, 28 gr. StGB) ersparen sich meistens die griechischen Gerichte eine Untersuchung der Anwendungsvoraussetzungen des § 15 gr.StGB und damit die Begründung einer Strafbarkeit wegen unechter Unterlassung.[142]

In den oben genannten Durchsetzungsschwierigkeiten der Garantenstellungtheorie liegt der Grund der Nichtanwendung des § 15 gr. StGB durch die gerichtliche Praxis im Bereich der Unternehmensdelikte.[143]

Abgesehen von den dogmatischen Schwierigkeiten der griechischen Rechtspraxis beim Umgang mit den unechten Unterlassungsdelikten wäre sie auch bei vorbehaltloser Anerkennung und Anwendung nicht in der Lage, die unternehmensbezogene Kriminalität effektiv zu bewältigen.

Dies hängt auch mit den praktischen Durchsetzungsdefiziten der Unterlassungsstrafbarkeit zusammen, die (neben der Garanten- oder der rechtlichen Pflicht) Vorsatz oder Fahrlässigkeit des Aufsichtspflichtigen in bezug auf die begangene Straftat voraussetzt.

---

138 Zum ganzen, Papacharalamous, StGB-Kommentar 1997, § 15, Rn. 17ff, S. 105. Das gr.StGB folgt seinem Wortlaut nach der formellen Rechtspflichttheorie von Feuerbach. Eine Ausweitung der Strafbarkeit auf die Fälle des Begehens durch Unterlassen auf der Grundlage der materiellen Garantenstellungstheorie von Nagler wird streng abgelehnt. Papacharalambous, StGB- Kommentar, § 15 Rn. 29.

139 Androulakis AT , S. 236ff.; ders. Studien zur Problematik der unechten Unterlassungsdelikte, München, 1963, S. 140ff.; 158f., 205f.

140 AP 248/1966, PoinChr. 1966, 467; Mangakis, Gutachten ebenda, 313.

141 AP 175/1976, PoinChr. 1976, 627; AP 1269/83, PoinChr 1984,189; AP 296/1995, PoinChr 1996, 623; AP 583/1997, PoinChr 1998, 138.

142 AP 378/1962, PoinChr., 1963, 98; AP 829/1973, PoinChr. 1974, 38; AP 517/1977, PoinChr. 1977, 845.

143 Ähnlich in Deutschland, wo die Gerichte "lieber die explizite Vorschrift des § 130 OWiG anwenden, als sich auf das Glatteis des unechten Unterlassungsdelikts zu wagen", Schünemann, Unternehmenskriminalität, S. 111.

Diese Schuld in Großbetrieben und Unternehmen nachzuweisen, fällt wegen der großen räumlichen und hierarchischen Distanz nicht gerade leicht.

Aus diesem Grund versucht der Gesetzgeber, mittels besonderer gesetzlicher Bestimmungen, die schuldhafte Verletzung der Aufsichts- und Organisationpflicht als solche zu inkriminieren. Durch die Normierung besonderer gesetzlicher Rechtspflichten für leitende Personen in einem Unternehmen, die sich gerade auf deren Stellung im Betrieb stützen, knüpft der griechische Gesetzgeber ihre Verantwortlichkeit bereits an die schuldhafte Aufsichtspflichtverletzung als solche an.

Im Falle eines Rechtsverstoßes, der im unternehmerischen Tätigkeitsbereich begangen wird und zu einer Rechtsgutsverletzung führt, wird die Verantwortlichkeit dieser Personen kraft Zurechnung anerkannt.

Die eventuelle strafrechtliche Haftung anderer Personen spielt dabei keine Rolle.

Zurechnungsgrund ist ihre führende Stellung in der Hierarchie des Unternehmens. Der modus operandi hier ist vergleichbar mit dem des Auffangtatbestands des § 130 OWiG "Aufsichtspflichtverletzung in Betrieben und Unternehmen".[144] Auf diese Weise wird eine spezielle Garantenstellung etabliert.[145] Aus dieser Garantenstellung ergeben sich folgende rechtliche Pflichten für die leitenden Personen: Sie sind dazu verpflichtet, alle erforderlichen Aufsichts- und Organisationsmaßnahmen zu treffen, die Zuwiderhandlungen gegen straf- oder verwaltungsrechtliche Bestimmungen im Betrieb verhindern können.

Verletzen die im Gesetz bestimmten Personen schuldhaft ihre Aufsichtspflichten, und wird dadurch eine Zuwiderhandlung im Unternehmensbereich ermöglicht, können sie ohne weiteres als Täter angesehen und demzufolge zur Verantwortung gezogen werden.

Die Zuwiderhandlung muß als eine objektive Ahndungsbedingung erfaßt werden, da sie vom Vorsatz oder der Fahrlässigkeit der aufsichtspflichtigen Personen nicht umfaßt sein muß.

Hierin besteht der grundlegende Unterschied zwischen dem unechten Unterlassungsdelikt und dieser besonderen Garantenhaftung. Es geht um eine vom Gesetzgeber gewollte Haftungserweiterung, die darin besteht, daß der Betriebsleiter und die ihm gleichgestellten Personen für jede Verletzung ihrer Aufsichtspflichten haften, insofern sie schuldhaft begangen wurde.

---

144 Siehe Schünemann, Unternehmenskriminalität, S. 111.

145 Typisches Beispiel: § 28 Abs. 5 des Umweltgesetzes 1650/1986: Personen in den Führungspositionen sind für die Einhaltung der Vorschriften dieses Gesetzes verantwortlich. Näher hierzu im Kapitel: Umweltstrafrecht in Griechenland.

Das Zurechnungsverfahren wird durch die gesetzliche Vermutung vereinfacht, daß die leitenden Personen tatsächlich imstande sind, ihre Rechtspflichten zu erfüllen und die entsprechenden Rechtsgüter zu schützen.[146] Die strafbare Handlung und die strafrechtliche Verantwortlichkeit werden hierdurch getrennt.

Die Ermittlung und die Zurechnung der Verantwortlichkeit richten sich nicht gegen die an der strafbaren Handlung beteiligten Personen, sondern werden hiervon isoliert allein anhand der Rollenverteilung im Unternehmen bestimmt.

Diese Praxis des griechichen Gesetzgebers wird in der Literatur wegen dogmatischer Unstimmigkeiten und damit zusammenhängender Beweisschwierigkeiten heftig kritisiert.[147]

Es wird ihr nämlich ein Verstoß gegen grundlegende Prinzipien des Strafverfahrens vorgeworfen. Die Stellung einer Person im Unternehmen, die vorwiegend von anderen Rechtsgebieten, wie dem Zivil-, Gesellschafts-, Arbeitsrecht bestimmt wird, reiche alleine nicht aus, um dieser strafrechtliche Verantwortlichkeit des Unternehmens selbst aufzubürden.

Die Ermittlung der Schuldfrage ist unerläßliches Element des Strafprozesses und darf aus diesem Grund nicht als etwas Selbstverständliches und Vorgegebenes angenommen werden. Dies wäre nicht anderes als eine Umgehung der materiellen Wahrheit.[148]

bb) Garantenhaftung bei Übertretungen

Interessant ist die Regelung des § 411 gr. StGB für den allenfalls unbedeutenden Bereich der Bagatellkriminalität. Dort wird nämlich die Haftung für die Übertretungen anderer vorgesehen: "hiernach haften strafrechtlich Industrielle, Direktoren oder Arbeitsführer der industriellen und gewerblichen Wirtschaft, Bauunternehmer und Kaufleute wegen Übertretungen, die in ihrem Arbeitsbereich von ihren Vertetern oder Untergebenen begangen werden, wenn sie davon Kenntnis haben oder deren Begehung verhindern konnten, oder wenn ihnen Fahrlässigkeit bei der Aufsicht vorgeworfen werden kann".

---

146 Spyrakos, aaO, S. 388.

147 Papaneofitou, in: V. Kongress EEPD, Der strafrechtliche Umweltschutz, S. 38.

148 Manoledakis sagt dagegen, es gehe bei dieser Vorgehensweise um spezielle Sonderdelikte oder "um eine – prozessualer Natur – Bestimmung des Rechtssubjekts" in: IV. Kongress EEPD, S. 104; Andere Beispiele: § 11 Abs. 3 der Rechtsverordnung 3999/1959 – über die Kontrolle des Export-Handels; § 30 Abs. 1 des Gesetzes 703/1977 über den Schutz des freien Wettbewerbs; § 31 Abs. 3 des Gesetzes 1591/1986 über die Bekämpfung der Steuerhinterziehung.

b) Objektive Haftung

Noch fraglicher, ja sogar wohl inakzeptabel, ist die zweite vom Gesetzgeber ausgewählte Möglichkeit, die tatsächlich Verantwortlichen im unternehmerischen Konzept haftbar zu machen.

Es geht um die Rechtsfigur der "strafrechtlich verantwortlichen Person" in Betrieben und Unternehmen.[149]

In sämtlichen Nebengesetzen hatte nämlich der griechische Gesetzgeber Vorschriften zur Bestellung und Haftung einer besonderen verantwortlichen Person vorgesehen.

Es handelte sich um eine vielbeklagte Rechtsfigur des griechischen Nebenstrafrechts, die darauf abzielte, einen Verantwortlichen für begangenes Unrecht ausfindig zu machen und notfalls einen zu beschaffen. Entscheidendes Kriterium für die Haftung dieser Personen war lediglich ihre i.d.R. leitende Position in der Unternehmenshierarchie.

Auf ihre Schuld in Bezug auf die im Unternehmen von untergeordneten Mitarbeitern begangenen Straftaten kam es nicht im geringsten an. Die strafrechtliche Verantwortlichkeit dieser Personen wurde ausschließlich an ihre leitende Position geknüpft.[150]

Es ist offensichtlich, daß diese Rechtsfigur des "strafrechtlich Verantwortlichen" im eklatanten Widerspruch zum Schuldprinzip steht und einen Fremdkörper im geltenden griechischen Strafrechtssystem darstellt. Sie widerspricht nicht nur den verfassungsrechtlichen Geboten und Verboten, sondern auch der Unschuldsvermutung aus Art. 6 II EMRK.

Die damit begründete objektive Haftung stellt nach Androulakis "*einen Rest primitiver Zivilisation dar*", nach deren Ansicht nur die Verursachung des Schadens für die Verhängung der Strafe ausreichend ist. Unter diesem Blickwinkel wäre es auch möglich "*sowohl Tiere als auch seelenlose Objekte der Strafgewalt zu unterwerfen*"[151]

---

149 Kourakis, in: Strafrechtliche Nebengesetze, 1983, S. 67.

150 Typische Beispiele aus dem früher geltenden Recht: § 36 Abs. 2 Rechtsverordnung 136/1946.
§ 2 Abs. 2 Notgesetz 710/1945 über den Schutz der nationalen Währung;
§ 43 Abs. 4 des Gesetzes 820/1978 zur Bewältigung der Steuerhinterziehung;
§ 46 des Notgesetzes 1092/1938 (es wurde durch das Gesetz 2243/1994 ersetzt) in bezug auf die durch die Presse begangene Delikte. § 46 des Gesetz 1092/1946 sah eine Form objektiver Haftung des Direktors und Inhabers des Presseunternehmens für durch die Presse begangene Delikte vor. Die Rechtssprechung des obersten Gerichthofs hat leider diese Vorschrift legitimiert: AP 1156/1985, PoinChr. 1986,172.; AP 1790/1987, PoinChr. 1988, 311.

151 Androulakis AT, S. 54, Fn 15.

Der Gesetzgeber setzte mit diesen Regelungen den Schuldgrundsatz einfach außer Kraft. Eine solche Vorgehensweise ist nur im Zivilrecht, auf der Grundlage der Zurechnung, vorstellbar und zulässig. Im Strafrecht dagegen stellt sie eine eklatante Verletzung des Grundsatzes "nulla poena sine culpa" dar.[152] Wegen ihrer deutlichen dogmatischen Unhaltbarkeit wurde diese (Miß-)Konstruktion des Nebenstrafrechts im Laufe der Zeit aufgehoben.

Ähnliche, etwa weichere Versuche des Gesetzgebers, die unternehmensbezogene Kriminalität durch indirekte Einführung der objektiven Haftung ins Strafrecht zu kontrollieren, findet man auch heute in sämtlichen Nebengesetzen, wie z.B.:

– § 22 Abs. 9 des Gesetzes 2472/1997 – Datenschutzgesetz.

– § 20 Abs. 1 des Gesetzes 2523/97 – Kodifizierung der Sanktionen des Steuerrechts

– §5 Abs. 10 des Gesetzes 2741/1999 – Verbraucherschutz

– §1 des Gesetzes 2802/2000 – zur Bekämpfung der Korruption in der EU. Diese Vorschfit sieht eine echte objektive Haftung vor und ist zweifelsohne verfassungswidrig.

– §1 des Gesetzes 2803/2000 – Zum Schutz der finanziellen Interessen der Europäischen Union.

4. Zwischenergebnis

Die Darstellung des griechischen Strafrechts im Hinblick auf die unternehmensbezogene Kriminalität hat die erhebliche Lücke bei ihrer Erfassung klar aufgezeigt. Die von der griechischen Rechtsordnung angebotenen Wege, dem Bedürfnis nach einer Sanktionsmöglichkeit gegen unternehmensbezogene Kriminalität nachzukommen, sind wenig überzeugend und noch weniger ergiebig.

Insoweit stehen wir vor gleichen Schwierigkeiten und Lücken sowohl des griechischen als auch des deutschen Individualstrafrechts in bezug auf die Ahndung hochkomplizierter Wirtschaftsdelikte aus.

B. Unternehmensstrafbarkeit

Nach der Darstellung der deutschen und der griechischen lex lata in Bezug auf die erste Konstellation des Unternehmensstrafrechts – die Verantwortlichkeit der einzelnen Individuen im unternehmerischen Konzept – wird in diesem Teil der

152 Kourakis, Wirtschaftsdelikte, 1998, S. 262ff. ; Alexiades in V. Kongress EEPD, S. 66.

Untersuchung der zweiten uns hier interessierenden Konstellation eines Unternehmensstrafrechts nachgegangen.

Dabei geht es um die Frage der Kompatibilität einer Unternehmensstrafbarkeit, also der strafrechtlichen Verantwortung der juristischen Person selbst, mit den Grundstrukturen und den Grundprinzipien sowohl des deutschen, als auch des griechischen Strafrechtssystems.

Zuerst empfiehlt sich aber eine Schilderung des historischen Hintergrunds der Strafbarkeit von juristischen Personen,

I. Rechtsgeschichtlicher Rückblick

Der Grundsatz "societas delinquere non potest" hat "wie ein unverrückbares Dogma die Strafrechtsgeschichte Kontinentaleuropas beherrscht".[153]

Die scheinbar unanfechtbare Geltung dieses Prinzips war allerdings nicht immer anerkannt und widerspruchsfrei. Betrachtet man näher den historischen Hintergrund der Diskussion über die Verbandsstrafbarkeit, stellt man ein vielseitiges, wechselhaftes Bild fest.

Je nach sozialem und rechtlichem Umfeld variierte auch die Grundhaltung der jeweiligen Rechtsordnung gegenüber der Straffähigkeit von Personenverbänden.

Besonders auffallend ist die Tatsache, daß die Strafbarkeit von Personenverbänden keine der kontinentaleuropäischen Rechtsentwicklung völlig fremde Vorstellung war.

Auf die geschichtliche Rechtsentwicklung soll hier nicht ausführlich eingegangen werden, da zahlreiche Autoren sich bereits mit dieser Entwicklung eingehend beschäftigt haben.[154]

Abgesehen davon weist die rechtsgeschichtliche Annäherung an unser Thema keine besonderen Erkenntnisse auf. Das Problem der Strafbarkeit der Personenverbände, im Sinne von großen Wirtschaftsunternehmen, stellt ein modernes, neuartiges Problem dar. Die geschichtliche Entwicklung der Verbandsstrafbarkeit bezieht sich dagegen auf die Personenverbände in globo, d.h. auf sämtliche Personenmehrheiten aller Formen, die auf irgendeine Weise gegen das positive

---

153 Tiedemann, Strafbarkeit und Bußgeldhaftung von juristischen Personen und ihren Organen in: Eser/Thormudsson (Hrsg.), Old ways and new needs in criminal Legislation S. 157.

154 In den Arbeiten von Ernst Hafter, Die Delikts- und Straffähigkeit von Personenverbänden, 1903, Richard Busch, Grundfragen der strafrechtlichen Verantwortlichkeit der Verbände, 1933 und Otto v. Gierke, Das deutsche Genossenschaftsrecht, Bd. III findet man hinreichende Informationen über die geschichtliche Entwicklung unseres Themas.

Recht verstoßen. Unter rechtshistorischem Blickwinkel spricht man also von der Strafbarkeit der Körperschaften (der "Universitas") generell, d.h. von Städten, Gemeinden, Gilden, Kirchen u.a.

Das Problem der im wirtschaftlichen Bereich delinquierenden juristischen Personen, im Sinne der Unternehmenskriminalität, stellt eine Erscheinung jüngsten Datums dar. Obwohl der Grundgedanke der Bestrafung anderer Gebilde als der natürlichen Personen der gleiche im Laufe der Zeit geblieben ist, beginnt die allgemeine Diskussion über die Straffähigkeit von juristischen Personen erst seit Beginn des 19. Jahrhunderts.

Bewußt stellte sich der Gesetzgeber erst nach 1945 die Frage, wie weit die Verhängung von Strafen gegen Personenmehrheiten vor allem im Bereich des Wirtschaftsstrafrechts mit den Prinzipien des klassischen Strafrechts vereinbar sei.

Auf einen summarischen rechtsgeschichtlichen Überblick kann, vorwiegend aus systematischen Gründen, nicht ganz verzichtet werden. Die rechtsgeschichtliche Schilderung unseres Problems beschränkt sich auf den deutschen Rechtsraum, da eine entsprechende Diskussion in Griechenland nie stattgefunden hat. Die Frage der Strafbarkeit von juristischen Personen im griechischen Recht wurde nur in der zweiten Hälfte dieses Jahrhunderts erörtert und das nur vereinzelt und beiläufig, mehr unter dem Einfluß der deutschen Entwicklung und Diskussion. Dies ist ohnehin auf die enge Verbundenheit des griechischen mit dem deutschen Strafrecht zurückzuführen.[155]

Nach griechischem Strafrecht genießt die Straffreiheit der juristischen Person die Geltung eines Axioms, so daß sie niemals ernsthaft bezweifelt worden ist. Aus diesem Grund und wegen des fehlenden praktischen Bedürfnisses wurde sie – abgesehen von der Monographie Phillippides aus dem Jahre 1950 – auch nicht eingehend untersucht.

Die historische Entwicklung läßt sich anhand der Grundhaltung der Rechtsordnungen gegenüber der Straffähigkeit von Personenverbänden in zwei Hauptphasen teilen:

– Eine Frühphase, die sich auf das ganze Mittelalter bis Mitte des 18. Jahrhunderts erstreckt und von der Bejahung der Verbandsstrafe gekennzeichnet ist und[156]

155 Siehe dazu: Phillipides T., der Einfluß der deutschen Strafrechtswissenschaft in Griechenland, ZStW 1958, 291ff.

156 Eine kurze Bemerkung zum römischen Recht: das römische Recht kannte weder den Korporationsbegriff noch den Begriff der juristischen Person als solchen. Von daher bleibt es höchst umstritten, ob es den Rechtssatz "societas delinquere non potest" tatsächlich anerkannt hat. Siehe: R. Schmitt, Strafrechtliche Maßnahmen gegen Verbände 1958, S. 18.

– Eine spätere Phase, die vom frühen 19. Jahrhundert bis heute reichende Periode, die mit dem Verschwinden der Verbandsstrafe – unter dem Einfluß von Savigny und Feuerbach – verbunden ist.

1. Erste Phase

Im beginnenden Mittelalter stellen wir eine interessante Rechtssituation fest. Die Festigung der staatlichen Strafgewalt und die Bildung verschiedener Personengesamtheiten führte zu jener Zeit zu der Anerkennung der Verbandsstrafe als einem tauglichen Instrument für die Verfolgung sämtlicher staatlicher und kirchlicher Ziele.[157] Zuerst haben sich die Glossatoren mit dem Problem befaßt, ob Strafklagen gegen Personenverbände zulässig sind.[158]

Hinzu kamen die Kanonisten und die Legisten, die eine erste Verarbeitung des Begriffs der "Universitas" unternommen haben.[159]

Anhand römisch-rechtlicher Kriterien kamen sie zu einer Trennung der Rechtsfähigkeit der "Universitas" von der Rechtsfähigkeit ihrer Mitglieder. Demzufolge wurde dem Personenverband ein fiktiver Charakter zuerkannt. Gerade aus diesem fiktiven Charakter der "Universitas" versuchten die Kanonisten, deren Rechtsfähigkeit und insbes. eine Straffähigkeit abzuleiten.

Die Kollektivbestrafung fand jedoch ihre Verfeinerung und Vervollständigung erst in den Lehren der Postglossatoren. Die Postglossatoren, unter der Führung des Bartolus de Sassoferato, sprachen sich expressis verbis für den Grundsatz "societas delinquere potest" aus. Sie übernahmen nämlich von den Kanonisten die Auffassung, die "Universitas" sei eine persona fiktiva und verfüge über eine eigene Deliktsfähigkeit.

Von diesem Zeitpunkt an erlangte die Lehre der Delikts- und Straffähigkeit von Personenverbänden eine feste Form.[160] Bartolus de Sassoferato erkannte in vollem Umfang die Fiktion als Hilfsmittel im Strafrecht an und unterschied zwi-

---

Es scheint jedoch einiges dafür zu sprechen, daß dieses Recht weder die Delikts- noch die strafrechtliche Verantwortlichkeit von Personenverbänden zuließ. Phillipides T., Die strafrechtliche Verantwortlichkeit von juristischen Peronen, 1950, S. 12ff.

Der Grundcharakter des römischen Rechts, als streng individualistisches Recht, spricht mehr gegen eine Billigung des Körperschaftsdelikts. Hafter, a.a.O., S. 6ff.; Seiler, Strafrechtliche Maßnahmen als Unrechtsfolgen gegen Personenverbände, 1967, S. 7.

157 Busch, a.a.O., S. 35ff.

158 Phillipides, Die strafrechtliche Verantwortlichkeit von juristischen Personen, S. 13.

159 R. Schmitt, Maßnahmen, S. 20.

160 Phillipides, a.a.O., S. 13; Hirsch, Die Straffähigkeit von Personenverbänden 1993, S. 7.

schen eigentlichen und uneigentlichen Körperschaftsdelikten (delicta propria und delicta impropria).[161]

Bartolus Lehre von der strafrechtlichen Verantwortlichkeit der Verbände setzte sich – auch in Deutschland mittels Rezeption – durch und beherrschte für mehrere Jahrhunderte die Rechtslehre, die Gesetzgebung und die Rechtspraxis.[162]

Die kollektive Bestrafung gewinnt in jener Epoche außergewöhnliche Bedeutung für das Verhältnis des Kaisers zu den politisch selbständiger werdenden Städten zuerst Italiens und später auch Deutschlands. Das praktische Bedürfnis nach einer Kontrolle der Verbändemacht führte im weiten Umfang zu Sanktionen gegen Städte, Gemeinden und anderen Personengesamtheiten. Als Sanktion kamen vor allem in Betracht Geldstrafen, Vermögenseinziehungen, Tätigkeitsbeschränkungen und die Auflösung.[163]

Rechtstheoretisch gesehen war die entstandene Rechtskonstruktion äußerst problematisch und zweifelhaft. Dogmatische Bedenken, was die Mitbestrafung Unschuldiger und die Haltbarkeit der Schuldfähigkeit von Personenverbänden anging, traten immer wieder hervor.[164]

Mögliche Ungerechtigkeiten, insbes. durch die Mitbestrafung der unschuldigen Mitglieder, sollten anhand zahlreicher Ausnahmen gemildert werden.

Nach heutigen Rechtsmaßstäben stellte die Bestrafung der Personenverbände eine augenscheinliche Abweichung vom Schuldgrundsatz dar und wurde mehr durch pragmatische und zweckorientierte Gesichtspunkten legitimiert. Dem großen praktischen Bedürfnis, die von verschiedenen Personenzusammenschlüssen bedrohte Staatsgewalt zu beschützen, wurde der Vorrang eingeräumt.

2. *Zweite Phase*

Mit der Stabilisierung und Festigung der Staatsgewalt zur Zeit des Absolutismus verloren die verschiedenen Körperschaften ihre bedrohliche Macht. Als das praktische Bedürfnis nach ihrer Ahndung allmählich nachließ, traten die theoreti-

---

161 Busch, a.a.O., S. 42ff.

162 Heinitz, Empfiehlt es sich die Strafbarkeit der juristischen Personen gesetzlich vorzusehen? Verhandlungen des 40. DJT, Bd.I, 1953, S. 69.

163 Lang-Hinrichsen, "Verbandsunrecht". Zugleich ein Beitrag zur Lehre der Ordnungswidrigkeiten, FS für H. Mayer, 1966, S. 49.

164 Mit Hilfe der Fiktion und gestützt auf eine willkürliche Auslegung der römischen Quellen begründeten die Postglossatoren das Prinzip der strafrechtlichen Verantwortlichkeit der Verbände, das im ganzen Mittelalter bewährt blieb. Seiler, a.a.O., S. 8.

schen Bedenken gegen die Bestrafung von Verbänden wieder in den Vordergrund.[165]

Von ausschlaggebender Bedeutung für die Rechtsentwicklung in dieser Phase – gegen Ende des 18. Jahrhunderts – war das individualistische Denken der Aufklärung, welches das Individuum stark in den Vordergrund rückte und gänzlich verbandsfeindlich eingestellt war.[166]

Die Gesetze der französischen Revolution, die unter dem Einfluß der großen Philosophen des 18. Jahrhunderts, hauptsächlich von Rousseau, entstanden, leugneten selbst die Existenz der Körperschaften. Diese Auffassung führte zwangsweise zur Ablehnung jeder kollektiven Verantwortung.[167]

Die Aufklärung wollte die Einschränkungen der persönlichen Freiheit ausschließlich dem Staat vorbehalten und war insofern gegen das Bestehen aller Zwischenverbände, die den Einzelnen, nach der Tradition des Mittelalters, in mannigfaltiger Weise banden. Im Mittelpunkt der sozialen Ordnung stand von diesem Zeitpunkt an nur der Mensch.[168] Diese individualistische Auffassung spiegelt sich auch im Recht wieder.[169]

Auf literarischer Ebene wurde diese Wende durch eine kleine, wissenschaftlich nicht besonders anspruchsvolle Schrift des Erlanger Professors Malblanc mit dem Titel "Observatione quaedam ad delicta universitatum spectantes" aus dem Jahre 1793 ausgelöst.[170]

Diese Schrift war der äußere Anlaß einer Wende, die schließlich zur völligen Ablehnung der Verbandssanktion führen würde.

Es folgt Savigny – der große römisch-rechtlich orientierte Privatrechtler – mit seiner Fiktionstheorie.[171] Nach Savigny ist die juristische Person nur ein fingiertes Rechtssubjekt. "*Das Kriminalrecht hat zu tun mit den natürlichen Menschen.*

---

165 Ackermann B., Die Strafbarkeit der juristischen Person S. 25.; Seiler, a.a.O., S. 10ff.

166 Busch, a.a.O., S. 44ff.

167 Philippides, a.a.O., S. 14.

168 Busch, a.a.O., S. 44 - 45; Jescheck, DÖV 1953, 540; O.v.Gierke, a.a.O., S. 493-500; R. Schmitt, Maßnahmen, S. 28.

169 Die deutsche Strafrechtslehre bekannte sich zu dem noch heute herrschenden individualstrafrechtlichen Prinzip schon um die Wende des 18. Jahrhunderts – Malblanc, Feuerbach, v. Liszt. Klassiker hierfür ist Kant; seine individualethische Auffassung von Schuld und Strafe gehörte zu einer allgemein gegen die Sanktionierung von Verbänden gerichteten Tendenz.

170 R. Schmitt, Maßnahmen, S. 26f.

171 Es ist bemerkenswert, daß nicht ein Kriminalist, sondern ein Zivilist, wie früher Bartolus, dieser Entwicklung einen Abschluß gab. Seiler, a.a.O., S. 10ff.

Die juristische Person ist aber kein solches, sondern nur ein Vermögen habendes Wesen, liegt also ganz aus dem Bereich des Kriminalrechts".[172]

Diese Lehre macht die psycho-physische Individualität zum Fundament der Rechtspersönlichkeit. Ihre rein psychologische Betrachtungsweise, die den philosophischen Anforderungen des 19. Jahrhunderts entsprach, führte zu der Niederlage der Verbandsstrafbarkeit.

Da sowohl der Handlungs-, als auch der Rechtssubjektsbegriff nicht rechtlich, sondern psychologisch erfaßt wird, scheidet die juristische Person aus dem Gebiet des Strafrechts völlig aus. Diese Entwicklung kommt in den deutschen Strafgesetzbüchern des 19. Jahrhunderts entweder konkludent oder auch expressis verbis klar zum Ausdruck.[173]

Um die Jahrhundertwende setzt sich dagegen Franz v. Liszt, unter dem Einfluß der défense sociale, für die Bestrafung der juristischen Person wieder eindeutig ein.[174]

Die dogmatische Bedenken verlieren einigermaßen an Bedeutung und Zweckmäßigkeitserwägungen werden nunmehr geltend gemacht.[175] Unter diesem Blickwinkel trat die Schuldfrage in den Hintergrund und zweckmäßige repressive Maßnahmen wurden vorgeschlagen. Die theoretische Auseinandersetzung jener Zeit kommt auch in den Berichten des Internationalen Strafrechtskongresses in Bukarest vom Oktober 1926 zum Ausdruck.[176]

In der deutschen Gesetzgebung fand diese Strömung einen gesetzlichen Niederschlag im Nebenstrafrecht; von der Praxis blieb sie jedoch unberücksichtigt. Hinter diesen Regelungen steht der Gedanke der sozialen Verteidigung.[177]

In der Zeit des Nationalsozialismus hat das Thema wieder an Aktualität verloren, da die juristischen Personen in totalitären Regimen keine selbständige Stellung erlangen können.

Als allgemeine Feststellung läßt sich festhalten, daß das Thema der Strafbarkeit von juristischen Personen bis zur zweiten Hälfte dieses Jahrhunderts-abgesehen von der Monographie von Busch – sowohl theoretisch als auch praktisch als erledigt gilt.

---

172 v. Savigny, System des heutigen römischen Rechts, Bd. II (1840), S. 312; Busch, a.a.O., S. 47.

173 Schmitt, Maßnahmen, S. 18; Busch, a.a.O., S. 50.

174 Über die défense sociale siehe Androulakis, AT, S. 77f.

175 R. Schmitt, Maßnahmen, S. 103ff., 111ff.

176 Revue Internationale de Droit Pénal, 1929, S. 219ff.

177 Nach § 357 RAO wurde die Möglichkeit geschaffen, die juristische Person für bestimmte Steuerhinterziehungen zur Verantwortung zu ziehen. Siehe dazu: R. Schmitt, Maßnahmen, S. 52; Jescheck, ZStW 1953, 215.

Die dogmatischen Grundsätze, die einer Verbandsstrafbarkeit beharrlich im Wege stehen, sind sehr stark befestigt und außerdem sind keine dringenden praktischen Bedürfnisse in Sicht.

Die wachsende Industrialisierung ab der zweiten Hälfte des 19.Jahrhunderts löste jedoch eine neue soziale Wirklichkeit aus, die als "die Renaissance" der Körperschaften bezeichnet werden kann und zu einer Wiederbelebung der Diskussion führte.

Die Macht der Verbände stieg im Zuge der Industrialisierung wieder auf. Das Thema ihrer Strafbarkeit, das im Laufe des 19. Jahrhunderts vorwiegend dogmatisch behandelt und eben aus dogmatischen Gründen abgelehnt worden ist, gewann mit der Steigerung ihrer Macht – nunmehr als wirtschaftliche Unternehmen – wieder an Bedeutung und das praktische Bedürfnis nach Reaktionen tauchte erneut auf.

In Verbindung mit der heutigen Rechtslage, sowohl in dogmatischer als auch in rechtspolitischer Hinsicht, kann eher die Periode nach dem zweiten Weltkrieg gebracht werden. Seit dieser Zeit erlangte die Frage der Straffähigkeit der juristischen Person ihre heute noch geltende Form.

In Zusammenhang mit der Weiterentwicklung der freien Wirtschaft stellten die großen Wirtschaftsunternehmen das Strafrecht vor neueren Aufgaben. Die Strafrechtswissenschaft konnte die neue Situation nicht verleugnen und der Gesetzgeber stellte sich bewußt die Frage, wie weit die Ahndung der juristischen Personen mit echten Strafen mit den Grundprinzipien des Strafrechts vereinbar sei. Er lehnte jedoch diese Möglichkeit aus dogmatischen Gründen ab.[178]

Als legitim wurden nur die "Ordnungsstrafen" des Wirtschaftsrechts angesehen, da sie von jedem ethischen Bezug befreit waren.[179]

Als Fremdkörper im deutschen – als auch im gesamten kontinentaleuropäischen Strafrecht – waren die Vorschriften des Besatzungsrechts anzusehen, die vom angloamerikanischen Rechtsdenken geprägt waren und echte Kriminalstrafen gegen juristische Personen ohne Bedenken zuließen.[180] Diese Vorschriften wurden durch das Außenwirtschaftsgesetz vom 28.4.1961 aufgehoben.

Der BGH sprach sich in zwei Grundsatzentscheidungen zu Vorschriften des Besatzungsrechts für die strafrechtliche Verantwortlichkeit von Personenverbän-

---

178 Jescheck, ZStW 1953, 214ff.

179 Eb. Schmidt, Neues Deutsches Wirtschaftsstrafrecht, 1949, S. 49; Jescheck, ZStW 1953, S. 214f.

180 Die Alliierten Gesetze, insbesondere im Kartell- und im Devisenrecht, sind eindeutig über den Rahmen des deutschen (Schuld)Strafrechts hinausgegangen, da sie juristische Personen und Personenverbände gleich den natürlichen Personen behandelten. Siehe dazu: Jescheck, ZStW 1953, 217f.; Lange, JZ 1952, 262; Pingel, JZ 1952, 549. R. Schmitt, Maßnahmen, S. 57ff.

den aus.[181] Unter Hinweis auf zivilrechtliche Grundsätze (§31 BGB) versuchte der BGH die Gleichstellung natürlicher und juristischer Personen im Strafrecht zu begründen. Er bemerkte jedoch, daß diese Rechtslage mit dem bisherigen deutschen Rechtsdenken nicht in Einklang stand, da sie nicht zu dem im deutschen Recht entwickelten sozial-ethischen Schuld- und Strafbegriff passe.[182] Was er besonders betonte, war das kriminalpolitische Bedürfnis nach einer solchen Bestrafung der Verbände.[183]

Die wohl überwiegende Meinung in der Lehre war jedoch anderer Ansicht und hatte eine unmittelbare Verbandsstrafe abgelehnt.[184]

Vorrangiges Argument war die fehlende Schuldfähigkeit der juristischen Person. Diese Meinung wurde auf dem 40. DJT bekräftigt und befestigt. In eindrucksvoller Weise kommt sie im Referat von Engisch beim 40. DJT zum Ausdruck.[185]

Die zur Abstimmung gestellte These, daß Kriminalstrafen gegen Verbände nicht vorzusehen seien, wurde mit sehr starker Mehrheit – fast Einstimmigkeit – angenommen.[186] Abgesehen von *v. Weber* wurden Gegenstimmen kaum registriert.[187]

Das Thema galt seitdem für erledigt. Nur in der letzten Zeit wird es erneut lebhaft diskutiert.

In der großen Strafrechtskommission wurde es nochmals gründlich behandelt und es kam auch dort zum gleichen negativen Ergebnis für die Verbandsstrafe.[188]

Das kriminalpolitische Bedürfnis allerdings, bei Rechtsverstößen auch gegen Verbände vorgehen zu dürfen, wurde seit 1945 nie ernsthaft bestritten und aus diesem Grund wurde immer nach neuen Wegen gesucht.[189]

---

181 BGHSt. 5, 28= NJW 1953, 1938; Dt-Devisen-Rundschau, 1954, S. 10.

182 Siehe die Anmerkung von v.Weber in: GA 1954, 237fff.

183 Bemerkenswert ist hier die Tatsache, daß, bevor der BGH über die von der StA gegen das Urteil eingelegte Revision entscheiden konnte, sich der 40. DJT im Jahre 1953 gegen die Strafbarkeit der juristischen Person aussprach. Dennoch ergeht das Urteil des BGH und stellt ausdrücklich fest, daß "juristische Personen" wegen Devisenvergehen bestraft werden können! BGHSt. 5, 28= NJW 1953, 1838.

184 Lange, JZ 1952, 262; Willmanns – Urbach, BB 1953, 102; Wilfferodt, DDevR 1954, 21.

185 Engisch, Verhandlungen des 40. DJT Bd. II, 1954, S. E 7ff.; ähnlich, aber in einzelnen Punkten abweichend: Heinitz in: Verhandlungen des 40. DJT , Bd. I, S. 65; Hartung in: Verhandlungen des 40. DJT Bd. II, 1953, S. E 43.

186 a.a.O., S. E 86.

187 v. Weber, JZ 1953, 294 und 40. DJT Bd. II, S. E 62ff.

188 Niederschriften über die Sitzungen der Großen Strafrechtskommission, Bd. I, 1956, S. 71ff.; Bd. II, 1958, S. 321ff.

189 Es tauchte z.B. die Frage auf, ob Sicherungsmaßnahmen gegen Verbände empfehlenswert seien. In diese Richtung gehen die Vorschläge Schmitts und Seilers.

Die theoretische Auseinandersetzung endete mit der Entstehung des Ordnungswidrigkeitenrechts, das als ein Kompromiß zugunsten der praktischen Notwendigkeiten betrachtet werden kann. Die Unterscheidung zwischen Straftaten und Ordnungswidrigkeiten stellt eine Fortsetzung des Rechtsgedankens des "Ordnungsstrafrechts" dar. An die Stelle der Ordnungsstrafen, als ethisch neutrale Sanktionen, trat nunmehr die Geldbuße, die wegen ihres ethisch-neutralen Charakters auch gegen juristische Personen verhängt werden darf.

Durch das Wirtschaftsstrafgesetz von 1949 und das Gesetz über Ordnungswidrigkeiten von 1952 waren die Ordnungswidrigkeiten als eine gesonderte Kategorie des Unrechts eingeführt worden.[190] Der Name *Eberhard Schmidt* verdient diesbezüglich infolge seines erheblichen Beitrags zu den Gesetzgebungsarbeiten besondere Hervorhebung. Das Jahr 1968 markiert weiter mit der Einführung der allgemeinen, auch in das Kriminalstrafrecht hineinreichenden Verbandsgeldbuße einen Wendepunkt in Richtung einer zunehmenden Inpflichtnahme von Unternehmen. Sämtliche Sondervorschriften über Geldbußen gegen Verbände, die im Laufe der Zeit in verschiedenen Gesetzen eingeführt worden waren, sind im Jahre 1968 im Rahmen des Gesetzes über Ordnungswidrigkeiten durch eine generelle Regelung ersetzt worden, nämlich die des §26 OwiG. Die Konzipierung der Verbandsgeldbuße als Nebenfolge bringt die Entschlossenheit des deutschen Gesetzgebers zum Ausdruck, die individualstrafrechtliche Einbindung beizubehalten und eine echte Verbandstäterschaft auszuschließen.

Auch bei den Gesetzesberatungen des neuen Allgemeinen Teils des StGB ist der Gedanke, eine echte Kriminalstrafe gegen juristische Personen zu verhängen, abgelehnt worden.[191] Maßgebend hierfür war die Erwägung, die Verhängung einer bloßen Geldbuße gegen juristische Personen sei zur Verfolgung der entsprechenden Zwecke geeignet und ausreichend.

Man blieb also bei der im Jahre 1968 geschaffenen Rechtslage, was die Verbandssanktionen anging. Verbandsgeldbußen können nur als Nebenfolge in einem unselbständigen Verfahren verhängt werden (§§ 26, 88 Abs. 3 OWiG). Erst im Jahre 1986 wurde das Gesetz über Ordnungswidrigkeiten – nach der Über-

---

Schmitt befürwortet nämlich objektive Sicherungsmaßnahmen ohne Schulderfordernis, wie z.B. Auflösung, Treuhänder, Tätigkeitseinschränkung, Einziehung. Die Anordnung aller vorgeschlagenen Maßnahmen ist dem Strafrichter zu übertragen und das Verfahren gegen den Verband mit dem gegen den individuellen Täter zu verbinden, Schmitt, Strafrechtliche Maßnahmen gegen Verbände, 1958.
Diese Konzeption basiert vorwiegend auf dem Gedanken von v. Liszt, der den Zweck -und Sicherungsgedanken im Auge hatte, siehe Lang -Hinrichsen, FS für Mayer, S. 54f.

190 E. Göhler, Die strafrechtliche Verantwortlichkeit juristischer Personen, in: Referat zum X. Internationalen Kongreß für Rechtsvergleichung, Budapest 1978, S. 100ff.

191 Lang-Hinrichsen, a.a.O., S. 63.

windung erheblicher Widerstände – dahingehend geändert, daß die Geldbuße gegenüber Personenverbänden unabhängig von der Bestrafung oder "Bebußung" der handelnden natürlichen Personen verhängt werden kann.[192] Seit Inkrafttreten des 2. Gesetzes zur Bekämpfung der Wirtschaftkriminalität am 1.August 1986 ist die Verbandsgeldbuße keine Nebenfolge mehr (§ 30 Abs. 4 OWiG).[193]

3. Kritische Bemerkung

Im historischen Teil wurde gezeigt, wie weit zurück die Geschichte des Grundsatzes "societas delinquere non potest" reicht und wie viele Abwandlungen dieser Grundsatz im Laufe der Zeit erlebt hat. Aus dem oben erwähnten Hintergrund der Verbandsstrafe sind jedoch keine voreiligen pro- oder contra-Argumente zur Verbandsstrafbarkeit zu entnehmen.

Der von den Verfechtern der Strafbarkeit der juristische Personen oft zitierte Satz von Rudolf Schmitt: "*Rechtsgeschichte und Rechtsvergleichung zeigen, daß strafrechtliche Maßnahmen gegen Verbände sich dogmatischen Bedenken zum Trotz immer dann durchsetzen, wenn das praktische Bedürfnis nach ihnen dringend wird*",[194] darf nicht zum Schwerpunkt der relevanten Argumentation gemacht werden.

Diese These Schmitts kann keine entscheidende Bedeutung beanspruchen und wird von der Rechtsentwicklung, insbes. nach dem zweiten Weltkrieg, keinesfalls bestätigt.

Die Entwicklung gerade im Gebiet des Wirtschaftsstrafrechts ist sehr bezeichnend dafür, denn wenn irgendwo, so ist hier ein praktisches Bedürfnis zur Einführung der Strafbarkeit juristischer Personen unzweifelhaft gegeben. Trotz der bestehenden Notwendigkeit hat allerdings der deutsche Gesetzgeber in klarer Einsicht die Unvereinbarkeit dieser Bestrafung mit dem Schuldprinzip demonstriert und ihre Bestrafung auf Ordnungswidrigkeiten beschränkt.

Die praktischen Notwendigkeiten geben im übrigen nur den Anstoß für die Behandlung eines Themas, sie dürfen aber nicht die erste Rolle bei seiner Beantwortung übernehmen. Der Ansicht Schmitt's und all derer, die dem kriminalpolitischen Bedürfnis den Vorrang geben, ist nicht zuzustimmen.

So lehrreich die Rechtsgeschichte sein mag, so wenig darf sie überschätzt werden. Was sie deutlich zeigt ist die allmähliche Etablierung und Bekräftigung der allgemeinen Grundprinzipien des Strafrechts und insbes. des Schuldprinzips,

---

192 Tiedemann, NJW 1988, 1169, 1171; Göhler, Gesetz über Ordnungswidrigkeiten, 12. Aufl. vor § 29a, Rn. 3, 14.

193 Näher hierzu unten im Kapitel: Recht der Ordnungswidrigkeiten.

194 Schmitt, Maßnahmen, S. 230.

als des zentralen Prinzips unseres Strafsystems, das einer Einführung der Verbandsstrafe entscheidend im Wege steht.

Eine Umkehr des seit 1945 mit Klarheit und Entschlossenheit beschrittenen Weges, die sozialethisch fundierte Kriminalstrafe nur dem Menschen vorzubehalten, stellte eine revolutionäre Entscheidung dar und würde einer festen dogmatischen Stütze bedürfen.

II. Dogmatische Grundfragen einer Unternehmensstrafbarkeit

Den Kern der Problematik bilden im Hinblick auf die Begründung der Unternehmensstrafbarkeit die theoretischen Aspekte und insbesondere der Schuldgrundsatz.

Nur eine gründliche Untersuchung der vielfältigen dogmatischen Komplikationen, die eine solche Konzeption aufwirft, könnte Klarheit darüber verschaffen, ob sie de lege ferenda zulässig und empfehlenswert wäre.

Die folgende Analyse bezieht sich sowohl auf das deutsche als auch auf das griechische Strafrecht, da beide Strafrechtssysteme gemeinsame dogmatische Strukturen und Prinzipien aufweisen.[195] Aus diesem Grund erscheint eine separate Behandlung des Themas für jedes Land nicht erforderlich.

Es wurde schon in der Einleitung erwähnt, daß das Thema der Unternehmensstrafbarkeit hauptsächlich von der theoretischen Seite angesprochen werden soll. Die theoretische Diskussion soll im Mittelpunkt unserer Überlegungen stehen.

Diese Vorgehensweise steht übrigens in Einklang mit dem kontinentaleuropäischen Rechtsdenken und der kontinentaleuropäischen Rechtstradition. Pragmatische Erwägungen, im Sinne von kriminalpolitischen Bedürfnissen, spielen danach eine, wenn auch wichtige, so doch sekundäre Rolle. Damit ist gemeint, daß praktische Notwendigkeiten nicht den Ausschlag für den Einsatz des Strafrechts im Bereich der Unternehmenskriminalität geben dürfen. Sie können nur, unter dem Blickwinkel des bestehenden theoretischen Rahmens und des Subsidiaritätsprinzips des Strafrechts, mitberücksichtigt werden.

Unser Strafrechtssystem verlangt, anders als andere Rechtsfamilien, wie die des Common Law, dogmatische Klarheit und Konsequenz, da es sich auf eine gefestigte, langjährige Tradition stützt.

---

195 Siehe eine Darstellung des griechischen Strafrechts in: Mezger/Schönke/Jescheck (Hrsg.) Das ausländische Strafrecht der Gegenwart Bd. III, 1959. Der Allgemeine Teil dargestellt von Mangakis, S. 255ff. und der Besondere Teil dargestellt von H. Gafos, S. 323ff.

Der Schwerpunkt der dogmatischen Auseinandersetzung über eine eventuelle Einführung der Unternehmensstrafe liegt im Schuldgrundsatz, in seinem konkreten Ausdruck als Schuldfähigkeit der juristischen Person. In der neueren relevanten Literatur wird jedoch diese Frage nicht genug berücksichtigt.

1. Schuldfähigkeit der juristischen Personen

a) Schuldgrundsatz und juristische Personen

Die dogmengeschichtliche Entwicklung des Schuldprinzips ist eher bekannt.[196] Eine Erörterung der wichtigsten Punkte, was den Schuldbegriff angeht, erscheint jedoch in zweifacher Hinsicht unerläßlich: erstens bildet der Schuldgrundsatz, wie schon oben gesagt, den Schlüssel für die Beantwortung unserer Frage und zweitens hat er in der neuesten einschlägigen Literatur nur wenig Beachtung gefunden.

Der Meinungsstand über die Schuldfrage wird im Rahmen der folgenden Erörterung – soweit relevant – abgehandelt. Ausgangshypothese unserer Überlegungen bildet die Annahme, daß der Schuldgrundsatz in seiner heutigen Gestal die Einführung einer echten Unternehmensstrafe verbietet. Die folgende Darstellung und kritische Betrachtung der Schuldlehre bezweckt die Aufrechterhaltung oder Dementierung dieser Hypothese.

aa) Allgemeine Schuldlehre

Es gibt kein anderes Prinzip in unserem Strafrechtssystem, das eine so fundamentale und emblematische Bedeutung nicht nur für das System selbst, sondern auch für unsere gesamte Kultur und Rechtstradition aufweist.

Das Schuldprinzip gilt als "das älteste europäische Kulturgut" und sein Hauptgedanke findet sich schon im früheren griechischen und im römischen Recht.[197]

Der Grundsatz "nulla poena sine culpa" genießt sowohl nach deutschem, als auch nach griechischem Recht Verfassungsrang und hat unser Strafrechtsdenken entscheidend geprägt.

Er weist übrigens eine doppelte Funktion im Strafrechtssystem auf: erstens begründet er die Strafe, so daß sie ohne Schuld unzulässig ist – Ausfluß dieser

---

196 Siehe dazu Achenbach Hans, Historische und dogmatische Grundlagen der strafrechtssystematischen Schuldlehre, 1974.

197 Jescheck/Weigend, AT, 5. Aufl. 1996, § 4 I, S. 23.

Funktion ist das Verbot der Erfolgshaftung – und zweitens limitiert er die Strafe, so daß sie das Maß der Schuld nicht überschreiten darf.[198]

Nach deutschem Recht wurzelt der Schuldgrundsatz in der vom Grundgesetz vorausgesetzten und in Art 1 Abs. 1 und 2 Abs. 1 GG geschützten Würde und Eigenverantwortlichkeit des Menschen, die vom Gesetzgeber bei der Ausgestaltung des Strafrechts zu berücksichtigen sind.[199]

Das griechische Strafrecht gewährleistet direkt und expressis verbis den Schuldgrundsatz, indem es die Straftat als eine "rechtswidrige und schuldhafte Handlung" im § 14 gr. StGB definiert.[200]

Abgesehen von diesem unmittelbaren gesetzlichen Bekenntnis, wird der Schuldgrundsatz auch von der geltenden griechischen Verfassung aus dem Jahre 1975 garantiert. Dies ergibt sich direkt aus der Gewährleistung der Menschenwürde (Art. 2 Abs. 1) und aus der freien Entfaltung der Persönlichkeit (Art. 5 Abs. 1 gr. Verf).[201]

Genauso richtig ist die Gründung des Schuldgrundsatzes auf dem Rechtsstaatsprinzip, da hierdurch der Willkür der staatlichen Gewalt eine Grenze gesetzt wird.[202]

Das gleiche gilt auch für Deutschland, wo insbes. nach den Erfahrungen der NS-Zeit der Schuldgrundsatz als Schutz – als "Magna Charta" – des Verbrechers zu verstehen ist.[203]

Im Laufe der Zeit war das Schuldprinzip verschiedenen Modifikationen unterworfen und seine Entwicklung weist einen merkwürdigen Ablauf auf; nachdem es Jahrhunderte gedauert hat, bis das Schuldprinzip in seiner aktuellen Gestaltung sich durchgesetzt hat, wird es heute von verschiedenen Richtungen stark ange-

---

198 Über die Schuld als strafbegründendes und strafbegrenzendes Prinzip siehe: Kaufmann A., Das Schuldprinzip, 1976, 15ff.; über die Schuld als Strafzumessungsfaktor, Sch/Schr./Stree, 26. Aufl. § 46, Rn. 8-9; SK-Horn, 7. Aufl. Stand von Januar 2001, § 46, Rn. 41ff.; Roxin, AT, § 3 I, Rn 48ff.

199 Siehe: BVerfG 6, 389, 439; 7, 305, 319; 9, 167, 169; 20, 323, 331; 25, 269, 285; 28, 386, 391; 41, 121, 125; 45, 187, 228; 50, 133; 54, 100; 64, 271.

200 Androulakis, AT, S. 70, Mangakis, AT, S. 109, 110. Eine solche Definition der Straftat liegt auch dem deutschen Strafrecht zugrunde; sie wurde nämlich vom BGH klar zum Ausdruck gebracht: Straftat = tatbestandsmäßige, rechtswidrige und schuldhafte Handlung, BGHSt. 1, 131, 132; BGHSt 19,20,35.

201 Androulakis, Der Einfluß der Verfassung von 1975 auf das private und auf das öffentliche Recht, 1978, S. 65; Spinellis, Fünf Jahre seit dem Inkrafttreten der Verfassung von 1975, S. 222.

202 Mangakis, AT, S. 250, 251.

203 Bock, ZStW 1991, 636ff.; Stratenwerth, Die Zukunft des strafrechtlichen Schuldprinzips, 1977, S. 8ff.; Lackner, FS für Kleinknecht, 1985, S. 246f.

griffen.[204] Die Kritik reicht erstaunlich weit, bis zur Forderung seiner ersatzlosen Abschaffung.[205]

bb) Entwicklung des Schuldbegriffs

(1) Klassischer Schuldbegriff

Auf der ersten Stufe dieser Entwicklung steht der psychologische oder klassische Schuldbegriff.[206] Danach ist Schuld "jene Beziehung der Täter zu dem eingetretenen rechtswidrigen Erfolg, an welche die rechtliche Verantwortlichkeit geknüpft ist".[207] Nach der Grundhaltung dieser Schuldauffassung waren zwei Elemente für die Erhebung des Schuldvorwurfs unerläßlich: die Zurechnungsfähigkeit und die subjektive Beziehung des Täters zu seiner Tat, nämlich Vorsatz und Fahrlässigkeit.[208]

(2) Normativer Schuldbegriff

Als Ergänzung und Weiterentwicklung dieses Schuldbegriffs trat später der heute noch herrschende normative Schuldbegriff in den Vordergrund.[209]

Schuld ist nach dieser Auffassung die individuelle Vorwerfbarkeit.[210] Die innere Beziehung des Täters zu seiner Tat wird auf der Grundlage wertender Kriterien festgestellt, im Gegensatz zum psychologischen Schuldbegriff, wonach rein psychologische Erwägungen den Ausschlag geben.[211]

Der Kern des verbrecherischen Verhaltens befindet sich nunmehr in der Vorwerfbarkeit der strafbaren Handlung, als eine axiologische Bewertung.[212] Der

---

204 Vgl. Roxin, AT, § 19.

205 Zum heutigen Stand der Schuldlehre siehe: Maurach/Zipf, AT, Bd. I, 8. Aufl. § 30 III, S. 428ff.

206 Axiologische Heimat dieser Auffassung war der deutsche Idealismus; dadurch lassen sich auch die Vergeltungszüge dieser Auffassung rechtfertigen.

207 F. v. Liszt, Lehrbuch, 8. Aufl. S. 154; Binding, Die Lehre vom Verbrechen, 10.; näher hierzu: Jescheck/Weigend, AT, § 38, S. 420; Maurach/Zipf, AT, 8. Aufl. 1992, Bd.I, § 30 II, S. 419; Androulakis, AT, S. 459ff ; Mangakis, AT 1982, S. 255; Chorafas, AT, 1978, S. 232; Achenbach Hans, Schuldlehre, S. 62ff.

208 Jescheck/Weigend, AT, S. 420; Maurach/Zipf, AT, 8. Aufl. 1992, Bd. I. § 30 Rn. 15ff.; Androulakis, AT, S. 459.

209 Grundlegend hierzu Jakobs, AT, 17/7ff.

210 Frank, Aufbau des Schuldbegriffs, 1907, S. 11.; Achenbach, a.a.O., S. 97ff.; Jakobs, AT, 17/16.

211 Achenbach, a.a.O., S. 62ff.

212 Mangakis, AT, S. 279.

Schuldbegriff wird durch ein drittes Element, die Zumutbarkeit, bereichert. Der Täter muß in der Lage sein, die Normwidrigkeit seines Verhaltens zu erkennen und sich normgemäß zu motivieren; anderenfalls hat der Vorwurf seitens der strafrechtlichen Gewalt keinen Sinn.[213]

Damit gelangte man aber zum altbekannten, ungelösten Problem der Willensfreiheit, das die Strafrechtswissenschaft immer wieder vor erhebliche Schwierigkeiten stellt.[214]

Kennzeichnend für diese Schuldlehre ist die Formulierung des BGH in seinem berühmten Plenarbeschluß aus dem Jahre 1952, in dem es um die Anerkennung des Verbotsirrtums ging.

Erst damals hat der BGH die Schuld als Vorwerfbarkeit wegen mißbrauchter Willensfreiheit erfaßt und sich damit der indeterministischen Sichtweise angeschlossen.[215]

Die normative Schuldauffassung ist nicht eindimensional, sondern in vielen verschiedenen Richtungen aufgespalten. Die herrschende Meinung stellt auf das Andershandelnkönnen des Täters ab.[216] Der innere Grund des Schuldvorwurfs liegt dann im Mißbrauch menschlicher innerer Freiheit.[217] Genau in diesem Punkt liegt aber auch die Achillesferse des normativen Schuldbegriffs und das ist wieder der Drehpunkt aller Überlegungen, aller Zweifel und aller Kritik am Schuldprinzip.

---

213 Siehe Welzel, Das deutsche Strafrecht, 11. Aufl. 1969, S. 138ff.; LK-Hirsch, 11. Aufl. 1994, vor § 32, Rn. 187.

214 Näher zum Meinungsstand: LK-Jescheck, 11. Aufl. 1993, vor § 13, Rn. 73ff.; LK-Jähnke, 11. Aufl. § 20 Rn. 7ff.; Sch/Schr/Lenckner, 26. Auf., vor § 13, Rn. 118-119; zusammenfassend: Dreher, Die Willensfreiheit, 1987, S. 52.

215 BGHSt. 2, 194.; Vertreter des normativen Schuldbegriffs in Griechenland war Tzortzopoulos. Er hat zum ersten Mal den Vorsatz und die Fahrlässigkeit "Schuld" genannt. Wegen der Verwendung dieses Terminus wurde er heftig von Prof. Iliopoulos angegriffen, der ein Vertreter, genau wie der ältere Kostis, des psychologischen Schuldbegriffs war. Siehe: Iliopoulos, System des griechischen Strafrechts, 4. Aufl. 1927. Schuld ist die Vorwerfbarkeit des Willensvorgangs. Dieser Vorwurf ist nur gegen den gereiften, normalen Menschen gerechtfertigt, dessen Willensvorgang in seinem Verlauf frei von jedem äußeren Zwange steht. Der Mensch ist der freie Schöpfer seiner Taten, er ist das Instrument von niemandem. Tzortzopoulos, Schuld, S. 32f.

216 Androulakis, AT, S. 461; Chorafas N., Strafrecht, S. 230; Mangakis, AT, S. 282ff.; Georgakis, Strafrechtslehre 1991, S. 303; Sch/Schr/Lenckner, 26. Aufl., vor § 13, Rn. 118-119; BGHSt. 2, 200.; Jescheck/Weigend AT, § 39, S. 426ff.

217 BGHSt. 2, 194; an dieses Verständnis knüpft auch BVerfG 22, 49 80 und 27, 18, 33.

Die umfangreiche Gesamtdiskussion über Freiheit (*Indeterminismus*) und Unfreiheit (*Determinismus*) im Strafrecht muß im Rahmen dieser Untersuchung aus zweierlei Gründen außer Acht bleiben:

Der erste praktische Grund dafür ist einfach die Tatsache, daß eine solche Erweiterung der Untersuchung keinen Bezug mehr an unserer zentralen Frage aufweist.

Der zweite Grund ist unsere prinzipielle Überzeugung, daß der Streit über die Beweisbarkeit der Willensfreiheit im strafrechtlichen Konzept keine brauchbaren Erkenntnisse für die Rechtfertigung des Schuldprinzips anzubieten hat, auch wenn die Willensfreiheit als bewiesen angenommen würde.

Das Freiheitsproblem stellt ein rechtsphilosophisches, komplexes Problem dar, das mit heiklen, schwer zu beantwortenden Fragen verbunden ist. Der Ausgangspunkt unserer Überlegungen liegt einen Schritt weiter von dem auch heute noch fortgesetzten Streit über Determinismus oder Indeterminismus im Strafrecht.[218]

Unsere Argumentation stützt sich nämlich auf die Annahme, der Mensch sei im Prinzip ein freientscheidendes und freihandelndes Wesen, das für seine Handlungen oder Unterlassungen in volle Verantwortung gezogen werden könne und solle.[219] Dies entspricht den grundlegenden gesellschaftlichen und rechtlichen Überzeugungen der Gegenwart und bildet die Grundannahme unserer verfassungsrechtlichen Ordnung.

Wir gehen davon aus, daß der Mensch sowohl von der Gesellschaft als auch von der Rechtsordnung als freies Subjekt angesehen wird.

Die Vorstellung einer eventuellen Niederlage dieser Ausgangshypothese, die von der prinzipiellen menschlichen Freiheit ausgeht, wie sie in unserem gesellschaftlichen und rechtlichen System fest verankert ist, und der Durchsetzung einer deterministischen Auffassung, die von der Ablehnung dieser prinzipiellen Freiheit des Menschen ausgeht, scheint erschreckend zu sein.[220]

Die gesamte Entwicklung und der heutige Stand des Schuldprinzips waren jedoch immer mit dem ewigen Problem der Willensfreiheit verbunden und alle Schuldauffassungen versuchen dieses Problem entweder zu lösen oder zu umgehen.

Die verschiedenartigen Wandlungen dieses Prinzips waren schon immer der Ausfluß des Versuchs der Wissenschaft, das Problem der menschlichen Willens-

218 Siehe dazu Dreher, Die Willensfreiheit.

219 Die Griechen nannten diese prinzipielle menschliche Freiheit zur Selbstbestimmung "autarkia" =Autarkie.

220 Siehe dazu: Naucke Strafrecht, Eine Einführung, 7. Aufl. 1995, § 7, S. 221, 228ff.

freiheit – welche weitgehend unbeweisbar ist – aus der Strafdogmatik auszuklammern.[221]

Unter diesem Blickwinkel sind die verschiedenen Modifikationen des Schuldbegriffs anzusehen, die allesamt unter einen gemeinsamen Nenner gebracht werden können: sie versuchen nämlich die Unbeweisbarkeit der Willensfreiheit, wie sie sich durch das Andershandelnkönnen des Täters im Schuldurteil einschleicht, auszuweichen und den Schuldvorwurf vom individuellen sittlichen Vorwurf zu befreien.

(3) Sozialer Schuldbegriff

Der soziale Schuldbegriff, als eine weiche Form dieser Tendenz, versucht das Problem dadurch zu umgehen, daß er vom sozialen und nicht vom individuell-sittlichen Vorwurf spricht.[222]

Abgestellt wird danach auf das Zurückbleiben des Täters hinter den Leistungen eines maßgerechten Menschen. Diese Schuldauffassung wurde von *Roxin, Jescheck, Lackner und Krümpelmann* vertreten.

Der Schuldvorwurf ist nunmehr als sozialer und nicht als sozialethischer Vorwurf zu begreifen. Der bedeutendste Unterschied zum normativen Schuldbegriff ist inhaltlicher Natur.

Man kann, im Rahmen dieses sozialen Schuldbegriffs, zwei Richtungen unterscheiden:

– Eine restriktive, wonach die Schuld nur inhaltlich modifiziert erfaßt wird; die Entscheidungsfreiheit der Person bleibt weiterhin bestehen, nur daß sie nunmehr an den Anforderungen des sozialen Bereichs ausgerichtet ist[223] und

– Eine extensive soziale Schuldauffassung (sozialer Schuldbegriff i.w.S) wonach das Andershandelnkönnen des Täters bewußt aus dem Schuldvorwurf ausgeklammert wird.

Der Schuldvorwurf besteht nunmehr allein in der Feststellung des Zurückbleibens des Täters hinter bestimmten sozialen Anforderungen.

Maßgebend dafür ist nur, daß der Täter normativ ansprechbar ist. Auf die Erhebung eines persönlichen Schuldvorwurfs wird völlig verzichtet und die Freiheitsfrage wird kaum gestellt.[224]

---

221 Roxin, ZStW 1984, 641ff.; Mangakis, AT, S. 284ff.

222 Lackner/Kühl, vor § 13 Rn. 23; ders., FS für Kleinknecht, 1985, S. 251ff.; LK-Jescheck, vor § 13, Rn. 74

223 Lackner/Kühl, vor § 13 Rn. 23; ders., FS für Kleinknecht, 1985, S. 251; siehe auch Maiwald, Gedanken zu einem sozialen Schuldbegriff, in: FS für Lackner 1982, S. 149.; LK-Jescheck, 11. Aufl. vor § 13 Rn. 74, 78; Jescheck/Weigend, AT, § 39 III, 2.

Schünemann spricht von "einem an die Unbeweisbarkeit der Handlungsfreiheit anknüpfenden und damit epistemischen weichen Determinismus" dieser Ansicht.[225] Er bezeichnet diese Konstruktion ferner als "eine dogmatische Mißgeburt, die die Probleme nicht löst, sondern nur verschleiert".[226]

(a) Modifikationen des sozialen Schuldbegriffs – Relativierte Schuldtheorien

In den weiteren Rahmen des sozialen Schuldbegriffs sind auch die relativierten Schuldtheorien als die konsequente theoretische Weiterführung dieses Begriffs einzuordnen und abzuhandeln.

Ausgangspunkt dieser Theorien bildet die Annahme, Schuld sei nur unter dem Gesichtspunkt des Zweckgedankens zu erfassen, zu konkretisieren oder gar durch ihn zu ersetzen.

Gemeinsames Charakteristikum der relativierten Schuldtheorien stellt die Tatsache dar, daß allesamt von der prinzipiellen Ablehnung der strafbegründenden, d.h. der legitimierenden Funktion der Schuld ausgehen.

Hinter dieser Ablehnung steckt die Abneigung gegen den ethisch – fundierten Schuldvorwurf, der auf das Kriterium der Zumutbarkeit abstellt, also das Andershandelnkönnen des Täters als Ausdruck der menschlichen Willensfreiheit. Im Endeffekt versuchen alle relativierten Schuldtheorien die Frage der menschlichen Willensfreiheit zu vermeiden.

Im Rahmen dieser Schuldkonzeption haben sich verschiedene Strömungen herausgebildet.

(aa) Die Konzeption Roxin's

Als erste ist die relativ weiche Konzeption Roxins zu nennen, der eine Verbindung des Schuldurteils mit dem Strafziel herzustellen versucht.[227]

Roxin hat nämlich versucht, den Schuldbegriff dadurch zu relativieren, daß er seine legitimierende Funktion in Frage gestellt hat. Sein Ausgangspunkt liegt in dem mit der Strafe erzielten Zweck, der sich auf präventive Erwägungen be-

---

224 Albrecht, Unsicherheitszonen des Schuldstrafrechts, GA 1983, 193ff.

225 Schünemann, Entwicklung der Schuldlehre in: Hirsch/Weigend (Hrsg.) Strafrecht und Kriminalpolitik in Japan und Deutschland 1989, S. 150, Fn.2.

226 Schünemann, Symposium für Tiedemann, S. 284.; ablehnend auch: Stratenwerth, FS für Schmitt, 1992, S. 300.

227 Entwickelt in: Kriminalpolitik und Strafrechtssystem, 2. Aufl. 1973, S. 33ff.; MSchrKrim 1973, 316ff.; FS für Henkel, 1974, S. 171, 181ff.; FS für Bockelmann, 1979, S. 279ff.; ZStW 1984, 641ff.; AT, § 19 .

schränkt, während die verhängte Strafe in den Grenzen der Schuld ihre Schranke finden muß.[228]

Nur dort wo das Strafrecht erwarten kann, daß ein präventives Ziel erreichbar ist, kann es sinnvoll sein, den Täter zur Verantwortung zu ziehen. "Es kommt nicht entscheidend auf das Andershandelnkönnen, sondern darauf an, ob der Gesetzgeber den Einzelnen für sein Tun unter strafrechtlichen Gesichtspunkten zur Verantwortung ziehen will. Die Verantwortlichkeit ist also der Bereich, in dem täterbezogene Kriminalpolitik unmittelbar in die Strafrechtsdogmatik eindringt".[229]

Als Oberbegriff wird die "Verantwortlichkeit" benutzt, die sowohl Prävention als auch Schuld miteinbezieht, der Schuld aber nur eine strafbegrenzende Funktion zuweist.[230]

Diese Konzeption ist als ein Bemühen um Relativierung oder vielleicht Konkretisierung des Schuldurteils zu verstehen; sie will ferner ein gewichtiges Element aus dem klassischen Schuldbegriff entfernen: die Beziehung der Schuld zum begangenen Unrecht.

Das Schuldurteil bedeutet nunmehr, daß man etwas zweckvolles mit dem Straftäter anfangen kann.

Diese Verwässerung des Schuldbegriffs liegt ganz auf der Linie der *défense sociale nouvelle*, wonach der repressive Charakter der Strafe zurückzutreten hat im Rahmen eines rationalen Behandlungssystems, in dem der Strafrichter die Möglichkeit haben soll, alternativ oder kumulativ Strafen oder Maßnahmen frei einzusetzen.[231]

Den gleichen Versuch wie Roxin hat in der griechischen Lehre Chorafas unternommen, indem er den Begriff "Schuld" durch den Begriff der "Zurechnung" ersetzen wollte.[232]

Dieser Ansicht nach geht aber die Legitimierungsfunktion der Schuld in verfassungswidriger Weise verloren.[233]

Im Endeffekt räumt der Ansatz Roxins dem Präventionsgedanken den Vorrang ein; bei Roxin erfolgt dies aber in einer raffinierten Weise[234]

228 Kaufmann, Jura 1986, 225.
229 Roxin, FS für Henkel, S. 182.
230 Roxin AT, § 3 Rn. 36ff. I, 193ff.
231 Die Idee der Verantwortlichkeit beruht auf Gesichtspunkten der "défense sociale nouvelle" von Marc Ancel. Näher hierzu: Androulakis, Schuldbemessung und personale Identität, ZStW 1970, 496ff.
232 "Katalogismos" (= Zurechnung) statt "enochi" (= Schuld). Ähnlich auch Art. 14 und Art. 26ff. des Allg. Teils des gr. StGB, der im wesentlichen ein Werk von Nikolaos Chorafas ist.
233 Androulakis, ZStW 1970, 501.

(bb) Die Konzeption Jakobs – *Der funktionale Schuldbegriff*

Einen Schritt weiter geht der funktionale Schuldbegriff von *Jakobs*, der eine revolutionäre Konzeption entwickelt hat: "*Es geht nicht um das, was der Delinquent verdient hat, sondern um das zur Erhaltung des Vertrauens Notwendige*".[235]

Er hat nämlich versucht den Schuldbegriff ausschließlich unter Strafzweckgedanken ohne jegliche Bezugnahme zum Vorwurf zu erfassen. Schuld ist danach nur "ein Derivat der Generalprävention".[236]

Jakobs hat nach Schünemann "*die Axt an die Wurzel des intakten Schuldbegriffs gelegt*"[237] und dem herkömlichen Schuldbegriff einen schweren Schlag versetzt. Die Schuld wird nunmehr als ein inhaltsleerer Begriff erfaßt, der nur durch den Zweck gerechtfertigt und normativiert wird.[238]

Die Regeln der Schuldzurechnung würden hiernach ausschließlich der sozialen Funktion des Strafrechts, d.h. der Normstabilisierung dienen.

Der Ansatz Jakobs kann, trotz seiner fraglichen dogmatischen Haltbarkeit, als die konsequenteste Fortentwicklung des sozialen Schuldbegriffs bezeichnet werden.

Dieser inhaltlich modifizierte Schuldbegriff hat aber keinen Bezug mehr zur Verantwortung des Täters, denn er bestimmt bloß die Eignung und die Erforderlichkeit der Strafe.

In dieser Hinsicht erweist sich die Konzeption Jakobs als revolutionär, da sie einen neuen Begründungsansatz für das Schuldprinzip gewählt hat, welcher in den generalpräventiven Komponenten der Strafe konkretisiert wird.

Hinter der Konzeption Jakobs steckt der systemtheoretishe Ansatz *Luhmanns*.[239] Wenn man die Theorie Luhmans mitberücksichtigt, erscheint die Ansicht Jakobs (Gleichgültigkeit, Gegnerschaft in Bezug auf die axiologische Fundierung des Schuldprinzips) durchaus verständlich und gerechtfertigt. Luhmann trennt absichtlich die Errichtung oder Aufrechterhaltung einer Ordnung, hier der rechtlichen, von jeglicher Axiologie.[240] Das Schuldurteil wird ziemlich fugenlos

---

234 Hirsch, ZStW 1994, 756, 757; Roxin selbst hat bei dem deutsch-polnischen Kolloquium 1994 die Beschränkung des Schuldprinzips auf die strafbegrenzende Funktion als "abwegig" bezeichnet.

235 Jakobs, Schuld und Prävention, 1976, S. 33.

236 Jakobs, AT, 17/18ff.; ders., Schuld und Prävention, 1976, S. 8ff.; ders., Das Schuldprinzip, 1993.

237 Schünemann, Entwicklung der Schuldlehre in Deutschland, S. 157.

238 Jakobs, Schuld und Prävention, S. 14.; ders. AT, 17/22.

239 Luhmann N., Rechtssoziologie, 3. Aufl. 1987.

240 Luhmann, Rechtstheorie, S. 131ff. Nach der Auffassung Luhmanns brauchen die modernen Rechtsordnungen den Schuldbegriff nicht. Er hält den Schuldbegriff für

in das gesamte System des Strafrechts als dessen Subsystem eingepaßt und erhält nur eine dienende Rolle gegenüber den Strafzielen. Diese Ziele werden nur insoweit zugelassen, als sie die Rationalität unserer Rechtskultur spiegeln, auf empirisch feststellbare Erfolge gerichtet und präventiver Natur sind. Das Strafziel der Vergeltung oder des Ausgleichs für begangenes Unrecht bleibt notgedrungen draußen.

Damit wird aber nicht nur eine – vielleicht wünschenswerte – Folgenberücksichtigung durchgeführt; es wird vielmehr durch die weitgehende Funktionalisierung des Schuldbegriffs "die semantische Brücke zum Alltagsverständnis der Schuldidee abgebrochen".[241]

Die Theorie Jakobs widerspricht nämlich dem gesellschaftlichen "common sense". Abgesehen davon geht auch jede Beziehung der Schuld und damit der Strafe zum individuellen Handeln verloren. Wenn man auf Generalprävention abstellt, kann man u.U. auch in verhältnismäßig harmlosen Fällen hart strafen, wenn das, wie es im StGB heißt, "zur Verteidigung der Rechtsordnung" notwendig ist.

Der Schuldbegriff verliert seinen autonomen Inhalt und wird ausschließlich durch generalpräventive Zwecke bestimmt.

Welche diese Zwecke sein könnten, bleibt offen und gerade an dieser Stelle zeigt sich deutlich die Gefährlichkeit der jakobschen Lehre.[242]

Es ist nicht nur die Theorie Jakobs, die die herkömmliche Schuldlehre auf eine harte Probe gestellt hat; der Schuldgrundsatz wird vielmehr einer auch sonst heftigen Kritik ausgesetzt, die sich bis zur Forderung seiner ersatzlosen Streichung erstreckt.[243]

---

verantwortlich dafür, daß in diesen Rechtsordnungen die wissenschaftliche Erklärung abweichenden Verhaltens an unüberwindbare Grenzen stößt. Luhmann, Rechtssoziologie, S. 58.

241 Schünemann, Entwicklung der Schuldlehre, S. 158.; siehe auch die Kritik Schünemanns an Jakobs Lehre in: Grundfragen des Strarechtssystems, 1984, S. 179ff.

242 In die gleiche Richtung auch Achenbach, in: Schünemann, Grundfragen des modernen Strafrechtssystems 1984, S. 135ff.; Streng, ZStW 1980, 636ff.; ders., ZStW 1989, 273ff.; Haffke, MSchrKrim 1975, 40, 53f.; Schuld als Prävention wurde zuerst von Noll im Jahre 1966 vertreten, FS für Mayer, 1966, S. 219ff.
Kritisch: Kaufmann, FS für Wassermann, S. 892; ders., Jura 1986, 229; kritisch auch Spyrakos, Die kritische Funktion des Rechtsgutsbegriffs, 1996, S. 73ff.

243 Plack, Plädoyer für die Abschaffung des Strafrechts, 1974; Kargl, Kritik des Schuldprinzips, 1982, S. 198ff.; Danner, Tatvergeltung oder Tätererziehung, 2. Aufl. 1972, S. 45f, 90ff.

(cc) Ersetzung der Schuld?

Unter diesem Blickwinkel ist die Konzeption *Hassemers* zu betrachten. Während Jakobs das Schuldprinzip zumindest als Derivat der Generalprävention erhalten will, geht der Ansatz Hassemers noch einen Schritt weiter. Er befürwortet die Ersetzung dieses Prinzips durch den Verhältnismäßigkeitsgrundsatz.[244]

Das Schuldurteil als Schuldvorwurf soll entfallen und an seine Stelle sollte das Verhältnismäßigkeitsprinzip treten. Damit werde auch erreicht, und das ist das Hauptanliegen dieser Theorie, daß die Strafe ihren Vorwurfscharakter verlöre.[245]

Das Verhältnismäßigkeitsprinzip ist aber ein formales und kein materielles Prinzip, das auf die Optimierung und jeweils größtmögliche Wirksamkeit zwischen kollidierenden Rechtsgütern ausgerichtet ist.[246]

Von daher scheint die Tauglichkeit des Verhältnismäßigkeitsgrundsatzes als Ersatzmittel durchaus fraglich. Der ganze Versuch Hassemers kann ferner als "ein Schritt nach rückwärts" begriffen werden. Vor allem würde der Ersatz der Schuld- durch das Verhältnismäßigkeitsprinzip zu einem Erfolgsstrafrecht führen.[247] Die Entfernung der Schuld würde praktisch die Entstehung eines reinen Maßnahmenrechts begünstigen.[248]

cc) Kritische Bemerkung und Stellungnahme

Die herrschende Schuldauffassung, wonach Schuld eine zwingende Voraussetzung der Legitimität der Strafe darstellt, muß den Vorrang verdienen.

Nur eine solche Schuldfunktion, die ihrerseits auf der gewollten menschlichen Entscheidung zum Unrecht basiert, steht mit der verfassungsrechtlich geschützten Menschenwürde in Einklang. Hiermit wird nämlich die Instrumentalisierung der

---

244 Ellscheid/Hassemer, Strafe ohne Vorwurf in: Civitas. Jahrbuch für Sozialwissenschaften 9 Bd. 1970, S. 27ff.; Hassemer, Alternativen zum Schuldprinzip in: Baumgartner/Eser, Schuld und Verantwortung, S. 89ff.; Lüderssen/Sack, (Hrsg.), Seminar abweichendes Verhalten, II, 1, 1975, S. 266ff.

245 Ellscheid/Hassemer, a.a.O., S. 27ff.

246 Hesse, Grundzüge des Verfassungsrechts der BRD, 20. Aufl. 1995, § 2 Rn. 72, S. 28.

247 So die Kritik Kaufmanns in: FS für Lange 1976, S. 35. Über die Erfolgs- und Schuldhaftung als Kategorien geschichtlicher Betrachtung siehe ferner Mangakis in: ZStW (1971), 283ff. Kritisch auch: Stratenwerth, Die Zukunft des strafrechtlichen Schuldprinzips, S. 36ff.; vgl. auch die Kritik Haffkes in: MSchrKrim 1975, 46,50. Jakobs, Schuld und Prävention, S. 7.

248 Baurmanns Auffassung in: Zweckrationalität und Strafrecht, 1987, S. 223ff.; ders., in: Abweichendes Verhalten, IV, 1980, S. 211ff., 242ff.

Person vermieden. Ohne die strafbegründende Funktion der Schuld wäre der Mensch, wie es Kant zutreffend formuliert hat, unter den Gegenständen des Sachenrechts einzuordnen. Durch den Schuldvorwurf sind nach Hegel Tat und Strafe als Sinnzusammenhang und nicht als unvernüftige Sequenz zweier Übel zu begreifen.

Die vorwiegend auf dem Präventionsgedanken basierende relativierten Schuldtheorien werden von der h.M. ganz mit Recht aus folgenden Gründen abgelehnt:[249]

– Sie verwechseln den Grund mit der Folge. Die Schuld und der durch die Strafe erzielte Zweck sind im Grunde genommen zwei diametral verschiedene Größen und dürfen nicht unter einen Nenner gebracht werden, wie es Roxin vorgeschlagen hat. Es darf ferner keineswegs, wie es Jakobs versucht hat, das eine durch das andere bestimmt und gerechtfertigt werden. Die Schuld und der Zweck sind zwei konträre Begriffe und nur als solche müssen sie sich gegenseitig ergänzen. Schuld bezieht sich auf die Vergangenheit, während Prävention durch die Strafe in die Zukunft blickt.[250]

– Der zweite gewichtige Einwand gegen die relativierten Schuldtheorien beruht auf dem Gedanken, daß diese Theorien ganz außerhalb des geltenden verfassungs- und strafrechtlichen Rahmens liegen.

Argumente, die sich primär aus dem Verfassungsrang des Schuldprinzips ergeben, werden in diesem Zusammenhang geltend gemacht (Mißachtung der Menschenwürde).

So fortschrittlich, funktionsfähig und vielleicht auch attraktiv die präventiven Theorien auch erscheinen mögen, es könnte ihre konsequente Durchsetzung eine unerträgliche Verletzung sowohl der verfassungsrechtlich geschützten Menschenwürde, als auch des Rechtsstaatlichkeitsprinzips mitsichbringen.

Der Grundgedanke dieser Theorien liegt mehr oder weniger in dem Versuch, den Schuldbegriff von seinem normativen Inhalt zu befreien und ihn demzufolge zu funktionalisieren.[251]

Durch den Zugriff auf irgendwelche äußeren Faktoren, hier auf die generalpräventive Komponente der Strafe, wird der Schuldbegriff neutralisiert und zu einem inhaltsleeren Begriff verwandelt, der erst vom Sanktionszweck ausgefüllt

---

249 Siehe dazu: Hirsch, ZStW, 1994, 754,755.

250 Hirsch, FS Uni Köln, 1988, S. 399ff.; Hirsch/Weigend, Strafrecht und Kriminalpolitik in Japan und Deutschland, 1989, S. 65ff.; auch LK-Jescheck, 11 Aufl. vor § 13 Rn. 24, 72; Sch/Schr/Lenckner, 26 Aufl. vor § 13 Rn. 117, 117a; Giannidis, StGB Kommentar, § 14, Rn. 77, S. 83.

251 Siehe dazu: Schünemann, in: FS für Schmitt, S. 133ff.

werden muß. An die Stelle der Entscheidungsfreiheit tritt die Prognose, die aber mit aller Sicherheit als unsicher bezeichnet werden kann.[252]

Wenn aber die Schuld über keinen normativen Inhalt verfügt, könnte sie leicht von den jeweils herrschenden Vorstellungen einer Gesellschaft, auch von einem unfreien Unrechtsregime, manipuliert werden, da sie der "unkontrollierbaren Verfügungsmacht gesellschaftlichen Zweckdenkens" unterworfen ist.[253]

Gerade in diesem Punkt liegt die Gefährlichkeit dieser Theorien, die anhand eines starken Formalismus zu einer gefährlichen Funktionalisierung des Strafrechts führen können.

Der Schuldgrundsatz ist aber nach richtigem Rechtsverständnis zugunsten des Beschuldigten mit Verfassungsrang ausgestattet und aus diesem Grund steht er nicht zur Disposition von Zwecken und Zielsetzungen.

Schünemann betont mit Recht, daß der Schuldgrundsatz auch nicht zur Disposition einer sozialtechnologischen Theorie – der Systemtheorie – steht.[254]

Insbesondere der Theorie Jakobs steht der Haupteinwand entgegen, daß die Normstabilisierung nicht wie ein Selbstzweck zu erfassen ist, da hinter ihr der Schutz menschlicher und sozialer Rechtsgüter steht.[255]

Wenn aber die Schuld nicht als ein eigenständig fundiertes Prinzip erfaßt wird, das die staatliche Reaktion auf das Verbrechen legitimieren kann, so geht auch ihre Schutzfunktion verloren. Das Fehlen oder der Ersatz dieses normativen Prinzips durch andere Prinzipien wäre nur in einem Staat, in dem der Grundsatz "der Zweck heiligt die Mittel" herrscht, denkbar.[256]

---

252 Über die Kriminalprognose und ihre Probleme siehe: Kaiser, Kriminologie, 10. Aufl. 1997, § 43, S. 407ff. Eisenberg, Kriminologie, 4. Aufl. 1995, §§ 18 und 21; Frisch, Prognoseentscheidung im Strafrecht, 1983; Jung, FS für Pongratz, 1986, S. 251ff. Man spricht in dieser Hinsicht vom Schuldnominalismus im Gegensatz zum Schuldrealismus der h.L., die die Schuld für eine a priori feststehende, nicht veränderbare und als solche real existierende Größe, an der die Sanktion ausschließlich oder vorwiegend bemessen wird, hält. Siehe: Kaufmann, Jura 1986, 230.

253 Hirsch, ZStW 1994, 759.

254 Schünemann, Entwicklung der Schuldlehre, S. 159.; Hauptziel eines sozialwissenschaftlich orientierten Strafrechts ist ohnehin die Zerstörung des vergeltenden Schuldstrafrechts. Ausführlich dazu: Naucke, die Sozialphilosophie des sozialwissenschaftlich orientierten Strafrechts in: Hassemer/Lüderssen/Naucke, Fortschritte im Strafrecht durch Sozialwissenschaften, 1983, S. 33ff.

255 Der Mörder wird nicht deswegen bestraft, weil er die Norm des § 211 StGB gebrochen hat, sondern weil er ein menschliches Leben vernichtet hat. Hirsch, ZStW 1994, 753. Zur Kritik an der Theorie Jakobs mit weit. Nachweisen siehe Sch/Schr/Lenckner, 26 Aufl. vor § 13, Rn. 117a.

256 Die Verfassungsmäßigkeit der Prävention als straflegitimierendes Prinzip ist ohnehin zweifelhaft, Badura, Generalprävention und Menschenwürde, JZ 1964, 337ff.

Schuld muß genau wie die Strafe einen Inhalt haben, da nur ein normativer Schuldbegriff einem freiheitlichen Rechtssystem zugrundegelegt werden kann.[257] Viele Autoren haben die Verfassungswidrigkeit dieser Lehren betont [258] und sie mit harten Worten kritisiert.[259]

Wenn auch übertrieben, enthalten diese Bemerkungen eine wichtige Andeutung. Der Versuch der Befreiung von moralisierenden, ethisch-gefärbten Begriffen im Strafrecht könnte zu unerwünschten Ergebnissen führen, da der Inhalt und nicht der Name von Bedeutung ist, und Begriffe wie Verantwortlichkeit oder Prävention sind axiologisch gesehen völlig neutral.[260]

Anhand des oben Gesagten, ergibt sich unsere feste Überzeugung, daß man nur auf ein normatives Schuldprinzip abstellen kann.

Grundlage dieser Überzeugung bildet die Tatsache, daß sich ein rechtliches Prinzip nur in seiner axiologischen Dimension, d.h. in dem, was den besonderen Grund seiner Geltung ausmacht, als ein haltbares rechtliches Prinzip erweist. Beim Fehlen eines vorausgesetzten Wertstandpunktes mündet das Rechtliche in einen Dezisionismus ein, der irrationalen Kräften jeglicher Art die Tür öffnet.[261]

Auf dieser Grundlage, muß auch die Frage einer strafrechtlichen Schuldkonzeption, die eine tragbare axiologische Begründung und dogmatische Haltbarkeit mit der zugleich gebotenen Gewährleistung der kriminalpolitischen Interessen kombiniert, gelöst werden.

---

257 Materieller Schuldbegriff: Schuld als die bewußte und gewollte Entscheidung zum Unrecht, zur Verletzung oder Gefährdung eines Rechtsgutes, Kaufmann, Das Schuldprinzip, 1976, S. 127ff.

258 Eine Übertonung des Präventionsgedankens steht in gefährlicher Nähe zu Denkmodellen der 30er Jahre "Recht ist was dem Volke nutzt". Vor solchen Gefahren war in E 1962-BT-Drs. IV/650, 96 - ausdrücklich gewarnt worden. Die Schuld ist aber gerade aufgrund der Erfahrungen in der NS-Zeit gezielt als Schutz vor staatlicher Willkür erfaßt worden. Stratenwerth, Die Zukunft des Schuldprinzips, 1977, S. 29ff.; Schünemann, Grundfragen des modernen Strafrechtssystems, 1984, S. 170ff.; Lackner, FS für Kleinknecht, 1985, S. 245ff.; Bock, ZStW 1991, 636ff. Eine Ersetzung des Schuldbegriffs durch andere, vielleicht fortschrittlich klingende Begriffe weckt nach Schroeder auch historische Bedenken. Schroeder, GA 1984, 39ff.; ders., in: Lampe, die Deutsche Wiedervereinigung, Bd. II. 1993, S. 109ff. Insbes. der Begriff der Verantwortlichkeit stammt aus dem sowjetischen Strafrecht und ist in die Strafgesetzbücher des ehemaligen Ostblocks übernommen worden.

259 Siehe die Kritik Schünemanns in: FS für Schmitt, S. 133ff.

260 Es sei noch bemerkt, daß das normative Element der Zumutbarkeit, das von diesen modernen Schuldtheorien stark kritisiert wird, das Angriffsobjekt der am Nationalsozialismus orientierten Autoren bildete. Näher hierzu: Baratta A., Philosophie und Strafrecht, 1985, S. 321.

261 Habermas, Legitimationsprobleme im Spätkapitalismus 1973, S. 140ff.

Die axiologische Begründung des Schuldprinzips muß nämlich in den grundlegenden Werten unserer Gesellschaft gesucht werden, wie sie in der demokratischen Staatsverfassung positiviert sind.

Als erster Wert kommt die Garantie der Menschenwürde in Betracht. Aus dieser Garantie ergibt sich die herkömmliche Erklärung des materiellen Schuldbegriffs als Ausdruck der autonomen Selbstbestimmung der Person.

Der zweite Wert, der der Schuld eine normative Ausstatung verleihen kann, ist das Prinzip der Rechtsstaatlichkeit. Das Schuldprinzip muß nämlich als Schranke zur staatlichen Macht und gegebenfalls auch Willkür verstanden werden.

Der Schuldbegriff, der von diesen Grundprinzipien ausgeht, findet dort auch seine Schranken. Nur ein solcher Schuldbegriff begreift den Menschen als selbstbestimmendes Wesen und trägt seiner freien Willensbildung Rechnung.

Das Problem der Beweisbarkeit der Willensfreiheit muß bei dieser Definition bewußt ausgeklammert werden, da sie, nach herrschenden sozialen und rechtlichen Vorstellungen, als eine a priori existierende menschliche Eigenschaft angenommen wird.

Der Vorwurf ist seinerseits nicht auf sittliche Anforderungen gegründet, sondern auf die durch das positive Recht zum Ausdruck kommenden rechtlichen Gebote und Verbote, die grundsätzlich um des Rechtsgüterschutzes Willen gesetzt sind.

Durch diese Normen wird nur ein sozial-ethisches Minimum gesichert, das zur Erhaltung der gesellschaftlichen Ordnung unerläßlich ist und welches in der Öffentlichkeit des kollektiven Bewußtseins lebt.[262]

Ein solcher Schuldvorwurf kann ganz bestimmt einen formalisierten Schutz für den Straftäter gewährleisten und nur hierdurch kann ein humanes, freiheitliches Strafrecht seinem Namen gerecht werden.[263]

Kriminalpolitische Zwecke und Notwendigkeiten sind allerdings auch zu berücksichtigen. Ansonsten käme die Strafe nur als Vergeltung in Betracht, was ganz entschieden abgelehnt wird.

Aus dem Schuldvorwurf muß man also die Unerläßlichkeit irgendeines Zwecks ableiten und aus diesem Grund ist der klassische Schuldbegriff der ab-

---

262 In dieser Hinsicht verdienen die Äußerungen Hirschs besondere Beachtung, wenn er nämlich von der Vorstellung der Menschen und vom Menschenbild einer Gesellschaft, in Bezug auf die Bewahrung des Schuldprinzips, spricht. in: ZStW 1994, 764. Im gleichen Rahmen bewegt sich auch die Ansicht Schünemanns, der vom "greifbaren Konzept des freien Subjekts als Teil des dem Strafrecht vorgegebenen sozialen Substrats" spricht: Schünemann, Entwicklung der Schuldlehre, S. 151

263 Otto H., Über den Zusammenhang von Schuld und Menschenwürde, GA 1981, 481ff.

soluten Theorien abzulehnen, da er sich an der reinen destruktiven Vergeltung anlehnt.[264]

Befürwortet wird also eine Verbindung der Schuld im Sinne des oben dargelegten rechtlichen Vorwurfs mit Präventionsaspekten.

Schuld und Prävention, als konträre Prinzipien verstanden, müssen in ein ausgewogenes Verhältnis gebracht werden, wobei aber das Schuldelement seine primäre legitimierende Funktion beibehalten muß.

Die Ausklammerung einer dieser Größen aus dem Strafrecht würde zu unanehmbaren Ergebnissen führen. Das Weglassen der Schuld würde nämlich zum Präventionsstrafrecht führen, während das Weglassen des präventiven Zwecks dem Vergeltungsstrafrecht vergleichbar wäre.

Ein so verstandenes Schuldstrafrecht fügt sich nicht kriminalpolitischen Zweckmäßigkeiten, sondern steht ihnen gleichsam als Gegenpol gegenüber und garantiert die Einhaltung der verfassungsmäßigen Anforderungen.

Dies ist die einzige rechtsstaatliche Konzeption von Recht und Politik. Wenn nicht dem Schuldprinzip, sondern anderen Prinzipien oder Erwägungen den Vorrang eingeräumt wird, droht die Vorstellung einer technokratischen Apparatur, welche mit Strafrecht nach Belieben umgehen könnte.[265]

Als Ergebnis sind mithin die Worte *Franz v. Liszt* hervorzuheben, nämlich daß "*das Strafrecht die unübersteigbare Schranke zur Kriminalpolitik ist*".[266]

b) Versöhnung des Schuldbegriffs mit der "juristischen Person"?

Ausgehend von diesen Erkenntnissen und der hier vertretenen Schuldauffassung muß nunmehr geprüft werden, ob ein derartiger Schuldbegriff auf juristische Personen anwendbar wäre.

Die Schuldfähigkeit der juristischen Personen wird von der herrschenden Lehre sowohl in Deutschland als auch in Griechenland nach traditionellem Strafrechtsverständnis fast einstimmig abgelehnt.

Es ist kein Zufall, daß wir in der klassischen strafrechtlichen Literatur kaum Gegner dieser herrschenden Ablehnung der Schuldfähigkeit von juristischen Personen finden. Dagegen wird die Handlungsfähigkeit der juristischen Person fast einhellig bejaht.

---

264 Schünemann, Entwicklung der Schuldlehre, S. 156.

265 Kaufmann warnt zutreffend vor der Preisgabe des Schuldprinzips und damit eines durchaus nicht nebensächlichen Teils unserer Rechtskultur, Jura 1986, 233.

266 Franz von Liszt, Aufsätze und Vorträge, Bd.II, S. 80.

In Griechenland wurde die Frage der Strafbarkeit der juristischen Personen nie ernsthaft diskutiert oder in Zweifel gezogen. Die Verneinung dieser Frage ist ganz eindeutig und einstimmig in Lehre und Praxis ausgedruckt.

In Deutschland dagegen bemerkt man in der letzten Zeit eine gewisse Tendenz in der Wissenschaft, die Schuldfähigkeit und dadurch die Strafbarkeit der juristischen Person zu begründen.[267]

Der Mittelpunkt der Auseinandersetzungen über die Schuldfähigkeit der juristischen Personen liegt im Grunde genommen in der Legitimations- bzw. in der Strafbegründungsfunktion der Schuld.

Die verschiedenen Schuldauffassungen divergieren wesentlich untereinander und kommen zu unterschiedlichen Ergebnissen, was ihre Vereinbarkeit mit dem Gedanken der Schuldfähigkeit der juristischen Person angeht.

– Nach klassischer Schuldauffassung (Ausgangspunkt: die menschliche Willensfreiheit im rein indeterministischen Sinne), wonach die Schuld auch Vergeltungselemente enthält, kommt wie erwartet die Schuldfähigkeit der juristischen Person nicht in Frage. Schuld ist danach sittliches Phänomen, welches nur mit dem Menschen in Verbindung gesetzt werden kann.

– Auch nach dem psychologischen Schuldbegriff ergibt sich die Unmöglichkeit einer Bestrafung der juristischen Personen aus der Grundauffassung dieser Lehre. Die Schuld ist nämlich demnach ausschließlich auf die psychische Beziehung des Täters zu seiner Tat zurückzuführen. Darauf basierend betonen die älteren Autoren die psychische Unmöglichkeit einer Verbandsschuld.[268]

– Auch nach dem herrschenden normativen Schuldverständnis ist die Schuldfähigkeit der juristischen Person schwer zu begründen. Da der Vorwurf dieser

---

267 Die meisten dieser Versuche beruhen allerdings entweder auf rein kriminalpolitischen Argumenten oder es wird von einem modifizierten Schuldbegriff ausgegangen, was, wie weiter unten erklärt wird, durchaus fraglich erscheint.

268 Nur Franz von Liszt hat sich für eine Bestrafung eingesetzt, dies aber nur unter Zweck- und Sicherungsgesichtspunkten; als Reaktion hat er nur ein System von Maßregeln der Besserung und Sicherung vorgeschlagen. F. v. Liszt, Lehrbuch, § 28, I, 2; ebenso: v. Liszt/Schmidt, S. 156. Befürwortet wurde die Verbandsstrafe auch von Hafter, Delikts- und Straffähigkeit von Personenverbänden, 1903. Er hat aber später diesen Standpunkt aufgegeben, in: Lehrbuch des schweizerischen Strafrechts AT, 1926, S. 64ff.
Näher zum früheren Meinungsstand: Mezger, Strafrecht, 1933, § 12, S. 13.; Beling, Die Lehre vom Verbrechen, 1906, S. 8; Binding, Handbuch, S. 310; v. Hippel, Deutsches Strafrecht, Bd. 2, S. 124f.; v. Gierke, Genossenschaftstheorie, S. 758; v. Liszt, Lehrbuch, S. 117; Engisch, Verhandlungen, Bd.II, S. E 7ff.; Jescheck/Weigend, AT, S. 226; Maurach/Zipf, AT I, § 15, Rn. 8; Roxin, AT I, § 8, Rn. 55f.; V. Kaiser, Verbandssanktionen, S. 238; Lang-Hinrichsen, FS für Mayer, S. 49; H. Mayer AT 1968, S. 46; Niese JZ 1955, 321; Siegert, NJW 1953, 529; Welzel, Das deutsche Strafrecht, S. 139.

Schuldauffassung auf einem sozialethischen Versagen beruht, ist er auf juristische Personen als fiktive Gebilde kaum übertragbar. Die Fähigkeit zum Andershandelnkönnen ist der juristischen Person nicht eigen.

Man kann sich die weitere Analyse einer Vereinbarkeit des Schuldbegriffs mit dem Wesen der juristischen Person sowohl nach klassischem als auch nach geltendem Schuldverständnis wohl ersparen und die Unmöglichkeit einer Begründung der Verbandsstrafbarkeit anhand dieser Schuldauffassungen als unanfechtbar annehmen.

Entscheidender Punkt für die Dementierung der Schuldfähigkeit der juristischen Person – und diesen Punkt muß man festhalten – ist das "höchstpersönliche" – vielleicht das im Bereich der Wertungen persönlichste – Element der Schuld, das nur dem Menschen immanent ist.

Schuld ist mehr oder weniger Willensschuld. Die juristische Person ist, allen dies leugnenden Versuchen zum Trotz, nichts anderes als eine Fiktion. Sie wird zwar als gesellschaftlicher Partner und als tauglicher Normadressat angesehen, als Straftäter kommt sie aber nicht in Frage, denn wer "etwas in Wirklichkeit nicht kann, der kann es auch nicht im Rechtssinne".[269]

Mit dieser Schlußfolgerung wurde die dogmatische Diskussion über die Strafbarkeit der juristischen Person in der frühen Nachkriegszeit in Deutschland beendet – Epilog zum 40. DJT von 1953.

Bevor wir uns mit den neueren Versuchen einer Begründung der Schuldfähigkeit von juristischen Personen anhand der modernen Schuldtheorien befassen, müsste noch erwähnt werden, daß es trotz dieser prinzipiellen Ablehnung vereinzelte Stimmen gab, die sich für die Bestrafung von Verbandspersonen eingesetzt haben. Ausschlaggebend für die positive Grundhaltung dieser Stimmen waren vornehmlich kriminalpolitische Argumente und Erwägungen.

Eine ausführliche Auseinandersetzung mit den dogmatischen Fragen einer solchen Bestrafung fand im Rahmen dieser Strömung nicht statt. Es gab sogar manche Autoren, die eine solche Bestrafung aus dogmatischen Gründen als unbegründbar angesehen, sie jedoch aus praktischen Bedürfnissen als geboten angenommen haben.[270]

Die meisten dieser Autoren gelten als Anhänger *v. Gierkes*, der mit seiner Theorie der realen Verbandsperson einen Weg für die Strafbarkeit der juristischen Person zu öffnen versucht hat, indem er den Personenverband als ein natürliches Gebilde mit eigenem Sonderwillen ansah.

---

269 Hirsch in: Hirsch/Weigend, Strafrecht und Kriminalpolitik in Japan und Deutschland, 1989, S. 65.

270 Manche Autoren haben die Strafbarkeit der juristischen Person als "Ausnahme oder als anomales Recht" angenommen. Busch, a.a.O., S. 70; v. Weber, GA 1954, S. 237.

Zu ihnen gehörten: *Franz v. Liszt, E. Schmidt, v. Weber, v. Bar, Rotberg, Hafter und R. Busch*, einer der Klassiker in unserem Thema, der mit seiner Monografie aus dem Jahre 1933 "Grundfragen der strafrechtlichen Verantwortlichkeit der Verbände" eine gründliche und systematische Untersuchung vorgenommen hat.

Trotz der überkommenen Ablehnung hat es auch in der Nachkriegszeit nicht an Stimmen gefehlt, die angesichts des wachsenden kriminalpolitischen Bedürfnisses und mit Hilfe interessanter, wenn auch fraglicher Konstruktionen eine Unternehmensbestrafung zu etablieren versuchten.

Wendet man nunmehr der modernen Diskussion über die Schuldfähigkeit der juristischen Person zu, wird man eine zunehmende Tendenz zur Einführung der Unternehmensstrafe registrieren.

Diese Tendenz ist unter dem Blickwinkel der modernen Schuldauffassungen durchaus erklärbar.

– Nach der Theorie des sozialen Schuldbegriffs – welche zwar häufig vertreten wird, aber immer noch Mindermeinung bleibt – wird die Schuld ganz befreit vom individuellen sozial-ethischen Vorwurf verstanden.

Gefragt wird nur danach, "ob ein anderer an Stelle des Täters unter Anspannung der Willenskraft die rechtswidrige Tat unter den konkreten Umständen hätte vermeiden können".[271]

Das Schuldurteil wird lediglich auf einen sozialen Vorwurf gegründet und das individuelle Versagen des Täters, sich den sozial-ethischen Anforderungen und Geboten anzupassen, bleibt ausgeklammert.[272]

Darauf gestützt wird immer häufiger geltend gemacht, der soziale Schuldbegriff könnte als Ausgangspunkt für die Fundierung der Schuldfähigkeit der juristischen Person durchaus behilflich sein, da dieser Schuldbegriff von jeglichen ethischen, wenn auch nur sozialethischen, Elementen befreit ist.[273]

Es wurden schon oben die zwei Richtungen, die sich im Rahmen des sozialen Schuldbegriffs herausgebildet haben, erläutert.

– Wenn man von der restriktiven, "weichen" sozialen Schuldauffassung ausgeht, so kommt eine Versöhnung dieses Schuldbegriffs mit dem Wesen der juristischen Person nicht in Betracht, da es bei ihr nur um eine inhaltliche Modifizierung der Schuld geht. Die Entscheidungsfreiheit bleibt – nunmehr anhand sozialer Anforderungen und Gebote – unberührt und bezieht sich ausschließlich auf die natürliche Person. Diese Auffassung bleibt also menschenbezogen, da auch

271 LK-Jescheck, 11. Aufl. vor § 13, Rn. 74.
272 Baumann/Weber/Mitsch, AT, § 18, Rn. 27.
273 Baumann/Weber/Mitsch, AT, Rn. 27. m.w. Nachweisen.

sie von der prinzipiellen Freiheit zum sozialerfaßten Recht oder Unrecht ausgeht.[274]

– Die extensive Version des sozialen Schuldbegriffs könnte dagegen, wie es in der letzten Zeit vermehrt angenommen wird, eine Schuldfähigkeit der juristischen Person problemloser begründen.

Wenn man ausschließlich auf das Zurückbleiben des Täters – ohne Miteinbeziehung des Freiheitsproblems – hinter bestimmten sozialen Anforderungen abstellt, könnte man auch auf das Zurückbleiben des Unternehmens hinter den Leistungen eines Durchschnittsunternehmens abstellen und von daher eine Unternehmensschuld begründen.

aa) Der Vorschlag Tiedemanns

Mittels eines an sozialen und rechtlichen Kategorien ohne Bezug auf das individuelle Andershandelnkönnen herabgestuften Schuldbegriffs könnte der Gesetzgeber uneingeschränkt die Schuldfähigkeit der juristischen Person normativ – als soziale Verantwortlichkeit also – bestimmen.[275]

Auf einem derartigen sozialen Schuldbegriff basierend hat Klaus Tiedemann den konsequentesten und geistreichsten Ansatz in diese Richtung entwickelt.[276] Grundbegriff und Stützpunkt seiner Argumentation bildet das "Organisationsverschulden", welches darin besteht, daß die Organe der juristischen Person es unterlassen, Vorsorgemaßnahmen zu treffen, die einen ordentlichen Geschäftsbetrieb gewährleisten können. Das Organisationsverschulden wird dann als Aufsichtspflichtverletzung konzipiert. Es sei auch sonst im Strafrecht "Vorverschulden" zu finden, so etwa bei der Konzeption der actio libera in causa.[277] Es ließe sich somit folgende Formel aufstellen: erwartetes normgemäßes Verhalten der juristischen Person + Verletzung der Pflicht zur wirksamen innerbetrieblichen Kontrolle = Organisationsverschulden = strafrechtliche Verantwortlichkeit des Unternehmens.[278]

---

274 Lackner/Kühl, StGB, vor § 13, Rn. 23; LK-Jescheck, vor § 13, Rn. 77ff.

275 In diese Richtung: Baumann/Weber/Mitsch, AT, § 18, Rn. 27; J.P. Alwart, ZStW 1993, 752; Ehrhardt, a.a.O., S. 199ff.; Hirsch, a.a.O.; Volk, JZ 1993, 429.

276 Tiedemann in: FS für Jescheck, 1985, S. 1411; ders., NJW 1986, 1842, 1844; ders., NJW 1988, 1169, 1171; ders. in: Eser/Thormudson, (Hrsg.), Old Ways and new needs in criminal legislation, 1989, S. 157, 170ff.; ders., in: FS für Stree/Wessels, 1993, S. 527, 531ff.

277 Tiedemann, NJW 1988, 1172.

278 Schünemann hebt mit Recht den Einwand hervor, bei der a.l.i.c. werde jeweils das eigene Verschulden des Täters als Anknüpfungspunkt genommen, in: Symposium für Tiedemann, S. 285.

Zur Begründung seiner Konzeption greift Tiedemann auch auf § 30 OWiG zurück, wo ebenfalls eine modifizierte, als soziale Verantwortlichkeit erfaßte Schuld zugrundegelegt werde.[279]

Der Versuch und insbesondere der durchgreifende Ansatz Tiedemanns, eine Schuldfähigkeit der Unternehmen auf dem Boden des sozialen Schuldbegriffs zu begründen, ist allerdings nicht überzeugend.

Die Tatsache, daß die Schuld nunmehr als soziale Verantwortlichkeit erfaßt wird und ein Organisationsverschulden des Unternehemnens als Stützpunkt dieser Verantwortlichkeit durchaus sinnvoll wäre, ändert nichts daran, daß immer wieder von Handlungen, Unterlassungen und insbes. Pflichtverletzungen der für die juristische Person handelnden natürlichen Personen ausgegangen wird und diese Handlungen oder Unterlassungen als solche der juristischen Person selbst angesehen werden.

Das Organisationsverschulden als solches mag eine interessante realitätsbezogene Idee sein, ist aber nichts anderes als eine Zwischenstation, eine Übergangsstufe, die zwangsläufig zur bloßen Zurechnung führt, da die juristische Person selbst weiterhin handlungs – und schuldunfähig bleibt und auch nicht imstande ist, sich selbst zu organisieren. Sie bleibt weiterhin immer auf natürliche Personen angewiesen.[280]

Wenn wir nur auf das Organisationsverschulden als solches abstellen, ohne Bezug auf das individuelle Andershandelnkönnen, fehlt uns immer noch der Legitimationsgrund für die Begründung der Unternehmensstrafbarkeit, welcher im Endeffekt nur durch gesetzgeberische Zuschreibung ermöglicht würde.[281]

Man muß daher Schünemann zustimmen, wenn er sagt: "*...wenn man unter dem rechtlichen Vorwurf nur noch die juristische Zurechnung versteht, dann ist der strafrechtliche Schuldbegriff offensichtlich zirkulär geworden, weil von Schuld gesprochen wird, wenn Schuld zugerechnet wird*".[282]

---

279 NJW 1986, 1842. Der Konzeption Tiedemanns folgend: Müller, Die Stellung der juristischen Person, S. 21; Brender, Verbandstäterschaft, S. 104; Deruyck, Verbandsdelikt, S. 16.

280 So auch Schünemann, in: Symposium für Tiedemann, S. 285.

281 Versteckt bleibt hier eine Form der Zurechnung, die sich in markanter Nähe zum funktionalen Schuldbegriff des Zivilrechts befindet-Einstehen des Unternehmens für die Organe. BGHZ, 49,19,21; Larenz/Wolf, AT, 8. Aufl. § 9, Rn. 14; Reuter, MünKom. § 26 Rn. 11ff., § 31; Palandt/Heinrichs, 57. Aufl. 1998 § 31 Rn. 7; Flume, Die juristische Person, S. 403; Medicus, AT 7. Aufl. § 65, Rn. 1134, 1136ff.

282 Schünemann, Symposium für Tiedemann, S. 284. Im gleichen Sinne auch Otto H., Die Strafbarkeit, S. 17ff.

bb) Schuldfähigkeit der juristischen Person und präventive Schuldtheorien

Eine systematische Fortführung des Grundgedankens des sozialen Schuldbegriffs stellt nur der Ansatz Jakobs dar. Der jakobsche Ansatz muß nämlich im Rahmen derjenigen Schuldtheorien geprüft werden, die den Schuldbegriff zu relativieren oder sogar zu ersetzen versuchen. Jakobs läßt, seinem systemtheoretischen Modell getreu, völlig von einem Schuldvorwurf als Legitimationsgrundlage ab und bestimmt die Schuld allein unter Strafzweckaspekten, d.h. funktional.[283]

Dieser modifizierte Schuldbegriff hat keinen Bezug mehr zum persönlichen Vermögen des Täters, sich rechtstreu zu verhalten, sondern knüpft ausschließlich an die Eignung und Notwendigkeit der Strafe, präventive Zwecke zu bewahren. Die Zweckmäßigkeit der Bestrafung begründet die Schuld, was ohne Bedenken zu einer Unternehmensstrafbarkeit führen könnte.

Wenn die Rechtfertigung der Strafe nicht im persönlichen, vom Täter an den Tag gelegten Versagen eines normtreuen Verhaltens gesehen, sondern allein auf das Prinzip zweckmäßiger Bestrafung reduziert wird, steht einer strafrechtlichen Ahndung von juristischen Personen nichts im Wege.[284]

Mit Hilfe dieser Schuldauffassung könnte man problemlos die Schuld der juristischen Person begründen; sie würde übrigens keinen Unterschied mehr zur Schuld von natürlichen Personen aufweisen. Dazu kommt die unleugbare Erforderlichkeit einer solchen Bestrafung. Auf diese Weise liegen aber die Voraussetzungen für die strafrechtliche Ahndung von juristischen Personen auf der Hand. Man geht somit von folgender Formel aus: Funktionaler Schuldbegriff + kriminalpolitisches Bedürfnis nach Bestrafung von Unternehmen = Bestrafung.

Was aber diese Konzeption mit der herrschenden und eben auch richtigen Erfassung von Schuld gemein hätte, bleibt durchaus fragwürdig. Wie Harro Otto zutreffend bemerkt hat " *mit der vom BVerfGE geforderten Schuld als Voraussetzung der Strafe... diese Schuld nichts mehr gemein*".[285]

So folgerichtig und vielleicht auch attraktiv für die überzeugten Vertreter einer Unternehmensstrafbarkeit diese Konzeption erscheinen mag, ist sie aus dogmatischer Hinsicht anfechtbar und bedenklich.

Wir haben schon oben erläutert, daß sich eine derartige Schuldauffassung außerhalb der von der Verfassung gesetzten Grenzlinien befindet, da sie das

---

283 Jakobs, ZStW, 1989, 516ff.; ders., Der Schuldbegriff, 1993.

284 Für die Vertreter eines rein präventiv wirkenden Strafrechts erheben sich von vornherein keine Einwände gegenüber der kollektiven Strafbarkeit; in den common-law-Ländern, wo Präventionsgedanken den Vorrang verdienen ("public interest"), ist die Bestrafung der Corporation vollauf möglich und legitim.

285 Otto, a.a.O., S. 21.

Schuldprinzip "mißhandelt" und den Präventionsgedanken zum Selbstzweck des Strafrechts befördert.

Ein so gestaltetes Strafrecht wäre "Zwecken" und "Notwendigkeiten" jeglicher Art ausgeliefert und von daher notgedrungen auch manipulierbar.

cc) Der Vorschlag Schünemanns

Im gleichen theoretischen Rahmen der präventiven Schuldtheorien ist auch der nur scheinbar abweichende Vorschlag Schünemanns zu erörtern.[286] Die geistvolle Konzeption Schünemanns beruht auf der im Prinzip richtigen Feststellung, daß die Legitimierungsfunktion der Schuld im herkömlichen Sinne zu bewahren ist.

Da aber ein "akutes" praktisches Bedürfnis nach Bestrafung von Unternehmen angenommen wird, müsse man dringend nach einer anderen Legitimationbasis für diese Bestrafung suchen. Sie wird von Schünemann in der Idee des "Rechtsgüternotstandes" entdeckt.

Damit versucht er die Kriminalstrafe gegen Unternehmen zweispurig, anhand des Gedankens des Präventionsnotstands zu rechtfertigen, während er gleichzeitig die verfassungsrechtlich geschützte Legitimationsfunktion der Schuld erhalten will. Zur Verstärkung seiner Überlegungen macht er auch vom Veranlassungsprinzip Gebrauch.

In späteren Abhandlungen hat Schünemann sein Konzept weiterentwickelt und vervollständigt, sogar extensiver erfaßt, so daß es nunmehr dem Corporate-Liability-Modell näher steht.[287]

Einen ähnlichen Versuch nimmt auch *Günther Heine* vor, indem er von einer "zweiten Spur" im Strafrecht spricht.[288] Gegen diese Konzeptionen sind die gleichen Bedenken wie gegen die Konzeption von Jakobs zu erheben.[289]

Ex post betrachtet, sind es auch bei dem Vorschlag Schünemanns Präventionsgedanken, die den Ausschlag für die Begründung der Unternehmensstrafbarkeit geben, auch wenn Schünemann den Schuldgrundsatz unberührt erhalten will und, diesem Wunsch getreu, nach einer zweiten Legitimationsgrundlage sucht. Das gleiche macht auch Heine, wenn er das klassiche Individualstrafrecht unberührt lassen will, aus kriminalpolitischen Gründen jedoch eine "zweite Spur" kollektiver Verantwortung zu etablieren versucht.

---

286 Schünemann, Unternehmenskriminalität, 1979, S. 235ff.

287 Schünemann, Symposium für Tiedemann, S. 286ff.

288 Siehe seine besonders aufschlußreiche Habilitationsschrift: Die strafrechtliche Verantwortlichkeit von Unternehmen 1995; ders., in: FS für Eser, S. 75.

289 Wie Otto zutreffend bemerkt hat: "mit der vom BVerfG geforderten Schuld als Voraussetzung der Strafe hat diese Schuld nichts mehr gemein", a.a.O., S. 21.

Im Grunde genommen bemerkt man hier die gleiche Vorgehensweise wie bei Jakobs; für den Fall der Bestrafung von juristischen Personen ersetzt Schünemann den Schuldgrundsatz durch eine andere Legitimationbasis, die vom gleichen Ausgangspunkt wie die Jakobsche ausgeht, nämlich von der Präventionsidee. Die Lösung Schünemanns führt nur über einen anderen Weg zum gleichen Endergebnis.

Insofern erscheint die Konzeption Jakobs konsequenter zu sein, da er seinem systemtheoretischen Ansatz treu bleibt und die Modifizierung des Schuldbegriffs bis in die Wurzel vornimmt.

Die Konzeption Schünemanns scheint noch aus einem anderen wichtigen Grund fraglich; inwiefern es einen Präventionsnotstand nämlich gibt und aus welchem Grund ihm um jeden Preis mit dem Strafrecht abgeholfen werden muß, bleibt durchaus dunkel.

Der Versuch Schünemanns, wenn auch beeindruckend, kann nur aus einer unerklärten Entschlossenheit zur Bestrafung der Unternehmen her begriffen werden. Von einem Präventionsnotstand definitiv zu sprechen, scheint etwas übertrieben, insbes. wenn die Effizienz des Strafrechts in solchen Regelungsgebieten wie dem Wirtschaftsstrafrecht durchaus strittig ist.

Angenommen dieser Notstand würde tatsächlich bestehen und wäre nicht nur vermutet und angenommen ferner, er könnte ohne weiteres eine Schuldfähigkeit von juristischen Personen begründen, so bleibt es doch nicht nachvollziehbar, wie ein fiktives Gebilde "schuldhaft handeln" kann. Auch Schünemann selbst stellt im Rahmen seiner Kritik am sozialen Schuldbegriff ausdrücklich fest, daß "wer etwas in Wirklichkeit nicht kann" es auch nicht im Rechtssinne könne, und er fährt weiter fort, daß "*die verschiedenartige Erfassung des Schuldbegriffs (vom normativen zum sozialen) daran nichts ändern kann*".[290]

Was aber hieran geändert werden kann, wenn man auf eine andere Legitimationsbasis als die Schuld für die Begründung der Unternehmensstrafbarkeit abstellt, bleibt unklar.

Somit ist festzuhalten, daß die relativierten (präventiven) Schuldtheorien, welche von einer prinzipiellen Einschränkung des Schuldprinzips ausgehen, nur unter schwerwiegenden Bedenken in der Lage sind, die Strafbarkeit der juristischen Person zu begründen.

Das gleiche gilt umsomehr für diejenigen radikalen Theorien, die eine Ersetzung oder Abschaffung des Schuldprinzips befürworten.

Eine nähere Analyse dieser Theorien ist hier nicht notwendig, denn es ist leicht verständlich, daß, wenn das größte Hindernis zur Begründung der Unter-

290 Schünemann, Symposium für Tiedemann, S. 284

nehmensstrafbarkeit, nämlich die Schuld wegfällt, der Weg für einen solchen Schritt völlig frei wird.

c) Zwischenergebnis

Abschließend ist also zu betonen, daß die Schuldfähigkeit von juristischen Personen keineswegs mit dem überkommenen und von uns auch befürworteten Schuldbegriff kompatibel erscheint.

Wenn auch wahr ist, daß der herkömmliche Schuldbegriff viel von seinem Pathos im Laufe der Zeit verloren hat und sich in einem ständigen Wandlungsprozeß befindet, ist dieser dennoch nicht ausreichend für die Begründung der Schuldfähigkeit der juristischen Person.

Eine solche Annahme wäre, wenn man konsequent sein will, nur unter dem Blickwinkel der relativierten Schuldtheorien möglich, welche den Schuldbegriff von seinem grundlegenden Sinngehalt entleeren und ihn durch andere Prinzipien bestimmen oder sogar ersetzen wollen.

Diese Theorien weisen jedoch, wie schon oben gesagt, schwerwiegende verfassungsrechtliche Bedenken auf und sind aus diesen Gründen zu verwerfen.

Solange der Schuldbegriff auf das individuelle Andershandelnkönnen abstellt und als Vorwurf für begangenes Unrecht erfaßt wird, bleibt für die Strafbarkeit der juristischen Person kein Platz im klassischen Strafrecht, da sie sich wesensbedingt unmöglich zwischen Recht und Unrecht entscheiden kann. Nur ein solches Rechtsverständnis entspricht der gesellschaftlichen und rechtlichen Wirklichkeit.

Jede andere Lösung stützt sich entweder auf eine Fiktion und bedient sich der Schuldzurechnung – was aber im klassischen Strafrecht durchaus verboten ist – oder legt einen modifizierten Schuldbegriff zugrunde, der nichts mehr mit dem überkommenen Schulbegriff gemeinsam hat und als Mißhandlung unseres Strafrechtssystems angesehen werden muß.

2. Die Handlungsfähigkeit der juristischen Person

a) Der Handlungsbegriff

Ebenso wie der Schuldbegriff wirft auch der Handlungsbegriff besonders schwierige und heikle strafrechtsdogmatische Fragen auf.[291]

---

291 Siehe Androulakis, Menschliches Verhalten als zentraler Bezugspunkt rechtlicher und insbesondere strafrechtlicher Normierung in: FS für Zepos, Bd.I, 1973.

Es ist nämlich fraglich, ob ein umfassender Handlungsbegriff, der sämtliche Verhaltensformen miteinbezieht, formuliert werden kann, ob dieser Begriff nach ontologischen oder nach axiologischen Gesichtspunkten bestimmt werden muß und welche Rolle dem menschlichen Willen bei diesem Begriff zukommt.

Anhand dieser Fragestellungen wurden vier theoretische Strömungen in Bezug auf den Handlungsbegriff entwickelt:

– Der kausale Handlungsbegriff, wonach die Handlung als das Verursachen von Folgen durch einen Willkürakt irgendeines Inhalts definiert wird; Die Handlung wird als bloße Verursachung einer Veränderung in der Außenwelt begriffen.[292]

"*Für die Feststellung, daß eine bestimmte Handlung vorliegt, genügt die Gewißheit, daß der Täter willentlich thätig geworden bzw. unthätig geblieben ist. Was er gewollt, ist hierfür gleichgültig.*"[293]

– Der finale Handlungsbegriff: eine Handlung muß als Sinnausdruck begriffen werden. Hauptkennzeichen dieses Begriffs ist die Zweckmäßigkeit, die Finalität der Handlung.[294]

Nebenwirkung dieser Lehre war die Zuordnung des Vorsatzes zum Unrechtstatbestand.[295]

– Der soziale Handlungsbegriff, als h.L. sowohl in Deutschland als auch in Griechenland, betrachtet die Handlung als sozialerhebliches menschliches Verhalten, als eine im sozialen Umfeld bedeutende Handlung[296] und

– Der negative Handlungsbegriff: diese Auffassung versucht sowohl die Handlung als auch die Unterlassung unter einen gemeinsamen Nenner zu bringen und wurde ursprünglich von Herzberg vertreten.[297] Im gleichen Rahmen bewegt sich auch die Auffassung von Jakobs.[298]

---

292 Beling, Lehre vom Verbrechen, § 9, 17; v. Liszt, Lehrbuch, 21/22 Aufl., S. 116; Baumann/Weber/Mitsch, AT, § 13, Rn. 22ff.; LK-Jescheck, 11 Aufl., § 13, Rn. 26-17.

293 Beling, Grundzüge des Strafrechts, 2. Aufl. 1902, S. 38.

294 Welzel, Kausalität und Handlung, ZStW 1931; ders., Das neue Bild des Strafrechtssystems, 4. Aufl. 1961, S. 1; ders., Das deutsche Strafrecht, 11. Aufl. 1969, § 8, S. 33ff.; ders. JuS 1966, 421; Vorläufer der finalen Lehre: Graf zu Dohna und v. Weber.

295 LK-Jescheck, 11. Aufl. vor § 13, Rn. 19.; Wessels/Beulke, AT, 30. Aufl.2000, § 3 ,Rn. 90.

296 Engisch, FS für Kohlrausch, S. 161; Eb. Schmidt, FS für Engisch, S. 339; Jescheck/Weigend, AT, § 23 VI, S. 223; Jescheck, LK, 11 Aufl. vor § 13, Rn. 22; Wessels/Beulke, AT, § 3, Rn. 91. Siehe zum griechischen Recht: Chorafas N., Strafrecht, S. 119; Mangakis, AT, S. 144ff; Androulakis, AT, S. 151.

297 "Vermeidbares Nichtvermeiden in Garantenstellung". Herzberg, Die Unterlassung im Strafrecht und das Garantieprinzip, 1972, S. 177.; ders., JZ 1988, 573; modifi-

aa) Handlungsbegriff und juristische Person

Die bisherige dogmatische Diskussion über die Handlungsfähigkeit der juristischen Person hat den oben skizzierten Meinungsstreit über den Handlungsbegriff zu Recht außer Acht gelassen und sich vorwiegend auf zivilrechtliche Zurechnungskriterien für ihre Bejahung gestützt.

Es läßt sich aus einer Überprüfung der bisher vertretenen Auffassungen einwandfrei feststellen, daß die Handlungsfähigkeit von juristischen Personen nicht als Mittelpunkt der Diskussion über die Begründung ihrer Strafbarkeit gilt. Im Gegensatz zur Schuldfähigkeit, die fast einstimmig abgelehnt wird, hat die Handlungsfähigkeit im Laufe der Zeit viele Anhänger gefunden.

Sämtliche Autoren, die sich nicht unbedingt für die Strafbarkeit der juristischen Person eingesetzt haben, haben ihre Handlungsfähigkeit als eine reine Zurechnungsfrage betrachtet und sie von daher problemlos bejaht.[299]

Sowohl ältere als auch neuere Autoren haben sich nämlich des Zurechnungsmodells des Zivilrechts bedient.[300] Grundgedanke dieses Vorgehens war folgender: wie immer man den Handlungsbegriff erfasse, sei es immer nur die Frage, wie weit der Wille einzelner Menschen als psychische Tatsache der juristischen

---

ziert in GA 1996, 1ff. Fn. 18. Kritisch dazu: Wessels/Beulke, AT, 30. Aufl., Rn. 86; auch LK-Jescheck, 11. Aufl. vor § 13, Rn. 31.

298 Jakobs, AT, S. 136ff.

299 Eine interessante Lösung wurde neuerdings von Schroth vorgeschlagen, der die Handlungsfähigkeit zum Stützpunkt seiner Argumentation für die Begründung der Schuldfähigkeit von juristischen Personen gemacht hat.
Wenn die juristische Person kraft Zurechnung für handlungsfähig erklärt werden kann, könne dann auch das Andershandelnkönnen begründet werden. So betrachtet könne sich bei der Zuwiderhandlung der Schuldvorwurf, auch soweit es darum gehe, die Möglichkeit des rechtstreuen Andershandelns nicht genutzt zu haben, ohne weiteres an die Unternehmen selbst richten. Damit werde aber die Schuldfähigkeit begründet. Der Schlüssel liege nämlich in der Bejahung des Andershandelnkönnen, das vom Handlungsbegriff abgeleitet werden kann. Siehe Schroth, Unternehmen als Normadressaten, S. 203.
Dieses Argument trifft aber nicht zu, da das Andershandelnkönnen nicht das einzige Element des Schuldbegriffs ist. Um die Schuld zu begründen, brauchen wir noch zwei Elemente: das biologische (die Zurechnungsfähigkeit) und das psychologische (Vorsatz oder Fahrlässigkeit), welche bei der juristischen Person keinesfalls vorhanden sein können. Siehe dazu: Androulakis, AT Bd. III, S. 87. Handlungsfähig sind übrigens auch die Kinder und die Wahnsinnigen; strafmündig sind sie jedoch nicht.

300 In diese Richtung: Ackermann, a.a.O., S. 206ff; Baumann, BB 1966, 1239; Jakobs, AT, S. 149; v. Liszt, Lehrbuch, S. 117; Mayer, AT, S. 96; Rotberg, FS-DJT, 1960, S. 193; v. Weber, GA 1954, 237; Hafter, a.a.O., S. 75; v. Hippel, Deutsches Strafrecht, S. 125; Mezger, Strafrecht, S. 93; Seiler, a.a.O., S. 66; Heinitz, Gutachten, S. 84ff.; Lange, JZ 1952, 261, 264.; Busch, a.a.O., S. 27, 69ff.

Person als solcher zugerechnet werden kann. Eine solche Zurechnung wurde meistens bejaht.

Vorbildfunktion bei diesen Versuchen kommt dem § 31 BGB zu, wonach die Handlungen der Organe der juristischen Person zuzurechnen sind. Hintergrund dieser Zurechnung bildet die Organtheorie, die sich auf eine Art Fiktion stützt und welche die juristische Person als ein durch ihre Organe handlungfähiges Gebilde betrachtet.[301]

Die juristische Person müsse für die Handlungen dieser Organe deswegen einstehen, da ihr die Gewinne durch die Teilnahme am Rechtsverkehr zufließen. Dies sei nur kraft Zurechnung möglich. Die gleiche Vorgehensweise wurde auch auf das Strafrecht übertragen. Eine dogmatische Begründung dieser technischen Lösung der Zurechnung wurde jedoch von den meisten Autoren nicht vorgenommen.

Nur Jescheck hatte anfänglich versucht, die Zurechnung dadurch zu begründen, daß sie jedenfalls dem Strafrecht nicht völlig fremd sei. Als Beispiel verwendete er die mittelbare Täterschaft, wo auch das vom Willen getragene Verhalten des Einzelnen auf die Entscheidung des mittelbaren Täters zurückzuführen ist.[302]

Er hat aber später diese Argumentation aufgegeben und hat sich der herrschenden Meinung völlig angeschlossen.[303]

Andere Autoren haben für die Begründung der Handlungsfähigkeit der juristischen Person das Argument angeführt, daß der Handlungsbegriff einheitlich für alle Rechtsgebiete zu definieren sei. Da die eigene Handlungsfähigkeit der juristischen Person in allen anderen Rechtsgebieten außer dem des Strafrechts durchaus akzeptiert werde[304] und da der Handlungsbegriff einheitlich zu bestimmen sei, stehe ihrer Bejahung auch im Strafrecht nichts im Wege.

Das Recht der Ordnungswidrigkeiten wie auch das EG-Kartellrecht haben bei der Herausbildung dieser Auffassung eine wichtige Rolle gespielt.[305] Die dort anerkannte Handlungsfähigkeit der juristischen Person und die Tatsache, daß diese Rechtsgebiete eine gewisse Nähe zum Strafrecht aufweisen, haben das Argument des einheitlichen Handlungsbegriffs erheblich bekräftigt.

---

301 Larenz/Wolf, AT, § 9, Rn. 8ff.; Palandt-Heinrichs, vor § 31.

302 Jescheck, ZStW 1953, 210.; ders., SchwZStr 1955, 243. Ähnliche Versuche der Ermittlung von Zurechnungsformen im Strafrecht sind auch bei Tiedemann und Ackermann zu finden. Tiedemann, NJW 1988, 1169; Ackermann, a.a.O., S. 215f.

303 Jescheck, SchwZStr 1955, 243.

304 Maurach hat zutreffend bemerkt, die juristischen Personen seien in allen Rechtsgebieten handlungsfähig, außer im Strafrecht, Maurach/Zipf AT, § 15, Rn. 35, S. 186.

305 Tiedemann, NJW 1988, 1169, 1172.; Müller, a.a.O., S. 19.

Die noch herrschende Meinung lehnt jedoch – vielleicht mit einer nur knappen Mehrheit – die Handlungsfähigkeit der juristischen Person immer noch ab. Ungeachtet des zugrundegelegten Handlungsbegriffs komme als Handeln im strafrechtlichen Sinne nur das menschliche Handeln in Betracht. Wie Maurach zutreffend bemerkt hat: "*juristische Personen sind in allen Rechtsgebieten handlungsfähig, außer im Strafrecht*".[306]

In dieser Hinsicht spielt der Meinungsstreit über den Handlungsbegriff keine große Rolle, da alle vertretene Handlungsauffassungen vom menschlichen Verhalten ausgehen. Was innerhalb der verschiedenen Handlungsbegriffe modifiziert wird, ist nur der Inhalt dieses vom Willen getragenen Verhaltens.[307]

Diese herrschende Lehre im Schrifftum spiegelt sich auch in der Rechtsprechung seit langer Zeit wider. Das RG lehnte, getreu der Fiktionstheorie, eine Handlungsfähigkeit der juristischen Person völlig ab.[308]

Der BGH bejahte sie später aber nur für das Besatzungsrecht.[309]

Das Bundesverfassungsgericht stellte weiter fest, eine Bestrafung der juristischen Personen sei dem deutschen Recht nicht ganz fremd. Juristische Personen seien aber als solche nicht handlungsfähig; sie würden nur durch ihre Organe handeln.[310]

b) Zwischenergebnis

Eine kritische Betrachtung der verschiedenen vorgeschlagenen Ansätze für die Begründung der Handlungsfähigkeit von juristischen Personen führt zur Feststellung, daß sie im Strafrecht unmöglich begründbar ist.

Der Weg der Zurechnung ist nur im Zivilrecht zulässig, wo ganz unterschiedliche Prinzipien und Regeln den Vorrang verdienen. Eine solche Übernahme im Strafrecht würde den strengen personenbezogenen Charakter der Handlung (als Produkt des Individuums) beträchtlich verletzen.

Das vorgebrachte Argument, eine Zurechnung sei auch dem geltenden Strafrecht bekannt – wie z.B. im Fall der mittelbaren Täterschaft – trifft auch nicht zu, da man dort von einer ganz anderen Konstellation ausgehen muß. Das erforderli-

---

306 Maurach/Zipf, AT, § 15 I, Rn. 3.

307 Beling, Grundzüge, S. 13; Binding, Handbuch, S. 310; Engisch, Referat zum 40. DJT, E 23f.; Hartung, Referat, E 43; Jescheck, SchwZStr, 1955, 243ff.; Lang-Hinrischsen, FS für Mayer, S. 53ff.; Schmitt, a.a.O., S. 181ff.; Androulakis, AT, S. 151ff.; Chorafas, Strafrecht, S. 112f.; Katsantonis, AT I, S. 46; Roxin, AT, S. 154.

308 RGSt. 5, 183; 8, 326, 333; 16, 121, 123; 28, 103, 105; 33, 261, 264; 47, 90, 91.

309 BGHSt. 5, 28.

310 BVerfG, 20,323,336.

che Willenselement für die Annahme des Handlungbegriffs ist in der Person des mittelbaren Täters, als Entscheidungsträgers, vorhanden, was dagegen bei juristischen Personen nicht angenommen werden darf.

Eine Zurechnung nach zivilrechtlichen Maßstäben im Strafrecht wäre auch anhand einer "besonderen Legitimation" – wie es Engisch vorgeschlagen hat – kaum erlaubt.[311]

Die andere vorgeschlagene Möglichkeit einer einheitlichen Definition der Handlung in allen Rechtsgebieten scheint ebenfalls kaum haltbar, weil sie willkürlich ist. Die Erfassung der strafrechtlichen Handlung als ein rechtlich definierbarer, in seinen Grundlagen normativer, Begriff, würde notwendigerweise auf jeglichen Ansatzpunkt in der Person des Handelnden verzichten und deswegen könnte er im Strafrecht keine Berechtigung finden.

Somit bleibt festzuhalten, daß eine strafrechtlich relevante Handlung nur ein vom Willen getragenes menschliches Verhalten ist.

Ob dieses Verhalten kausal, final, sozial oder personal erfaßt wird, spielt dabei keine weitere Rolle, da das Willenselement unangetastet in allen vertretenen Konzeptionen erhalten bleibt.

Von einem eigenen Verbandswillen kann man nicht sprechen, da dies eine reine Fiktion darstellt und Fiktionen können im Strafrecht keinen Platz beanspruchen.[312]

Im Strafrecht darf man nicht nach Bedarf mit seinen Grundbegriffen und Grundprinzipien umgehen. Ein derartiges Vorgehen wäre nicht nur eine "Begriffsvergewaltigung",[313] sondern würde auch die Gefahr mit sich bringen, daß sich der Bedarf zum Belieben umwandeln könnte.

3. *Die Straffähigkeit der juristischen Person*

a) *Der Begriff der Strafe und die Straftheorien*

Im Gegensatz zur Handlungsfähigkeit, die im Laufe der Zeit viele Anhänger gefunden hat, wird die Straffähigkeit der juristischen Personen ganz überwiegend ablehnend betrachtet.

Kernpunkt dieser Ablehnung bildet die Annahme, die Strafe bringe das sozialethische Mißbilligungsurteil der Gesellschaft zum Ausdruck und setze deswegen einen Mensch als sittliche Persönlichkeit voraus.[314]

---

311 Engisch, Referat, E24.

312 Kritisch dazu: Hafter, S. 47f.; Jescheck früher in: ZStW 1953, 210, 212.

313 Seiler, a.a.O., S. 96.

314 Jescheck/Weigend, AT, § 23 VII, S. 227; Heinitz, Gutachten, S. 86; Engisch, Referat, E S. 34f.; Chorafas, AT, S. 83.

Es sei hier bemerkt, daß die Strafunfähigkeit der juristischen Person sich direkt und ohne nähere Analysen aus dem oben angenommenen Schuldbegriff ergibt. Es scheint jedoch aus systematischen Gründen geboten, eine Untersuchung des Begriffs der Strafe und der entsprechenden Straftheorien vorzunehmen.[315]

Die Strafe ist nach überkommener Rechtsauffassung auf zwei Grundgedanken zurückzuführen: auf die Vergeltung und auf die Vorbeugung.

Sie blickt also entweder in die Vergangenheit und will einen Ausgleich für begangenes Unrecht verschaffen (malum passionis propter malum actionis) oder sie ist auf die Zukunft gerichtet und will damit sowohl den Verbrecher, als auch die Allgemeinheit vor künftigen Straftaten bewahren.[316]

Der erste Aspekt bildet den Standpunkt der klassischen Vergeltungs- oder absoluten Theorie. Strafe muß, ihrem Wesen nach, nur vergeltende Rechtsgüterminderung sein und als Übel von dem Bestrafenden empfunden werden. Die Forderung nach Strafe entstammt für die absoluten Theorien der Idee der Gerechtigkeit oder dem sittlich überlegenen allgemeinen Willen und geht auf die deutschen Idealisten zurück. *Kant* mit seinem berühmten Inselbeispiel und *Hegel* mit seiner Definition der Strafe als "Negation der Negation des Rechts" haben diese Theorien stark geprägt.[317]

Die absoluten Theorien nehmen keinerlei Bezug auf die Zweckverfolgung, welche mit der Verhängung einer Strafe verbunden ist.

Wenn Unrecht und Schuld gerecht, gleich und verhältnismäßig durch Strafe entgolten sind, ist der Gerechtigkeitsidee Genüge getan und der Täter hat für seine Tat gesühnt. Damit sind die absoluten Theorien zufrieden.

Sie formulieren also einen Sinn der Strafe, der auf der Gerechtigkeitsidee, der Sittlichkeit der Rechtsordnung, aber auch auf der unantastbaren Würde des Menschen beruht.[318] Sie bestreiten ferner jede Relation der Strafe zum Zweck (deshalb auch absolute genannt).

Eine solche reine Vergeltungskonzeption, wonach die Strafe nur als Übel, als Reaktion auf begangenes Übel erfaßt wird, ist aber nicht mehr haltbar. Die Strafe als Selbstzweck, ohne jeglichen Bezug zu einem Zweck hat im heutigen Rechtsstaat keinen Platz. Überdies ist eine solche Strafe schwer von bloßer Rache abzu-

---

315 Eingehend hierzu: Roxin, AT, § 3.

316 Siehe dazu: Streng, Strafrechtliche Sanktionen, 1991, S. 5ff.; Köhler, AT, S. 37; Roxin, AT I § 3.

317 Kant I., Metaphysik der Sitten, herausgegeben von W.Weischedel, S. 452ff.; Hegel, Grundlinien der Philosophie des Rechts, § 99; zum ganzen: Köhler, Der Begriff der Strafe, 1986; Androulakis, AT, S. 37ff.; Jescheck/Weigend, AT § 3, S. 70ff.; siehe auch Binding, Normen, 4. Aufl., Bd. I, 1922, S. 419ff.; Mayer, AT 1953, S. 33f.; Welzel, Strafrecht, S. 238ff; H. Mayer, FS für Engisch, S. 64ff.

318 Baumann/Weber/Mitsch, AT, § 3, Rn. 50ff.

grenzen. Diese Strafauffassung steht mit den Zielsetzungen der rechtsstaatlichen Strafgewalt, deren Aufgabe in der Sicherung eines ausgewogenen rechtstreuen Zusammenlebens und nicht in der Verwirklichung der absoluten Gerechtigkeit und Sittlichkeit auf der Erde besteht, nicht in Einklang.[319]

Außerdem widerspricht die absolute Theorie der menschlichen Rationalität, da sie einen Verzicht auf Rechtfertigung der Strafe durch ihre praktischen Wirkungen (gegenüber dem einzelnen Täter und gegenüber der Rechtsgemeinschaft als ganzes) gebietet.

Die strafrechtliche Gewalt muß aber die Strafe als ein Mittel zu einem Zweck benutzen, der sich keinesfalls in der Durchsetzung moralischer Gebote und Verbote erschöpfen kann.

Den absoluten Straftheorien fehlt also eine Rechtfertigung der Strafe, welche nur in Form eines legitimen Zwecks gegeben sein kann. Dieser Zweck wurde später anhand der relativen oder präventiven Straftheorien eindeutig zum Ausdruck gebracht. Grund und Rechtfertigung der Strafe wurden danach in der praktischen Notwendigkeit nach Verwirklichung verschiedener sozial-erwünschter Zwecke gefunden. Dies hat angemessen, im Gegensatz zu irgendwelchem sittlichen, logischen oder religiösen Imperativ erscheint.

Diese Zwecke können unter den Oberbegriff "Vorbeugung" subsumiert werden. Die Strafe ist folglich zukunftsorientiert und stellt nunmehr keinen Selbstzweck, sondern ein Vorbeugungsmittel dar.[320]

Theoretische Grundlagen der relativen Theorien sind die Lehren der Aufklärung, es sind also humanitäre, soziale, rationale und utilitaristische Vorstellungen, welche diese Theorien geprägt haben.[321]

Anhand der bevorzugten Präventionszwecke lassen sich die relativen Theorien in zwei Gruppen klassifizieren;

– Die Generalpräventionstheorien sehen die Strafe unter dem Gesichtspunkt der Einwirkung auf die Öffentlichkeit und befürworten als Strafzweck entweder die Abschreckung der Allgemeinheit (negative Generalprävention) oder die normstabilisierende Wirkung der Strafe (positive Generalprävention).[322]

---

319 Androulakis, AT, S. 40ff.

320 Die Idee der Prävention ist schon in der griechischen antiken Philosophie zu finden: "wer auf vernünftige Weise zu strafen gedenkt, der züchtigt nicht wegen des schon begangenen Unrechts..., sondern um des zukünftigen willen. Plato, Protagoras, zitiert von Androulakis, AT, S. 40. Diese Gedanken sind in die abendländische Kultur durch Seneca übertragen.

321 Siehe zu den relativen Theorien: Jescheck/Weigend AT, § 8, S. 71ff.; Baumann/Weber/Mitsch, AT, § 3, Rn. 25-29.; Roxin, JuS 1966, 361;

322 Näher hierzu: Androulakis, AT, S. 41; Streng, ZStW 1980, 637ff.; Wolff, ZStW 1985, 786ff.; Schöch, H. in FS für Jescheck, 1985, S. 1081f.; Hassemer, Prävention im Strafrecht, JuS 1987, 257ff.

– Die Spezialpräventionstheorie beruht auf der Einwirkung der Strafe auf den Täter und befürwortet entweder die Erziehung des Täters (Resozialisierungstheorien) oder die Sicherung der Gesellschaft vor seiner gefährlichen Persönlichkeit (Sicherungstheorie).[323]

Leitlinie der relativen Theorien bildet der Satz: "nur die richtige, d.h. die gerechte Strafe ist eine notwendige Strafe". Sie sollen ferner als ein Versuch ursächlicher Erklärung der Strafe begriffen werden, deshalb heißen sie auch relative Theorien (in Relation zu einem Zweck gesetzte Theorien).

Eine kritische Betrachtung der relativen Theorien zeigt jedoch ihre erheblichen Schwächen auf.

Die Generalpräventionstheorie kann, ohne Begrenzung durch das Schuldprinzip, zu ungerechten Bestrafungen führen und demzufolge zu einer unerträglichen Funktionalisierung des Strafrechts. Dies hätte zur Folge, daß der Mensch zum bloßen Mittel für die Verfolgung generalpräventiver Zwecke degradiert würde, was einen Verstoß gegen den Schutz der Menschenwürde und gegen das Verhältnismäßigkeitsprinzip bedeuten würde.[324]

Die folgerichtige Durchsetzung der reinen Spezialpräventionstheorie andererseits würde zur Ersetzung der Strafe durch Maßregeln der Besserung und Sicherung führen, da wenn es nur um Resozialiserung des Täters ginge, "die ethische Mißbilligung der Tat, die in der Strafe liegt, ebensowenig einen Sinn wie die Mißbilligung einer Krankheit hätte".[325]

Der Präventionsbegriff stellt einen, normativ gesehen, neutralen Begriff dar, mit der Folge, daß alle möglichen Zwecke, auch rechtswidrige oder unsittliche, unter diesem Begriff erfaßt werden könnten.

Der Frage nach der Rechtfertigung, d.h. nach dem Grund der Strafe bleiben die relativen Theorien eine Antwort schuldig. Von daher müssen sie als das Gegenstück der absoluten Theorien betrachtet werden, die ausschließlich auf diese Frage gerichtet waren.

Die zwei dargelegten extremen Straftheorien waren lückenhaft und unvollständig. Die eine beruht ausschließlich auf der Gerechtigkeitsidee und die andere auf der Zweckmäßigkeit der Strafe. Als Versuch einer Vervollständigung durch Synthese gelten die gegenwärtig herrschenden Vereinigungs- oder synkretischen Theorien, die nunmehr zu schildern sind.

---

323 Eingehend hierzu: Franz v. Liszt, Aufsätze und Vorträge, Bd.I, 1905, S. 163ff.; Jescheck/Weigend, AT § 8, S. 73; Roxin, AT I, § 3 Rn. 11; Georgakis, Geistesgeschichtliche Studien zur Kriminalpolitik und Dogmatik F.v.Liszts, 1940, S. 50ff.; Kourakis, StGB Kommentar, §§ 50-78, Rn. 26f., S. 39ff.

324 Androulakis, AT, S. 51ff.

325 Jescheck/Weigend, AT, § 8, S. 75; Kourakis, StGB, §§ 50-78, Rn. 30ff., S. 44ff.

Diese Theorien bemühen sich um eine Kombination des Vergeltungszwecks mit den sog. Nebenzwecken der Strafe. Die Strafe ist danach als eine Kombination aller möglichen Erklärungs- und Rechtfertigungsversuche zu begreifen.[326] Sie ist die ausgewogene Mischung aus Schuldausgleich, General- und Spezialprävention.

Die Strafe wird aufgefaßt als gerechte Vergeltung; innerhalb der gerecht vergeltenden Strafe sollen general- und spezialpräventive Erwägungen berücksichtigt werden. Damit wird die Brücke zwischen Tat und Gerechtigkeit bewahrt.[327]

Die Vereinigungstheorie stellt einen Kompromiß aus dem Schulenstreit zwischen der klassischen und der modernen Schule des vorigen Jahrhunderts dar und bildet die herrschende Lehre des deutschen und des griechischen Strafrechts.[328]

Man spricht in dieser Hinsicht von einem durch die Strafe bezweckten Schuldausgleich, der unter Berücksichtigung spezial- und generalpräventiver Aspekte erfolgen muß.[329]

Eine extreme Variation der relativen Theorien stellt die moderne "funktionalistische" Schule dar.[330] Der ethische Vorwurf der Strafe geht dieser Auffassung nach ganz verloren, indem man ausschließlich auf Präventionszwecke abstellt.[331]

---

326 Siehe Roxin, JuS 1966, 377, 387ff.

327 Hirsch, Strafbarkeit von Personenverbände, S. 17.

328 Wessels/Beulke, AT, 30. Aufl., § 1, Rn. 12a; Jescheck/Weigend, AT, § 8, S. 77; Kourakis, StGB Kommentar, vor §§ 50-78, Rn. 34ff.

329 Schuldausgleich hat mit Vergeltung, im Sinne der absoluten Theorien, nichts zu tun. In der griechischen Strafrechtslehre herrscht allerdings Verwirrung, was diese Frage angeht. Verantwortlich dafür ist Chorafas, der die beiden Größen identifiziert hat, was aber durchaus falsch ist.
Schuldausgleich ist nicht nur am begangenen Unrecht, sondern auch an der Zukunft orientiert und stellt einen Zweck der Strafe dar. Die Vergeltungstheorien erlauben aber keine Zweckmäßigkeiten beim Bestrafen. Einziger Grund ist gerade das begangene Unrecht: Nur "weil er (der Täter) verbrochen hat", wird bestraft, Kant I., Metaphysik der Sitten, S. 453-454. Der Schuldausgleich weist außerdem keinen metaphysischen Charakter und keine Beziehung zur absoluten Gerechtigkeit und Sittlichkeit auf. Bezweckt wird damit nur die Erhaltung eines sozialethischen Minimums. Kourakis, StGB Kommentar vor §§ 50-78, Rn. 23,29; Androulakis, AT Bd. I, S. 78f. Manoledakis spricht von der Vergeltung als gerechtem Zweck der Strafe in: Allgemeine Theorie des Strafrechts 1978, S. 199ff.
Im deutschen Recht ist § 46 StGB Ausdruck der herrschenden Vereinigungstheorie, da er in Abs. 1 S. 1 dem Schuldausgleich und in Abs. 1 S. 2 die spezialpräventive Aufgabe demonstriert. Die Generalprävention ist nicht ausdrücklich erwähnt, sie wird jedoch stillschweigend vorausgesetzt. Eine entsprechende Regelung ist im griechischen Strafrecht nicht vorhanden; es wird dort angenommen, die Vereinigungstheorie sei dem § 79 gr. StGB, wenn auch nicht einwandfrei, zu entnehmen. Chorafas, AT, S. 392; Katsantonis, Strafrecht, AT, II, S. 44, 68, 184.

aa) Kritik und Stellungnahme

Der heute geltenden Vereinigungstheorie ist ohne weiteres zuzustimmen, da sie eine Synthese der unverzichtbaren Elemente aus den zwei extremen Straftheorien erreicht hat.

Was die Vergeltungstheorie angeht, besteht ihr Verdienst darin, daß sie dem Begriff der Strafe einen Inhalt und damit eine Rechtfertigung gegeben hat, so daß ein normativer Strafbegriff konzipiert werden konnte.

Was von dieser Theorie behalten werden muß, ist die Verbindung zwischen verhängter Strafe und begangenem Unrecht, die nach heutiger Rechtsauffassung im Sinne der Schuld, als Grundlage und Grenze jeglichen Strafens, ihren Ausdruck gefunden hat.

Damit ist nicht nur eine Rechtfertigung der Strafe gewonnen; durch die Schuldidee wird der Mensch als freies, autonomes Subjekt geehrt und seine Würde bleibt, dem verfassungsrechtlichen Gebot entsprechend, bewahrt; hierin liegt das Verdienst der Vergeltungstheorie.

Auf der anderen Seite darf die Strafe nicht als Selbstzweck verstanden werden; Rache, Sühne oder absolute Gerechtigkeit wären im heutigen Rechtsstaat unangebracht und eine Rückkehr zum Vergeltungskonzept wäre anachronistisch. Das spricht für die Haltbarkeit und die Nützlichkeit des Folgenkonzepts der präventiven Theorien.

Die Strafe muß bestimmte sozial erwünschte Zwecke verfolgen, sie braucht einen Bezug zu ihren eventuellen praktischen Wirkungen.

Hierin liegt das Verdienst der relativen Theorien. Sie haben nämlich dem Begriff der Strafe eine Relation zu den mit ihr verfolgten Zwecken verschafft. Dies bedeutet aber nicht, daß die Rechtfertigung der Strafe aus den präventiven Theorien folgt; sie ist vielmehr der Vergeltungstheorie, in Form des Schuldausgleichs, zu entnehmen.

Verknüpfungspunkt und Legitimierungsgrund der zwei ganz unterschiedlichen Strafzwecke der Vergeltung und der Prävention kann nur der Schuldgrundsatz sein.

---

330 Siehe die "weiche" funktionalistische Konzeption von Roxin in: Kriminalpolitik und Strafrechtssystem, 1970, S. 1973; Schünemann, Grundfragen des modernen Strafrechtssystems, 1984, S. 1, 45ff. Und die extreme funktionalistische Schule von Jakobs: "Strafe ist zu verstehen als Widerspruch gegenüber dem Normbruch zur Beseitigung der Gefahr eines Normgeltungsschadens" in: Jakobs, Norm, Person, Gesellschaft, 1998, S. 103ff.; ders., AT, 17/21ff.; Streng, ZStW 1980, 664. Kritisch dazu: Sch/Schr/Lenckner, 26. Aufl. vor § 13, Rn. 117.

331 Hinter dieser Theorie steckt der systemtheoretische Ansatz Luhmanns. Roxin, JuS 1966, 377; Ellscheid/Hassemer in: Lüderssen/Sack, S. 280.

Die zwecktaugliche Strafe ohne Begründung und Begrenzung durch das Schuldprinzip behandelt den Bestrafenden als Sache, während eine ausschließlich auf Schuld gerichtete Strafe die unerträgliche Moralisierung des Strafrechts mit sich bringen und leicht zur Rache oder bloßen Übelzufügung degenerieren könnte.

b) Unternehmensstrafe

Anhand der oben skizzierten Straftheorien muß jetzt geprüft werden, ob gegen die juristische Personen als fiktivem Gebilde eine gerechte und angemessene Strafe verhängt werden darf.

Es ist leicht erkennbar, daß eine Verbandsstrafe unter dem Blickwickel der absoluten Straftheorien keineswegs begründet werden könnte. Das Merkmal der Übelsempfindung zum Zwecke der Vergeltung ist, wenn überhaupt, nur bei Menschen realisierbar. Die Strafe als Sühneleistung für begangenes Unrecht setzt eine natürliche Person voraus und führt somit zwangsläufig zur Strafunfähigkeit der juristischen Person.

Zu fragen ist, ob die Möglichkeit einer Verbandsstrafe durch eine Reduzierung des Strafbegriffs eröffnet werden könnte.

Wenn man das Element der Übelsempfindung und der Sühne wegläßt, entfernt man sich zwangsläufig von den absoluten Straftheorien. Dies erscheint übrigens unter modernen rechtsstaatlichen Auffassungen vollauf geboten und angemessen.

Die Strafe wird nunmehr, nach dem Standpunkt der Vereinigungstheorien, weniger als Übel und mehr als ein, genau wie die Schuld, mit der Rechtsgütereinbuße verbundener ethischer Vorwurf angesehen.

Auch nach dieser Auffassung paßt aber die Strafe zur juristischen Person nicht. Die Problematik ist hier die gleiche wie bei der Ablehnung der Schuldfähigkeit. Ein ethischer Vorwurf für begangenes Unrecht kann nur gegen den Menschen gerichtet sein. Die unabdingbare Beziehung der Strafe zur Schuld blockiert die Straffähigkeit der juristischen Person, die ihrem Wesen nach keinen ethischen Tadel auf sich nehmen kann.

Die repressive Funktion der Strafe, die eng mit dem ethischen Aspekt, mit dem gesellschaftlichen Unwerturteil, verbunden ist, geht bei juristischen Personen ganz verloren.

Der nächste Schritt ist die Entfernung des mit der Strafe verbundenen ethischen Vorwurfs und das ausschließliche Abstellen auf den Präventionsgedanken.[332]

Damit wird auch die Verbindung der Strafe mit dem Schuldurteil abgebrochen.

Die Strafe wird nunmehr nur von ihren Strafzielen her konkretisiert und es wird ausschließlich auf ihre faktischen Wirkungen abgestellt. Dies entspricht dem Standpunkt der relativen bzw. der funktionalistischen Straftheorien.

Der Blick richtet sich nunmehr in die Zukunft und gefragt wird entweder nach der Abschreckung bzw. nach der Sicherung der Allgemeinheit vor künftigen Straftaten (Generalprävention), oder nach dem rechtsmäßigen künftigen Verhalten des Straftäters selbst (Spezialprävention).

Diese rein kriminalpolitische Konzipierung der Strafe könnte aber bedenkenlos eine echte Unternehmensstrafe begründen. Die Tatsache, daß die durch die Strafe erreichbare Präventionswirkung schwer vorhersehbar und meßbar ist, trägt viel dazu bei.[333] Soweit empirische Erkenntnisse über diese Wirkungen fehlen und angenommen wird, das Strafrecht dürfte auf der nur vermuteten general- und spezialpräventiven Wirkung der Strafe aufbauen, könnten bei juristischen Personen keine gesonderten Bedenken auftauchen:

– unter generalpräventivem Aspekt würde eine echte Strafe gegen juristische Personen sowohl das allgemeine Rechtsgefühl stärken, als auch die Normsicherung und Abschreckung potentieller "Täter" effektiv befördern.

– genauso gut könnte sie ihre spezialpräventive Funktion erfüllen.[334]

Ein solches Szenarium mag durchaus logisch und kriminalpolitisch empfehlenswert sein, wäre aber mit dem wahren Wesen der Strafe nicht vereinbar. Die präventive Aufgabe der Strafe und des Strafsystems überhaupt bedenkt nichts weiteres als das, was uns der Wortlaut besagt: nämlich eine Aufgabe.

Aus dieser Aufgabe läßt sich aber keine Rechtfertigung, keine Legitimation des Strafens herleiten. Gäbe es nur die präventive Aufgabe des Strafrechts, so wäre dieses Strafrecht nach heutigem rechtsstaatlichen Verständnis illegitim.

Die Strafe darf vielmehr nur unter dem Blickwinkel der Vereinigungstheorie erfaßt werden, wonach sie als eine Mischung sowohl präventiver, als auch vergeltender Gesichtspunkte zu erklären ist.

---

332 Weiche Richtung von Roxin und extreme Richtung von Jakobs. Siehe dazu oben. S. 64ff.

333 Bock, JuS 1994, 89ff; ders., ZStW 1991, 636ff.; Kaiser, Kriminologie, 10. Aufl. § 43.

334 Ackermann, a.a.O., S. 197ff.

Im Rahmen der Überprüfung der Schuldfähigkeit der juristischen Personen wurde schon erörtert, daß sich das Schuldurteil in seiner sozialethischen Dimension nur gegen Menschen richten kann.

Die Beziehung der Strafe zur Schuld bleibt nach dieser Theorie weiterhin bestehen, was gegen die Straffähigkeit der juristischen Personen spricht. Sie sind nämlich nicht imstande, einen Schuldvorwurf auf sich zu nehmen.

Gegen die Ablehnung der Straffähigkeit der juristischen Person wird ihre anerkannte Beleidigungsfähigkeit geltend gemacht, die als Übelzufügung auch von juristischen Personen empfunden werden kann.[335] Dieses Argument ist aber kaum hilfreich, da die Strafe nicht mehr nach absoluten Theorien im klassischen Sinne erfaßt wird.

Das Element der Übelzufügung muß nach heutigem Rechtsverständnis ausgeschlossen bleiben, da es kein immanentes Merkmal der Strafe darstellt.

Überdies wird die Aufgabe der Strafe nicht mehr darin gesehen, die absolute Gerechtigkeit auf der Erde im Sinne Kants zu verwirklichen. Auch die volle Ethisierung des Strafrechts wird abgelehnt. Man spricht heute nur von der Sicherung eines sozialethischen Minimums, das durch das Schuldurteil gewährleistet wird. Aus diesem Grund spielt die Übelzufügung keine Rolle für die Begründung der Straffähigkeit von juristischen Personen.

Eins der wichtigsten Argumente der Gegner einer Verbandsstrafe besteht in der unzulässigen Mitbestrafung der Mitglieder.[336] Dieses Argument ist aber rein historisch bedingt und stark emotionalisiert und muß ausschließlich im Rahmen der nach dem zweiten Weltkrieg durchgeführten Diskussion gesehen werden, die bekanntlich um die Kollektivschuldthese kreiste.

Die Bestrafung der juristischen Person scheide unserer Meinung nach schon in einem früheren Stadium, nämlich am Wesen der juristischen Person. Wenn Bestrafung möglich wäre, würde die Mitbestrafung der Mitglieder dagegen keine besondere Fragen aufweisen. Es würde nicht um eine Mitbestrafung gehen, da sich der Vorwurf gegen die juristische Person als solche richten würde, sondern um ein auch bei natürlichen Personen zu finden unproblematisches Mitbetroffensein[337]

Zusammenfassend kann somit festgehalten werden, daß nach der befürworteten Vereinigungstheorie keine Legitimation der Unternehmensstrafe gefunden werden kann.

Das Abstellen auf die präventiven Zwecke der Strafe wäre die einzige Möglichkeit einer solchen Legitimation. Dies ist aber abzulehnen, da diese Zwecke

335 So RGSt., 70/140; BGHSt. 6, 186, NJW 1954, 1412.
336 R. Schmitt, Maßnahmen, S. 108; Engisch und Hartung, Referate zum 40. DJT.
337 Ackermann, a.a.O., S. 204ff.

nur einen Parameter der gerechten und sinnvollen Strafe bilden und nicht in der Lage sind, ein legitimes Fundament für die Unternehmensstrafe anzubieten.

Der andere, genauso wichtige Parameter ist der Schuldausgleich, die erforderliche Relation der Strafe zum begangenen Unrecht. Die juristische Person kann aber einer solchen Anforderung ihrer Natur wegen nicht gerecht werden.

Leztendlich könnte die Unternehmensstrafe nur unter Abstellen auf Präventionszwecke begründet werden; eine solche Funktionalisierung des Strafrechts ist aber unzulässig, da sie das Strafrecht von seinen Prinzipien und Garantien entkleidet und die Strafe zur bloßen Maßnahme degradiert.

4. Subsidiaritätprinzip

Abgesehen von den oben dargestellten prinzipiellen und kaum überwindbaren dogmatischen Einwänden gegen die Einführung einer echten Unternehmensstrafe muß noch ein wichtiger Punkt betont werden.

Von gewichtiger Bedeutung und kaum zu übersehen ist nämlich das Subsidiaritätsprinzip, welches bei jeder Kriminalisierungsvorgabe berücksichtigt werden muß. Die Konkretisierung dieses Prinzipis finden wir im Gedanken der "ultima ratio"-Funktion der Strafe. Sie gebietet bekanntermaßen, daß die Strafe nur bei besonders schweren Verletzungen und nur wenn alle anderen rechtlichen Zwangsmittel versagen, eingesetzt werden darf.[338]

a) Frankfurter Schule

Die Tendenz zur (Über)Kriminalisierung immer neuer Bereiche unseres sozialen Lebens übersieht, daß das Strafrecht nur eine ultima ratio Lösung darstellt. In dieser Hinsicht ist der Warnung Hassemers: "*bei großzügiger Kriminalisierung besteht die Gefahr, das Strafrecht nicht als ultima, sondern als sola ratio des Rechtsgüterschutzes einzusetzen*" zuzustimmen.[339] Mit dieser etwas übertrieben, aber zutreffend formulierten Äußerung Hassemers gehen wir auf eine Darstellung der von ihm geführten Frankfurter Schule über. Für eine de lege ferendabezogene Untersuchung, wie diese, mutet der Standpunkt dieser Schule besonders interessant an.

Speziell in Bezug auf unseren Gegenstand-Kriminalisierung der Unternehmenskriminalität im Bereich des Umweltstrafrechts hat die Frankfurter Schule eine interessante Blickrichtung aufzuweisen. Insbesondere der relativ junge Be-

338 Triffteter O., Die Rolle des Strafrechts beim Umweltschutz, 1979, S. 332ff.

339 Hassemer in: Philipps/Scholler (Hrsg.), Jenseits des Funktionalismus, Arthur Kaufmann zum 65. Geburtstag, 1989, S. 89.

reich des Umweltstrafrechts wird von dieser Schule heftig, sogar destruktiv kritisiert.

Leitgedanke der Frankfurter Schule bildet der Grundsatz, die Expansion des strafrechtlichen Schutzes auf immer neuen Gebieten widerspreche den primären Aufgaben und Funktionen des Strafrechts und mißachte die Essentialien unseres strafrechtlichen Systems.

Hassemer schreibt, es sei an der Zeit, daß die neueren Entwicklungen wieder mit den strafrechtlichen Traditionen in Übereinstimmung gebracht werden.[340] Darum werde die Reduzierung des Strafrechts auf ein "Kernstrafrecht" gefordert.[341]

Repräsentativ für die Frankfurter Schule waren die Erkenntnisse des Strafverteidigertages vom 1988.[342] Vertreten wird sie vornehmlich von Hassemer, Herzog und Peter-Alexis Albrecht.[343]

Diese Schule wirft den Neukriminalisierungen in verschiedenen Bereichen des gesellschaftlichen Lebens, wie z.B. dem Drogen-, dem Wirtschafts- oder dem Umweltstrafrecht vor, sie würden nicht in Einklang mit den tradierten Grundprinzipien (wie mit dem Subsidiaritätsprinzip, dem Verhältnismäßigkeits- und dem Gleichheitssatz) unserer verfassungs- und strafrechtlichen Ordnung stehen.[344]

Kritisiert werden vor allem: die Unvereinbarkeit dieser Strafbestimmungen mit dem strafrechtlichen Rechtsgutsbegriff[345], die Verwendung von abstrakten Gefährdungsdelikten[346], die Verwaltungsakzessorietät[347] und die Einschränkung der Kausalitäts- und Zurechnungsanforderungen.[348]

Die dürftige strafrechtliche Praxis in diesen neuen Gebieten, die auf die eigenartige Struktur der entsprechenden Deliktstatbestände zurückzuführen sei, wird zum Hauptgrund für ihre Entkriminalisierung erhoben.

---

340 Hassemer, ZRP 1992, 381f.; ders. Produktverantwortung im modernen Strafrecht, S. 2.

341 Hassemer, ZRP 1992, 383; ebenso Müller-Dietz, in FS für Schmitt 1992, S. 95ff.

342 Strafverteidigertag 1988 in: StV 1988, 275ff.

343 Hassemer, JuS 1987, 257ff.; ders., NStZ 1989, 553ff.; ders., Kriminalpolitik, 1989, S. 47ff.; ders., Produktverantwortung im modernen Strafrecht; Herzog, Gesellschaftliche Unsicherheit und strafrechtliche Daseinsvorsorge, 1991; ders., ZStW 1993, 727ff.; Albrecht, in: 12. Strafverteidigertag 1988, S. 29ff; ders., KritVJ 1993, 163ff.; Dencker, StV 1988, 262ff.; Krauß, StV 1989, 315ff.; Seelmann, NJW 1990, 1257.

344 Hassemer, Entkriminalisierung im Betäubungsmittelstrafrecht, KritV 1993, 198ff.

345 Hassemer, ZRP 1992, 382.

346 F.Herzog, Gesellschaftliche Unsicherheit, S. 71.

347 Strafvrteidigertag 1988 in: StV 1988, 276.

348 Hassemer, Symbolisches Strafrecht und Rechtsgüterschutz NStZ 1989, 557.

Die Anhänger der Frankfurter Schule werfen nämlich den neuen Vorschriften einen bloßen Symbolcharakter ohne jede praktische Bedeutung vor und sprechen vom "unmöglichen Zustand" des heutigen Strafrechts.[349]

Anhand der oben genannten Gründe läßt sich die Abneigung dieser reduktionistischen Schule gegen jegliche Neukriminalisierung erklären. In ihrem Sinne müssen neuartige Kriminalitätsformen "aus dem Strafrecht wieder ausscheiden".[350]

Hauptmittel zu dieser Einschränkung bildet ein eng erfaßter Begriff des strafrechtlich geschützten Rechtsguts. Dieses kann nur ein empirisch faßbares sein, das nur Rechtsgüter wie Leben, Leib und Vermögen erfaßen darf. Universalrechtsgüter sind nur zu kriminalisieren, soweit sie sich "von den Individualrechtsgütern her funktionalisieren lassen".[351]

Rechtstheoretisch beruft sich Hassemer auf die Theorie vom Sozialvertrag, aus der er ableitet, daß als Straftat nur die Verletzung der sozialvertraglich gesicherten Freiheiten gelten dürfe.[352]

Die Vertreter dieser Theorie beschränken sich nicht nur auf eine gründliche Kritik des heutigen "unmöglichen" Zustandes des Strafrechts; sie schlagen vielmehr zweierlei Alternativen vor:

Während der Strafverteidigertag meinte, die neu ins Strafrecht eingeführten Delikte sollten dem Ordnungswidrigkeiten-, dem Verwaltungs- und dem Zivilrecht überlassen werden,[353] schlägt Hassemer entweder die Zuweisung an das OWi-Recht[354] oder äußerstenfalls die Ansiedlung in einem speziellen, zwischen Straf- und Ordnungswidrigkeitenrecht angesiedelten, "*Interventionsrech*" vor.[355]

Dieses Interventionsrecht sollte flexibler als das Strafrecht sein, dafür aber auch durch weniger anspruchsvolle Garantien gesichert. Es könnte als eine Art qualifiziertes Verwaltungsstrafrecht begriffen werden.[356]

---

349 Hassemer, NStZ 1989, 553ff.; über "symbolisches Strafrecht" siehe: Voss Monika, Symbolische Gesetzgebung, 1989, S. 79ff.; Dimitratos, Kriminalpolitik und symbolisches Strafrecht, NoB 1993, 1045; Spirakos, Die kritische Funktion des Rechtsgutsbegriffs, 1996, S. 91ff.

350 Hassemer, ZRP 1992, 382.

351 Hassemer, in: Jenseits des Funktionalismus, 1989, S. 90ff.

352 Hassemer, ZRP 1992, 379.

353 StV 1988, 275; ebenso Lüderssen, Die Krise des öffentlichen Strafanspruchs, 1989, S. 37ff.

354 Hassemer, ZRP 1992, 383.

355 ZRP 1992, 383 im Anschluß an Naucke, Die Wechselwirkung zwischen Strafrecht und Verbrechensbegriff, 1985, S. 38ff.

356 Kritisch dazu: Hirsch, Straf- und Strafprozeßrecht gegenüber neuen Formen und Techniken der Kriminalität, in: Deutsch-Polnisches Kolloquium, 1995, S. 47.

Insbesondere das uns hier interessierende Umweltstrafrecht wird von der Frankfurter Schule hart kritisiert und gehört zu denjenigen Bereichen, die wieder aus dem Strafrecht entfernt werden sollten.

Als Gründe für die Streichung des Umweltstrafrechts werden seine praktischen Durchsetzungsschwierigkeiten und seine theoretischen Defizite genannt: Verwaltungsakzessorietät, Unbestimmtheit des Rechtsgutsbegriffs, lockere Beziehung zwischen Rechtsgut und Erfolg, die verbotene Haftung der juristischen Personen, Verwendung von unakzeptablen abstrakten Gefährdungsdelikten und Kausalitätsprobleme. Angesichts dieser unbestreitbaren Schwächen wird seine ersatzlose Streichung mit Entschlossenheit befürwortet.[357]

Was die strafrechtliche Haftung der juristischen Personen angeht, hat die Frankfurter Schule ausdrücklich erklärt, das Strafrecht sei nur für das Individuum passend.[358]

b) Kritische Bemerkung

Dem gerade skizzierten Standpunkt der Frankfurter Schule kann nur in der generellen Forderung einer vorsichtigen Kriminalisierung neuer Bereiche vorbehaltlos zugestimmt werden.

Die radikale Forderung nach weitgehenden Entkriminalisierungen ist dagegen nicht zu begrüßen. Man kann entweder von Verbesserung oder von Ergänzung der geltenden rechtlichen Gefüge sprechen. Von einer Abschaffung sämtlicher strafrechtlicher Normen kann nicht die Rede sein.

Das Strafrecht muß den gesellschaftlichen Entwicklungen folgen und darf nicht einfach vor den neuen Gefahren und Notwendigkeiten die Augen verschließen. Andernfalls kann es seinen zeitgemäßen Aufgaben nicht gerecht werden und würde zu einem veralteten, untauglichen Instrumentarium ohne jegliche Innovationskraft degradieren.

Diese Innovationskraft des Strafrechts muß sich allerdings immer im Bereich seiner tradierten Prinzipien bewegen und vom Subsidiaritätsgedanken kontrolliert werden.

Die Kriminalstrafe darf nur das äußerste Mittel zum äußersten Fall sein. Sie ist nämlich als das "ultimum refugium" des Gesetzgebers anzusehen.

357 Hassemer, NStZ 1989, 558; Prittwitz, bei Vitt ZStW 1993, 803; Albrecht, KritVJ 1988, 182; StV 1988, 275. So auch Seelmann, NJW 1990, 1257.

358 Für diese Lehre, wie auch für alle Ansichten neokonservativer Ausprägung, spielt die auf die einzelne Person ausgerichtete Ethik die entscheidende Rolle, Lüderssen auf der Basler Tagung, Tagungsbericht von Vitt, ZStW 1993, 803, 815.

In einem freiheitlichen und sozialen Rechtsstaat muß sich die Anwendung dieses härtesten staatlichen Eingriffs vom Grundsatz "so viel wie nötig, so wenig wie möglich" leiten lassen.[359]

Die ultima-ratio-Funktion des Strafrechts wird von Rechtsprechung und Literatur als "strafrechtliche Variante des verfassungsrechtlichen Grundsatzes der Verhältnismäßigkeit" eigens betont.[360]

Das Strafrecht bildet nämlich das schärfste Mittel des Staates gegenüber seinen Bürgern. Sein Einsatz muß daher in besonderem Maße unter dem Grundsatz der Verhältnißmäßigkeit stehen.[361] Die Verbrechensbekämpfung stellt zwar eine wesentliche Aufgabe des Staates dar. Sie darf aber keineswegs isoliert betrachtet werden.

Das Strafrecht in einer modernen Gesellschaft darf die durch das Subsidiaritätsprinzip gesetzten Grenzen nicht überschreiten.

Man spricht in diesem Sinne, wie es Binding zutreffend formuliert hat, vom "fragmentarischen" Charakter des Strafrechts.[362]

Das Strafrechtssystem ist also nicht zur Vollständigkeit und Lückenlosigkeit der Kriminalisierung bestimmt.[363]

In den neuen Kriminalisierungsvorgaben stellt man jedoch fest, daß dieser ultima-ratio-Gedanke leicht aus dem Blick kommen kann. Bei Politikern und Strafjuristen herrscht nicht selten die Vorstellung, man könne gesellschaftliche Probleme vorrangig mit strafrechtlichen Mitteln lösen und damit trete das Strafrecht einfach an die Stelle der primären Gesellschaftpolitik ein.[364]

Unter dem oben geschilderten Rahmen muß auch die Kriminalisierung der Unternehmenstätigkeit erörtert werden.

---

359 Siehe in: Albrecht/Beckmann, Strafrecht als ultima ratio. Empfehlungen der niedersächsischen Kommission, 1992, S. 10; auch die Entscheidung des BVerfG im Bereich des Schwangerschaftsabbruchs, BVerfGE 39, 1, 47.

360 Jakobs, Strafrecht AT, 2/26f. S. 49.; Frisch, FS für Stree und Wessels, S. 85ff.; Jescheck/Weigend, AT, S. 3; Maurach/Zipf, AT I, § 2 Rn. 28; SK-Rudolphi, vor § 1 Rn. 14; Baumann/Weber/Mitsch, AT, § 3 Rn. 19.
Zum griechischen Strafrecht siehe: Androulakis, AT Bd. I, S. 40ff.; Kourakis, StGB Kommentar, Vor §§ 50-58, Rn. 14; S. 22; Arthur Kaufmann, FS für Henkel, 1974, S. 89,100ff.

361 BVerfGE 90, 145.

362 Binding, BT I, Bd. 2, 1902, S. 20.

363 Siehe dazu: Maiwald, Zum fragmentarischen Charakter des Strafrechts, FS für Maurach, 1972, S. 9ff.

364 Hirsch, in: Roxin Symposium, S. 30. Besonders augenfällig kommt das im Bereich des Drogenstrafrechts zum Ausdruck, siehe dazu: Hundt, ZRP 1993, 213f.
In der deutschen Gesetzgebung findet man eine Überschätzung des Strafrechts auch in den Bereichen der Gentechnologie und des Tierschutzes. Hirsch H.J, Roxin Symposium, S. 31.

Man muß nämlich sicherstellen, daß eine Unternehmensstrafe geignet, erforderlich und verhältnismäßig zum Rechtsgüterschutz wäre, was aber nicht ohne weiteres anzunehmen ist.

Die Annahme, daß kein milderes Mittel zur Verhinderung von Rechtsgutsverletzungen im Unternehmensbereich zur Verfügung steht, ist anfechtbar.[365] Die folgende Erörterung der kriminalpolitischen Seite unseres Thema zeigt ein praktisches Bedürfnis nach Bändigung dieser Kriminalitätsform auf; von einem Notstand zu sprechen, scheint jedoch übertrieben.

Bevor man sich des härtesten Mittels bedient, muß man die vorhandenen milderen Möglichkeiten des rechtlichen Instrumentariums erschöpfen. Nur so kann dem Subsidiaritätsprinzip Genüge getan werden. Ansonsten droht eine doppelte Verletzung unserer verfassungsrechtlichen Grundlagen:

– Einerseits des Schuldgrundsatzes wegen der Unvereinbarkeit der echten Unternehmensstrafe mit dem verfassungsrechtlich gebotenen Schuldverständnis und

– Andereseits des Verhältnismäßigkeitsprinzips wegen überflüssigen Einsatzes des Strafrechts in einem Bereich, wo nicht alle vorhandenen Mittel erschöpft sind.

5. *Fazit*

Bei der Frage der Strafbarkeit der juristischen Personen geht es erneut um den fundamentalen Konflikt zwischen Kriminalpolitik und dogmatischen Grenzen, zwischen Pragmatismus und Sicherung von Rechten, zwischen Modernität und Beharren.

Die Einführung der Unternehmensstrafbarkeit könnte wahrscheinlich das dringende kriminalpolitische Bedürfnis nach Bändigung neuer Kriminalitätsformen einigermaßen befriedigen.

Die Kriminalpolitik ist jedoch nicht imstande, eine solche Innovation zu rechtfertigen. Sie bedarf vielmehr der Legitimierung des Strafrechts und ist leider angesichts der fundamentalen Prinzipien dieses Rechtssystems zu verneinen.

Der Versuch eine echte Unternehmensstrafbarkeit zu begründen, der in den letzten Jahren vorgenommen wird, basiert ausschließlich auf pragmatischen Argumenten, die sich entweder auf Begriffsbeugung oder auf eine Umwandlung von Grundelementen unserer Straflehre stützen.

---

365 Anders Schünemann, der einen echten Beweisnotstandsfall in diesem Bereich anerkennt, Unternehmenskriminalität, S. 238f.

Die Erörterung der vielfältigen strafrechtsdogmatischen und verfassungsrechtlichen Aspekte einer "Unternehmensstrafbarkeit" läßt an der Zulässigkeit eines solchen Schrittes nur Zweifel.

C. Ausländische Modelle einer Unternehmensstrafbarkeit

Nach der Untersuchung der dogmatischen Aspekte einer Unternehmensstrafbarkeit und den daraus abzuleitenden Ergebnissen folgt jetzt eine Darstellung ausländischer Rechtsordnungen, die eine solche Rechtskonstruktion schon in ihre lex domestica eingegliedert haben.

In den Rechtsordnungen Europas gilt im Prinzip der individualstrafrechtliche Grundsatz. Im Kernstrafrecht waren bis vor kurzem keine Verbandsstrafen vorgesehen, da sie nicht in Einklang mit diesem Grundsatz standen.

Vereinzelt war aber im Nebenstrafrecht eine Entwicklung zu bemerken, die eindeutig in die Richtung einer Etablierung der Unternehmensstrafbarkeit ging.

Heutzutage befindet sich die Bejahung der Straffähigkeit juristischer Personen im Vormarsch, wie die Entwicklung der Gesetzgebung in mehreren Staaten Europas (Niederlande, Frankreich, Finnland) zeigt.

Im Trend einer europäischen Gesetzgebung werden in vielen Ländern für den Bereich betrieblicher Störungen Straftatbestände geschaffen, die erheblich von den dogmatischen Grundprinzipien des Strafrechts abweichen und die Ahndung von Unternehmen mit strafrechtlichen Mitteln bezwecken.

Bei der Standortsfrage und der Natur der Verbandssanktionen stellt man ein breites Regelungsspektrum fest. Die Mehrheit der europäischen Länder regelt die Haftung der juristischen Personen in Nebensystemen. Es gibt aber auch manche Länder, die eine Einführung in das StGB vorgenommen haben.

Die lex lata zwei dieser Länder in Bezug auf die strafrechtliche Verantwortlichkeit von juristischen Personen wird im folgenden kurz dargestellt. Sie haben beide, zuerst die Niederlande und dann auch Frankreich, die Verbandshaftung als echtes Kriminalunrecht in ihre Strafgesetzbücher eingeführt.

I. Niederlanden

Die Strafbarkeit der juristischen Personen wurde in den Niederlanden schrittweise nach dem zweiten Weltkrieg eingeführt.

Erste Elemente einer Verbandsstrafbarkeit findet man im Wirtschaftsstrafgesetz von 1950 (wet op de economische delicten, § 15, in Kraft seit 1951).

Trotz des im nl. StGB allgemein geltenden individualstrafrechtlichen Prinzips wurde im Wirtschaftsstrafrecht die Sanktionierung der juristischen Personen im Bereich unternehmerischer Tätigkeit durchaus anerkannt.[366]

Dort wurde anfänglich die Doktrin des "corporate crime" in Verbindung mit der der "vicarious liability" adoptiert. Nicht nur leitende Personen, sondern jeder Unternehmensangehörige konnte die Verbandshaftung auslösen.[367] Gefolgt wurde also der erweiterten Auffassung des US-amerikanischen Modells.

Maßgebender Grund für diese gesetzgeberische Entscheidung war das dringende praktische Bedürfnis nach Ahndung der im ökonomischen Bereich delinquierenden Unternehmen.

Dogmatisch gerechtfertigt wurde sie mit dem Übergang vom physischen zum geistigen, auf der funktionalen Tatherrschaft basierenden Täterbegriff, der sich seinerseits auf die Fiktionsdoktrin stützte.[368]

Dies kam durch die Formulierung des § 15 WED klar zum Ausdruck: "wenn eine oder mehrere natürliche Personen im Bereich der juristischen Person gehandelt hat oder haben".

Nach der positiven Erfahrung mit diesem Gesetz trat im Jahre 1966 die niederländische Juristenvereinigung, im Gegensatz zum 40. DJT, für "die Einführung von Bestimmungen über die Verantwortlichkeit von anderen als natürlichen Personen in das StGB ein".[369]

Im Jahre 1976 wurde die Regelung des Wirtschaftsstrafgesetzes (Art. 15) in das nl.StGB – Wetboek – übernommen; nach Art. 51 Abs.1 Wetboek van Strafrecht sind nunmehr neben natürlichen auch juristische Personen straffähig.

Art. 51 nl. StGB ist mit Art. 15 WED fast identisch. Die Vorschrift wurde nur dadurch vereinfacht, daß sie nunmehr keine Bestimmung über die Täterschaft von juristischen Personen enhält. Die Fiktionsdoktrin steht nicht mehr ausdrücklich im Gesetzestext. Die Juristen hatten sich an die Fiktion gewöhnt. "Die juristische Person ist zu einer Realität geworden, die auch Verbrechen begehen kann".[370]

Das Prinzip "societas delinquere non potest" wurde also aufgegeben und die juristischen Personen sind nunmehr den natürlichen Personen gleichgestellt. Als allgemeine Vorschrift ermöglicht § 51 nl. StGB eine umfassende Ahndung von Unternehmen aller Rechtsformen.

---

366 Schroth, Unternehmen als Normadressaten, S. 149; vgl. Pompe, Das ausländische Strafrecht der Gegenwart, S. 43ff.

367 Schaffmeister, ZStW 1973, 794ff.

368 Hans de Doelder in: Symposium für Tiedemann, S. 311; Schaffmeister, ZStW 1973, 803f.; Waling, Das niederländische Umweltstrafrecht, S. 104ff.

369 Schaffmeister, ZStW 1973, S. 782.

370 De Doelder, Symposium für Tiedemann, S. 311.

Eine Aufarbeitung des dogmatischen Hintergrunds fand jedoch nicht statt, so daß diese Regelung anhand der klassischen strafrechtlichen Kriterien schwer verständlich erscheint.

Die Schuldfrage bleibt bei dieser Unternehmensstrafbarkeit unbeantwortet. Es ist nämlich offen, ob es sich um Organschuld oder um eigene Verbandsschuld handelt.

Auf diese dogmatische Ungewißheit stützt sich übrigens die Kritik, die am Art. 51 nl. StGB vermehrt geübt worden ist.

Die Meinungen teilen sich in folgende Richtungen:

– einerseits spricht man in der Lehre von eigener Schuld der juristischen Person, welche als Verbandsschuld aus der Untenehmenspolitik hervorgeht. Kriterium für die Verbandshandlung bildet die Tatsache, ob diese Handlung im "sozialen Kontext" als eine solche des Unternehmens angesehen werden kann;[371]

– andererseits spricht man von Verbandsstrafbarkeit kraft Zurechnung; das Handeln und demzufolge die Schuld der unmittelbar handelnden natürlichen Personen wird der juristischen Person selbst zugerechnet.[372]

Als eine Regelung des allgemeinen Teils des nl. StGB ist Art. 51 auf das gesamte Strafrecht anwendbar. Einschränkungen sieht das nl.StGB nur in Bezug auf die angedrohten Sanktionen vor. Dadurch scheiden die Delikte, die lediglich mit einer Freiheitsstrafe bedroht sind, als Verbandsdelikte aus, insbesondere Mord und Totschlag.

Charakteristisch in den Niederlanden ist, daß die Grundlagen der Unternehmensstrafbarkeit keine dogmatische Verarbeitung seitens der Wissenschaft gefunden haben.

Trotz der relativ kurzen Regelungstradition des Art. 51 nl. StGB hat sich die Unternehmensstrafbarkeit in der Praxis bewährt und zu einer Vielzahl von erfolgreichen Strafverfolgungen juristischer Personen geführt. Insbesondere im Bereich des Umweltstrafrechts wird geschätzt, daß ein Viertel der verfolgten Umweltstraftäter juristische Personen sind.

II. Frankreich

Der neuen Tendenz folgend hat auch Frankreich unlängst den Weg einer kriminalstrafrechtlichen Ahndung von Personenmehrheiten beschritten.

---

371 Das Kriterium des sozialen Kontexts ist heute im niederländischen Strafrecht durchaus anerkannt. De Doelder, a.a.O., S. 311.

372 Waling, a.a.O., S. 196f.

Bereits nach altem französischen Recht war eine Bestrafung von juristischen Personen schon möglich.[373]

Der im Jahre 1810 erlassene Code Pénal enthielt zwar keine solche Regelung. Er ging davon aus, die juristischen Personen seien mit den Mitteln des Strafrechts unahndbar.

Auch der Kassationshof hat in ständiger Rechtsprechung den gleichen Standpunkt vertreten, daß "en principe, une société, être moral, ne peut pas encourir une responsabilité pénale".[374]

Mit der Zunahme der Verbändemacht im Laufe des 19. Jahrhunderts änderte sich jedoch die Einstellung der Straflehre. Die Rechtswissenschaft befürwortete angesichts des wachsenden wirtschaftlichen Potentials der Unternehmen die Einführung der Strafbarkeit juristischer Personen.

Federführende Bedeutung kam dabei der Arbeit von Achille Mestre "Les personnes morales et le probléme de leur responsabilité pénale" aus dem Jahre 1899 zu.

Die Gesetzgebung trug diesen Forderungen Rechnung. Im Nebenstrafrecht gab es vereinzelte spezielle Tatbestände, die sich gegen Unternehmen richteten und einen Strafcharakter aufwiesen.[375]

Bezeichnend ist auch eine Ordonnance aus dem Jahre 1945, die die Bestrafung von Presseunternehmen zuließ, wenn sie die Sicherheit des Staates gefährdeten.[376]

Entgegen der gesetzlichen Lage, hat die Rechtsprechung die bestehenden Möglichkeiten zur Bestrafung der juristischen Personen nie ausgenutzt. Der Cour de Cassation hat sich mit der Weiterentwicklung und der Etablierung einer Verbändestrafbarkeit nie befaßt.[377] Man stellte trotzdem eine allmählich zunehmende Tendenz zur Einführung der Unternehmensstrafbarkeit fest.

Trotz der allgemeingültigen Geltung des Schuldprinzips hat im französischen Recht das o.g. Prinzip nie Verfassungsrang gehabt.

---

373 Jeandidier Wilfrid, Droit Pénal général, 2. Aufl. 1991, Rn. 313; Stefanie/Levasseur/Bouloc, Droit pénal général, 14. Aufl. 1992, Rn. 308; Birgit Koch, ZStW 1995, 405ff.; zum früheren Recht siehe: Georges Richier, De la responsabilité pénale des Personnes morales, Paris, 1943.

374 Älteste Entscheidung: Cass. crim. 8.3.1883, S. 1885, 1, 1470, zitiert nach Koch, ZStW 1995, 405, Fn.3.

375 So z.B. im Steuer- und Zollrecht (Art. 8 loi du 12. nov. 1938-Steuerbetrug, und Art. 390 Code des Douanes). Philippides, Die strafrechtliche Verantwortlichkeit der juristischen Personen, S. 51ff.

376 Jeandidier, a.a.O., Rn. 318; Stefanie/Levasseur/Bouloc, a.a.O., Rn. 313; Koch, ZStW 1995, 406.

377 Phillipides, a.a.O., S. 53; Jeandidier, a.a.O., Rn. 318.

In seiner Entscheidung aus dem Jahre 1982 zur Überprüfung des Gesetzes "sur les prix et les revenus" hatte der Conseil Constitutionel ausdrücklich gesagt, daß es kein Verfassungsprinzip gibt, welches es untersagt, Geldstrafen gegen juristische Personen anzuordnen und zu verhängen.[378]

Das Fehlen einer verfassungsrechtlichen Garantie des Grundsatzes "societas delinquere non potest", das übrigens eine Besonderheit des französischen Rechts im Vergleich zu den anderen europäischen Rechtsordnungen darstellt, hat den Übergang zu einer echten Unternehmensstrafbarkeit sicher begünstigt.

Der Avant-Projet aus dem Jahre 1976 sah in Art. 37-39 die strafrechtliche Verantwortlichkeit von Wirtschafts-, Industrie-, und Finanzunternehmen (groupments á objet commercial industriel ou financier) vor, während der Avant Projet 1983 sich für die Einführung der Unternehmensstrafbarkeit einsetzte.[379]

Diese Entwicklung führte zum Art.121-2 des neuen französischen Code Pénal von 1992 (in Kraft seit 1.3.1994), der einen Abschied vom Prinzip "societas delinquere non potest" bedeutet.

Juristische Personen aller Art, außer dem Staat, sind nunmehr als Täter oder Teilnehmer von bestimmten vollendeten oder versuchten Straftaten strafrechtlich vollverantwortlich, sofern die Taten durch ihre Organe oder Vertreter zu ihren Gunsten bzw. "auf ihre Rechnung" (pour leur compte) begangen worden sind.[380]

Mit der Einführung der Unternehmensstrafbarkeit sollte der Tatsache Rechnung getragen werden, daß schwerwiegende Eingriffe in den Bereichen Umwelt, Wirtschaft und Soziales von juristischen und nicht von natürlichen Personen vorgenommen werden. Den Anstoß für diese gesetzgeberische Initiative gaben also primär pragmatische Gründe.

Eine Auseinandersetzung mit den dogmatischen Grundlagen und den möglichen Rückkoppelungen einer solchen Lösung fand nicht statt, wie es auch in den Niederlanden der Fall ist.

Das gesetzgeberische Vorhaben fand, wegen des Fehlens einer verfassungsrechtlichen Garantie, keinen erheblichen Widerstand. Aus diesem Grund muß auch der CC die Verfassungsmäßigkeit der neuen Regelung nicht überprüfen.

---

378 Delmas-Marty Mireille in: Symposium für Tiedemann, S. 305.

379 Delmas-Marty, RIDP 1980, S. 39f.

380 Der französische Text lautet: "Les personnes morales, à l'exclusion de l' État, sont responsables pénalement, selon les distinctions des articles 121-4 à 121-7 et dans les cas prévus par la loi oú le règlement, des infractions commises, pour leur compte, par leurs organes oú représentants.
Toutesfois, les collectivités territoriales et leur groupments ne sont responsables pénalement que des infractions commises dans l'exercise d'activités susceptibles de faire l'objet de conventions de délégation de service public.
La responsabilité pénale des personnes morales n'exclut pas celle des personnes physiques auteurs ou complices des memes faits".

Abgesehen vom Staat kann nach dem neuen Code pénal jede juristische Person sowohl des privaten als auch des öffentlichen Rechts Täter oder Teilnehmer einer Straftat sein.[381]

Art. 131-39 Abs. 2 ordnet allerdings an, daß bestimmte Sanktionen nicht gegen juristische Personen des öffentlichen Rechts, Parteien oder politische Gruppierungen und Gewerkschaften verhängt werden können.

Bei der neuen Regelung handelt es sich um eine echte kriminelle Verantwortlichkeit der juristischen Personen.

Diese Verantwortlichkeit wird durch das Handeln eines Vertreters oder eines Organs, das zugunsten der juristischen Person (pour leur compte) begangen wird, ausgelöst (Art.121-2 Abs.1 NCP).

Die Strafbarkeit der juristischen Person ist trotz ihrer Verankerung im allgemeinen Teil des Code Pénal nicht ipso jure auf alle Straftatbestände anwendbar.

Dies wäre wegen der Natur einiger Delikte, ohnehin unmöglich. Es bedarf vielmehr der ausdrücklichen Regelung eines Gesetzes oder einer Verordnung, die die Strafbarkeit explizit auf juristische Personen ausdehnt.

Das ist innerhalb des NCP beispielsweise für Betrug und Urkundenfälschung erfolgt, dagegen im Nebenstrafrecht bisher auf relativ wenige Tatbestände (wie z.B. die des Umweltstrafrechts) beschränkt.[382]

Der code pénal geht von der Vorstellung aus, daß die juristischen Personen einen tatsächlich vorhandenen gemeinschaftlichen Willen (volonté générale) besitzen, der sich vom Einzelwillen ihrer Mitglieder unterscheidet.

Dieser Gedanke geht auf die Auffassung von *Achilles Mestre* zurück.[383] Mestre weist, um diesen Gedanken zu begründen, schon auf das Staatsgebilde hin, in dem seit Rousseau zwischen der "volonté de tous" und der "volonté générale" unterscheiden wird.

Die Unternehmensstrafbarkeit erfolgt nach neuem französischen Strafrecht kraft Zurechnung. Man stellt hier eine "fingierte" Verbandshandlung mit zivilrechtlichen "Wurzeln" fest, die anhand von Fiktionselementen begründet werden kann.

---

381 Während im Vorentwurf von 1978 die Strafbarkeit nur auf juristische Personen mit wirtschaftlicher Zielsetzung beschränkt war, setzte sich schließlich die erweiterte Auffassung durch, die eine Verantwortlichkeit aller juristischen Personen mit Ausnahme des Staates befürwortete. Zu dieser Diskussion siehe: Delmas-Marty, RIDP 1980, S. 39ff.

382 Koch, ZStW 1995, 410.

383 Mestre A., Les personnes morales et le probléme de leur responsabilité pénale, S. 191.

Durch die Bestrafung der juristischen Person wird die Bestrafung der natürlichen Personen als Täter oder Teilnehmer kaum beeinträchtigt.[384] Es bleibt jedoch in der Lehre umstritten, ob die Haftung der Direktoren für das Handeln untergeordneter Mitarbeiter (participation au fait d'autrui) weiterhin bestehen soll. Der geltende Gesetzestext gibt keine Hinweise darauf; er schließt vielmehr eine solche Möglichkeit nicht aus. ("La responsabilité pénale des personnes morales n'exclut pas celle des personnes physiques auteurs ou complices de memes faits").

Als Rechtsfolgen sieht der NCP Geldstrafen und in bestimmten Fällen auch andere Sanktionen wie die Auflösung vor.[385] Das Strafmaß ist in Art. 131-137 bis 131-39 des neuen StGB geregelt. Das Höchstmaß der Geldstrafe beträgt das Fünffache der Höhe der Geldstrafe, die für die Begehung derselben Tat durch eine natürliche Person vorgesehen ist.[386]

Neben den Geldstrafen sieht das Gesetz in solchen Fällen auch andere Strafmaßnahmen gegen Unternehmen vor.

Die durchdringendste davon ist die Auflösung der juristischen Person, die allerdings nur für besonders schwerwiegende Verstöße vorbehalten ist. Aus verfassungsrechtlichen Gründen darf die Auflösung nicht gegen juristische Personen des öffentlichen Rechts angeordnet werden.

Andere im Gesetz geregelte Sanktionen sind: dauerhaftes oder zeitlich begrenztes Tätigkeitsverbot, gerichtliche Überwachung, Schließung derjenigen Einrichtungen, die der Begehung der Straftat gedient haben, Ausschluß vom öffentlichen Markt, Verbot, öffentliche Aufforderungen an Sparer zu tätigen oder Schecks in Umlauf zu bringen, Einziehung der Gegenstände, die zur Begehung der Tat gebraucht wurden und der Aushang bzw. die Veröffentlichung der Entscheidung durch die Druck- oder audiovisuellen Medien.

In Rahmen dieses Sanktionsgefüges wurde auch ein Strafregister für juristische Personen in die französische StPO eingeführt.

Der Gesetzgeber hat die Strafbarkeit der juristischen Personen in verschiedenen Nebengesetzen für anwendbar erklärt. Unter diese fällt auch der Bereich des Umweltstrafrechts, das nach französischer lex lata im Nebenstrafrecht verstreut geregelt ist.[387]

---

384 Art. 121-2 Abs. 3.

385 Schwinge K., Strafrechtliche Sanktionen, S. 31ff.

386 Art. 131-38 NCP.

387 Siehe Schulz Josef, Das französische Umweltstrafrecht, 1983.

Die Anwendung des Umweltstrafrechts ist in Frankreich, wie auch in Deutschland und in Griechenland, in weitem Umfang problematisch und mangelhaft.[388]

Insbesondere auf von der Industrie verursachte Verschmutzungen wird derart mild reagiert, daß dies einer Erlaubnis zur Verschmutzung gleichkommt.[389]

Es muß darauf geachtet werden, daß in Bezug auf die strafrechtliche Praxis nach der Reform des französischen Code Pénals kein ermutigender Wandel zu bemerken ist. Obwohl der NCP schon 1994 in Kraft getreten ist, liegt veröffentlichte Rechtsprechung nicht vor. Auch in der Literatur fand die getroffene gesetzgeberische Entscheidung kein breites Echo.

Aus dogmatischer Sicht wurde sie kaum bearbeitet und ist vorwiegend als eine aus pragmatischen Gründen initiierte Maßnahme zu verstehen.

Die Reaktion der Praxis ist noch abzuwarten. Was die Lehre betrifft, sind schon einige kritische Stimmen gegen die neue Regelung laut geworden.[390]

Kritische Bemerkung

Durch den Erlaß einer kollektiven Haftungsnorm im Kernstrafrecht sowohl Frankreichs als auch der Niederlande (Art. 51 nl. StGB, Art. 121-2 Code pénal) wurde das bis dahin uneingeschränkt geltende individualstrafrechtliche Prinzip durchbrochen. Der von diesen Ländern verfolgte generelle Ansatz einer Unternehmenshaftung wirft vielfältige Bedenken auf.

Die Einführung einer echten Unternehmensstrafbarkeit stellt eine radikale Innovation dar, für die eine hinreichende Rechtfertigung nicht vorhanden ist.

Es handelt sich vielmehr um eine "hastige" Entscheidung des Gesetzgebers, die einer dogmatischen Absicherung entbehrt.

Den Anstoß haben kriminalpolitische Erwägungen und Gegebenheiten gegeben, während die dogmatischen Grundlagen einer solchen Unternehmensstrafbarkeit unberücksichtigt blieben.

Die heftige, im Schrifftum ausgebrochene Kritik unterstreicht und bestätigt dieses Manko. Die Wissenschaft versucht eher im nachhinein eine annehmbare Begründung für diese gesetzgeberische Initiative zu geben.

---

388 Bagatellisierung des Umweltkriminalität durch die Gerichte, mangelnde Kooperation zwischen Verwaltung und StA usw. Dazu: Schulz, a.a.O., S. 202ff.

389 Schulz, a.a.O., S. 65ff.

390 "un véritable coupert de guillotine menacant non enterprises", "un tigre de papier institué à l'usage des universitaires", zitiert nach Koch, ZStW 1995, 416.

III. Angelsächsisches Strafrecht

Im Anschluß an die beiden Beispielen des kontinentaleuropäischen Rechts sei nun ein grundverschiedenes Rechtsmodell dargestellt, nämlich das Modell des angloamerikanischen Strafrechts.

Dieses Modell verdient besondere Beachtung, weil es die Bestrafung der juristischen Personen nicht nur vollauf anerkennt, sondern auch längst erfolgreich praktiziert.

Die Erörterung des angloamerikanischen Strafrechts ist von großem wissenschaftlichen Interesse, da die Rechtslage dort ganz eigenartige Strukturen aufweist.

Überdies kommt der Rechtsfigur des "corporate crime" eine Vorbildrolle für diejenige Tendenz im europäischen Rechtsraum zu, die eine Unternehmensstrafbarkeit klar befürwortet und befördert.

Vor der Darstellung des "corporate crime" ist die Erläuterung der Grundstrukturen dieses grundverschiedenen Rechtskreises unerläßlich.

1. Einführende Bemerkungen

Das angloamerikanische Recht ist "*nicht so sehr Gegenstand dogmatischer Überlegungen, es muß vielmehr rein unter dem praktischen Gesichtspunkt des Dienstes an der öffentlichen Sicherheit, Ordnung und Wohlfahrt verstanden werden*".[391]

Das Recht der Common Law-Länder bereitet dem europäischen Juristen aufgrund seiner eigenartigen Strukturen und Formen erhebliche Verständnisschwierigkeiten.

Schon methodologisch gesehen begegnet man erheblichen Besonderheiten und Unterschieden im Vergleich zum kontinentalen Recht.[392]

Obwohl es sich um Rechtskreise mit ähnlichen Wertvorstellungen handelt, ist ihre Rechtsauffasung völlig entgegengesetzt.[393]

---

391 Jescheck, SchZStr. 1955, 256.

392 Der kontinentale Jurist arbeitet nämlich wie folgt: er geht von der Norm aus und subsumiert darunter den Fall. Der Angelsachse versucht vom Fall her, induktiv, seine Regel zu bilden. Die Rechtsentwicklung stützt sich in den USA auf precedents, die eine Regel enthalten; die sog. "ratio decidendi" im Gegensatz zum obiter dictum. So entsteht ein Denkprozeß, den Edward Levi als "reasoning from case to case" beschrieben hat. Diese Methode wird als "induktiv" und "empirisch" beschrieben und der systematisch-deduktiven des kontinentalen Juristen entgegengestellt.

393 Als maßgebendes Kriterium für die Abgrenzung wertverwandter Rechtsordnungen kann die Reichweite des richterlichen Spielraums benutzt werden, was im Falle der Abgrenzung des angelsächsischen vom kontinentalen Recht sehr hilfreich sein kann.

Insbesondere als Strafrechtler steht man fassunglos vor einem schwer begreiflichen Rechtsdenken, wenn man zum ersten Mal in Berührung mit dem angloamerikanischen Strafrecht kommt.

Die Besonderheit des angelsächsischen Rechts liegt darin, daß es nicht auf der Gesetzgebung, sondern auf der kontinuierlichen Folge richterlicher Fallentscheidungen beruht.[394]

Es handelt sich also um ein von der Rechtsprechung entwickeltes Recht. Dieses Recht muß als Ansammlung von ad-hoc-Regelungen verstanden werden, die den Notwendigkeiten des rechtlichen Alltags gerecht zu werden versuchen.

Das Fehlen festgeschriebener Normen führe zwangsweise zu der Entwicklung einer schöpferischen Tätigkeit der Richter.[395] Es wird daher zutreffend als "Richterrecht" bezeichnet.[396]

Nach dem Ausdruck Blackstones, eines der größten englischen Juristen, sind die Richter "*the depositaries of the laws, the living oracles*".[397]

Das angelsächsische Recht wurde entsprechend den Besonderheiten jedes Falles von der Rechtsprechung induktiv und nach strengen Verfahrensregeln entwickelt,[398] während das kontinentale Recht auf den materiellen Regeln und Prinzipien einer soliden und vollständigen Kodifizierung basierte. Diese allgemeinen kodifizierten Prinzipien bilden hier für den Richter eine Basis und zugleich ein sicheres Instrument der deduktiven Syllogistik nach freier Beweiswürdigung (§ 261 dt. StPO, § 177 gr. StPO).[399]

---

394 Grünhut Max, Das englische Strafrecht, Bd. III 1959, S. 140; Ackermann, a.a.O., S. 75ff.

395 Über den Ermessensspielraum der Richter, Kourakis N., in GA 1981, 539ff.

396 In den angelsächsischen Ländern war jahrhundertelang das Richtertum der Garant der bürgerlichen Freiheiten und genoß als solcher das Vertrauen und den Respekt der Bevölkerung. Anders war die Situation in den kontinentaleuropäischen Ländern, wo es manchmal feindlich dem Bürgertum gegenüber stand. In England dagegen haben die Gerichte den sozialen Wandel immer unterstützt und auf die Willkür der Exekutive heftig reagiert. Aus diesem Grund fand eine Kodifizierung des Rechts dort wenige Akzeptanz im Gegensatz zum Kontinent, wo sie als Mittel gegen die richterliche Willkür gedacht war. Andere Gründe für die fehlende Kodifizierung des angelsächsischen Rechts: eine nur lockere Bindung an das römische Recht, ein gewisses Mißtrauen gegenüber der revolutionären-kaiserlichen Gesetzgebung Frankreichs. Kourakis, GA 1981, 536.

397 Honig R., Das amerikanische Strafrecht, Bd. IV, 1962, S. 41.

398 Bentham hat das Law seiner Zeit als "dog law" bezeichnet, weil man erst durch die Bestrafung erfuhr, was rechtswidrig und verboten war. Siehe: H. Coing, Grundzüge der Rechtsphilosophie, S. 141.

399 Radbruch G., Der Geist des englischen Rechts, S. 10-13, 48-50.; Grünhut, Das englische Strafrecht, Bd. III, S. 139ff.; Honig, Das amerikanische Strafrecht, S. 15.

Im Laufe der Zeit wurde jedoch der Ermessensspielraum des anglo-amerikanischen Richtertums weitgehend eingeschränkt und der größte Teil des Common Law, sowohl in England als auch in den USA, kodifiziert.[400]

Man findet nunmehr zweierlei Rechtsquellen: Das Common Law und das Statutory Law. Als allgemeine Rechtsquelle gilt das ungeschriebene Recht, das Common Law.[401] Es geht um die Entscheidungen höherer Gerichte, sog. precedents, die eine bindende Wirkung für die unteren Gerichte aufweisen. Durch die Lehre von der stare-decises und den hierarchischen Aufbau der Gerichte wird die Einheitlichkeit der Rechtsanwendung gesichert.

Das Statute Law stellt das geschriebene Recht dar und verdient im Konfliktfall mit dem Common law den Vorrang.

Insbesondere für den Bereich des Strafrechts muß man bemerken, daß dies im Laufe der Zeit eine weitgehende Kodifizierung erfahren hat. Das Statutory Law bildet heutzutage die allgemeine Grundlage und die primäre Rechtsquelle des Strafrechts.

Der Erlaß der Statute Laws ist in den Einzelstaaten Sache der gesetzgebenden Körperschaften und im Bund Sache des Kongresses, der u.a. Bundesstrafrecht (Federal Law) schafft.[402]

Das Common Law hat alledings seinen Charakter als Rechtsquelle trotz der weitgehenden Kodifizierungen nicht verloren.

Eine Vermutung zum Weiterbestehen des Common Law ergibt sich aus einer Grundregel, die besagt, daß alle Gesetze stets in Übereinstimmung mit dem Common Law auszulegen sind.[403] Das Statute Law verdient jedoch als geschriebenes Recht den Vorrang.

---

400 Der weite Ermessensspielraum des angelsächsischen Richters bedeutet aber nicht, daß er nach Belieben die Gesetze auslegen kann, trotz der dazu vorhandenen strukturellen Möglichkeit; er neigt vielmehr zu einer strengen Auslegung. "*Der Richterstand ist zwar als ganzer schöpferischer, der einzelne Richter aber doch wohl gebundener als in der kontinentalen Rechtsprechung*". Radbruch, a.a.O., S. 50.

401 Common Law ist derjenige Teil des angelsächsischen Rechts, der nicht aus der Gesetzgebung hervorgeht, sondern aus den Gewohnheiten des Volkes und der sich durch die Rechtsprechung weiterentwickelt. Vgl. Cross/Jones/Card, Introduction to Criminal law, 1976, S. 7; Kourakis, GA 1981, 538.

402 Eine Besonderheit des amerikanischen föderativen Systems im Vergleich zum deutschen stellt die Tatsache dar, daß dort die Einzelländer bei der Ausübung ihrer Gesetzgebungsgewalt keineswegs beschränkt sind, solange sie die verfassungsrechtlichen Gebote und Verbote respektieren. Honig, Das amerikanische Strafrecht, S. 40f.

403 Russel on crime, 11. Aufl. 1958, S. 64.

Hauptmerkmal des angloamerikanischen Strafrechts ist das Fehlen eines festgesetzten allgemeinen Teils. Dieses Merkmal gilt im übrigen als die "Achillesferse" dieses Strafrechtssystems.[404]

Die fortbestehende Geltung des Common Law als allgemeine Rechtsquelle und das Fehlen eines allgemeinen Teils haben, trotz ihrer unumstrittenen Nachteile, zu einer gewissen Flexibilität und zu einer bewunderswerten Anpassungsfähigkeit dieses Strafrechtssystems geführt.

Das angelsächsische (Straf)Recht wird von weitgehendem Pragmatismus kennzeichnet, der die Anpassung an neue Anforderungen und die unverzügliche Erledigung der entstehenden Probleme ohne weiteres ermöglicht.

2. *Das angloamerikanische Strafrecht und die Entwicklung der "criminal corporate liability"*

Zwei Rechtsfiguren mit zivilrechtlichen Wurzeln haben den Boden für die Einführung der Strafbarkeit der juristischen Personen im angloamerikanischen Recht vorbereitet:

– die strict liability (Strafbarkeit ohne Verschulden) und
– die vicarious liability (stellvertretende strafrechtliche Haftung).

Wenn man als Außenstehender von der prinzipiellen Zulassung der Verbandsstrafbarkeit nach angloamerikanischem Recht erfährt, bekommt man den Eindruck, es gelte dort der Schuldgrundsatz nicht. Nur unter dieser Bedingung wäre es, unserer Rechtsvorstellung nach, möglich, Personen in Form von fiktiven Gebilden vom Strafrecht ahnden zu lassen.

Ganz im Gegensatz war das angloamerikanische Strafrecht aber schon immer und ist es auch heute ein "Schuldstrafrecht". Die Maxime dort heißt: "an act does not make a person legally guilty unless the mind is guilty".[405] Eine strafbare Tat ist nur eine solche, die sowohl ein objektives als auch ein subjektives Element aufweist: "actus non facit reum, nisi mens sit rea".[406]

---

404 Dieser Mangel an gesetzlicher Systematik birgt die Gefahr der Widersprüchlichkeit in sich, da der Blick auf den engen Zielbereich beschränkt wird. Russel on Crime, 12. Aufl. 1964, S. 68.

405 Cross & Jones, Introduction to criminal law, 8. Aufl. S. 25; Grünhut, Das englische Strafrecht, S. 197; Bähr, a.a.O., S. 23ff.

406 Der Deliktsaufbau ist nach angloamerikanischen Strafrecht, im Gegensatz zum deutschen und griechischen Strafrecht, zweiteilig.
Formen des subjektiven Elements (mens rea) sind Intention (Vorsatz), und recklessness (bewußte Fahrlässigkeit). Die unbewußte Fahrlässigkeit (negligence) wird vom mens rea nicht erfaßt und führt nur ausnahmsweise zur Strafbarkeit. Sie bildet dagegen die häufigste Anspruchsgrundlage des Deliktsrechts.

Die strafrechtliche Verantwortung wird immer auf diese zwei Grundkomponenten gegründet (principle of concurrence): die objektive (actus reus) und die subjektive (mens rea = guilty mind).[407] Der Schuldgrundsatz gehört also, einer langen Tradition zufolge, zu den Grundprinzipien des Common Law.

Der Grundunterschied zu unseren Strafrechtsordnungen besteht darin, daß der Schuldgrundsatz des angloamerikanischen Strafrechts nicht unantastbar ist; wenn gewichtige kriminalpolitische Gründe in den Vordergrund treten, zieht sich der Schuldgrundsatz zurück.

Eine Loslösung, oder besser gesagt eine erste Abweichung vom Schuldgrundsatz, ist erst in der Zeit der Industrialisierung, also Mitte des 19. Jahrhunderts, zu bemerken.

Es wurde damals festgestellt, daß die hohen Gefahren, die mit den neuen Entwicklungen verbunden waren, nicht ohne die Modifikation und die Anpassung des geltenden Rechts entschärft werden könnten.

Nach einer Abwägung zwischen den Rechten des Individuums und den Rechten der Allgemeinheit wurde einfach für die letzteren entschieden.

Dies erforderte aber eine Abweichung von den Grundprinzipien des Common Law. Der Preis dafür war die Durchbrechung des Schuldprinzips und die Schaffung verschuldensunabhängiger Tatbestände. Im Angesicht des Fehlens eines dogmatisch gesicherten allgemeinen Teils war allerdings dieser Preis nicht zu hoch.

Es hat sich dadurch eine neue Kategorie von Tatbeständen entwickelt, die mehr oder weniger auf die subjektiven Voraussetzungen beim Täter verzichteten. Dies ist als die erste Entwicklungsstufe für den Übergang zu einer Verbändestrafbarkeit anzusehen.

a) Strict liability-Eine erste Abweichung vom Schudprinzip

Mitte des 19. Jahrhunderts erließ der Gesetzgeber eine Fülle regulativer Bestimmungen, die zunächst auf die Skepsis der Rechtsprechung gestoßen sind.

Erst zu Beginn des 20. Jahrhunderts folgten die Gerichte insgesamt der strict-liability-Doktrin.[408] Charakteristisch dafür ist die Aussage des Supreme Court "Mens rea is an important requirement, but it is not a constitutional requirement, except sometimes".[409]

---

407 Cross & Jones, 6. Aufl. 1968, S. 32; zu mens rea siehe auch: Quist, Public welfare Offenses, S. 40ff.

408 Ehrhardt A., Unternehmen und Strafe, S. 93.

409 Kritisch dazu: Bähr, a.a.O., S. 72.

Wenn man die damalige Rechtslage vorsichtiger betrachtet, stellt man fest, daß die strict-liability-Delikte als "das Kind des Richters" angesehen worden sind.[410] Der Gesetzgeber hat seinen klaren Wille, vom Schulderfordernis abzusehen, nie ausdrücklich geäußert und die ganze Entwicklung ist mehr auf die Wirkung der Rechtsprechung zurückzuführen.

Folgende theoretischen Gründe haben die Entwicklung und die Etablierung der strict liability durch die Gerichte begünstigt:

– Das Schweigen des Gesetzgebers, was das Schuldmerkmal anging, wurde von den Gerichten als bewußter Verzicht auf jede Schuldform interpretiert.[411]

Die präzise Formulierung der neuen Tatbestände und die von den Gerichten bevorzugte enge Auslegung der Gesetze führten zur Annahme, der Gesetzgeber habe bei den neuen Tatbeständen auf das mens-rea-Merkmal verzichtet, da ein solches Merkmal im Gesetzestext nicht vorhanden war.[412] An dieser Situation hat sich bis heute nichts geändert.

In den Gesetzen aller amerikanischen Staaten ist kein einziges Statute ersichtlich, das ausdrücklich Strafe ohne Schuld vorsieht. Der Wille des Gesetzgebers, strenge Haftung zu normieren, wird ausschließlich daraus entnommen, daß die entsprechenden Gesetze keinen expliziten Bezug auf das Schulderfordernis nehmen.

– Ein weiterer Grund für die Etablierung dieser Deliktsform stellte die Konzipierung des Fahrlässigkeitsmaßstabs nach angelsächsischem Strafrecht dar.

Fahrlässigkeit wird dort nur objektiv, an dem Maßstab des "reasonable man" gemessen.[413] Die subjektive Seite, das Verhalten des bestimmten Täters, bleibt unberücksichtigt.[414]

Diese Objektivierung der Fahrlässigkeit führt notwendigerweise zur Bestrafung des Täters auch im Falle einer ihm unbewußten Fahrlässigkeit, weil er ein-

410 William Glanville, Criminal Law, The General Part, S. 233.

411 Es sei hier bemerkt, daß die Gerichte vor 1850 ganz ähnliche Statutes, die keine Schuldform vorgesehen haben, als klassische Straftatbestände nach der Regel des Common Law verstanden und durchgesetzt haben. Da aber auch die nach 1850 erlassenen Statutes nicht ausdrücklich bestimmten, daß auf das Schuldmerkmal zu verzichten sei, beruhte es insofern ausschließlich auf einem Wandel der Rechtsprechung, nicht der Gesetzgebung, wenn fortan diese Vorschriften als strict liability ausgelegt wurden.

412 Honig, ZStW 1975, 65.

413 Smith & Hogan, Criminal Law, 8. Aufl. 1996, S. 94ff.

414 Siehe Quist, a.a.O., S. 75ff. In Deutschland und in Griechenland wird die Fahrlässigkeit anhand von einem objektiven und einem subjektiven Maßtab bemessen.

fach hinter dem reasonable man zurückgeblieben ist. Das ad-hoc-Handelnkönnen des Täters ist dafür irrelevant.[415]

Die Erfassung der Fahrlässigkeit im angloamerikanischen Strafrecht entspricht unseren zivilrechtlichen Fahrlässigkeitsvorstellungen und ist auf das Fehlen einer klaren Trennungslinie zwischen Zivil- und Strafrecht zurückzuführen. Dies spiegelt sich in der starken Objektivierung des Fahrlässigkeitsmaßstabs eindeutig wider.[416]

Die unbewußte Fahrlässigkeit wird also nach angelsächsischem Strafrecht nicht vom mens rea erfaßt.[417] "Recklessness" umfaßt den unbewußt und den leicht Fahrlässigen nicht. "Negligence" umfaßt andererseits nur grobfahrlässiges Verhalten und wird als unvereinbar mit dem mens-rea Grundsatz kritisiert.

Dieser Mangel an Fahrlässigkeitstatbeständen hat den Weg für das Absehen vom Schuldprinzip freigemacht. Kann der Vorsatz nicht bewiesen werden, was bei den neuen Tatbeständen durchaus die Regel war, kommt keine Alternative in Betracht und erfolgt folglich ein völliges Absehen von Schuld.

Die unbewußte Fahrlässigkeit-negligence-als nicht vom mens rea erfaßt, hat als Zwischenstation zwischen mens rea und strict liability funktioniert.[418]

---

415 Eine Abweichung ist nur nach oben zulässig; der Arzt z.B., der selbstverständlich mehr als der reasonable man kann, wird dafür verantwortlich gemacht, Quist, a.a.O., S. 82.

416 Nach deutschem und nach griechischen Recht ist die objektive Fahrlässigkeit als eine (Ausnahme)-Schuldform des Zivilrechts in §§ 275 BGB, 330 Abs. 2 gr. ZGB normiert, während das angloamerikanische Zivilrecht, zumindest das Vertragsrecht, völlig vom Schulderfordernis absieht. Nach herrschender Meinung in beiden Ländern ist für die Bestimmung der Fahrlässigkeit das objektive Kriterium entscheidend. Siehe dazu: Stathopoulos, Schuldrecht I, S. 159. Ausschlaggebend ist also das Können eines durchschnittlichen, vernünftigen und pflichtbewußten Menschen. Der ist der entsprechende "reasonable man" des angloamerikanischen Rechts. Die Abweichung des Täters von diesem erwarteten Verhalten wird als Fahrlässigkeit interpretiert, ohne daß dabei geprüft wird, ob der bestimmte Täter in concreto anders handeln könnte.
Demgegenüber sieht die Situation in unserem Strafrecht völlig anders aus. Bei uns spielt das subjektive Element der Fahrlässigkeit die erste Rolle. Für die Bejahung des fahrlässigen Verhaltens und demzufolge für die Bestrafung des Täters wird jedesmal untersucht, ob der konkrete Täter nach seinen Fähigkeiten und unter den konkreten Umständen hätte anders handeln können.
Diese durchgreifende Unterscheidung zwischen Zivil- und Strafecht ist im angelsächsischen Recht nicht ersichtlich, so daß die Fahrlässigkeitsmaßstäbe des Strafrechts nicht so sehr von denen des Zivilrechts abweichen.

417 Bähr, a.a.O., S. 25ff.; Quist, a.a.O., S. 86ff.; G. Williams, AT, 1. Aufl., S. 98ff.; Jerome Hall, General Principles, 2. Aufl. 1960, S. 135ff.

418 Williams, a.a.O., S. 262.

Eine dogmatische Präzisierung des Fahrlässigkeitsmaßstabes – und damit ist ein subjektiver Maßtab gemeint – und die Einführung entsprechender Fahrlässigkeitstatbestände wird von vielen Kritikern der strict liability als Alternative zur strict liability befürwortet.[419]

– Der dritte Grund für diese eigenartige Entwicklung des angelsächsischen Strafrechts war die Abgrenzung zwischen "mala in se" und "mala prohibita".[420]

Offenses "mala in se" sind solche Delikte, die ethisch verwerflich und deswegen vom Strafrecht erfaßt sind. Delikte "mala prohibita" sind dagegen ethischneutrale, nur vom Gesetzgeber verbotene Delikte.[421] Die Common-Law-Delikte, die auf dem Rechtsbewußtsein und der Moral des Volkes beruhen, waren als "mala in se" zu erachten.

Die statutory-Delikte andererseits sind als "mala prohibita" zu verstehen, da sie nur vom Gesetzgeber verbotene Handlungen darstellen.

Bei den ersten war das Schulderfordrnis unabdingbare Bedingung der Strafbarkeit. Bei den zweiten aber, die vorwiegend ethisch neutrale Verhaltensweisen inkriminierten und ganz andere Zwecke verfolgten (z.B. die Sicherung von Kollektivinteressen) wurde ein Verzicht auf die Schuld ohne besondere Bedenken angenommen.

Die Gerichte entschieden sich also etwas willkürlich dafür, daß die mens-rea-Doktrin bei "mala prohibita" nicht ohne weiteres anzuwenden ist.

Dogmatisch gesehen gab es also im angloamerikanischen Strafrecht hinreichende Faktoren, die die Durchbrechung des Schuldprinzips begünstigt haben.

Aus praktischer Hinsicht haben zwei Beweggründe diese Entwicklung ermöglicht:

– Zuerst kommt das kriminalpolitische Bedürfnis nach Bändigung der neuen Gefahren, welche durch die wachsende Industrialisierung in den Vordergrund getreten sind, und

– zweitens waren es bestimmte prozessuale Besonderheiten des angelsächsischen Rechts, die eine solche Entwicklung ermöglicht haben; da dort in allen Gerichtszweigen dieselben Richter entscheiden, fiel es ihnen nicht schwer, eine im Prinzip zivilrechtliche Maxime des Deliktsrechts, die der schuldunabhängigen Haftung, auch in Strafsachen anzuwenden.[422]

Die strict-liability-Doktrin hat sich aus den oben genannten theoretischen und praktischen Gründen problemlos durchgesetzt und ist zu einem festen Bestandteil

419 Smith & Hogan, 2. Aufl. S. 69ff.; Honig, Das amerikanische Strafrecht, S. 38.

420 Diese auf Aristoteles zurückgehende Unterscheidung ist auch dem kontinentalen Recht geläufig. Bähr, a.a.O., S. 33ff., 105ff; Quist, a.a.O., S. 109ff.

421 "Mala in se sind verboten, weil sie rechtswidrig sind, mala prohibita rechtswidrig, weil sie verboten sind", Honig, Das amerikanische Strafrecht, S. 45.

422 Bähr, a.a.O., S. 81ff.; Hall, General Principles, 2. Aufl. S. 331ff.

des angloamerikanischen Strafrechts geworden. Sie wird übrigens schon seit über 100 Jahren praktiziert.

Hauptanwendungsfeld der strict-liability-Delikte ist der Bereich der "public welfare offenses", die die Durchnormierung von wertneutralen Verhaltensweisen in sämtlichen sozialen Gebieten strafrechtlich vornehmen.

Die Strict liability bildet jedoch den Gegenstand heftiger Auseinandersetzungen, insbesondere in Bezug auf ihre Vereinbarkeit mit den verfassungsrechtlichen Geboten und Verboten.[423]

b) Vicarious liability

Die zweite Rechtsfigur des angelsächsischen Strafrechts, welche die Etablierung der Unternehmensstrafbarkeit begünstigt hat, ist die "vicarious liability" (stellvertetende Haftung).[424]

Vicarious liability ist ebenfalls als Ausnahme vom allgemein geltenden Schuldprinzip – mens rea Doktrin – zu betrachten.

Es handelt sich nämlich um eine Zurechnungsform, welche sich auf die zivilrechtliche Doktrin des "respondeat superior" stützt und die Haftung des Geschäftsherrn (employer, master) für das rechtswidrige Verhalten seiner Gehilfen (employee, servant) im Rahmen des Beschäftigungsverhältnisses (in the course of business, within the scope of employement) vorsieht.

Dem Geschäftshern wird sowohl der actus reus als auch der mens rea des Gehilfen zugerechnet.[425]

---

423 Smith&Hogan, Criminal Law, 1996, S. 117ff.; Mueller Gerhard, Das amerikanische Bundesstrafrecht, ZSTW 1957, 324; siehe dazu Bähr, a.a.O., S. 89ff., der die Einführung eines Ordnungswidrigkeitenrechts in das angloamerikanische Strafrecht nach dem deutschen Vorbild vorschlägt. Quist, a.a.O., S. 274.

424 Smith&Hogan, Criminal Law, 1996, S. 174ff. ; Bähr, a.a.O., S. 140; Ackermann, a.a.O., S. 83ff.

425 Vicarious liability kommt der Haftung für Erfüllungs- oder Verrichtunsgehilfen des deutschen und des griechischen Rechts nahe. Im griechischen Recht entspricht die Konstruktion des respondeat superior der Haftungsregelung der §§ 922 (objektive Haftung), 334 gr. ZGB, Stathopoulos, Allgemeines Schuldrecht I, 1979, S. 200f.
Nach deutschem Recht ist diese Haftungsform des Geschäftsherrn in §§ 278, 831 BGB normiert, obwohl es sich dort um eine subjektive Haftung handelt. Die Schuld des Geschäftsherrn bezieht sich auf die Auswahl und die Überwachung des Gehilfen (culpa in eligendo vel culpa in custodiendo). Im griechischen Recht dagegen haben wir eine rein objektive Haftung für unerlaubte Handlungen. Die Haftung ist jedoch nur für den Geschäftsherrn objektiv konzipiert. Die Schuld des Gehilfen bleibt unberührt. Stathopoulos M., Schuldrecht, S. 208, 209. Die vicarious liability ist weiter als die Regelung des deutschen Rechts, da sie eine Exkulpation des Geschäftsherrn wegen sorgfältiger Auswahl der Gehilfen nicht zuläßt. Sie kommt deshalb der Re-

Er wird für die Handlungen seines Gehilfen auch dann strafrechtlich verantwortlich gemacht, wenn der letztere gegen ausdrückliche Anweisungen gehandelt hat und den Dienstherrn kein Verschulden, weder bei der Auswahl noch bei der Überwachung, trifft.

Die Gründe für die Übertragung dieser im Law of Torts geltenden Maxime auf das Strafrecht sind denjenigen ähnlich, die zur Einführung der strict liability geführt haben.

Das kriminalpolitische Alibi war deckungsgleich: Präventionszwecke, Beweisschwierigkeiten und Schutz der Allgemeinheit standen im Vordergrund der Debatte um ihre Durchsetzung.[426]

Die respondeat-Superior-Doktrin gilt ebenfalls als strafrechtlich in Form, aber zivilrechtlich in Natur und wurde von der Rechtsprechung in zwei höchstrichterlichen Entscheidungen entwickelt.

Der erste solche Fall, der dem Supreme Court vorgelegt wurde und zu den führenden Präzedenzfällen dieser Kategorie gehört, war US v. Dotterweich.[427] In diesem Urteil wurde die Verurteilung des Präsidenten einer Firma für Arzneimittel vom Supreme Court bestätigt, obwohl es keinen Anhaltspunkt dafür gab, daß er von der rechtswidrigen Tat gewußt hatte oder hätte wissen müssen.[428]

Mangels eines ausdrücklichen Schulderfordernisses im Gesetzestext sah das Gericht ohne Bedenken von Schuld ab, womit es die Risiko-Umverteilung im Verhältnis Öffentlichkeit-Wirtschaftsunternehmen seinen Überlegungen zugrunde gelegt hat. "*Such legislation ...puts the burden of acting at hazard upon a person otherwise innocent but standing in responsible relation to a public danger...rather than to throw the hazard on the innocent public who are wholly helpless*".[429]

Vicarious liability wurde allmählich sowohl von den Gerichten als auch von der Gesetzgebung völlig rezipiert.[430]

---

gelung des § 922 des griechischen Rechts näher. Hintergrund dieser Institution ist der Grundsatz "qui facit per alium facit per se".

426 Bähr, a.a.O., S. 140ff.

427 U.S. v. Dotterweich, 320 U.S. 277, 64 S. Ct. 134 (1943). Bähr, a.a.O., S. 63f.

428 Ackermann, a.a.O., S. 84.

429 Zitiert nach Bähr, a.a.O., S. 64.

430 Perkins, Criminal law, 2. Aufl. 1969, S. 812ff.; G. Williams, General Part, 2. Aufl. 1961, S. 267ff. In einer weiteren Entscheidung, United States v. Park, bestätigte der Supreme Court die Verurteilung des hauptverantwortlichen Geschäftsführers eines Unternehmens für Verstöße gegen das Gesetz über Nahrungs- und Arzneimittel und Kosmetika. Siehe: Bartsch, Umweltschutz und betriebliche Organisation, S. 186.

Gemeinsamkeiten und Unterschiede dieser zwei Haftungsfiguren des angloamerikanischen Strafrechts werden im folgenden zusammengefaßt, um die Genese und die Etablierung des Corporate Crime zu beleuchten.

Es sei aber bemerkt, daß strict und vicarious liability nicht zu verwechseln sind, da sie wesentliche Grundunterschiede aufweisen.

Als Berührungspunkte gelten nur ihre Entstehungsgeschichte und ihr Anwendungsbereich. Ferner sind beide Haftungsfiguren zivilrechtlicher Abstammung und als eine fundamentale Abkehr vom Mens rea-Prinzip zu erachten.

In ihrer prinzipiellen theoretischen Konzipierung weisen sie jedoch erhebliche Unterschiede auf.

Nach einer zutreffenden Formulierung von *Glanvin Williams* verzichtet "*strict responsibility nicht auf eine Art von persönlicher Tathandlung, während dies vicarious liability tut. Umgekehrt verzichtet strict responsibility völlig auf ein Erfordernis von mens rea, während vicarious liability auf ein Erfordernis von mens rea beim Gehilfen nicht verzichtet*".[431]

Bei der strict liability wird also der Handelnde selbst bestraft, obwohl er ohne Verschulden gehandelt hat. Bei der vicarious liability dagegen wird nicht der Handelnde selbst, sondern ein anderer, der Geschäftsherr, für die Handlungen seiner Gehilfen bestraft. Die Handlung und die Schuld des Gehilfen werden dem Geschäftsherrn zugerechnet. Vicarious liability setzt zwei Personen in einer bestimmten Beziehung zueinander voraus.

Bähr entdeckt einen weiteren Unterschied, und zwar in der von den Gerichten gewählten Auslegungsmethode; die strict-liability-offenses wurden restriktiv und die vicarious-liability-offenses wurden extensiv ausgelegt.[432]

Strict und vicarious liability verhalten sich, nach der Formulierung Williams, "*wie sich überschneidende Kreise*".[433] Eine Kombination dieser beiden Haftungsformen war auch denkbar.

Dies ist der Fall, wenn ein Unternehmer oder Gesellschafter, nach der Form der vicarious liability, für ein strict liability offense seiner Angestellten zur Haftung gezogen wird.

In einem solchen Fall muß weder eine Handlung noch eine Unterlassung, noch irgendein Verschulden des Geschäftsherrn nachgewiesen werden![434]

---

431 Williams, The General Part, 1. Aufl. S. 285.

432 Bähr, a.a.O., S. 143.

433 G. Williams, Mens rea and vicarious liablity, 1956, S. 67; Quist, a.a.O., S. 179.

434 Bähr, a.a.O. S. 143.

Nach kontinentalem Strafrechtsdenken erscheint diese Hybride gänzlich abartig. Wie kann man über strafrechtliche Haftung sprechen, wenn keins von den fundamentalen Elementen einer Straftat, weder actus reus noch mens rea, vorhanden ist, von den verfassungsrechtlichen Garantien einer solchen Haftung ganz zu schweigen.

Die Kombination strict und vicarious liability ist auch im angelsächsischen Raum zumindest anfänglich auf harte, sogar destruktive Kritik gestoßen.

Williams, einer der führenden englischen Strafrechtler, hat in der ersten Auflage seines Lehrbuches von einer "*tyrannischen Kombination*" gesprochen, die "*may be found to be rare*".[435] Die Rechtsentwicklung hat ihn jedoch dazu geführt, seine Hoffnung in der nächsten Auflage seines Buches aufzugeben.

Die strict und die vicarious liability wurden im Laufe der Zeit nicht nur beibehalten, sondern auch ausgedehnt.[436]

Dies bedeutet keinesfalls, daß diese Haftungsfiguren einhellige Anerkennung genießen. Vor allem seitens der Literatur werden immer wieder Stimmen gegen eine solche Mißhandlung des Strafrechts laut. Strict und vicarious liability wurden mehrmals mit harten Worten getadelt: "*Barbarische Praxis*", "*Kennzeichen von Tyrannei*", "*offenkundige Illustration von Ungerechtigkeit*" bringen die Abneigung eines erheblichen Teils der Wissenschaft plastisch zum Ausdruck.[437]

Glanville Williams kommt in seinem Lehrbuch "The General Part" zur Feststellung, das Prinzip der strict und vicarious liability sei vielleicht der klarste Beweis für den Nachteil des angelsächsischen Rechts, nicht über einen kodifizierten Allgemeinen Teil zu verfügen, in dem grundlegende Prinzipien festgelegt sind.[438]

Nicht nur in der Wissenschaft, sondern auch in der Praxis macht sich in der letzten Zeit eine zunehmende Tendenz sichtbar, welche die Abneigung gegen die strict liability klar zum Ausdruck bringt. Ferner verzichten die modernen amerikanischen Gesetze in weitem Umfang auf diese Haftungsform. Repräsentatives Beispiel für diese beachtliche Wende in der strafrechtlichen Entwicklung ist das moderne amerikanische Umweltstrafrecht, das fast völlig auf schuldunabhängige Tatbestände verzichtet.[439]

---

435 G. Williams, General Part, 1. Aufl., S. 286.

436 Bähr, a.a.O., S. 144.

437 Bähr, a.a.O., S. 90.

438 Williams, AT, 2. Aufl. 1961, S. 286.

439 Obwohl es sich um public welfare offenses handelt, verbietet die Aufnahme eines subjektiven Tatelements jede Anwendung von strict liability. Der Nachweis einer Schuldform, die meistens durch das Merkmal "knowingly" oder "knowledge" bezeichnet wird, ist in der Regel erforderlich.

Es steht außer Frage, daß die Existenz eines allgemeinen Teils die Einführung solcher rein zivilrechtlichen Haftungsformen in das Strafrecht verhindert oder zumindest erheblich erschwert hätte.

Außer Frage steht auch, daß diese Haftungsfiguren keine dogmatische Bearbeitung seitens der Strafrechtslehre erfahren haben. Ihre Entstehung beruht ausschließlich auf der Befriedigung praktischer Notwendigkeiten.

Russel hat es so ausgedrückt: "*Bei der Schaffung neuer Tatbestände geht es dem Gesetzgeber darum, den Notwendigkeiten des Augenblicks gerecht zu werden und gegen einzelne Mißstände, die es gerade zu unterdrücken gilt, anzugehen. Generellen Prinzipien wird dabei nur wenig Beachtung geschenkt*".[440]

Wenngleich angemessen erscheint das angelsächsische Strafrecht nicht nach kontinentaleuropäischen strafrechtlichen Maßstäben zu bewerten, trifft die Feststellung durchaus zu, daß solcherlei Konstruktionen im Strafrecht total deplaciert sind.

Sie verstoßen gegen elementare verfassungsrechtliche Garantien und führen weiter zu unakzeptabel harten und ungerechten Bestrafungen.[441]

Reformen oder Korrigierungstendenzen sind jedoch nicht in Sicht, obwohl auch von der angloamerikanischen Rechtswissenschaft zugegeben wird, daß die strict und die vicarious liability gravierende Verstöße gegen verfassungsrechtliche Prinzipien mit sich bringen.

Auch der vielversprechende Model Penal Code des US-Strafrechts hält an diesen beiden Prinzipien fest.[442]

Strict und vicarious liability bildeten folglich die Übergangsstufe für die Etablierung der Unternehmensstrafbarkeit (criminal corporate liability) im angloamerikanischen Strafrecht.

Im englischen und demzufolge auch im amerikanischen Strafrecht herrschte anfänglich das Grundprinzip "societas delinquere non potest". Juristische Personen waren nach herrschender Auffassung seelenlose, willens- und handlungsunfähige Gebilde und aus diesem Grund vom Strafrecht dispensiert.[443] Mit der wachsenden Beteiligung der juristischen Personen am Gesellschafts- und Wirtschaftsleben gegen Ende des vorigen Jahrhunderts änderte sich aber diese Ein-

---

440 Russel on Crime I, 12. Aufl. 1964, S. 67, 68.

441 Bähr, a.a.O., S. 155ff.

442 Bähr, a.a.O., S. 76, 145.

443 Leigh, Criminal liability of corporations, 1969, S. 3; Ehrhardt, a.a.O., S. 95ff; Dort wie auch im kontinentaleuropäischen Rechtssystem dominierte die Fiktionstheorie, die dennoch eine Einführung der Verbandsstrafbarkeit kaum verhindert hat. Die Theorie der realen Verbandsperson hat dort keine Rolle gespielt. Busch R.,a.a.O., S. 61ff.

stellung der Rechtswissenschaft. Es entwickelte sich die heutzutage durchweg herrschende "corporate criminal liability".

Kriminalpolitisch gesehen ist es kein Zufall, daß diese Rechtsfigur im angelsächsischen Rechtsraum entwickelt worden ist.

England war der Heimatort der Industrialiserung, die u.a. eine explosivartige Zunahme der Wirtschaftsunternehmen zur Folge hatte. Daher hat man dort das Bedürfnis nach Reaktionen gegen diesen neuen und gefährlichen sozialen Partner viel früher als in den anderen europäischen Ländern empfunden.[444]

Die USA auf der anderen Seite sind das Land mit der meistentwickelten Industrie und deswegen das Land, das über die meisten und kräftigsten Verbände verfügt.[445]

Die äußeren, gesellschaftlichen Verhältnisse waren also besonders günstig für die Entwicklung der Unternehmensstrafbarkeit. Juristisch gesehen wurde sie ebenfalls kaum verhindert; der weitgehende Pragmatismus des angelsächsischen Rechts, der in eindrucksvoller Weise in der Entstehung der strict und der vicarious liability zum Ausdruck kam, hat dabei viel geholfen.

Im 19. Jahrhundert beginnen also die Gerichte in England, juristische Personen, wegen Delikte ihrer Organe und Angestellten, zu bestrafen. Den Anstoß dafür gaben die neuen Eisenbahngesellschaften. Ganz am Anfang haben die Gerichte die criminal corporate liability nur auf den Bereich der "public nuisances" und der "public welfare offenses" erstreckt, bei denen übrigens keine subjektiven Elemente vorausgesetzt waren.[446]

Die Befreiung vom mens-rea-Erfordernis war also notwendige Bedingung für die Unternehmensbestrafung.

Hierbei tritt die strict liability in den Vordergrund und bietet den Gerichten diese Möglichkeit an. Diese Haftungsform paßte perfekt nicht nur zu natürlichen, sondern auch zu juristischen Personen.

Hinzu kam die inzwischen von den Zivilgerichten im Schadensersatzrecht völlig anerkannte und praktizierte vicarious liability.[447] Sie spielte eine entscheidende Rolle bei der Erweiterung der Unternehmensstrafbarkeit auch auf verschuldensabhängige Delikte.

Nach dieser Haftungskonstruktion wird, wie schon oben erwähnt, vom Schulderfordernis des unmittelbar Handelnden nicht abgesehen; seine Schuld wird einfach einem Dritten, in unserem Fall dem Unternehmen, zugeschrieben (imputed criminal liability).

---

444 Leigh, a.a.O., S. 16.

445 Es ist auch kein Zufall, daß das moderne Kartellrecht auch in diesem Land entwikkelt worden ist.

446 Bähr, a.a.O., S. 34ff.; Phillipides, a.a.O., S. 44.

447 Leigh, a.a.O., S. 15.

Durch die vicarious liability wurde also die Bestrafung des Unternehmens für rechtswidrige Handlungen seiner Angestellten ermöglicht, auch wenn sie keine verschuldensunabhängigen Tatbestände erfüllten.[448]

Der Rechtsprechung folgt die Gesetzgebung mit dem Interpretation Act von 1889 und in dessen Fortführung dem Interpretation Act 1978, der explizit den Zugang des Strafrechts zum Gebiet der bis dahin straffreien juristischen Personen gestattet: "*In the construction of every enactment relating to an offense punishable the expression person shall, unless the contrary intention appears, include a body corporate*".[449]

Die Strafbarkeit von juristischen Personen wurde also zuerst durch die Rechtsprechung und fast gleichzeitig durch statutory law in das englische Strafrecht eingeführt.

Es sei an dieser Stelle auf einige Schlüsselentscheidungen für die Entwicklung der corporate criminal liability hingewiesen:

– Als eine frühere im Jahr 1917 ist die Entscheidung Moussell Bros. Ltd. v. London and North-Western Railway Co 2 KB 836 zu erwähnen. Sie wird nämlich als "*a milestone on the path to corporate criminal liability*" bezeichnet.[450] In dieser Entscheidung wurde die Unternehmensstrafbarkeit auf die vicarious liability Doktrin gegründet, was den ersten Schritt in Richtung einer eigenen Unternehmenshaftung darstellt.[451]

Einen festen Platz in der englischen Rechtsprechung erlangte die corporate criminal liability kurz vor dem zweiten Weltkrieg mit drei berühmten Entscheidungen aus dem Jahre 1944:

– Director of public prosecution v. Kent and Sussex Contractors, Ltd.

– R v. I.C.R. Haulage Ltd.

– Moore v. I. Bresler, Ltd.[452] Mit diesen drei Entscheidungen, wurde die Unternehmenshaftung als eigene Haftung der juristischen Person erfaßt und etabliert.[453]

Eine ähnliche Entwicklung vollzog sich auch in den USA. Mit dem Absehen vom mens–rea-Erfordernis bei den strict-liability-Delikten wurden auch dort Tür und Tor für die allmähliche Etablierung der Unternehmensstrafbarkeit geöffnet.

Juristische Personen wurden dort anfänglich nur wegen Unterlassungsdelikten strafbar gemacht. Damit war ein Verzicht auf die Zuschreibung fremden Handelns bezweckt.[454]

---

448 Leigh, a.a.O., S. 23.
449 Phillipides, a.a.O., S. 44.
450 Leigh, a.a.O., S. 29; Ackermann, a.a.O., S. 91.
451 Siehe im einzelnen Ackermann, a.a.O., S. 90f.
452 Zitiert in Ackermann, a.a.O., S. 92ff. Siehe auch Leigh, a.a.O., S. 31ff.
453 Leigh, a.a.O., S. 184.

Die Untauglichkeit dieser Vorgehensweise aus kriminalpolitischer Sicht wurde allerdings schnell festgestellt und die Bestrafung der juristischen Personen wurde auch auf Begehungsdelikte ausgedehnt.

Von signifikanter Bedeutung für diese Entwicklung war eine Entscheidung des Supreme Court aus dem Jahre 1909.[455] In "New York Central and Hudson River Railroad v. United States" hat der Supreme Court den für die zivilrechtliche Haftung aus unerlaubter Handlung entwickelten "respondent superior"-Grundsatz auf das Strafrecht übertragen. Grundlage für diese Entscheidung war der Elkins Act von 1903.[456]

Die oben genannte Eisenbahngesellschaft wurde für die Zuwiderhandlungen ihrer leitenden Mitarbeiter zu einer Geldstrafe verurteilt.

Damit wurde in erstaunlich einfacher Weise das zivilrechtliche Prinzip der stellvertretenden Haftung vom Strafrecht rezipiert: "*Applying the principle governing civil liability, we go only a step farther in holding that the act of the agent, while exercising the authority delegated to him..., may be controlled, in the interest of public policy by imputing his act to his employer and imposing penalties upon the corporation for which he is acting on the premises*"[457]

Die "corporation" sei, so der Supreme Court, für diese Handlungen persönlich (strafrechtlich) verantwortlich (personal corporate liability), da die Straftat im Rahmen der unternehmerischen Tätigkeit (in the scope of his employement) und im Interesse des Unternehmens begangen worden ist. "*... the law cannot shut its eyes to the fact that the great majority of business transactions in modern times are conducted through these bodies and to give them immunity from all punishment because of the old and exploded doctrin that a corporation cannot commit a crime ...*"[458]

Der Supreme Court stellte u.a. fest, daß es der amerikanischen Verfassung nicht widerspricht, wenn das Parlament in bestimmten Fällen eine corporate Strafhaftung anordnete.

Nach dieser Pioneer-Entscheidung waren nunmehr die juristischen Personen nach der vicarious-liability-Doktrin auch für schuldabhängige Handlungen ihrer Angestellten in Verantwortung zu ziehen. Dies bedeutete im übrigen eine endgültige Abkehr vom Common Law und seinen Grundprinzipien.[459]

---

454 Leigh, a.a.O., S. 16f.
455 212 U.S. 481 (1909), 29 S. Ct.304.
456 Ackermann, a.a.O., S. 111.
457 Zitiert in Ackermann, a.a.O., S. 112.
458 Ackermann, a.a.O., S. 112.
459 Bähr, a.a.O., S. 51.

Wenngleich die geschichtliche Entwicklung des corporate crime im angelsächsischen Rechtsraum fast einheitlich vollzogen ist, weist ihre strukturelle Gestaltung in beiden Ländern vielfältige Unterschiede auf.

Die Einführung der criminal corporate liability wurde vorwiegend mit Hilfe von kriminalpolitischen Argumenten legitimiert. Eine systematische, theoretische Befassung mit der Rechtsnatur dieser Institution fand in Wirklichkeit nicht statt.

Criminal corporate liability, wie auch die meisten Institutionen des angelsächsischen Strafrechts, ist ein "Kind des Richters". Aus diesem Grund versuchte die Strafrechtswissenschaft nur nachträglich die mangelnde dogmatische Bearbeitung nachzuholen. Dies ist für ein Strafrecht, das sich erst bei Gelegenheit des Besonderen auf Allgemeines besinnt, nicht überraschend.

Wie es Quist zutreffend festgestellt hat: "*Die stiefmütterliche Behandlung allgemeinrechtlicher Probleme im angloamerikanischen Rechtskreis richtet Schranken gegenüber dem Bestreben auf, Querverbindungen zu ziehen*".[460]

3. "Criminal corporate liability" in England

Nach dem englischen Modell kann eine juristische Person für sämtliche Straftaten bestraft werden, es sei denn es handelt sich um solche, die von einer juristischen Person schon ihrer Natur wegen nicht begangen werden können oder um solche, die mit einer Sanktion physischer Natur bestraft werden.[461]

Die juristische Person kann sich in doppelter Weise strafbar machen:

– entweder nach der vicarious liability-Doktrin für Handlungen sämtlicher ihrer Angestellten oder

– nach der alter-ego Doktrin, für Handlungen also nur derjenigen Personen, mit denen sie sich identifizieren läßt.[462] Im zweiten Fall geht es um eigene Haftung der juristischen Person, die nur vom einen begrenzten Personenkreis ausgelöst werden kann. Als solche gelten nur die Personen, die zur "*brain area*", zum "*Gehirn*" der Corporation gehören.[463]

Die juristische Person wird diesen, in der Regel leitenden, Personen gleichgestellt (sog. alter-ego Theorie, principle of identification).[464]

---

460 Quist, a.a.O., S. 286.

461 Allen, Textbook on criminal law, 7.3. Grünhut, a.a.O., S. 204.

462 Smith & Hogan, 8. Aufl., S. 183ff.; Leigh, a.a.O., S. 74ff.

463 Siehe dazu die Ausführungen von Lord Denning in H.L. Bolton Enginnering Co, Ltd. v. T.J. Grabham & Sons., zitiert in: Ackermann, S. 95.

464 Begründend für die alter-ego – Doktrin: Lennards Carrying Company Ltd. v Asiatic Petroleum Company Ltd. 1915. Näher dazu Glanville Williams , a.a.O., S. 857ff.; Leigh, S. 105ff.; Ackermann, S. 202ff.

Von der Rechtsprechung sind Direktoren und Geschäftsführer als dieser Gruppe angehörende Personen bestimmt worden, da sie das lenkende Element des Unternehmens bilden.[465]

Auch das Verhalten kleinerer Angestellten kann die strafrechtliche Haftung des Unternehmens auslösen. Bei diesen Fällen handelt es sich jedoch um die Anwendung der vicarious-liability-Doktrin.[466]

Die criminal corporate liability des englischen Rechts muß als eine sehr stark an individualstrafrechtlichen Formen orientierte Haftungsfigur verstanden werden. Im Vordergrund steht immer das Individuum, entweder als leitender oder als sonstiger Angestellter des Unternehmens. Seine Handlungen oder Unterlassungen werden der corporation bloß zugeschrieben: in der ersten Variante als eigene Handlungen des Unternehmens, welches sich mit den leitenden Personen identifizieren läßt und in der zweiten Variante als fremde Handlungen, die nach dem Prinzip der stellvertretenden Haftung der juristischen Person zugerechnet werden.

Abgestellt wird jedenfalls auf eine individuelle Organtat; von einem unmittelbaren Unternehmesverhalten – ohne die Ermittlung eines individuellen Täters – wird nicht ausgegangen.

Das engliche Modell ist seit seiner Entstehung kaum weiterentwickelt; corporate liability ist "still in english law in a state of infancy".[467]

Das Defizit einer solchen Konzipierung der Unternehmensstrafbarkeit ist sehr einfach zu ermitteln. Das klassische Zurechnungsmodell des englischen Strafrechts kann nur bei kleineren, klar strukturierten Unternehmen mit einer leicht feststellbaren "Leitungsgruppe" funktionieren.

Diese Zurechnungskonzeption entspricht den Gegebenheiten der Frühzeit der Industrialisierung, für die es auch geschaffen worden ist. Modernen Organisationsformen mit hochkomplexen Strukturen und den daraus folgenden Anforderungen kann es nicht gerecht werden.[468]

Ein "Nervenzentrum" im Bereich moderner Unternehmensorganisationen ausfindig zu machen, wo nur geleitet und nicht gehandelt wird, scheint unmöglich.[469]

Aus diesem Grund ist die praktische Umsetzung des corporate crime in der englischen Rechtspraxis ausgesprochen dürftig. Die starke Abhängigkeit der cor-

---

465 Tesco Supermarkets Ltd v Nattrass (1972): "*The company may be criminally liable for the acts only of the board of directors, the managing director and perhaps other superior officers of the company who carry out the functions of management and speak and act as the company...*". Smith & Hogan, Criminal Law, S. 185.

466 Smith & Hogan, Criminal Law, 1996, S. 183ff.; Ackermann, S. 101.

467 Leigh, a.a.O, S. 2.

468 Note, Developments in 92, Harvard Law Review, 1979, 1243.

469 Ehrhardt, a.a.O., S. 99

porate liability vom individuell Handelnden hat zur weitgehenden Disfunktionalität dieses Modells geführt.[470] Sie hat ferner eine heftige Diskussion im Schrifttum ausgelöst. Es wird nämlich gefordert, die Strafbarkeit der corporation nicht mehr am individuellen Fehlverhalten, sondern an kollektiver Verantwortlichkeit anzuknüpfen.[471]

Diese kollektive Verantwortlichkeit kann entweder auf die Addition individueller menschlicher Handlungen oder auf das organisatorische Verhalten der juristischen Person selbst, als überindividuelle Rechtseinheit, gestützt werden.[472]

Die erstgenannte Möglichkeit bleibt bei den traditionellen Prämissen der Begründung einer Unternehmensverantwortlichkeit anhand individueller Handlungen.[473] Die zweite Möglichkeit bewegt sich auf dem Wege einer kollektiven Verantwortlichkeit und stellt eine relativ radikale Lösung dar, da sie sich außerhalb des individualstrafrechtlichen Bereiches befindet.[474]

In absehbarer Zeit hat keine von diesen beiden Reformtendenzen eine Verwirklichungschance. Die Gerichte lehnen ebenfalls die Idee einer solchen kollektiven, von einzelnen Individuen losgelösten, Verantwortlichkeit ab.[475]

4. "Corporate crime" in den USA

Wegen seiner großen praktischen Bedeutung und seiner beachtlichen Weiterentwicklung im Vergleich zum englischen Modell verdient die Konstruktion des amerikanischen "corporate crime" eine nähere Betrachtung.

Corporarions können nach amerikanischem Strafrecht wegen sämtlicher Straftatbestände bestraft werden. Vorreiterrolle dabei kommt dem "New Yorker Penal Code" aus dem Jahre 1882 zu, welcher ausdrücklich normierte: "*the word person includes a corporation as a natural person*".[476]

Nur Delikte mit höchstpersönlichem Bezug (Meineid, Doppelehe) sind von juristischen Personen unmöglich begehbar.[477]

---

470 Siehe: Die strafrechtliche Verantwortlichkeit der juristischen Personen und ihrer Organe, MPI 1995, Landesbericht UK, Detlef Mäder, S. 155f.

471 Wells Celia, Corporations and criminal responsibility, Oxford 1993, S. 122f.

472 Wells, a.a.O., S. 124f.; Harding, The criminalisation of corporate Behaviour, UK Report in Athener Konferenz 1994, S. 11f.

473 Wells, a.a.O., S. 44ff.

474 Es handelt sich nämlich um eine "zweite Spur Lösung" nach dem Modell Heines.

475 Mäder, Landesbericht UK, S. 157, Fn.138.

476 Phillipides, a.a.O., S. 48.

477 Aber schon wegen Totschlags wurde ein Unternehmen bestraft. Ehrhardt, a.a.O., S. 106, Fn. 92.

Eine Einschränkung der corporate liability kann sich weiter aus der Strafart ergeben. Mit Freiheitsstrafen bedrohte Straftaten können erwartungsgemäß nicht von juristischen Personen begangen werden.[478]

Die meisten Gesetze sehen allerdings die Möglichkeit der Verhängung einer Geldstrafe gegen ein Unternehmen vor. Die ultra-vires-Doktrin steht einer Unternehmensbestrafung auch nicht im Wege.[479]

Die früher geltende Strafbarkeitsbedingung, der Handelnde müsse "*within the scope of his employment*" gehandelt haben,[480] ist nunmehr belanglos, da ein auch nur minimaler Unternehmensbezug für die Begründung der Strafbarkeit ausreicht.

Das Vorhandensein einer "benefit intent" ist weiterhin umstritten. Nach herrschender Meinung soll die strafbare Tat im Interesse der juristischen Person begangen werden müssen.[481]

Die Haftung des Unternehmens kann durch das Handeln sämtlicher Angestellten, auch solcher in den untersten Etagen der Hierarchie, ausgelöst werden. In der Regel kommt es auf die Position des handelnden Angestellten nicht an.

Den verschiedenen Deliktsformen entsprechend, kommt folgende Differenzierung vor:[482]

– Bei den klassischen common-law-Delikten, die ein strenges mens-rea-Erfordernis enthalten, wird die Handlung eines "policy making officials" verlangt. In diesen Fällen erfolgt die Beurteilung nach dem Identifikationsprinzip.[483]

– Bei den strict-liability-offenses, die den Hauptanwendungsbereich der Unternehmensstrafbarkeit ausmachen, wird die Position des Täters in der Unternehmenshierarchie nicht berücksichtigt;[484]

– Bei einer dritten Kategorie von klassischen mens-rea-Delikten wird die Strafbarkeit explizit vom Gesetzgeber auch auf juristische Personen, in der Form besonderer Aufsichts-, Auswahl- und Organisationspflichten, erstreckt.[485] Auf die Position des Täters in der Unternehmenshierarchie kommt es auch bei solchen Delikten nicht an.

---

478 Ehrhardt, S. 107.

479 Siehe dazu: Leigh, S. 8f.; Ackermann, S. 87; Ehrhardt, S. 107.

480 Ackermann, S. 124.

481 Näher dazu: Ackermann, S. 178; Ehrhardt, S. 105; abweichend Leigh, S. 172f.

482 Diese Differenzierung spiegelt sich sowohl in der Rechtssprechung als auch in den Reformtendenzen einer Kodifizierung des amerikanischen Strafrechts-damit ist hauptsächlich der Model Penal Code gemeint-wider. Ehrhardt, S. 106.

483 Heine, Die strafrechtliche Verantwortlichkeit, S. 219f., 226; Ehrhardt, S. 106; Model Penal Code Sect 2. 07, 1.

484 Model Penal Code Sect 2. 07.2.

485 Model Penal Code Sect 2. 07. 1.

a) Unternehmenssanktionen

Gegen Unternehmen werden hauptsächlich Geldstrafen oder Wiedergutmachungsauflagen verhängt. Es wird also überwiegend dem klassischen "economic-Modell"[486] gefolgt. Auf andere, nicht finanzielle Sanktionen, wird in der Regel verzichtet. Bis vor kurzem fielen die angedrohten und die verhängten Geldstrafen relativ gering aus. Seit 1984, mit dem Erlaß des "Sentencing Reform Act" und des "Criminal Fine enforcement Act", wurden sie jedoch beachtlich erhöht.[487] Es können z. B. Strafen bis zu 20 Millionen Dollar verhängt werden.

Das amerikanische System der Addition der Einzelstrafen zur Gesamtstrafenbildung ermöglicht ferner die Verhängung von Geldstrafen, die mehrere hundert Millionen Dollar betragen.[488]

Von ausschlaggebender Bedeutung für die gerichtliche Praxis sind die im Jahre 1991 verabschiedeten Richtlinien für die Bestrafung von kollektiven Tätern – "sentencing guidelines for organizational offenders".

Ziel dieser Regelungen ist die Steigerung der Präventionswirkung der entsprechenden Straftaten durch höhere und härtere Strafen.

In besonders schwerwiegenden Fällen kann eine "corporate death penalty" angeordnet werden, die in der Entziehung aller Vermögenswerte des straffäligen Unternehmens besteht.[489]

Eine andere Sanktionsmöglichkeit des amerikanischen Strafrechts stellt die Institution der "corporate probation" dar, die als eine beachtenswerte Alternative zur klassischen Geldstrafe gedacht ist. Das Unternehmen kann demzufolge unter Bewährung gestellt und ihm können verschiedene Bewährungsauflagen auferlegt werden.

Angesichts der vermutlich mangelnden repressiven und präventiven Wirkung der Geldstrafe wird die Verhängung eines "terms of probation" vorgesehen, als eine den Kern der unternehmerischen Tätigkeit treffende und daher besonders effektive Maßnahme. Der Inhalt dieser Terms (Auflagen) steht im freien Ermessen der Gerichte; es handelt sich also um eine besonders flexible und anpassungsfähige Sanktion, die die Besonderheiten jedes einzelnen Falls berücksichtigen kann.[490]

---

486 Siehe unten, S. 138

487 Wray, Christopher, Corporate probation under the new organisational sentencing guidelines, in: 101 Yale Law Journal, 1991-1992, III, S. 2017.

488 Siehe Ehrhardt, S. 122ff.; Wray, a.a.O., S. 2023; Bennet Steven, Development in the movement against corporate crime, in: 65 New York Law Review, 1990, I, S. 871ff.

489 Wray, 101 Yale Law Journal, 1991-1992, 2027; für die Bemessung der Strafe, siehe Ehrhardt, S. 125ff.

490 Wray, a.a.O., S. 2023.

Ihr Hauptzweck liegt darin, ein rechtskonformes Verhalten des Unternehmens dadurch zu gewährleisten, daß ihm besonders drastische, die Struktur des Unternehmens treffende Maßnahmen auferlegt werden.

Anhaltspunkt dieser Sanktionierungsart bildet das "Struktur-Reform-Modell". Dieses Modell plädiert wegen des multikausalen hoch verwickelten Aufbaus der Unternehmensdelikte für entsprechende, die Unternehmensstruktur treffende Maßnahmen[491]

Es lehnt eigentlich die Übertragung klassicher Formen des Individualstrafrechts auf Täter-Unternehmen als völlig unangebracht ab. Bennet Steve spricht von "*Limited potential of Criminal sanctions against corporations*".[492]

Die Geldstrafe wird unter diesem Blickwinkel als unzureichend und nutzlos betrachtet, da sie als ein bloßer "Kostenfaktor" vom Unternehmen mitgerechnet wird. Die fehlerhafte, zu Rechtsverstößen führende Struktur des Unternehmens bleibt dabei unberüht. Aus diesem Grund wird der Einsatz alternativer Sanktionen befürwortet, die gerade diese fehlerhafte Unternehmensstruktur ins Auge fassen. Dabei müssen folgende Aspekte berücksichtigt werden: das Verhalten des Unternehmensmanagements, das Karriereinteresse der Individuen, die Wettbewerbsfähigkeit und das Interesse des Unternehmens an Erhaltung seiner Autonomie und Entscheidungsfreiheit.[493]

Als Bewährungsauflagen kommen verschiedene Möglichkeiten in Betracht; es kann z.B. das Unternehmen zur Emmission von neuen Aktien für soziale Zwecke gezwungen werden.[494]

Die Verletzung des "corporate image" ist auch unter diesem Blickwinkel anzusehen.[495]

Dem Strafrichter steht ein breites Spektrum solcher Sanktionsformen zur Verfügung, welche auch von den "Federal Sentencing Guidelines" vorgesehen sind. Nach der ursprünglichen Zurückhaltung der Gerichte wird in der letzten Zeit zunehmend von "alternativen" Sanktionen Gebrauch gemacht.[496]

Als Gegenmodell gilt das oben erwähnte "Economic Modell", oder auch "klassisches Modell" genannt. Dieses Modell orientiert sich hauptsächlich an der "Kosten-Nutzen Analyse" als Richtlinie jeder unternehmerischen Tätigkeit.[497]

---

491 Wray, a.a.O., S. 2020f.; Bennet, 65 New York Law Review 1990, 885ff.

492 Bennet, 65 New York Law Review 1990, 883.

493 Coffee, "no soul, no body to kick in: Michigan Law Review, 1981, S. 412; Ehrhardt, S. 136.

494 Coffee, Michigan Law Review 1981, 413f.

495 Thaman, Umweltstrafrecht in den USA, S. 502; Coffee, Michigan Lae Review 1981, 425.

496 Siehe dazu: Wray, a.a.O., S. 2023, Ehrhardt, S. 130ff.

497 Ausführlich dazu: Wray, a.a.O., S. 2019.

Die Unternehmen sind vorrangig gewinnorientierte, wirtschaftliche Einheiten, die nur an ihre Profitmaximierung denken. Um den Konflikt zwischen öffentlichen Interessen und Unternehmensinteressen befriedigend zu lösen, muß man eine Sanktion verhängen, die vorrangig diese Kosten-Nutzen-Analyse berücksichtigt.

Eine solche Sanktion kann, so das Economic Model, nur die Geldstrafe sein.[498] Mit einer entsprechend hohen Bemessung der Geldstrafe kann also eine optimale Abschreckungswirkung erreicht werden.

Die Verhängung sämtlicher Bewährungsauflagen, die den Entscheidungsbereich der Unternehmen treffen, wird nicht nur als unvereinbar mit den primären Aufgaben des Strafrechts, sondern auch als inadäquat angesehen, da sie die unternehmerische Freiheiten in unzulässiger Weise einschränken. Auch bedarf die Verwirklichung der Auflagen des "Structural Reform Models" eines enormen Verwaltungs- und Überwachungsaufwandes. Zu den gravierenden Nachteilen des "Structural Reform Models" ist auch seine zweifelhafte Nützlichkeit zu zählen.

b) Theoretische Begründung des corporate crime

"*Criminal liability ist ein hybrides Gebilde, das aus vicarious liability, strict liability, einer Prise mens rea – wenn auch einer ziemlich degenerierten mens rea –, einigen Genen aus dem Schadensersatzrecht und einigen aus dem Gesellschaftsrecht besteht*".[499]

Mit dieser humorvollen Definition versuchte Mueller, einer der wenigen Autoren, die sich systematisch mit der Rechtsnatur der criminal corporate liability befaßt haben, den komplizierten theoretischen Charakter dieser Institution zu analysieren.

In den USA herrscht – wie schon erwähnt – eine "fortschrittliche" Konzeption der corporate criminal liability.

Die Rechtsnatur dieser Institution bleibt jedoch ungeklärt, da sie einer gründlichen und systematischen theoretischen Bearbeitung niemals unterzogen worden ist.

Die herrschende Lehre in den USA ging ursprünglich davon aus, die strafrechtliche Unternehmenshaftung stellte schon immer eine Form der vicarious liability dar.[500] Im Grunde genommen bleibt diese Auffassung weiterhin bestehen.[501]

---

498 Wray, a.a.O., S. 2019.

499 Mueller, 19 Pittsburgh Law Review, 21 1957.

500 Ackermann, a.a.O., S. 126.

501 In dieser Hinsicht ist die englische Konzeption fortschrittlicher, da dort anhand der Identifikationstheorie von einer eigenen Verbandsverantwortlichkeit ausgegangen wird, was nach amerikanischem Recht zumindest früher kaum möglich war. Es handelte sich immer um eine Zurechnung fremder Handlungen und fremden Verschul-

Das Unternehmen haftet in aller Regel für das Handeln all seiner Angestellten und nicht nur der "policy making officials", also der leitenden Personen.[502] Auch kleinere Angestellte können eine solche Haftung auslösen.

Im amerikanischen Schrifftum und in der Praxis heißt es: "*the corporation stands in the shoes of its agents*" oder "*the knowledge of the employees is the knowledge of the corporation*".[503]

Die Handlungen sämtlicher Mitarbeiter werden als externer Anknüpfungunwert dem Unternehmen selbst zugerechnet.[504]

Es handelt sich nämlich um eine "vicarious liability twice removed". Die Unternehmensleitung ist zum einen für den "inner circle" verantwortlich und zum anderen für die von diesem Personenkreis ausgewählten Angestellten.

Eine Modifikation hat diese Auffassung dadurch erlebt, daß nunmehr eine Differenzierung nach der Art der begangenen Delikte vorgenommen wird.

Für klassische mens-rea-Delikte genügt die Handlung irgendeines Angestellten nicht allein dazu aus, die strafrechtliche Haftung der juristischen Person auszulösen. Es wird vielmehr das Tätigwerden eines führenden Angestellten vorausgesetzt.

Dies ist das Modell des "Model Penal Code", der nur bei strict liability offenses auch die Handlungen eines einfachen Angestellten ausreichen läßt.[505]

Im Falle eines mens-rea-Delikts haftet also die juristische Person nach der vicarious-liability-Doktrin und liegt insoweit auf der Linie der englischen Rechtsprechung. Das Unternehmen wird mit der handelnden natürlichen Person gleichgestellt und die Organtat wird als eigene Unternehmenstat angesehen.

Bei den strict-liability-Delikten dagegen, welche im Prinzip das ganze Gebiet der Public Welfare Offenses abdecken, wird eine externe Anknüpfungstat eines beliebigen Mitarbeiters mit einer fehlerhaften Verbandsorganisation gekoppelt und diese Koppelung führt zur Etablierung einer eigenen Unternehmenshaftung. Das Unternehmen wird als selbst handelndes und selbst haftendes Subjekt angesehen und demzufolge zur strafrechtlichen Verantwortung gezogen.

Da Ziel der strict-liability-Tatbestände der effektive Schutz der Allgemeinheit vor besonders gefährlichen sozio-ökonomischen Aktivitäten ist, werden die klas-

---

dens. Im Laufe der Zeit ist jedoch die amerikanische Konzeption weiter gegangen, während die englische als veraltet anzusehen ist.

502 Note, Developments, in 92 Harvard Law Review, 1242.

503 Meinel, Umweltstrafrecht und Umweltkriminalität in den USA 1988, S. 140.

504 Ehrhardt, S. 100.

505 Model Penal Code, Sect, 2.07. 1,2. Die Situation ist wegen der Zersplitterung des Strafrechts in den verschiedenen Staaten eher kompliziert. 21 Einzelstaaten sind dem Model Penal Code gefolgt. Thaman, a.a.O., S. 506.

sischen Strafbarkeitsbedingungen bewußt vom Gesetzgeber herabgesetzt.[506] Eine entsprechende Lockerung der corporate criminal liability-Anforderungen auf ihrem Gebiet ist somit verständlich.

Hier ist weder beim Handelnden noch bei der Unternehmensleitung ein Vorsatzerfordernis erforderlich.[507] Bei diesen Delikten kommt dem Angeklagten die due-diligence-defense nicht zugute.[508]

Im Gegensatz zum englischen Strafrecht ist in den USA eine allmählich vollzogene Fortentwicklung dieser Rechtsinstitution (des corporate crime) zu bemerken.

Während am Anfang das individuelle Fehlverhalten ausschließlich entscheidend für die Begründung der Unternhmensstrafbarkeit war, wurde später von den Gerichten das Kriterium der "collectiv knowledge" herausgebildet. Damit sollte das für die Strafbarkeit erforderliche Schuldelement begründet werden.[509]

Dies war der erste Schritt der Entfernung von den strengen individualstrafrechtlichen Prämissen und signalisierte eine Lockerung zwischen Verbands- und Einzelschuld.

In der letzten Zeit ist die Rechtsprechung weitergegangen und versucht nunmehr eine klare Linie zwischen individueller und kollektiver Verantwortlichkeit zu schaffen.[510] Abgestellt wird dafür auf die fehlerhafte Organisation des Unternehmens, die nunmehr als Haftungsgrund betrachtet wird.

Dem Unternehmen wird genau die strukturelle Fehlerhaftigkeit vorgeworfen, die für die Begehung des konkreten Delikts kausal geworden ist. Die begangene Straftat wird nunmehr zum Haftungsanlaß degradiert und ein Organisationsverschulden der juristischen Person tritt als strafbegründendes Element in den Vordergrund.

Bezweckt wird damit, die unüberwindbaren Schwierigkeiten der Übertragung individualstrafrechtlicher Maßstäbe auf das Unternehmensstrafrecht zu vermeiden.

Angesichts der unüberschaubaren Organisation moderner Unternehmen ist die Ermittlung des unmittelbar Handelnden, dessen Verhalten dem Unternehmen zuzurechnen ist, kaum möglich. Als Ausweg wird daher eine eigene Unternehmens-

---

506 Note, Developments, a.a.O., S. 1247f.

507 Note, Developments, a.a.O.,S. 1252ff.

508 Due diligence: dem Angeklagten kommt die Beweislast für die Beachtung bestimmter Aufsichts-, Überwachungs- und Kontrollpflichten zu. Um der Haftung zu entkommen, muß die Nichtverletzung dieser Pflichen von ihm bewiesen werden.

509 Ackerman, a.a.O., S. 123

510 Ehrhardt, a.a.O., S. 107, 118f.

verantwortlichkeit vorgeschlagen, die auf die Feststellung eines Täters bei allgemeinen Organisationsmängeln völlig verzichtet.[511]

Das Unternehmen kann auch dann verurteilt werden, wenn kein einziger Mitarbeiter das gesetzlich gebotene Wissen hatte, wenn z.B. das subjektive Element im Labyrinth der Aufgabendelegation verschwindet.[512]

Diese Konzeption einer kollektiven Verantwortlichkeit kraft Organisationsverschulden wird vom Model Penal Code an vielen Stellen vorgeschlagen und von einigen US-Staaten schon praktiziert.[513]

Das US-Modell einer corporate criminal liability mit seiner lockeren und flexiblen Struktur hat bestimmt bessere Durchssetzungschancen als das englische Modell und wird deswegen von der Rechtspraxis positiv bewertet.

Die amerikanische Praxis weist übrigens – zusammen mit der EG-Kommission und dem EuGH – die verhältnismäßig meisten Erfahrungen im Bereich der Unternehmensbestrafung auf.

Die erfolgreiche amerikanische Praxis in Bezug auf die Bekämpfung der Unternehmenskriminalität ist ferner im Zusammenhang mit den dort geltenden besonders günstigen strafprozessualen Maximen zu sehen.

Im amerikanischen Strafprozeßrecht[514] gilt nämlich, anders als im deutschen und im griechischen Strafprozeßrecht, das Oppurtunitätsprinzip. Dieses Prinzip ermöglicht in großem Umfang die außergerichtliche Erledigung der relevanten Straftaten. Überdies wird die exemplarische Verfolgung der Unternehmensdelikte durch flexible Bargainingmechanismen weiter gelockert.[515]

Zusammenfassend kann man davon ausgehen, daß das amerikanische Modell einer Unternehmensstrafbarkeit den relativ vollständigsten und sichersten Mechanismus einer erfolgversprechenden Unternehmensstrafbarkeit der Gegenwart darstellt.

---

511 Note, Developments, S. 1243.

512 U.S. v. Bank of England, N.A. 821 f. 2d. 844. Barret/Clarke, in: 59 George Washington Law Review, 1991, S. 888.

513 Einer ähnlichen Konzeption folgt das europäische Kartellrecht, die auch von der EG-Kommission und vom EuGH sowohl intensiv als auch effektiv praktiziert wird.

514 Es geht nämlich um ein sehr flexibles Verfahrensrecht, das strafrechtliche Verfolgung nach pragmatischen, situationsadäquaten Umständen bestimmt und auf plea bargaining setzt.

515 Ehrhardt, a.a.O., S. 140.

Nach kontinentaleuropäischen Strafrechtsmaßstäben erscheint die criminal corporate liability des angelsächsischen Rechts schwer verständlich, ja abwegig.[516]

Unter den dort geltenden Verhältnissen ist sie jedoch durchaus gerechtfertigt. Diese Verhältnisse lassen sich in zwei Kategorien einteilen:

– Einerseits sind es faktische Umstände, die die gesamte Entwicklung des corporate crime erheblich begünstigt haben.

Die in England und in den USA gegen Mitte des vorigen Jahrhunderts explosivartig expandierende Industrialisierung verursachte eine Fülle neuer sozioökonomischer Probleme und Gefahren für die Gesellschaft. Um den neuen Gegebenheiten Herr zu werden, sah sich der Staat verpflichtet, von verschiedenen (rechtlichen) Mitteln Gebrauch zu machen. Eine davon war das Strafrecht, das nunmehr als Mittel zur sozialen Kontrolle eingesetzt wurde.[517]

Die Frage lautete damals, ob "die indivuellen Interessen des jeweils Betroffenen" tatsächlich zurückzutreten haben hinter den "sozialen Interessen des öffentlichen Wohls und des Schutzes der Bevölkerung" und es wurde schließlich für die letzteren entschieden.

Der viel zitierte Pragmatismus des angloamerikanischen Strafrechts setzte sich in eindrucksvoller Weise durch, und sämtliche Prinzipien des dort geltenden strafrechtlichen Systems wurden teilweise oder ganz aufgegeben.

– Andererseits sind es rechtliche Faktoren, die die criminal corporate liability beeinflußt haben und wie folgt zusammengefaßt werden können:

– Die von den Gerichten, als primäre Rechtsquelle, eingeräumte Priorität der praktischen Bedürfnisse.

– Das Fehlen einer systematischen allgemeinen Strafrechtstheorie.

– Die fließenden Grenzen zwischen Zivil- und Strafrecht sowie die Verflechtung der Zivil- und Strafgerichten.

Trotz der prinzipiellen dogmatischen Einwände gegen eine solche Entwicklung scheint sie aufgrund der dort geltenden rechtlichen Strukturen gerechtfertigt, integriert und funktionsfähig zu sein. Dafür spricht auch die Tatsache, daß sie während der letztlich weitgehenden Kodifizierungen beibehalten worden ist. Der Model Penal Code hält ebenfalls an dieser Institution fest.

---

516 Einige dieser echt schwerverständlichen Institutionen, wie die strict liability, die vicarious liability oder die public welfare offenses, waren mehrmals Gegenstand heftiger, sogar vernichtender Kritik seitens der europäischen Strafrechtswissenschaft.

517 Es sei hier bemerkt, daß das es in den USA kein Ordnungswidrigkeitenrecht gab. Diese Tatsache hat den Einsatz des Strafrechts gewiß ermöglicht. Siehe dazu Kadisch, der eine Regelung analog dem deutschen OWi-Recht befürwortet, in: 30 U. Chicago Law Review, 423, 1963.

Trotz der vereinzelten Gegenstimmen ist keine radikale Reformtendenz in Sicht. Verbesserungen und Ergänzungen sind jedoch nicht nur wünschenswert, sondern auch notwendig, besonders was die Systematisierung und Kodifizierung dieser Rechtsinstitution angeht.

Als Hauptdefizit des Corporate Crime ist allerdings seine unsystematische Erfassung zu nennen, die u.U. zu Ungereimtheiten und Uferlosigkeit führen kann.

6. Rechtsvergleichende Ergebnisse

Eine Rechtsvergleichung mit dem angloamerikanischen Strafrecht oder mit vereinzelten Rechtsinstitutionen dieser Rechtsfamilie scheint zumindest in rechtstheoretischer Hinsicht, unfruchtbar.

Dazu wäre ein gemeinsames Minimum an theoretischen Fundamenten geboten, das die gegenseitige Übernahme und den Austausch zwischen den verglichenen Rechtsordnungen befördern könnte.

Die deutsche Rechtslage – als Vorreiterin für die dogmatische Entwicklung des kontinentaleuropäischen Strafrechts – mit der angloamerikanischen – als Repräsentantin einer dogmafreien Rechtsordnung – vergleichen zu wollen, ist nicht nur extrem schwierig, sondern auch wenig ergiebig. Einem Austausch von Rechtsinstituten und Konzepten zwischen den beiden Rechtskreisen stehen wegen des strukturell grundverschiedenen rechtlichen Millieus viele Hindernisse im Wege.

In diesem Fall kann die Rechtsvergleichung nur dazu dienen, fremde Rechtsvorstellungen und Konzeptionen kennenzulernen und eventuell in vereinzelten Punkten sich von diesen inspirieren zu lassen.

Als europäischer Strafjurist erkennt man sofort, daß sich das angloamerikanische Strafrecht in einer früheren Entwicklungsstufe befindet, ohne klare Trennungslinien von den anderen Rechtsgebieten und ohne feste dogmatische Fundamente.

Als amerikanischer Strafjurist würde man aber sofort erkennen, daß das deutsche Strafrecht sehr viel an dogmatischen Überlegungen hängt, ohne zugleich den dringenden Anforderungen der sozialen Wirklichkeit gerecht werden zu können.

Reformen und Umwandlungen des geltenden Rechts können unserer Rechtsaufassung nach nur vom Gesetzgeber nach langjährigen, ausführlichen wissenschaftlichen Erörterungen des in Frage kommenden Themas erfolgen.

Repräsentatives Beispiel dafür ist die Auseinandersetzung über das Problem der Strafbarkeit von juristischen Personen, die seit mehreren Jahrzehnten intensiv geführt wird.

Zu einer zufriedenstellenden Lösung sind wir noch nicht gekommen, genauer gesagt sind wir noch weit von ihr entfernt.

Nach angloamerikanischem Recht dagegen kann vom Richter ad hoc den jeweiligen praktischen Bedürfnissen Vorrang eingeräumt werden.

In der letzten Zeit ist allerdings eine Entwicklung zu registrieren, die als Annäherungsversuch ausgelegt werden kann.

Im angelsächsischen Rechtskreis einerseits hat das Richterrecht durch die weitgehenden Kodifizierungen der letzten Jahre wesentliche Einschränkungen erfahren und die dogmatischen Fragen gewinnen dort zunehmend an Bedeutung.

Die Einführung eines kodifizierten allgemeinen Teils wird stark gefordert und klassische Haftungsformen werden hart kritisiert. Die strict liability wird z.B. nicht nur von der Wissenschaft kritisiert, sondern neuerdings auch von der Praxis skeptisch oder sogar ablehnend betrachtet.[518]

Wie es Schünemann zutreffend formuliert hat: "*Die Tage einer systemfreien Strafrechtswissenschaft sind selbst in den USA gezählt*".[519]

Im kontinentalen Strafrecht andererseits wird die Befreiung oder zumindest die Lockerung wesentlicher, bis vor kurzem unantastbarer, Grundprinzipien von einem erheblichen Teil der Lehre stark befürwortet. Auch in Bezug auf das Rechtsverständnis ist das Strafrecht der letzten Jahrzehnte der Wirklichkeit des sozialen Lebens näher gerückt.

Abgesehen von diesen generellen Bemerkungen hat eine Gegenüberstellung der beiden Rechtsfamilien im Bereich der uns hier interessierenden Unternehmensstrafbarkeit aber wenig anzubieten.

Solange das deutsche, wie auch das griechische Kernstrafrecht am Schuldgrundsatz festhält, kann die Konzeption des corporate crime schwer übernommen werden; von einer Rezeption dieser Institution soll eher abgeraten werden.

Was uns trotzdem durch den Gang ins angloamerikanische Strafrecht gelungen ist, ist eine auf vereinzelte Punkte dieser Konzeption begrenzte Inspirierung für die Formulierung eines eigenen Lösungsvorschlags.

Rechtstheoretisch gesehen weist die corporate-liability-Doktrin erhebliche Lücken und Ungereimtheiten auf, die auf die Besonderheiten des angloamerikanischen Strafrechts zurückzuführen sind.

In praktischer Hinsicht aber weist diese Institution, insbesondere im Hinblick auf ihre Anwendungspraxis, interessante und erwägenswerte Elemente auf.

Unsere Gesamtergebnisse können wie folgt zusammengefaßt werden:

– Eine Übernahme des amerikanischen Modells der criminal corporate liability ist ausgeschlossen, da es unvereinbar mit unseren dogmatischen strafrechtli-

518 Das US-Umweltstrafrecht verzichtet z.B. völlig auf schuldunabhängige Haftung, obwohl es sich um ein ideales Anwendungsfeld für diese Haftungsform handelt.

519 Schünemann, Strafrechtssystem und Kriminalpolitik in: FS für Schmitt 1992, S. 118.

chen Grundlagen ist. Außerdem hat es auch dort keine dogmatische Verfestigung erlangt; es wird, wenn auch erfolgreich, nur unsystematisch praktiziert.

– Außerhalb des Strafrechts bietet aber das corporate crime eine diskutable Möglichkeit. Die amerikanische Konzeption einer kollektiven Unternehmensverantwortlichkeit könnte als Vorbild für eine entsprechende Lösungskonzeption benutzt werden, genau wie das europäische Kartellrecht, das ohnehin auf amerikanische Vorbilder gegründet ist.

Von dem noch unausgereiften Gedanken der kollektiven Verantwortlichkeit des US-Strafrechts könnten wir gewiß profitieren. Dies wird bei den Gesamtergebnissen am Ende dieser Arbeit näher analysiert.

– Seine generalisierende Fassung als allgemeine Unternehmensstrafbarkeit ist jedoch abzulehnen, da sie besondere Bestimmtheits- und Berechenbarkeitsschwierigkeiten mit sich bringt. Als gesetzlich geregelte, an spezifischen Rechtsbereichen orientierte Regelung, wie das im europäischen Kartellrecht der Fall ist, könnte die Unternehmensstrafbarkeit besser und sicherer funktionieren.

– Von der amerikanischen Praxis könnten wir jedoch unverändert einige interessante Sanktionsformen übernehmen, die speziell auf juristische Personen in Form eines Unternehmens zugeschnitten sind.

Diese sind die Sanktionen des structural-Reform-Modells, nämlich die corporate probation und die Veröffentlichung der verurteilenden Entscheidung.

D. Europäisches Kartellrecht

Im Rahmen unserer Untersuchung des geltenden dogmatischen Rahmens einer Unternehmensstrafbarkeit, sowohl auf nationaler als auch auf internationaler Ebene, befaßt sich der folgende Abschnitt mit der bußgeldrechtlichen Verantwortung des Unternehmens nach dem EU-Kartellrecht, welches ein besonders interessantes Modell anbietet.

Das Sanktionsrecht der EU basiert auf keiner grundlegenden Dogmatik, wie dies in den einzelnen Mitgliedsländern der Fall ist. Es beruht vielmehr auf zahlreichen Einzelentscheidungen der Kommission und des EuGH, die bestimmte dogmatische Grundzüge erkennen lassen.[520]

---

520 Mit dem EU-Recht kann man, methodologisch gesehen, nur induktiv und nicht deduktiv arbeiten, d.h. immer vom Speziellen zum Allgemeinen und nicht umgekehrt. Von den einzelnen Entscheidungen müssen dann die theoretischen Grundlagen herausgearbeitet werden. Genau diesselbe Methodik muß man beim angloamerikanischen Recht anwenden.
Gerade umgekehrt arbeitet man mit dem deutschen und mit dem griechischen Recht. Dort dient die Dogmatik als Ausgangsbasis. Von daher müssen die einzelnen Ent-

Der europäischen Union kommt keine Kriminalstrafgewalt zu, da die Mitgliedstaaten bei Abschluß der Verträge keinen Souveränitätsverzicht geleistet haben.[521]

Der Gemeinschaft kommt bloß eine Bußgeldkompetenz zu und das EU-Kartellrecht zählt zu den wenigen Bereichen, in denen der Kommission eine supranationale Sanktionsbefugnis eingeräumt ist.[522] Außerdem hat sich in diesem Bereich eine langjährige Praxis herausgebildet, welche die Herleitung sämtlicher Grundsätze ermöglicht hat.

Nach Art. 15 der Verordnung Nr. 17 kann die Kommission Geldbußen gegen Unternehmen oder Unternehmensvereinigungen als Sanktionen wegen vorsätzlicher oder fahrlässiger Wettbewerbsverstöße verhängen.[523]

Gesetzliche Grundlage des gemeinschaftlichen Kartellrechts sind Art. 85 und 86 EWGV.[524] Diese Tatbestände sind als Sonderdelikte zu verstehen, da sie sich nur gegen Unternehmen und Unternehmensvereinigungen wenden. Individualtäter werden dagegen nicht geahndet, was übrigens als Lücke des EU-Rechts empfunden wird.[525]

In der Entscheidungpraxis der Kommission zu Art. 85, 86 EWGV i.V.m. Art. 15 VO 17 hat sich ein weitgehend schlüssiges Konzept der Unternehmensstrafbarkeit herausgebildet, das eine Vorbildrolle für die nationalen Rechtsordnungen spielen könnte.

Das EU-Kartellverfahren ist nach ständiger Rechtsprechung des EuGH ein Verwaltungs-, kein Gerichtsverfahren.[526] Für die Ermittlung und die Verhängung der Geldbuße ist die Kommission nach dem Opportunitätsprinzip zuständig; für eine gerichtliche Überprüfung steht der EuGH zur Verfügung. (Art. 172f. EWGV).

Art. 15 Abs. 2a VO 17/62 ermöglicht es der Kommission, Geldbußen in Höhe von 1000 bis 1 Mio ECU oder über diesen Betrag hinaus bis zu 10% des von dem einzelnen an der Zuwiderhandlung beteiligten Unternehmen im letzten Ge-

---

scheidungen, sowohl die gesetzgeberischen als auch die gerichtlichen, getroffen werden.

521 K. Tiedemann, Europäisches Gemeinschaftsrecht und Strafrecht, NJW 1993, 27.

522 Siehe dazu: Schroth, Economic Offenses in EEC Law, 1983, S. 31, 51ff. Weitere Bereiche, in denen eine Bußgeldkompetenz normiert ist, stellt der Kohle- und Stahl- sowie der Verkehrssektor dar; für den Agrar- und Fischereimarkt wird sie aus den Art. 40 Abs 3, 172 EWGV abgeleitet. Tiedemann, NJW 1993, 27.

523 ABl. Nr. 13 vom 21.2.1962, S. 204.

524 Siehe dazu: Dannecker, MSchrKrim, 1991, 270ff.

525 Tiedemann, NJW 1986, 1843.

526 EuGH, Slg. 1966, S. 321; EuGH, Slg. 1982, S. 1575.

schäftsjahr erzielten Umsatzes festzusetzen, wenn dieses vorsätzlich oder fahrlässig gegen Art. 85 Abs. 1 oder Art. 86 EWGV verstoßen hat.

Die Kommission macht seit über 25 Jahren von ihrer Sanktionsgewalt Gebrauch und verhängt jedes Jahr in mehreren Verfahren Geldbußen wegen wettbewerbswidrigen Verhaltens.[527]

Eine Politik höherer Geldbußen hat die Kommission mit der Pioneer-Entscheidung Ende 1979 eingeleitet.[528] Die Kommission hat in ständiger Praxis auch von ihrer gesetzlichen Möglichkeit, Geldbußen bis zu 10% des Jahresumsatzes der beteiligten Unternehmen zu verhängen, Gebrauch gemacht und verhängt in der Regel Geldbußen von Millionenhöhe.[529]

Die Rechtsnatur der Geldbußen nach Art. 15 VO 17/62 ist ganz bestimmt nicht strafrechtlicher Art, wie es im Art.15 Abs.4 VO Nr.17 ausdrücklich betont wird.

Der EuGH hat in ständiger Rechtsprechung hervorgehoben, die Geldbuße weise neben ihrem Gewinnabschöpfungscharakter auch eine repressive Wirkung auf und demzufolge hat er durch sämtliche Entscheidungen hindurch feste strafrechtliche Anwendungsprinzipien herausgestellt.

Streitig ist, ob eine Kategorisierung dieser Sanktionen als strafähnlich oder "Kriminalstrafen im weiteren Sinne" möglich ist. In den Ländern, in denen ein solches Rechtsgebiet vorhanden ist, wird dies weitgehend bejaht. Sie werden folglich mit den Ordnungswidrigkeiten des deutschen, des italienischen und des portugiesischen Rechts verglichen und von daher wird die Anwendung strafrechtlicher Grundsätze befürwortet.[530]

Hinter dieser Zuordnung der Geldbußen des EU-Rechts zum Strafrecht i.w.S stehen ausschließlich Rechtsschutzgesichtspunkte. Man will damit sicherstellen, daß "die besonderen rechtsstaatlichen Garantien des materiellen Strafrechts und des Strafverfahrensrechts auch im europäischen (Kartell)-Ordnungswidrigkeitenrecht gelten".[531]

---

527 Siehe: Dannecker/Fischer-Fritsch, Das EG-Kartellrecht in der Bußgeldpraxis 1989, S. 101ff.

528 Kommissionsentscheidung vom 14.12.1979, ABl. 1980, L60, S. 21ff.= WuW/EEV, 831ff.

529 Tetra Pak II, 75 mio. ECU, KomE ABl. 1991, L 149, S. 21ff.

530 Tiedemann, Der allgemeine Teil des europäischen supranationalen Strafrechts, FS für H.H. Jescheck, 1985, S. 1414f.; Winkler, Die Rechtsnatur der Geldbuße im Wettbewerbsrecht der Europäischen Wirtschaftsgemeinschaft, 1971, S. 17f.; Dannecker/Fischer-Fritsch, a.a.O., S. 6f.; Siohl, Die Schuldfeststellung, 1986, S. 26ff.; anderer Meinung dagegen Schroth, der von einer kriminalstrafrechtlichen Natur dieser Geldbuße spricht,in: Economic Offenses in EEC, S. 187.

531 Dannecker/Fischer-Fritsch, a.a.O., S. 7.

Was die Durchschlagskraft dieser Geldbußen angeht, kann man von einer zufriedenstellenden Rechtspraxis ausgehen. Die in manchen Fällen astronomische Höhe der verhängten Geldbuße und die in der Regel darauffolgende Publizität haben sich als beachtliche abschreckende Mittel erwiesen.[532]

Die gesamte Praxis auf diesem Gebiet weist darauf hin, daß die Kommission durch eine konsequente Verfolgungspolitik und durch eine weite Auslegung der relevanten Bußgeldnormen ein weitaus wirksames Instrument zur Durchsetzung des europäischen Wettbewerbsrechts entwickelt hat.

Das Modell des EU-Rechts entspricht übrigens der bisherigen Praxis des amerikanischen Kartellrechts.[533]

Von den mitgliedstaatlichen Rechtsordnungen steht das niederländische Strafrecht der Praxis der Kommission und des EuGH am nähesten.

1. Struktur der Geldbußen nach Art. 15 VO 17/62

Der Unternehmensbegriff wird vom EuGH und der Kommission sehr weit gefaßt und umfaßt jedes Unternehmen, ohne Rücksicht auf seine Rechtsform.[534] Auch Unternehmen der öffentlichen Hand werden miteinbezogen.

Der wirtschaftliche Unternehmensbegriff ermöglicht die Verhängung einer Geldbuße auch gegen einen Rechtsnachfolger im Falle der Auflösung der juristischen Person. Er erfaßt auch multinationale Unternehmen, die als einheitliche Unternehmen eingestuft werden.

2. Theoretische Konzeption

Was die theoretische Fundierung dieses Sanktionierungsmittels des EU-Rechts angeht, herrscht weitgehend Unklarheit, da das EU-Recht über keinen allgemeinen Teil verfügt.

Fest steht nur, daß das EU-Kartellrecht und die sich darauf stützende Praxis von einer eigenen Unternehmensverantwortlichkeit ausgehen und das Unternehmen als eigenständigen Täter des Kartellrechts qualifiziert haben.

Angesichts des Fehlens sowohl eines allgemeinen Teils des EU-Kartellrechts als auch eines supranationalen Ordnungswidrigkeitenrechts, werden wir im folgenden versuchen, die dogmatischen Konturen dieser Rechtsentwicklung anhand unserer nationalen Rechtsmaßstäbe zu erläutern. Insbesondere aus der Sicht der

---

532 Über die Publizität siehe: Dannecker, MSchrKrim. 1991, 280.

533 De Frenes, Das US-amerikanische Kartellstrafrecht, 1984, S. 28ff.; Rill J.F. Die Anwendung des Antitrustrechts in den 90en Jahren, WuW 1990, 597ff.

534 Hamann, Das Unternehmen als Täter, 1992, S. 13ff.

deutschen Rechtsordnung ist das durchaus machbar, da hier eine ähnliche Rechtskonstruktion, nämlich die Verbandsgeldbuße des OWi-Rechts vorhanden ist.

a) Die Handlungsfähigkeit

Ausgegangen wird im Prinzip von einer eigenen Handlungsfähigkeit des Unternehmens.

Diese Handlungsfähigkeit wird normativ konstituiert. Der Gemeinschaftsgesetzgeber erkennt eine bußgeldrechtliche Verantwortlichkeit der Unternehmen an und verleiht ihnen dazu eine eigene (im juristischen Sinne zu begreifende) Handlungsfähigkeit.[535]

Um Probleme der organisierten individuellen Unverantwortlichkeit zu umgehen, fassen Kommission und Gerichtshof den Kreis der Personen, deren Handeln die Haftung des Unternehmens auszulösen vermag, sehr weit; es kommt nämlich das Verhalten aller Personen in Betracht, die befugterweise für das Unternehmen handeln, also nicht nur die Handlungen der Leitungsorgane oder der Führungspersonen.

Das EU-Recht geht somit von einer faktischen Betrachtungsweise aus. Es wird nicht nur auf formalrechtlich verstandene Organe abgestellt, sondern das Handeln im Namen und zugunsten des Unternehmens reicht in der Regel aus.

Eine Begrenzung auf bestimmte (Leitungs-)Organe wäre außerdem mit dem Unternehmensbegriff des EU-Rechts nicht vereinbar, da die Organe von der gesellschaftsrechtlichen Struktur abhängen. Die Unternehmen könnten folglich schwer durchschaubare Strukturen wählen mit der Folge, daß erhebliche Beweisprobleme entstehen würden. Es wird auch nicht die Kenntnis der Geschäftsführung vorausgesetzt.[536]

Im Prinzip läßt sich also festhalten, daß jede natürliche Person, die für das Unternehmen tätig wird, seine bußgeldrechtliche Haftung auslösen kann.[537]

Anknüpfungstaten der Organe eines Unternehmens sind nach EU-Recht nicht erforderlich. Die unmittelbare Anwendung der Bußgeldvorschriften spricht un-

535 Hamann, a.a.O., S. 160ff.; Kaiser, Verbandssanktionen der OWiG, 1975, S. 24; Tiedemann in: Immenga/Mestmäcker, vor § 38, Rn. 29ff.; ders., ZStW 1990, 108; Koch in: Grabitz Kommentar, Art. 15 VO 17, Rn. 41.

536 Eine grundsätzliche Stellungnahme der Kommission und des EuGH zu dieser Frage ist in dem Urteil "Musique Diffusion Francaise" ergangen. Urt. v. 7.6.1983, RS 100-103/80.

537 Dannecker/Fischer-Fritsch, a.a.O., S. 258ff.; Koch in: Grabitz Kommentar, Art. 15 VO 17, Rn. 41; Tiedemann, FS für Jescheck, S. 1419f.

problematisch nur von "Unternehmenshandlungen", die von den Organen ausgeführt werden.

Die Organe sind keine Täter, d.h. sie tragen keine persönliche Verantwortlichkeit. Sie handeln für das Unternehmen, das als Normadressat und als Täter angesehen wird.

Der EuGH hat entsprechend dem Vorbild des US-Kartellstrafrechts die Praxis der Kommission bestätigt, das Verhalten aller befugterweise für das Unternehmen Handelnden dem Unternehmen selbst zuzurechnen.

Wegweisend in diesem Sinne war das Pioneer-Urteil, wonach die Anwendung von Art.15 VO17 keine Handlung und nicht einmal Kenntnis der Inhaber oder Geschäftsführer des betreffenden Unternehmens voraussetzt. Erstmals wurde in dieser Entscheidung das Verhalten eines Angestellten in nicht leitender Position dem Unternehmen zugerechnet.

Durch diese extensive Täterauffassung hat sich die Kommission die in Deutschland – im Rahmen des § 30 OWiG – auftretenden Nachweisschwierigkeiten erspart.

Einzige Haftungsvoraussetzung bleibt somit die Begehung der relevanten, rechtswidrigen Tat "im Interesse des Unternehmens".[538]

Nach dieser Konzeption wird also das Unternehmen von der Kommission und vom EuGH nicht nur als Normadressat, sondern auch als tauglicher Täter der entsprechenden Vorschriften angesehen. Die individuellen Handlungen werden als Ausdruck der organisierten Unternehmenstätigkeit betrachtet, was dazu führt, daß die tatbestandsmäßige Handlung als ein einheitliches Geschehen des Rechtssubjekts Unternehmen gesehen wird.[539]

Eine vertiefende Betrachtung zeigt uns, daß im EU-Recht keine individualrechtliche Einbindung zu bemerken ist, wie es z.B. im deutschen Owi-Recht der Fall ist. In dieser Hinsicht erscheint das deutsche Modell eher veraltet.

Vielmehr liegen die beiden Konzeptionen einer Verbandsgeldbuße, die des OWi-Rechts und die des EU-Rechts, auf verschiedenen Ebenen. Es handelt sich beim letzten nicht mehr um das Verhalten bestimmter Einzelpersonen, sondern um die Erfassung objektiver Strukturen im Bereich des Unternehmens. Trotz seiner anfänglichen Vorbildfunktion für die Ausgestaltung des EU-Bußgeldrechts hat das letztere inzwischen das Owi-Recht überholt.

---

538 Dies entspricht dem Vorschlag Tiedemanns auf dem 49. DJT, als Anknüpfungspunkt im Bereich der Bußgeldhaftung nach deutschem Recht sollte die "Nutznießerschaft" des Unternehmens angesehen werden. Tiedemann, Gutachten C zum 49. DJT Bd. I, 1972.

539 Hamann, a.a.O., S. 166.

b) *Die Schuldfähigkeit*

Die Anerkennung der eigenen Handlungsfähigkeit des Unternehmens im EU-Kartellrecht läßt besondere Bedenken hinsichtlich der Schuldfrage entstehen: "Das Schwergewicht der dogmatischen Begründung wird auf das Schuldurteil verschoben".[540] Mit der Qualifizierung des Unternehmens selbst als tauglichem Täter im EU-Recht wird ein Übergang zu einer eigenartigen Schuldform erreicht. Es entsteht ein besonderes Haftungsmodell, welches mit dem "corporate crime" des amerikanischen Rechts und mit dem niederländischen Modell der Unternehmenshaftung vergleichbar ist.

Die Geltung eines Schuldprinzips ist vorgegeben durch Art. 15, VO 17/62, der einen mindestens fahrlässigen Verstoß des Unternehmens verlangt. Kommission und EuGH gehen von einem spezifischen Schuldbegriff für das Unternehmen aus.

Die Erforderlichkeit der Schuld, wenn auch in Form einer Unternehmensschuld, spricht für die Beibehaltung einiger rechtsstaatlichen Garantien, die angesichts der Höhe der Geldbuße und der Konsequenzen, die sie für die verurteilten Unternehmen mit sich bringt, notwendig sind .[541]

Die Kommission bejaht die Schuldfähigkeit der Unternehmen, ohne dies näher zu begründen. Sie nimmt einfach eine Unternehmensschuld an, ohne weiter zu prüfen, ob es sich um eine Organschuld oder um eine eigene Schuld des Unternehmens handelt. (ABl EG 18.8.1986 L 230/ 1,34f.)

Für die Begründung der Unternehmensschuld kommen zwei Wege in Betracht:

– Das Verschulden der für das Unternemen handelnden Person wird dem Unternehmen zugerechnet. Es geht also um die Zurechnung fremden Verschuldens.[542] Dieses fremde Verschulden muß aber zuerst, um zugerechnet zu werden, festgestellt werden, was zwangsweise zu den bekannten Nachweisschwierigkeiten aus der organisierten Unverantwortlichkeit führt. Dieser Vorgehensweise folgt übrigens § 30 OWiG.

– Es wird ein eigenes Verschulden des Unternehmens angenommen. Dies ist, aus den unten genannten Gründen, auch der richtige Weg zur Begründung der europäischen Verbandsgeldbuße-Regelungen.

Die europäischen Organe haben zwischenzeitlich auch das Unterlassen von Aufsichtsmaßnahmen unter den Begriff Handlung eingeordnet. Dabei genügt of-

---

540 Tsolka O., Der Allgemeine Teil des europäischen supranationalen Strafrechts, S. 161.

541 Schroth H-J., EG-Geldbußen gegen existenzbedrohte Unternehmen, wistra 1984, 164ff.

542 So Siohl, a.a.O., S. 17, 154.

fenbar, daß das Unternehmen kausal für die Zuwiderhandlung war.[543] Maßgeblich soll sein, ob pflichtgemäßes Organverhalten bzw. pflichtgemäße Organisation, Aufsicht und Kontrolle die Verwirklichung des Rechtsverstoßes verhindert hätten. "Hiernach muß weder festgestellt werden, wer konkret gehandelt hat noch, daß diese Person ein persönlicher Schuldvorwurf trifft, es reicht ein formales organisatorisches Verschulden aus".[544] Die Verletzung von Aufsichts-, Organisations- und Kontrollpflichten bildet den Kern des Vorwurfs.

An unseren Rechtsmaßstäben bemessen kann diese Schuldauffassung des EU-Kartellrechts unter den "sozialen Schuldbegriff" subsumiert werden. Ausschlaggebend für ein solches Schuldverständnis ist nicht die persönliche sittliche Fehlleistung, sondern eine eher an rechtlichen Gesichtspunkten ausgerichtete Verantwortlichkeit.[545]

Im Falle der hier in Frage stehenden Unternehmensverantwortlichkeit soll diese Schuldauffassung anhand der Entscheidungspraxis der Kommission und des EuGH wie folgt konkretisiert werden:

Dem zuwiderhandelden Unternehmen wird vorgeworfen, es sei hinter den Leistungen des rechtmäßig handelnden Durchschnittsunternehmens zurückgeblieben. Von einem solchen an der Verantwortung orientierten Schuldverständnis gehen sowohl die Kommission als auch der EuGH aus.

Abgestellt wird demzufolge auf die fehlerhafte Unternehmensorganisation und auf die Verletzung von Aufsichtspflichten.[546] Dies spricht für die eigene Schuldfähigkeit des Unternehmens, die an die Verletzung von Organisations- und Aufsichtspflichten anknüpft und mit der früher besprochenen eigenen Handlungsfähigkeit durchaus in Einklang steht.[547]

Dieses direkte Verschulden der juristischen Person wird im Versagen des Unternehmens als ganzes begründet. Die Pflicht, den Wettbewerb nicht zu beeinträchtigen, trifft das Unternehmen selbst, nicht seine Angestellten.

---

543 Dannecker/Fischer-Fritsch, a.a.O., S. 278.

544 Dannecker, Sanktionen und Grundsätze des Allgemeinen Teils im Wettbewerbsrecht der EG, in: Schünemann/González, Bausteine eines europäischen Wirtschaftsstrafrechts, 1994, S. 331ff.

545 Ein solches Schuldverständnis liegt auch dem deutschen, dem italienischen und dem portugiesischen OWi-Recht zugrunde. Tiedemann, NJW 1988, 1172; Paliero, ZStW 1982, 404; De Figuerido Dias, FS für Jescheck, S. 91.

546 Dannecker/Fischer-Fritsch, a.a.O., S. 288; Harro Otto, ZStW 1990, 106.

547 Dannecker/Fischer-Fritsch, a.a.O., S. 288; Otto, ZStW 1990, 106; Tsolka O., a.a.O., S. 264; Tiedemann, ZStW 1990, 108. Gegen eine eigene Schuldfähigkeit von Unternehmen wegen Verstoßes gegen die "ganz herrschende kontinentale Rechtsauffassung, daß Unternehmen schuldunfähig sind" Siohl, a.a.O., S. 17.

Maßgebend für die Feststellung der Unternehmensschuld ist die Größe, die Marktstellung und die wirtschaftliche Tätigkeit des konkreten Unternehmens.[548]

3. Zwischenergebnis

Auf pragmatische Gesichtspunkte gestützt, aber ohne hinreichende theoretische Konzipierung hat sich im Rahmen des EU-Kartellrechts ein bemerkenswertes, praxisorientiertes und durchweg funktionsfähiges Unternehmenhaftungs-Modell entwickelt, das sich in der langjährigen Praxis der zuständigen Instanzen absolut bewährt hat.

Ausgangspunkt für seine Fundierung ist das Abstellen auf einen sozialen, dem deutschen OWi-Recht vergleichbaren Schuldbegriff.

Das europäische Modell geht jedoch einen großen Schritt weiter und befreit sich von jeglicher personellen Einbindung, womit es die eigene Handlungs- und Schuldfähigkeit der Unternehmen im vollen Maße anerkennt.

Der klassiche Weg der Zurechnung wird umgangen und anhand eines rechtlichen Handlungsbegriffs wird das Unternehmen zum alleinigen in Frage kommenden Täter befördert.

Von ausschlaggebender Bedeutung ist also die zugrundegelegte Schuldauffassung dieses Modells. Im Grunde genommen geht es um die gleiche Schuldauffassung, die auch dem deutschen OWi-Recht zugrunde liegt.[549]

Entscheidender Unterschied, der das ganze Konzept umkonstruiert, ist der Bezugspunkt dieser Schuld. Während nach § 30 OWiG auf die einzelne konkret handelnde oder unterlassende Person abgestellt wird, wird nach dem EU-Kartellrecht auf die fehlerhafte Unternehmensorganisation und demzufolge auf das Unternehmen selbst abgestellt.

Es handelt sich nunmehr um die Erfassung objektiver Strukturen des Unternehmens, die infolge ihrer Fehlerhaftigkeit bestimmte Zuwiderhandlungen aus ihrem Bereich erlauben. Im Vordergrund stehen nunmehr objektive Kriterien und die persönliche Verantwortung rückt in den Hintergrund.

Das europäische Modell einer Unternehmenshaftung könnte als eine Weiterentwicklung und Vervollständigung des deutschen Modells angesehen werden.

Die Ablösung von dem problematischen Sanktionsmodell, das auf den konkreten, natürlichen Täter und auf die konkret festgestellten Tatbeiträge einzelner Personen bezogen ist, ist im Rahmen des europäischen Kartellrechts bereits vollzogen. Das aber heißt keinesfalls, dieses Modell sei perfekt und vollständig. An

548 Siehe die relevante Entscheidung der Kommission "Johnson & Johnson" und "Toltecs/Dorcet". Dazu Dannecker/Fischer-Fritsch, a.a.O., S. 287.
549 K. Tiedemann, NJW 1988, 1172.

vielen Punkten bedarf es noch der Ergänzungen und Verbesserungen. Die meisten seiner Mängel sind auf die Tatsache zurückzuführen, daß dieses Modell unsystematisch und ohne klare dogmatische Strukturen von der Rechtsprechung entwickelt worden ist.

Zusammenfassend sind folgende beachtliche Aspekte dieser Konzeption hervorzuheben:

– Beweisschwierigkeiten und Ermittlungsprobleme, die mit der individualrechtlich gebundenen Konzeption des deutschen OWi-Rechts verbunden sind, werden umgangen.

– Der wirtschaftliche Unternehmensbegriff trägt erheblich zu einer umfassenden, lückenlosen Erfassung sämtlicher Unternehmensformen bei.

– Die Bemessung der verhängten Geldbußen wird durch das Abstellen auf den Täter "Unternehmen" beachtlich beeinflußt, da nunmehr die Verhängung beeindruckend hoher Geldbußen, entsprechend den Verhältnissen jenes "Täters", möglich ist. Dies wird seit langem erfolgsgekrönt von der Kommission praktiziert.[550]

In globo gesehen und angesichts der gelungenen jahrelangen Anwendung dieses Sanktionsinstrumentariums kann es nur positiv als eine zufriedenstellende Lösung zur Bekämpfung der Unternehmensdelinquenz und als ein nutzbares Modell für unser Konzept bewertet werden. Wir werden auf diese Feststellung im Rahmen unserer Gesamtergebnisse zurückkommen.

E. Das Recht der Ordnungswidrigkeiten

Im Anschluß an die oben gewonnenen Ergebnisse wenden wir uns jetzt der Erforschung einer interessanten vorhandenen Möglichkeit des deutschen Rechts zu, Unternehmen zu sanktionieren.

Trotz der prinzipiellen Ablehnung einer Unternehmensstrafbarkeit kennt nämlich das deutsche Recht eine beachtenswerte Regelung, welche im Corpus der Ordnungswidrigkeiten verankert ist und die Sanktionierung der juristischen Person mit einer Geldbuße seit langem ermöglicht hat. Wegen ihrer großen theoretischen und praktischen Bedeutung wird sie im folgenden Abschnitt ausführlich behandelt.

550 Über die Bemessung der Geldbuße siehe: Dannecker, MSchrKrim. 1991, 281f.

Eine Besonderheit des deutschen Rechts ist die formalisierte Zweiteilung des Unrechts in Kriminalunrecht einerseits und in nichtkriminelle, von der Verwaltung zu ahndende, Ordnungswidrigkeiten andererseits.

In diesem eigenständig kodifizierten (Rahmengesetz 1952, OWi-Gesetz 1968) Rechtsgebiet, das wegen der auffälligen Ähnlichkeit seines allgemeinen Teils mit dem des Kernstrafrechts als "Strafrecht im weiteren Sinne" bezeichnet wird, sind alle Rechtsverstöße gesammelt, die den Makel einer echten Strafe nicht ohne weiteres verdienen.[551]

Nach dem Prototyp des deutschen OWi-Rechts, das den neuen normativen Typus der Ordnungswidrigkeit einführte, finden wir eine vergleichbare Kodifizierung im europäischen Rechtsraum auch im portugiesischen Gesetz über die "contraordenacao" von 1982 und im italienischen Gesetz über den "illicito amministrativo" (Modifiche al sistema penale") von 1981. Ebenso schaffte auch Spanien mit Gesetz von 1992, "Ley por las administraciones publicas", ein kodifiziertes Ordnungswidrigkeitenrecht.

Abgesehen von diesen Länder, haben die meisten Rechtsordnungen Europas keine einheitliche, getrennte Kodifizierung des Verwaltungs- und Bagatellunrechts entwickelt, obschon sie auch über ein verwaltungsstrafrechtliches Instrumentarium verfügen. In dieser Kategorie finden sich Frankreich, Belgien, die Niederlande und Griechenland.

Schließlich gibt es eine dritte Kategorie von Ländern, welche überhaupt kein Strafrecht im weiteren Sinne kennen (Dänemark, Finnland, Großbritannien, Irland, Schweden).

Dieses gesonderte Rechtsgebiet des deutschen Rechts ist von außerordentlicher Bedeutung für unsere Frage, da es die Ahndung der juristischen Personen mit seinen eigenen Sanktionen seit langem erlaubt hat, was praktisch bedeutet, daß das sog. deutsche Strafrecht i.w.S. – im Gegensatz zum Strafrecht i.e.S. – eine "quasi-strafrechtliche" Verbandshaftung durchaus anerkennt und seit langem praktiziert.

---

551 Mit dieser Zweiteilung des deutschen Rechts hat sich auch der EMRG in seiner Entscheidung Öztürk gegen Deutschland befaßt. Der EMRG hat festgestellt, daß fast alle Ordnungswidrigkeiten dem kriminellen Bereich "im europäischen Sinne" gehören. Der Gerichtshof begründete dies vor allem damit, daß die entsprechenden Taten (im konkreten Fall war es eine Verkehrsübertretung) in anderen Vertragsstaaten als Straftaten geahndet würden. Juristische Konsequenz dieser Feststellung war die Forderung, die Geldbußen sollten nur von unabhängigen Gerichten aufgrund eines öffentlichen und fairen Verfahrens verhängt werden. Damit wird also die Rechtsstaatlichkeit auch des Verwaltungsstrafrechts gefordert, NJW 1985, 1275.

Der theoretische Hintergrund und die Struktur der Verbandshaftung nach deutschem Ordnungswidrigkeitenrecht bilden den Gegenstand des folgenden Teils. Zu erforschen ist dabei, welche Möglichkeiten dieses Modell für die Bewältigung der Unternehmenskriminalität bereitstellt und welche Änderungen erforderlich wären, um es an die heutigen Anforderungen und Bedürfnisse anzupassen.

Endziel dieses Vorgehens ist herauszufinden, ob die Unternehmensstrafbarkeit, die für das klassische Strafrecht nicht in Betracht kommt, im OWi-Recht einen festen, gesicherten Platz finden kann.

Eine kurze Darstellung der geschichtlichen Entwicklung und der theoretischen Grundlagen der Verbandsgeldbuße des deutschen OWi-Rechts scheint unerläßlich; ansonsten bliebe sie für den Außenstehenden schwer verständlich.

1. Entwicklung und theoretische Grundfragen des Ordnungswidrigkeitenrechts

Die Wurzel der Zweiteilung in Ordnungswidrigkeiten und in echten Straftaten ist in der überkommenen Unterscheidung zwischen mala per se einerseits und mala prohibita andererseits zu finden.[552]

Als Leitsatz dieser Unterscheidung läßt sich festhalten: "Mala per se sind verboten, weil sie rechtswidrig sind, während mala prohibita rechtswidrig weil verboten sind". Maßgebendes Kriterium ist hierbei die ethische Verwerflichkeit der in Betracht kommenden Zuwiderhandlung.

Echte Strafen richten sich primär nur gegen solche Zuwiderhandlungen, die elementare, in der sozialen Ordnung vorgefundene und ihr zugrundegelegte Werte und Güter einer Gesellschaft betreffen und im klassichen Kernstrafrecht verankert sind (mala per se).

Die mala prohibita dagegen sind nur vom Gesetzgeber für Unrecht erklärte Zuwiderhandlungen, die sich gegen die soziale Ordnung als solche richten und als ethisch neutral zu erfassen sind. Einen gesetzlichen Ausdruck fand dieser Gedanke im Verwaltungsstrafrecht.[553]

Auf dieser Zweiteilung basierend, findet man im deutschen Ordnungsstrafrecht ein frühes Entwicklungsstadium der Ordnungswidrigkeiten.[554]

Die Lehre des Verwaltungsunrechts fand ihren gesetzlichen Niederschlag im WiStG vom 26.7.1949 mit der Einführung der Ordnungswidrigkeiten an Stelle der früheren Ordnungsstrafen.

---

552 Tiedemann, ZStW 1979, 139, 144.; ders., ÖJZ 1972, 285ff.

553 Lange, JZ 1956, 73ff.; ders., JZ 1957, 233ff.

554 Göhler, Die strafrechtliche Verantwortlichkeit juristischer Personen in: Budapest, 1978, S. 101.

Im Jahre 1952 wurde ein besonderes Gesetz geschaffen, welches Vorschriften über die Verhängung der Geldbußen enthielt.

Dieses Gesetz wurde im Jahre 1968 in Hinblick auf seine prozessualen Regelungen modifiziert und ergänzt.

Der Prozeß der Ausgliederung der ethisch-neutralen Verstöße aus dem Kriminalstrafrecht wurde im Rahmen der Reform des StGB mit dem Einführungsgesetz zum StGB im Jahre 1974 (im Januar 1975 in Kraft getreten) zum Abschluß gebracht.[555]

Gestützt – wie schon oben gesagt – auf die Grundunterscheidung zwischen kriminellem Unrecht und Verwaltungsunrecht, bezweckte dieser Trennungsversuch des deutschen (Straf)rechts eine "Reinigung" des Strafrechts von solchen Zuwiderhandlungen, die den Makel der Strafe zwar nicht verdienten, im Interesse des Rechtsgüterschutzes i.w.S. jedoch bekämpft werden mußten.

Die Entlastung der Strafgerichte von den Bagatellen, insbes. durch die Entkriminalisierung der Verkehrskriminalität, spielte dabei auch eine wichtige Rolle.[556]

Im Laufe der Entwicklung des Verwaltungs(straf)rechts wurde eine heftige wissenschaftliche Diskussion über die Natur der entscheidenden Kriterien für diese Zweiteilung geführt.[557]

Ausgegangen wurde ursprünglich von der sog. Aliud-Theorie, die ihrerseits auf die Lehren von *J. Goldschmidt* und *E. Wolf* zurückgeht (klassische Trennung von Recht i.S.v. Rechtsordnung, Justiz, Gerechtigkeit und Verwaltung i.S.v. Wohlfahrt, Zweckmäßigkeit).[558]

Eine moderne Bearbeitung haben diese Lehren durch Eberhardt Schmidt erfahren. Sie wurden von ihm, als dem Hauptverfasser des WiStG, in die gesetzgeberische Praxis übertragen.[559]

Den Leitgedanken dieser Theorie bildete die Befürwortung eines qualitativen Unterschieds zwischen Straftaten und Ordnungswidrigkeiten; bei den letzteren

---

555 Göhler a.a.O., S. 101, 103ff.

556 Diese Zweiteilung prägt hauptsächlich das deutsche Wirtschaftsstrafrecht, das sowohl echte Straftaten als auch OWi enthält. Dies wurde besonders deutlich durch das Gesetz gegen Wettbewerbsbeschränkungen vom 27.7.1957 (GWB), das als die "Magna Charta" des freien Wettbewerbs gilt. Dort sind sämtliche Verstöße gegen den freien Wettbewerb als Ordnungswidrigkeiten normiert. Zur Entstehung eines Wirtschaftsstrafrechts siehe: Heinz, in: II. Deutsch-ungarisches Kolloquium, 1995, S. 165-166.

557 Siehe zusammenfassend: Göhler, OWi-Recht, 12. Auf. vor § 1, Rn. 2ff.

558 Goldschmidt, Das Verwaltungsstrafrecht, 1902; E. Wolf, Die Stellung der Verwaltungsdelikte im Strafrechtssystem, Festgabe für Frank, Bd. 2, S. 516ff.

559 Siehe dazu: R. Schmitt, Ordnungswidrigkeitenrecht, S. 11; Müller, Die Stellung der juristischen Person im OWi-Recht, S. 33ff.

gehe es bloß um Verwaltungsungehorsam, der keine Rechtsgüterverletzung mit sich bringe.

Der maßgebende Grund für diese Zweiteilung liegt also in der Frage einer Rechtsgüterverletzung:[560] Bei den echten Straftaten liegt die Rechtswidrigkeit in der Rechtsgutsbeeinträchtigung.

Aus dieser Lehre stammt die berühmte Schmidtsche Formel, die der vom Gesetzgeber in § 6 WiStG 1949 (später § 3 WiStG 1954) vorgenommenen Trennung von Kriminal- und Ordnungsunrecht zugrunde lag.

Schmidt hat darauf aufmerksam gemacht, daß die Elemente der Rechtswidrigkeit und der Schuld sowohl bei Straftaten als auch bei Ordnungswidrigkeiten zumindest formell identisch seien; inhaltlich (materiell) gesehen erschöpfe sich aber die Schuld bei den Ordnungswidrigkeiten in der Fehlerhaftigkeit des auf Verwaltungsungehorsam ausgerichteten Willens, während die kriminelle Schuld eine sozialethische Belastung der Täterpersönlichkeit bedeute. Insgesamt seien also die Straftaten ethisch vorwerfbare Rechtsgutsbeeinträchtigungen, die Ordnungswidrigkeiten hingegen ethisch wertneutraler Verwaltungsungehorsam.[561]

Der Verschiedenheit zwischen Straftaten und Ordnungswidrigkeiten entspricht auch eine Verschiedenheit der Unrechtsfolgen. Ordnungswidrigkeiten sind nur mit einer Geldbuße belegt. Der Geldbuße, als Hauptsanktionsform dieses Rechtsgebiets, fehlt das sittliche Unwerturteil, und sie belastet nicht den Betroffenen mit dem sittlichen Makel der echten Strafe.

Der von der Rechtsordnung gegen ihn erhobene Vorwurf ist rein rechtlicher Natur und bezieht sich nicht auf seine Persönlichkeit.

Anders als die Geldstrafe werden die Geldbußen (zumindest erstinstanzlich) von Verwaltungsbehörden und nicht von den Gerichten verhängt.[562] Im Laufe der Zeit wurde allerdings diese Auffassung nur noch von wenigen befürwortet.

Durchgesetzt hat sich die heute noch geltende Auffassung der rein quantitativen Unterscheidung zwischen Straftaten und Ordnungswidrigkeiten.[563]

Ihre Verteter wiesen darauf hin, das Strafrecht diene genau wie das Verwaltungsrecht dem Zwecke der Wohlfahrt, und umgekehrt solle das letztere glei-

---

560 Siehe A. Psarouda-Benaki, Poin.Chr., 1967, 68; Lange, JZ 1956, 519.

561 Schmidt, Wirtschaftsstrafrecht, 1950, S. 51ff.; Lange, JZ 1956, 519f.; ders., JZ 1957, 233; ders., JZ 1971, 38; Eb. Schmidt, in: Niederschriften über die Sitzungen der großen Strafrechtskommission, Bd.I, 1956, 336; Lang-Hinrichsen, FS für Mayer, S. 61.

562 Schmitt R., Ordnungswidrigkeitenrecht 1970, S. 11ff.

563 Siehe: Welzel, JZ 1956, 238f.; ders., Strafrecht, 11 Auf. S. 16.; H. Mayer, Strafrecht, AT, 1953, S. 71; Jescheck, JZ 1959, 457ff.; Mattes, ZStW 1970, 25ff.; Baumann/Weber/Mitsch, AT, § 4, Rn. 16; Schmitt, Ordnungswidrigkeitenrecht, 1970, S. 14; Tiedemann, Kartellrechtsverstöße und Strafrecht, 1976, S. 101f.; Ehrhardt, Unternehmensdelinquenz und Unternehmensstrafe, S. 60ff.; Jakobs, AT, 3/10.

chermaßen wie das Strafrecht der Gerechtigkeit und dem echten Rechtsgüterschutz dienen.[564]

Als erster hat H. Mayer betont, die Kriterien für die Abgrenzung zwischen Straftaten und Ordnungswidrigkeiten seien vorwiegend nur quantitativer Natur.[565]

Die Ordnungswidrigkeit sei daher, auf der Grundlage einer graduellen Abgrenzung, kein Aliud zur Straftat, sondern eine echte (Bagatell)straftat.

Befestigt wurde diese Ansicht durch die Entkriminalisierung des Straßenverkehrsrechts im Jahre 1968. Das OWi-Recht konnte nunmehr nicht nur Verwaltungsungehorsam, sondern auch kriminelle Bagatelldelikte und abstrakte Gefährdungsdelikte enthalten.[566]

Es ist also im Laufe der Zeit eine eher unklare Entwicklung festzustellen, die durch die Umwandlung von Straftatbeständen in Ordnungswidrigkeitstatbestände gekennzeichnet war, so daß die eindeutige Unterscheidung Schmidt's keine Geltung mehr hatte.

Das 2. StRG beseitigte im übrigen die Übertretungstatbestände, die stattdessen im OWi-Recht einen festen Platz gefunden haben.[567]

Das BVerfG hat ebenfalls deutlich gemacht, daß zwischen kriminellem und Verwaltungsunrecht nur graduelle Unterschiede bestehen.[568]

Es hat auch festgestellt, daß manche Bußgeldvorschriften, wie z.B. die Kartelldelikte, im Grunde genommen sich nicht so sehr von den Kriminaldelikten unterscheiden.[569]

Es war also nicht mehr zu übersehen, daß sich das moderne OWi-Recht weit über den bloßen Verwaltungsungehorsam hinaus in den Bereich des echten Rechtsgüterschutzes hinein entwickelt hat.[570] Dies unterstützte die herrschende Lehre von einer nur formalen Abgrenzung zwischen Straftaten und OWiG.[571]

Zwischen diesen beiden extremen Auffassungen wurde noch eine dritte, gemäßigte Lehre entwickelt, wonach sich das Kernstrafrecht vom OWi-Recht im

---

564 Busch, Grundfragen, S. 78; Weber, JZ 1980, 313; Schorheit, GA 1967, 225.

565 H. Mayer, Strafrecht, AT, § 8 III, 4a, S. 71ff.; auch Welzel, JZ 1956, 241; übereinstimmend Eb. Schmidt, JZ 1969, 401.

566 Müller, a.a.O., S. 37.

567 Schmitt R. Ordnungswidrigkeitenrecht, S. 13ff.

568 NJW 1979, 1981; BVerfGE 51, 60,74.

569 BVerfGE, 45, 272, 289ff.

570 Lang-Hinrichsen, FS für Mayer, S. 57ff.

571 Auch in Griechenland wird von der herrschenden Meinung eine nur graduelle Unterschiedung zwischen kriminellem und verwaltungsrechlichem Unrecht und demzufolge auch zwischen Kriminalstrafen und Geldbußen befürwortet. Siehe: Androulakis, AT, S. 9; Katsantonis, At, Bd. II, S. 11; Chorafas, Strafrecht, S. 145ff.

Prinzip qualitativ unterscheidet, im Grenzbereich jedoch nur quantitativ, wo nur nach der Schwere des Unrechtsgehalts abgegrenzt werden kann.

Der Vorrang wird jedenfalls der formellen Entscheidung des Gesetzgebers eingeräumt.[572]

Eine ähnliche Auffassung vertritt auch *Mangakis* in seiner Abhandlung über die theoretischen Fragen des Wirtschaftstrafrechts, wo er eine bloß quantitative Abgrenzung zwischen Straftaten und Ordnungswidrigkeiten ablehnt und sich für eine "gemischte", nach dem Inhalt der Schuld und dem Wesen der angedrohten Strafe ausgerichtete Unterscheidung einsetzt.[573]

2. *Kritische Bemerkung*

Der heute herrschende Lehre einer nur quantitativen Unterscheidung zwischen Straftaten und Ordnungswidrikeiten ist nicht ohne weiteres beizupflichten. Die Erarbeitung einer klaren dogmatischen Konzeption für die Fundierung dieser Deliktsform ist als mangelhaft zu bezeichnen, und die Vorstellung von der rechtlichen Gleichartigkeit des Ordnungswidrigkeitenrechts steht auf sehr schwachen Füßen.

Dies ist auf die Tatsache zurückzuführen, daß das Ordnungswidrigkeitenrecht im Laufe der Zeit eine eher chaotische, grenzenlose Entwicklung erfahren hat.

Die Ordnungswidrigkeiten haben sich nach der zutreffenden Formulierung von Lang-Hinrichsen zu "*einem Sammelbecken für heterogene Verhaltensweisen*" entwickelt und die Geldbuße wurde allmählich zu einer Art "*Feuerwehr*", einem "*Mädchen für alles*".[574]

Während also am Anfang seiner Entstehung das klare Konzept von Schmidt diesem Rechtsgebiet zugrunde lag, und man von einer deutlichen Unterscheidung zwischen kriminellem Unrecht und Verwaltungsunrecht ausgehen konnte, ist die Situation mit der vermehrten Einfügung immer neuer Tatbestände in das Owi-Recht eher diffus geworden; von bloßen Ordnungswidrigkeiten bis zu abstrakten Gefährdungsdelikten und gravierenden, nicht zu bagatellisierenden Zuwiderhandlungen – wie den Verstößen gegen den freien Wettbewerb – wurde alles unter dengleichen Nenner gebracht, und die Grenzen zwischen Straftaten und Ordnungswidrigkeitenrecht sind fließend geworden.

Von einem qualitativen Unterschied zu sprechen, wäre nach dieser Entwicklung, gewiß verfehlt. Aus diesem Grund hat sich auch die Theorie des quantitativen Maßstabes durchgesetzt.

---

572 Müller, a.a.O., S. 38; Tiedemann, NJW 1979, 139; Vogler, ZStW 1978, 132f.
573 Mangakis, Das Problem des Wirtschaftsstrafrechts, Poin. Chr. 1958, 396ff.
574 Lang-Hinrichsen, a.a.O., S. 62.

Trotz dieser Entwicklung kann man aber nicht von einem gleichen Ausgangspunkt im Kernstrafrecht und im OWi-Recht sprechen.

Wenn auch beide Rechtgebiete markante Ähnlichkeiten aufweisen, unterschieden sie sich doch in bestimmten gewichtigen Punkten:

– Die Geltung der Einheitstäterschaft im OWi-Recht, wonach die feinen Unterscheidungen des Tatbeitrages jedes am Geschehen Beteiligten nicht berücksichtigt werden.

– Der Schuldbegriff, der im OWi-Recht als Vorwerfbarkeit bezeichnet wird, um gezielt das Schulderfordernis zu senken, enthält kein sozialethisches Element und ist mehr als eine Form der Verantwortlichkeit zu verstehen.

– Das Fehlen einer stigmatisierenden Wirkung der Verwaltungssanktion; dies stellt wohl den sichersten und unbestreitbaren Unterschied zwischen Ordnungswidrigkeiten und Straftaten dar. Der Täter wird nicht sozialethisch getadelt, sein Status wird nicht gemindert und er gilt nicht als vorbestraft.

– Prozessuale Aspekte, wie die Verfolgung und Ahndung der Ordnungswidrigkeiten durch die Verwaltungsbehörden auf der Grundlage des Opportunitätsprinzips, allerdings mit der Möglichkeit gerichtlicher Überprüfung, sind auch zu den gewichtigen, markanten Unterschieden zwischen Kriminalstrafrecht und Ordnungswidrigkeitenrecht zu zählen.

Die obengenannten Differenzen zwischen Strafrecht und OWi-Recht sind nicht nur von quantitativer (gradueller), sondern auch von qualitativer (inhaltlicher) Natur und dürfen deswegen nicht ignoriert oder unterschätzt werden.

Es geht im Recht der Ordnungswidrigkeiten nicht nur um eine abgesenkte Form der überkommenen strafrechtlichen Standards, es handelt sich vielmehr um etwas qualitativ anderes. Besser gesagt: die graduellen Unterschiede der herrschenden Meinung haben sich grundlegend fortentwickelt und die Grenze zur Umwandlung überschritten.

Diese Auffassung darf nicht als Plädoyer für die Aliud-Theorie in ihrer ursprünglichen Form begriffen werden.

Das Hauptargument gegen diese Theorie, daß nämlich das Strafrecht genauso wie das Verwaltungsrecht dem Zwecke der Wohlfahrt und der sozialen Ordnung in ihren grundlegenden Strukturen dienen solle, ist durchaus zutreffend.

In seinem Kernbereich allerdings, wo nur der Mensch in seiner sozialethischen Dimension im Mittelpunkt steht, bleibt das Strafrecht im Vergleich zum Ordnungswidrigkeitenrecht grundverschieden.

Man muß also einer gemäßigten Theorie zustimmen, wonach die zwei Rechtsgebiete sich voneinander in ihrem Kernbereich qualitativ unterscheiden.

Nur im Grenzbereich ist eine quantitative Abgrenzung, mit Vorrang des Gesetzgebers, anzunehmen.[575]

II. Geldbuße gegen Unternehmen

Bevor wir uns mit der Ausgestaltung und Überprüfung der Verbandsgeldbuße des deutschen Ordnungswidrigkeitenrechts befassen, müssen wir noch etwas Auffallendes betonen: das geltende OWi-Recht stellt ein relativ solides, sogar komplettes Instrumentarium zur Ahndung der unternehmensbezogenen Zuwiderhandlungen zur Verfügung. Die "Troika"[576] der §§ 9, 130, 30 OWiG kann praktisch zu einer umfassenden Haftung des Unternehmens für seine systemische Fehlerhaftigkeit führen: handelt eine leitende Person ordnungswidrig, wird das Unternehmen nach § 30 OWiG verantwortlich gemacht. Wegen Aufsichtspflichtverletzungen haftet der Inhaber des Unternehmens nach § 130 OWiG, wenn die Tat einer nicht leitenden Person durch die mangelhafte Organisation begünstigt wurde.

Da die Aufsichtpflicht über die Organisation aber nicht nur den Inhaber, sondern auch die ihm in §9 OWiG gleichgestelllten Verteter trifft, haftet letztlich das gesamte Management für Organisationsmängel im Unternehmen. Für dessen Tätigkeit haftet wiederum das Unternehmen selbst nach § 30 OWiG.

Dieser Kreis von Verpflichtungen und entsprechend ausgestalteten Sanktionen zeigt deutlich, daß das Unternehmen in vollem Umfang für seine organisatorischen Defekte zur Verantwortung gezogen werden kann.

Aus diesem gesamten Gefüge ist vorrangig die Institution der Verbandsgeldbuße näher zu betrachten und zu analysieren.

Die anderen Vorschriften beziehen sich primär auf die Haftung der einzelnen, in eine Organisation eingegliederten Individuen und sollen daher im Rahmen dieser Untersuchung außer acht gelassen werden.

1. Entwicklung und geltende Fassung

Auf der Grundlage der Aliud-Theorie, worauf – zumindest ursprünglich – das Recht der Ordnungswidrigkeiten gegründet war, sah das Gesetz zur Vereinfachung des WiStG von 1949 erstmals in seinem § 23, der später (mit geringen

---

575 So auch Göhler, vor § 1, Rn. 6; Vogler, ZStW 1978, 155; Rotberg, OWiG, Einf. B3, Anm.3.; Maurach/Zipf, 8.Auf. § 1 Rn. 35.

576 Siehe dazu: Többens, H.W., Die Bekämpfung der Wirtschaftskriminalität durch die Troika der §§ 9, 130 und 30 OWiG, NStZ 1999, 1ff.

Veränderungen) in § 5 WiStG 1954 aufging, eine Geldbuße gegen Personenverbände vor.[577]

Hatte nämlich eine vertretungsberechtigte Person ihre Aufsichtspflicht verletzt und war es deswegen zu einem Verstoß gegen das WiStG gekommen, konnte eine Geldbuße unmittelbar gegen die juristische Person verhängt werden.

Wegen des aliud-Charakters der Ordnungswidrigkeiten im Vergleich zum Kriminalstrafrecht und demzufolge auch der Geldbuße im Verhältnis zur Geldstrafe wurden keine dogmatischen Bedenken gegen die Androhung dieser Sanktion erhoben.[578]

Auf der Grundlage der gegenteiligen, auch als herrschend anzusehenden Theorie, die eine bloße graduelle Unterscheidung zwischen Ordnungswidrigkeiten und Straftaten befürwortete, wurde aber diese Vorschrift erheblicher Kritik ausgesetzt.[579]

Die Ordnungswidrigkeit sei danach eine Bagatellstraftat, die ebenso wie echte Straftaten ein Schulderfordernis voraussetze; es handele sich zwar nicht um die gleiche Schuld wie im Kernstrafrecht, aber auch nicht um etwas grundverschiedenes; der Vorwurf der Ungenauigkeit ist jedenfalls gegen beide Auffassungen zu erheben. Aus diesem Grund stellte die Geldbuße nur eine verdeckte Strafe, eine Geldstrafe unter anderer Bezeichnung, dar. Es wird sogar der Vorwurf des Etikettenschwindels erhoben.[580]

Auf der Grundlage dieser Ablehnung hat sich in der großen Strafrechtskommission im Jahre 1954 die Ansicht durchgesetzt, Verbandsgeldbußen seien durch sichernde Maßnahmen zu ersetzen.

Die Vertreter einer gemischt qualitativ-quantitativen Auffassung halten die Verbandsgeldbuße im Prinzip für zulässig und sprechen von der Zurechnung des Verschuldens der Organe an den Verband.[581]

Die auf dem 40. DJT 1954 gipfelnde prinzipielle Ablehnung der unmittelbaren strafrechtlichen Verantwortlichkeit juristischer Personen einerseits und das dringende Bedürfnis nach Verbandssanktionen andererseits haben zu der Kompromißlösung des § 26 OWiG v. 24.5.1968, BGBl 481 geführt. Diese allgemeine

---

577 Siehe dazu: R. Schmitt, Ordnungswidrigkeitenrecht, S. 27.

578 Eb. Schmidt, Wirtschaftsstrafrecht, 1950, S. 52.

579 R. Schmitt, Maßnahmen gegen Verbände, 1958, S. 125f., 216.; zustimmend Jescheck, JZ 1959, 462 und Lang-Hinrichsen, a.a.O., S. 66; Jakobs bezeichnet diese Regelung als eine "*doppelt halbherzige Lösung*", AT 6/43; Stratenwerth, FS für Schmitt 1992, S. 296.

580 R. Schmitt, Maßnahmen, S. 125ff., 216; zustimmend Jescheck, JZ 1959, 462 und Lang-Hinrichsen, a.a.O., S. 66.

581 Göhler, OWiG 12. Auf. vor § 29a, Rn. 13; Tiedemann, in: Immenga/Mestmäcker/, GWB, vor § 38.

und umfassende Regelung hat die gesamte Diskussion zu einem gewissen Abschluß geführt.[582]

Durch sie wurden die zahlreichen Regelungen über Geldbußen gegen juristische Personen vereinheitlicht.[583]

Diese Vorschrift sollte einen Ausgleich dafür schaffen, daß die Verbände zwar wirtschaftliche Vorteile aus der Tätigkeit der für sie handelnden natürlichen Personen ziehen, bei den in ihrem Interesse begangengenen Zuwiderhandlungen jedoch nicht von den entsprechenden Nachteilen bedroht sind.[584]

Um den dogmatischen Bedenken gegen eine Verbandsstrafbarkeit Rechnung zu tragen, war die Vorschrift des § 26 OWiG stark individualstrafrechlich eingebunden und die angedrohte Sanktion zur bloßen Nebenfolge herabgestuft.

Für diese Herabstufung waren primär praktische, prozessuale und keine rechtstheoretischen Aspekte maßgebend: Verklammerung der beiden Verfahren aus prozeßwirtschaftlichen Gründen, Bewahrung des Grundsatzes "ne bis in idem".[585]

Bei der Angleichung der allgemeinen Vorschriften des OWi-Rechts an den neuen Allgemeinen Teil des StGB im Jahre 1975 (WiG v. 2.1.1975, BGBl I 80, 520), trat an die Stelle des § 26 OWiG 1968 ohne inhaltliche Änderung der neue § 30 OWiG 1975.

Mit dem am 1.8.1986 in Kraft getretenen zweiten Gesetz zur Bekämpfung der Wirtschaftskriminalität vom 15.5.1986[586] wurde ferner die Verbandsgeldbuße umgestaltet: die Bezeichnung "Nebenfolge" wurde gestrichen und das selbständige Verfahren nach § 30 IV OWiG erweitert.[587]

Das selbständige Verfahren war keine Neuheit des 2.WiKG, da es auch nach früherem Recht vorgesehen war; es hatte sich allerdings in der Praxis wegen unnötiger Kompliziertheit nicht bewährt.[588]

Die Streichung der Bezeichnung der Verbandsgeldbuße als Nebenfolge stellte zwar eine bahnbrechende Neuerung dar, blieb jedoch weit hinter der vorgeschlagenen Reform zurück.[589]

---

582 Siehe amtliche Begründung zu § 19 EOWiG, BT-Drs. V/1269. S. 58.

583 Tiedemann, NJW 1988, 1170.

584 Siehe amtliche Begründung zu § 19 EOWiG, BT-Drs. V/1269, S. 58, 59; R. Schmitt, Ordnungswidrigkeitenrecht, S. 27ff.

585 Kritisch dazu: R. Schmitt, FS für Lange, 1976, 882; siehe zum ganzen, Müller, a.a.O., S. 47ff.

586 BGBl. I, 721.

587 Achenbach, NJW 1986, 1835 ff.; Ehrhardt, a.a.O., S. 79ff.; Schroth, Unternehmen als Normadressaten, S. 126ff.

588 Siehe dazu, Müller, a.a.O., S. 49f.

589 Tiedemann in: Eser/Thormundson (Hrsg.) Old ways and new needs, 1989, S. 168; zu dieser Regelung auch Ehrhardt, a.a.O., S. 79ff.; Schroth, Unternehmen als Nor-

Die aktuelle Fassung der Verbandsgeldbuße geht im Prinzip auf die Regelung des früher (nach dem 2.WiKG) geltenden § 30 OWiG zurück, nach den geringfügigen Änderungen durch das 2. Gesetz zur Bekämpfung der Umweltkriminalität (31. StrÄndG-2.-UKG).

Die wichtigste Änderung dieses Gesetzes war die Erweiterung des Täterkreises der Anknüpfungstat. Nach dem neuen § 30 Abs. 1 Nr.4 wurde auch das Handeln der Generalbevollmächtigten bzw. der in leitender Stellung als Prokuristen oder Handlungsbevollmächtigte Beschäftigten miteinbezogen und kann nun ebenfalls eine Verbandsgeldbuße auslösen.

Damit wurde einigermaßen der heftigen Kritik an der früheren engeren Fassung Rechnung getragen.[590] Diese Regelung bleibt jedoch immer noch weit hinter der erwünschten Reform zurück, da immer noch lediglich leitende Personen in höheren Positionen der Unternehmenshierarchie die Haftung des Verbands als solcher auslösen können.[591]

Diese Einschränkung führt aber zwangsläufig zu erheblichen Ahndungslücken und kann den hochkomplexen Organisationsformen moderner wirtschaftlicher Unternehmen kaum gerecht werden. Zudem kann sie von Unternehmen leicht umgangen werden.

Die bisherige Ablehnung einer Erweiterung des Täterkreises beruht größtenteils auf der Vorstellung des Gesetzgebers, jedenfalls gebe es den Auffangtatbestand der Aufsichtspflichtverletzung (§ 130 OWiG), der als Brücke zur Verbandsgeldbuße funktionieren könne[592]

2. § 30 OWiG und seine dogmatische Konzeption

§ 30 OWiG verleiht die Möglichkeit, eine eigene Geldbuße gegen den Verband als solchen zu verhängen.

Vorausgesetzt wird das rechtswidrige Handeln (Straftat oder OWi) einer natürlichen Person aus dem Leitungskreis des Unternehmens, durch welches Pflichten, die die juristische Person als solche treffen, verletzt worden sind, oder durch die die juristische Person bereichert worden ist oder werden sollte.[593]

---

madressaten, S. 126.; zu den Reformsvorschlägen ausführlich: Achenbach, JuS 1990, 606.

590 Tiedemann, Gutachten zum 49. DJT 1972, Bd. I, Teil C, S. 57f.; Müller, a.a.O., S. 66ff.; Schmitt, FS für Lange, S. 879; Achenbach, JuS 1990, 606.; ders., Diskrepanzen im Recht der ahndenden Sanktionen gegen Unternehmen in: FS für Stree und Wessels 1993, S. 559ff.

591 Göhler, OWiG. § 29a, Rn. 17; Achenbach, JuS 1990, S. 606, 607.

592 BT-Drs. 10/5058.

593 KK-OWiG-Cramer 1989, § 30 OWiG, Rn. 37; Göhler, § 30 OWiG, Rn. 1ff.

In diesen Fällen kann, entweder kumulativ oder alternativ, zur strafrechtlichen Verfolgung der natürlichen Person eine Geldbuße gegen die juristische Person als solche in einer Höhe von bis zu einer Million DM für vorsätzliche und von bis zu fünfhunderttausend DM für fahrlässige Straftaten verhängt werden.

Für begangene Ordnungswidrigkeiten bestimmt sich das Höchstmaß der Geldbuße nach der für die Ordnungswidrigkeit angedrohten Geldbuße.

§ 30 enthält zwei prozessuale Möglichkeiten zur Verhängung der Verbandsgeldbuße:

– Die kumulative, als Regeltypus geltende Verbandsgeldbuße, die im verbundenen Verfahren sowohl gegen den Täter der Anknüpfungstat als auch gegen die juristische Person verhängt wird. In diesem Verfahren hat die juristische Person die Stellung eines Verfahrensbeteiligten.[594] (Für eine Straftat: § 444 Abs. 1 und 2 StPO, für eine OWi: § 46 Abs. 1 OWiG i.V.m. § 444 Abs. 1, 2 StPO, § 88 Abs. 1 OWiG.) Die Verklammerung der Verfahren, die als Regeltypus gilt, ist auf verfassungsrechtliche (ne bis in idem) und prozeßwirtschaftliche Gründe zurückzuführen.[595]

– Die isolierte Verbandsgeldbuße: § 30 Abs. 4 OWiG ermöglicht auch eine isolierte Verbandsgeldbuße, die im selbständigen Verfahren allein gegen den Verband verhängt wird. (Für eine Straftat: § 444 Abs.3 i.V.m. §§ 440, 441, Abs. 1-3 StPO, für eine Ordnungswidrigkeit: § 46 Abs. 1 OWiG i.V.m. § 444 Abs. 3 StPO, § 88 Abs. 2 OWIG.)

Dies ist in den Fällen zulässig, in denen ein Verfahren gegen den Täter nicht eingeleitet bzw. ein bereits eingeleitetes eingestellt worden ist oder wenn einfach von Strafe abgesehen wurde.

Ausgeschlossen ist die isolierte Verbandsgeldbuße, wenn der Täter aus rechtlichen Gründen nicht verfolgt werden kann (§ 30 Abs.4 S.3 OWiG). Zulässig ist die Verbandsgeldbuße dagegen, wenn der Täter auch nicht ermittelt werden kann.[596]

Demzufolge kann auch eine anonyme Geldbuße verhängt werden, wenn nur jemand aus dem Täterkreis des § 30 Abs. 1 OWiG gehandelt haben kann, und auch die Vorsätzlichkeit oder Fahrlässigkeit sowie die Schuldhaftigkeit des Verhaltens bei keiner der in Betracht kommenden Personen zweifelhaft ist.[597]

Grundsätzlich ist die einheitliche Verfolgung sowohl der natürlichen als auch der juristischen Person vorgesehen.

---

594 Göhler, OWiG, § 30, Rn. 28.

595 Göhler, a.a.O., Rn. 28f.

596 Siehe dazu: KK-OWiG-Cramer, § 30, Rn. 170ff.; Göhler, § 30, Rn. 31, 39f.; Rebmann/Roth/Hermann, OWiG, § 30, Rn. 52; Tiedemann, in: Immenga/Mestmäcker, GWB, vor § 38, Rn. 51.

597 BGH, wistra 1994, 232, 233.

Durchbrochen wird dieser Grundsatz durch Abs. 4. S.2 (mit Gesetz v. 13.8.1997 BGBl. I 2038), der eine Aufspaltung des Verfahrens durch eine besondere Regelung erlaubt.

Dies ist jetzt in § 81 a S.1 GWB bestimmt, wonach die Kartellbehörde die ausschließliche Zuständigkeit für die Verhängung der Verbandsgeldbuße auch in Fällen, in denen eine Straftat einer natürlichen Person zugrunde liegt, behält (z.B. § 298 StGB). Gleichzeitig ermöglicht es die Änderung des § 40 OwiG, die umfassende Zuständigkeit der StA für das Strafverfahren durch Gesetz abweichend zu regeln (so geschehen in § 81 a GWB). *Göhler* bezeichnet die Regelung als "tiefgreifenden Einschnitt in Grundprinzipien rechtsstaatlicher Ordnung".[598]

Die dogmatische Konzeption der Verbandsgeldbuße nach geltendem deutschen Recht wird als weitgehend unklar angesehen.

Solange sie (vor dem 2.WiKG) als Nebenfolge erfaßt war, waren keine erheblichen Bedenken gegen sie zu erheben.

Entscheidend für die Wiederbelebung der dogmatischen Diskussion war jedoch die ersatzlose Streichung dieser Bezeichnung durch das 2. WiKG.[599]

Durch diese Fassungsänderung der Verbandsgeldbuße treten die dogmatischen Aporien einer Unterscheidung zwischen illegitimer Verbandsstrafe und zulässiger Verbandsgeldbuße deutlicher in den Vordergrund.

Es ist unbestreitbar, daß im Bereich des OWi-Rechts, speziell in bezug auf seine dogmatische Fundierung, weitgehende Verwirrung herrscht und bisher eine zufriedenstellende Begründung der Verbandsgeldbuße der Rechtswissenschaft nicht gelungen ist.

---

598 Göhler, OWiG Rn. 34; kritisch dazu auch Achenbach, WuW 1997, 958.

599 Die Entscheidung des Gesetzgebers, die Verbandsgeldbuße als Hauptsanktion zu erfassen, beruht, nach überwiegender Meinung, auch auf einer berühmten, vielzitierten Entscheidung des BVerfG aus dem Jahre 1966. In dieser Entscheidung hat das BVerfG in erstaunlicher Weise und nur in Form eines obiter dictums zugelassen, daß die Schuld der für die juristische Person handelnden natürlichen Personen jener zugerechnet wird. BVerfGE 20, 323ff., 335f.
Diese Entscheidung war, insbes. nach dem starken Echo des 40. DJT, alles andere als erwartet und kann nur skeptisch und mit Überraschung entgegengenommen werden, da sie nicht nur leichtfertig, sondern auch dogmatisch ungefestigt erscheint. Nach der ausdrücklichen Manifestation der Geltung eines normativen Schuldbegriffs durch den BGH im Jahre 1952, aber auch vom BVerfGE selbst in den Enscheidungen BVerfGE 22, 49, 80 und 27, 18, 33, wonach das individuelle Andershandelnkönnen unabdingbare Bedingung der Strafbarkeit ist, kann die Entscheidung des BVerfGE 14 Jahre später, welche die Zurechnung als Begründung der Schuld zuläßt und demnach zivilrechtliche Maßstäbe in das Strafrecht einführt, nur als voreilig und unbedacht bezeichnet werden. So auch Schünemann in: Schünemann/Suárez (Hrsg.), Madrid Symposium für Klaus Tiedemann 1994, S. 282; ders., Unternehmenskriminalität, S. 234; ders., Taiwan/ROC Chapter, AIDP 1992, S. 433, 453ff.

Auf der Grundlage der heute überwiegend vertretenenen Theorie der graduellen Abgrenzung zwischen Straftaten und Ordnungswidrigkeiten ist eine solche Begründung auch nicht zu erwarten.

Wenn man die Straftaten von den Ordnungswidrigkeiten nur anhand quantitativer Kriterien abgrenzen will, scheint die Regelung der Verbandsgeldbuße des § 30 OWiG, insbes. in seiner heutigen Fassung als Hauptfolge, kaum verständlich.

Die herrschende Auffassung hatte zur Folge, daß das OWi-Recht als Strafrecht im weiteren Sinne verstanden wird.

Dies bringte aber mit sich, daß die Grundprinzipien des allgemeinen Teils des klassischen Strafrechts auch im Bereich der Ordnungswidrigkeiten gelten müssen.

Wenn aber im OWi-Recht das Schuldprinzip in seiner normativen Version gilt, wonach das individuelle Andershandelnkönnen vorausgesetzt wird, so ist eine Begründung der Verbandshaftung nach § 30 OWiG angesichts der prinzipiellen Unvereinbarkeit einer solchen Haftung mit dem Schuldprinzip unerreichbar, und das ganze Konzept der Verbandsgeldbuße erscheint fehl am Platze.

Aus welchem Grund die Verbandsstrafbarkeit im Kernstrafrecht unzulässig sein soll, während sie in einem anderen Rechtsgebiet, welches a propo keine wesentlichen Unterschiede zum ersteren aufweist, erlaubt ist, bleibt unerklärlich.

Hinzu kommt die Bezeichnungsänderung durch das 2.WiKG, die in Richtung einer eigenen Unternehmenshaftung im OWi-Recht deutet.

Insofern herrscht in der wissenschaftlichen Diskussion Uneinigkeit, was die Natur dieser Geldbuße angeht.

Eine befriedigende Antwort auf die Frage, wie es dazu gekommen ist, daß der gleiche Schuldbegriff, der im Kernstrafrecht eine Strafbarkeit der juristischen Person verbietet, im Strafrecht i.w.S. jedoch eine solche erlauben soll, ist nirgendwo zu finden.[600]

Den einzigen haltbaren Versuch einer dogmatischen Begründung der Verbandsgeldbuße hat Klaus Tiedemann unternommen, der auf den sozialen Schuldbegriff im Bereich der Owi abstellt.[601]

---

600 Diese dogmatischen Aporien waren nach früherem Recht, in dem die Verbandsgeldbuße eine reine Nebenfolge darstellte, kaum sichtbar; damals ging es bloß um Zurechnung fremden Verhaltens und fremder Schuld. Die Handlungs- und die Schuldfähigkeit der juristischen Person kamen angesichts der Bezeichnung als Nebenfolge nicht in Frage.

601 Tiedemann, Der allgemeine Teil des europäischen supranationalen Strafrechts, in: FS für Jescheck 1985, S. 1411, 1419; ders., NJW 1986, 1842, 1844; ders., NJW 1988, 1169, 1171ff.; ders., in: Old ways, S. 157, 170ff.; ders., FS für Stree und Wessels, 1993, S. 527, 531ff.

Nach dieser Schuldauffassung wird die Schuld vom Erfordernis des individuellen Andershandelnkönnens befreit und nur anhand rechtlicher Kriterien bestimmt. Maßgebend ist folglich das Zurückbleiben des Täters hinter den Leistungen des "maßgerechten" Menschen, was auch bezüglich einer juristischen Person festgestellt werden kann.

Von diesem Schuldbegriff ausgehend, leitet Tiedemann zutreffend eine eigene Unternehmensschuld ab und erkennt damit die juristische Person nicht nur als Normadressaten an, was auch nach geltendem Recht angenommen wird, sondern auch als tauglichen Täter im OWi-Recht.

Tiedemann reichert diesen sozialen Schuldbegriff durch das Element des Organisationsverschuldens an, welches als Vorverschulden der juristischen Person selbst ihre Schuldfähigkeit im OWi-Recht durchaus rechtfertigen kann.

Anknüpfungspunkt dieser Zurechnung ist die Aufsichtspflichtverletzung der Organe, die als Organisationsverschulden der juristischen Person selbst zugerechnet wird.[602]

3. *Kritik und Stellungnahme*

Wenn man von einer im Prinzip qualitativen Unterscheidung zwischen Straftaten und Ordnungswidrigkeiten ausgeht, was auch konsequent und sinnvoll erscheint, läßt sich auch die Verbandsgeldbuße einwandfrei rechtfertigen.

Wenn nämlich im OWi-Recht nicht die gleichen strengen und unflexiblen Maßstäbe des Kernstrafrechts gelten, so kann man dort von diesem abweichend auch eine gewiß empfehlens- und anerkennenswerte Verbandshaftung etablieren.

Eine Begründung dieser Regelung scheint demgegenüber, anhand der heute herrschenden Lehre einer bloßen graduellen Abgrenzung, kaum möglich.

Ausgehend von der oben erläuterten prinzipiellen und nicht nur formellen Unterscheidung zwischen Straftaten und Ordnungswidrigkeiten, darf man auch auf einen modifizierten Schuldbegriff für die Rechtfertigung der ordnungswidrigkeitsrechtlichen Verbandshaftung abstellen.

Dieser ist mit Hilfe von sozial-rechtlichen Maßstäben zu bestimmen und in concreto als das Zurückbleiben des Unternehmens hinter den Leistungen eines rechtmäßig handelnden Durchschnittsunternehmens zu konkretisieren.[603]

Eine Stütze für diese Schuldauffassung bietet ohne Zweifel der § 12 OWiG, der zwar ein Schulderfordernis ausdrücklich verlangt, dieses aber gezielt senkt

---

602 Die Konzeption Tiedemanns ist für den Bereich der Ordnungswidrigkeiten voll zutreffend und anerkennenswert. Sein Versuch aber, diese Konzeption auch auf das Strafrecht zu übertragen, scheint verfehlt.

603 Tiedemann, NJW 1988, 1169, 1171.

und zu einer stärker an rechtlichen Bezügen orientierten Verantwortlichkeit abstuft.[604] § 12 OWiG spricht nicht von Schuld, sondern von Vorwerfbarkeit, welche dem weiter gefaßten Schuldbereich zuzuordnen ist.

Nach dieser Umstrukturierung des Schuldbegriffs scheidet das individuelle Andershandelnkönnen des Täters im Sinne des normativen Schuldbegriffs, völlig aus und die Schuld wird zu sozialer Verantwortlichkeit degradiert.

Wir gehen folglich von einem stark objektivierten, sozialgeprägten Schuldbegriff aus, der ausschließlich für den Bereich der Ordnungswidrigkeiten gilt und welcher eine Zurechnung der Organhandlungen durchaus zuläßt.[605]

Auf dem Boden dieses Schuldbegriffs scheint die Schuldfähigkeit der juristischen Person im OWi-Recht durchaus begründbar.

Die Begründung ihrer Handlungsfähigkeit ist ebenfalls unproblematisch und wird dadurch erleichtert, daß in § 14 OWiG die Einheitstäterschaft normiert ist, wonach jeder Täter ist, der eine Ursache für den Erfolg setzt.[606] § 14 OWiG bestimmt, daß jeder, der sich an einer Ordnungswidrigkeit beteiligt, ohne Rücksicht auf Art und Gewicht des Tatbeitrages als Täter zu erfassen ist.[607]

Ein solcher Täterbegriff stützt sich allein auf die Zurechnung.[608] Die Täterschaft wird nicht mehr nach natürlichen Kriterien bestimmt, nicht anhand einer natürlichen Handlung, sondern nur auf der Basis der Zurechnung.[609] Dadurch wird der Begriff der Täterschaft nivelliert und an seine Stelle treten Zurechnungserwägungen.

Sowohl die Handlungs- als auch die Schuldfähigkeit der juristischen Personen werden also vom OWi-Recht gebilligt, da dieses Rechtsgebiet uneingeschränkt auf der Zurechnung aufbauen darf.[610]

---

604 Tiedemann, in: Old ways, S. 173.

605 So auch, Müller: "*Die Gesellschaft erwartet auch von den Verbänden auf Grund ihrer Teilhabe an den Rechtsgütern ein normgemäßes Verhalten. Die Tat wird nicht einfach zugerechnet, sondern die juristische Person haftet für die Verletzung der Pflicht zur wirksamen internen Kontrolle*", a.a.O., S. 23.

606 Auch extensiver Täterbegriff genannt im Gegensatz zum restriktiven, im Kernstrafrecht herrschenden Täterbegriff, wonach nur derjenige Täter sein kann, der die Merkmale des jeweiligen Tatbestandes erfüllt..

607 Göhler, OWiG, 12. Aufl., § 14, Rn. 1ff.

608 Rudolphi, FS für Lackner, S. 863; Dreher, Plädoyer für den Einheitstäterschaft im OWi-Recht, NJW 1970, 217f.; Schmitt, Ordnungswidrigkeitenrecht, S. 36ff.; Tiedemann, NJW 1988, 1172.; Cramer/Dreher, Nochmals: zum Einheitstäter im OWi-Recht, NJW 1970, 1114.

609 Otto H., Jura 1987, 246.

610 Während eine solche Vorgehensweise im Kernstrafrecht unstatthaft ist und aus diesem Grund auch die Versuche mancher Autoren (siehe die Arbeiten von Hirsch, Schroth, Ehrhardt), dieses Modell ins Strafrecht einzuführen, m.E. nicht zu begrü-

Auf dem Boden des sozialen Schuldbegriffs kann man also ohne weiteres die Handlungs- und die Schuldfähigkeit der juristischen Person begründen.

Das Konzept der Verbandsgeldbuße ist aber de lege lata stark individualrechtlich eingebunden, da immer zunächst die persönliche Verantwortlichkeit einer für das Unternehmen handelnden leitenden Person als Täter ermittelt werden muß.

Außerdem geht § 30 OWiG nicht von der eigenen Täterschaft der juristischen Person aus, da er den Täterkreis der Anknüpfungstat streng auf die leitenden Unternehmensorgane einschränkt. Dies zeigt, daß das Unternehmen nur durch diese Organe, die sein alter-ego bilden, tätig werden kann; nur mit diesen Organen läßt sich das Unternehmen identifizieren, und diese Feststellung weist darauf hin, daß der Gesetzgeber derzeit zögert, das Unternehmen selbst als eigenständigen Täter im OWi-Recht anzuerkennen.

In dieser Hinsicht ist das Konzept Tiedemanns nicht zu begrüßen. Es ist zwar kaum verständlich und auch widersprüchlich, von eigener Handlungs- und Schuldfähigkeit des Unternehmens zu sprechen, wenn beide lediglich zugerechnet werden. Einem nicht handlungsfähigen Subjekt fremde Handlungen und fremde Schuld als "eigene" zuzurechnen, erscheint folgewidrig und unbegreiflich.

Die stark individualbezogene Ausgestaltung des § 30 OWiG verhindert im Moment eine solche Konzeption. Es geht bloß um Zurechnung der Organhandlungen der juristischen Person.

Zusammenfassend läßt sich feststellen, daß § 30 OWiG nach geltendem OWi-Recht durchaus gerechtfertigt ist, wenn man von einer im Prinzip qualitativen Abgrenzung zwischen Straftaten und OWiG ausgeht; dann kann man auf einen sozialen Schuldbegriff abstellen und von daher sowohl die Handlungs- als auch die Schuldfähigkeit des Unternehmens durch Zurechnung begründen.

Grundlage dieser Zurechnung ist das Zurückbleiben des konkreten Unternehmens hinter den Anforderungen an ein Durchschnittsunternehmen als Grund des Vorwurfs.

Von einer eigenen Unternehmenshaftung de lege lata zu sprechen, ist aber nicht möglich.

Ob de lege ferenda sowohl die praktische Notwendigkeit als auch die theoretische Möglichkeit zur Umgestaltung der Verbandsgeldbuße in Richtung einer eigenen Unternehmenstäterschaft besteht, soll im folgenden erläutert werden.

ßen sind, erscheint sie im OWi-Recht durchaus zulässig und sogar geboten. Sonst ließe sich die Verbandsgeldbuße-Regelung dogmatisch nicht halten.

4. *Ausblick*

Die Verbandsgeldbuße des deutschen OWi-Rechts stellt ein durchaus begrüßenswertes und brauchbares Mittel zur Bekämpfung der Unternehmenskriminalität dar.

Die Praktikabilität ihrer Verhängung als auch die repressive und präventive Wirkung einer u.U. hohen Geldbuße kann erheblich dazu beitragen, die bedrohliche Unternehmenskriminalität einigermaßen zu kontrollieren.

Aus diesen Gründen und angesichts der prinzipiellen Ablehnung einer echten Unternehmensstrafbarkeit soll diese Möglichkeit des deutschen Rechts nicht nur genutzt, sondern auch ausgeschöpft werden, was übrigens auch dem Subsidiaritätsprinzip voll Rechnung träge.

Ausgegangen wird also von der Hypothese, die Verbandsgeldbuße könnte nach einigen unerläßlichen Modifizierungen als eine tragbare Lösung für unser Problem dienen.

In ihrer heutigen Fassung ist die Regelung des § 30 OWiG nicht nur dürftig und mangelhaft, sondern auch nicht imstande, den neuen hohen Anforderungen nachzukommen. Grund hierfür ist ihre starke individualrechtliche Gebundenheit, welche sich in der "engen" Ausgestaltung dieses Tatbestandes widerspiegelt.

Wenn nur leitende Personen des Unternehmens die Haftung nach § 30 OWiG auslösen können, bleibt die Wirkung dieser Vorschrift von vornherein begrenzt, denn die Probleme der sog. organisierten Unverantwortlichkeit werden nicht berücksichtigt.

Schwer akzeptable Folge der jetzigen Fassung der Verbandsgeldbuße ist, daß "die große Masse der Unternehmenskriminalität keine Verbandsgeldbuße auszulösen vermag"[611]

Angezeigt wäre eine Erweiterung des Täterkreises der Anknüpfungstat, was aber den Übergang zu einer neuartigen theoretischen Konzeption bedeutete.

Als Vorbild einer solchen Reform könnte das Modell des EU-Rechts benutzt werden (EWG-Kartellverordnung Nr.17).

Die geltende deutsche Regelung reicht, obschon sie dem europäischen Gesetzgeber als Vorbild diente, an die entsprechende europarechtliche Regelung nicht heran und scheint nunmehr veraltet und ineffektiv.[612]

---

611 Schünemann, Unternehmenskriminalität, S. 34, 162, 247.

612 Die Geldbußen des EU-Rechts stehen dem amerikanischen Kartellstrafrecht näher. Müller und Schünemann haben sich schon früher für die Anpassung des deutschen Rechts an die Normen des EU-Rechts eingesetzt. Müller, a.a.O., S. 50, 71.
Schünemann schlägt nämlich eine ähnliche Ausgestaltung des § 30 OWiG nach dem Vorbild des europäischen Kartellrechts und des corporate crime vor. Auslösende Funktion sollen die Zuwiderhandlungen jedes auch untergeordneten Unterneh-

Die individualstrafrechtliche Bindung der geltenden Regelung muß weiter gelockert werden, und das Unternehmen soll als eigenständiger, handlungs- und schuldfähiger Täter angesehen werden.

Das Abstellen auf das Handeln nicht nur leitender, sondern sämtlicher Unternehmensorgane benötigt eine Umstrukturierung des de lege lata geltenden Zurechnungsmodells und erfordert die Etablierung einer eigenen Handlungs- und Schuldfähigkeit des Unternehmens selbst.

Durch die Verbandsgeldbuße muß weiterhin, abgesehen von der gegen die natürliche Person verhängten Sanktion, eine zusätzliche kollektive Sanktion für jede Zuwiderhandlung eines einzelnen, auch untergeordneten Mitarbeiters möglich sein, sofern diese Tat als Ausdruck einer fehlerhaften Verbandsorganisation zu qualifizieren ist.

Eine solche erweiterte Fassung des § 30 OWiG kann sich auf den Grundgedanken der "fehlerhaften Verbandsorganisation" stützen.[613]

Für die Begründung der Strafbarkeit reicht nunmehr das Fehlen der notwendigen, vom Unternehmen als ganzem zu treffenden, Maßnahmen, die eine solche Zuwiderhandlung aus dem Unternehmensbereich verhindert hätten.

Hier liegt der entscheidende Unterschied zum geltenden Zurechnungsmodell, wonach zumindest eine individuelle schuldhafte Aufsichtspflichtverletzung eines Leitungsorgans vorhanden sein muß.

Es geht praktisch nicht um Zurechnung nach dem klassischem nationalen Rechtsverständnis; die "Unternehmenshandlungen" werden von den Organen nur ausgeführt. Die Ermittlung der konkreten natürlichen Person ist entbehrlich und die individualrechtliche Bindung wird dadurch abgegeben.

Grundlage dieser Strafbarkeit ist eine nach rechtlichen und wirtschaftlichen Maßstäben erfaßte soziale Schuldform, die besser als Verantwortlichkeit bezeichnet werden muß.

Damit wird eine Unternehmensschuld begründet, die auf dem Zurückbleiben des konkreten Unternehmens hinter den rechtlichen Anforderungen an einen ordnungsgemäßen Unternehmensbetrieb basiert.

Ein ähnlicher Schuldbegriff liegt auch dem EU-Kartellrecht zugrunde, der ebenfalls über die Zurechnung individueller Handlungen hinausgeht.[614] Diese Schuldform ist völlig befreit von jeglichem persönlichen Vorwurf.[615]

---

mensmitgliedes haben, soweit sie nicht als Exzeßtaten des einzelnen zu qualifizieren sind. Er stellt weiter auf das Veranlassungsprinzip und auf die kriminogene Verbandsattitude ab, Schünemann in: Tiedemann Symposium, S. 288.

613 Vgl dazu: Dannecker/Fischer-Fritsch, EG -Kartellrecht, S. 289; allgemein dazu: Heine, Strafrechtliche Verantwortlichkeit von Unternehmen, S. 253ff. Eine ähnliche Konzeption vertritt auch Schünemann, wenn er etwa von der "kriminogenen Verbandsattitude" spricht. In: Tiedemann-Symposium, S. 288.

Abgestellt wird dabei auf das Versagen des Unternehmens als Ganzes und die Zurechnung des Vorsatzes oder der Fahrlässigkeit einzelner Angestellter ist nicht erforderlich.

Anhand des oben befürworteten Schuldbegriffs im OWi-Recht wird somit der Weg für eine Neubestimmung des § 30 OWiG frei.

Stufenweise wären folgende Änderungen erforderlich:

– Erstens soll das Problem der Begrenzung des Täterkreises der Anknüpfungstat gelöst werden. Die Leitung des Unternehmens, die nach der lex lata die Verantwortlichkeit auslösen kann, kann sehr leicht diese Regelung unterlaufen. Durch diese Begrenzung werden die Anwendungsmöglichkeiten der Geldbuße zu sehr eingeschränkt und damit eine Zweckverfehlung der Vorschrift bedingt.

Es ist auch in der strafrechtlichen Literatur wiederholt darauf hingewiesen worden, daß der Kreis der die Haftung auslösenden Personen unbegründet eng gefaßt sei.[616]

Auch nach der neueren Fassung des 2.UKG reicht das Handeln der mit speziellen Aufgaben Beauftragten ebensowenig zur Begründung einer Verbandsgeldbuße aus wie Zuwiderhandlungen von Funktionsträgern unterhalb der in Abs.1 bezeichneten Leitungsebene. Dies wird den modernen Organisationsformen und der alltäglichen Praxis der Unternehmen kaum gerecht und führt zur unbegründeten Einschränkung der Effektivität dieses Rechtsinstituts.[617]

De lege ferenda ist also die Forderung zu erheben, die Erweiterung des eine Verbandsgeldbuße auslösenden Täterkreises nicht an eine leitende Position des

---

614 Der Schuldbegriff des EU-Rechts ist bisher weitgehend ungeklärt, da dieses Recht ein-ähnlich dem angelsächsischen Recht- prinzipiell durch die Praxis entwickeltes Recht darstellt, das keine hinreichende theoretische Bearbeitung erfahren hat.

615 Dannecker/Fischer-Fritsch, a.a.O., S. 288.

616 Die Forderung nach einer Erweiterung des Täterkreises ist von einem erheblichen Teil der Lehre erhoben worden: Bruns, JZ 1954, 12ff.; ders., JZ 1958, 461ff.; R. Schmitt, JZ 1967, 699; Schünemann, Unternehmenskriminalität, S. 162f.; Tiedemann, Wirtschaftsstrafrecht und Wirtschaftskriminalität, 1976, S. 202ff.; Müller, a.a.O., S. 66ff.

617 Die vom RegEntwurf vorgesehene Ausweitung auf Handlungen aller Leitungspersonen wurde vom Rechtsausschuß des deutschen BTes wegen Unklarheit und Unbestimmtheit verworfen.
Unerträgliche Strafbarkeitslücken seien nicht zu erwarten, da es immer den Auffangtatbestand des § 130 OWiG gebe, BT-Drs. 10/5058, S. 36.
Die Entwürfe eines 2. WiKG hatten einen Übergang auf funktionelle Merkmale vorgeschlagen. Siehe: Achenbach, JuS 1990, 606.
Insgesamt gesehen waren die den gesetzgeberischen Instanzen 1986 zugeleiteten Vorschläge durchaus innovativ, sogar radikal. Sie konnten sich aber, wegen kräftigen Widerstandes der Wirtschaftslobby, nicht durchsetzen.

Täters zu knüpfen, sondern die Zuwiderhandlung all jener Personen ausreichen zu lassen, die im Interesse des Unternehmens tätig werden.

Nach EU-Recht wird übrigens darüberhinaus auch das Verhalten von unternehmensexternen Beauftragten und Bevollmächtigten dem Unternehmen als eigenes Verhalten zugerechnet.[618] Eine solche extrem weite Auffassung des Täterkreises sollte nicht adoptiert werden, da hier die Eingliederung in die Unternehmensorganisation fehlt und dem Konzept dann Ausuferung und Unbestimmtheit bedrohen.[619]

– Zweitens muß der Unternehmensbegriff weiter als die heute geltende Definition gefaßt werden; in den Anwendungsbereich des § 30 OWiG müssen alle Unternehmen, unabhängig von ihrer Rechtsform, einbezogen werden.[620]

Dies ist der Fall im EU-Kartellrecht, wo der ursprünglich enge Unternehmensbegriff des EuGH von der Kommission durch einen wirtschaftlichen Unternehmensbegriff ersetzt worden ist.[621] Damit wird der klassische Weg der Zurechnung umgangen, und das Unternehmen tritt endlich als eigenständiger Täter in den Vordergrund.

Der Weg des geltenden Rechts, der auf die Zurechnung abstellt, macht die Ermittlung des konkreten Täters jedesmal unerläßlich.

Sie ist jedoch häufig wegen der schwerwiegenden Beweisschwierigkeiten der "organisierten Unverantwortlichkeit" nicht möglich.

Eine solche Umgestaltung der deutschen Verbandsgeldbuße würde keinen Fremdkörper in das Recht der Ordnungswidrigkeiten einführen und hätte auch keine großen Hindernisse zu überwinden. Sie stellte keine radikale Änderung dar und wäre mehr als eine Verbesserung durch Erweiterung der schon geltenden Vorschrift zu begreifen.

Anhaltspunkte für eine solche Umgestaltung finden wir bereits im geltenden Recht und in zahlreichen Reformbestrebungen. Den ersten Schritt hat der Gesetzgeber schon getan, indem er die Verbandsgeldbuße als Hauptfolge im OWi-Recht normiert hat.

---

618 Vgl. dazu: Dannecker/Fischer-Fritsch, a.a.O., S. 259f. 279ff. 287ff.; Hamann, Das Unternehmen als Täter im europäischen Wettbewerbsrecht, 1992, S. 172ff.; Tiedemann, ZStW 1990, 106.

619 So auch Schünemann in: Tiedemann Symposium, S. 292.

620 So Müller, a.a.O., S. 56, 71; Tiedemann in: Verh. 49. DJT 1972, Bd. S C 58; Schünemann, Unternehmenskriminalität, S. 235.

621 Hamann, Unternehmen als Täter, S. 13ff.

Die Anerkennung der juristischen Person als eigenständiger Täter würde diesen Schritt bloß konsequent zu Ende führen.[622]

Als Anhaltspunkt kann darüberhinaus die Zulassung des selbständigen Bußgeldverfahrens gegen die juristische Person angesehen werden. Diese Möglichkeit spricht auch für die verborgene Tendenz des Gesetzgebers zur Expandierung der geltenden Regelung, zumindest aber für seine Offenheit gegenüber einer derartigen Ergänzung.

Die oben vorgeschlagene Erweiterung der deutschen Verbandsgeldbuße auf der Legitimationsbasis eines an das Unternehmen angepaßten, sozialen Schuldbegriffs, konkretisiert durch das Merkmal einer "fehlerhaften Unternehmensorganisation", kann zu einer befriedigenden Bewältigung der Unternehmenskriminalität erheblich beitragen.

Die erfolgreiche Praxis des EU-Kartellrechts auf der Grundlage einer ähnlichen Konstruktion spricht jedenfalls dafür.

622 Es wird nämlich behauptet, "*der Gesetzgeber habe die Konsequenzen seines Schritts offengelassen*", Achenbach, JuS 1990, 605; Schroth, wistra 1986, 162ff.; Tiedemann, NJW 1988, 1169, 1171.

Zweiter Abschnitt – Besonderer Teil

A. Umweltstrafrecht in Deutschland und in Griechenland

Dieser Teil der Arbeit, der als besonderer Teil gedacht ist, befaßt sich mit der Rechtslage des Umweltstrafrechts sowohl in Deutschland und in den USA als auch in Griechenland.

Das Umweltstrafrecht als Ausschnitt der Unternehmenskriminalität bildet ein ausgezeichnetes Beispiel für die Erläuterung der komplexen Probleme und der vielfältigen Aspekte dieser Kriminalitätsform. In diesem Teil sollen diese Probleme anhand einer Wiedergabe der entsprechenden lex lata veranschaulicht werden.

I. Deutsches Umweltstrafrecht – Allgemeine Grundlagen

Das deutsche Umweltstrafrecht beruht auf der grundlegenden Entscheidung des Gesetzgebers im Jahre 1980, die wichtigsten Umweltdelikte ins StGB einzufügen.[623]

Ziel dieser Plazierung der als besonders umweltschädigend empfundenen Handlungen im StGB war, abgesehen von der Harmonisierung der bisher zerstreuten Straftatbestände, den "sozialschädlichen Charakter dieser Taten verstärkt in das öffentliche Bewußtsein zu bringen" und die generalpräventive Wirkung der entsprechenden Normen zu verstärken.[624]

Seitdem ist das maßgebliche Umweltstrafrecht im 28.Abschnitt des StGB (§§ 324-330 d) Bestandteil des Kernstrafrechts.

Außerhalb dieses Abschnitts befinden sich weitere umweltspezifische Straftaten im Abschnitt "Gemeingefährliche Straftaten".[625] Außerhalb des StGB finden sich weitere weniger bedeutende, aber zahlreiche Umweltdelikte, die als An-

---

623 Gesetz zur Bekämpfung der Umweltkriminalität v.18.3.1980 (=18 Strafrechtsänderungsgesetz), BGBl I 373; näher hierzu Tiedemann, Die Neuordnung des Umweltstrafrechts, 1980.

624 Amtl. Begründung, BT-Drucks 8/2382, S. 1, 10; Schall, NJW 1990, 1264.

625 Siehe dazu: Kloepfer/Vierhaus, Umweltstrafrecht, S. 5ff.

nex des Umweltverwaltungsrechts konzipiert sind und dem Nebenstrafrecht zugeordnet werden.[626]

Die aktuelle Fassung des 28. Abschnitts des StGB beruht auf der Reform des Jahres 1994 durch das 2. UKG.[627] Diese Reform erfolgte nach einem langwierigen Prozeß.[628] Das grundlegende Konzept des strafrechtlichen Umweltschutzes wurde dabei nicht geändert, so daß diese Reform einen nur ergänzenden Charakter aufweist. Das 2. UKG hat nämlich einzelne neue Tatbestände (§324 a) – teilweise durch erweiternde Aufspaltung alter Tatbestände (§§ 325, 325a) – in den 28. Abschnitt eingefügt, andere hingegen erweitert (§§ 327, 328, 329) oder teilweise völlig umstrukturiert (§§ 330, 330a).[629]

Die vielbeklagte Verwaltungsakzessorietät des deutschen Umweltstrafrechts wurde nicht nur beibehalten, sondern sogar stärker betont und präzisiert.[630]

Außerdem ist bei der letzten Reform eine Anhebung der Strafrahmen festzustellen.[631]

Eine detaillierte Auseinandersetzung mit den sich recht zahlreich aufwerfenden Fragen des deutschen Umweltstrafrechts kann im Rahmen dieser Arbeit dahingestellt bleiben. Hierzu wird auf die relevante, umfassende Literatur hingewiesen. Der folgende Text gibt einen Überblick über die wichtigsten Charakteristika des deutschen Umweltstrafrechts:

– Doppelter Rechtsgutsbezug der relevanten Vorschriften (anthropoökologischer Ansatz), wobei der Mensch hinter und nicht im Zentrum des strafrechtlichen Umweltschutzes steht; vielmehr stehen verschiedene Umweltgüter im Mittelpunkt.[632]

---

626 Umfassende Kommentierung von Erbs/Kohlhass, Strafrechtliche Nebengesetze, 4. Aufl. 1991.

627 31. Strafrechtsänderungsgesetz – 2. Gesetz zur Bekämpfung der Umweltkriminalität (31.StrÄndG-2 UKG) vom 27 Juni 1994, BGBl I 1440; ZRP 1994, 327.

628 Zur Gesetzgebungsgeschichte: Möhrenschlager, NStZ 1994, 513ff.; LK-Steindorf, vor § 324 Rn. 8a ff.; Vierhaus ZRP 1994, 161; Breuer JZ 1994, 1087; siehe auch: Gesetzentwurf zur Bekämpfung der Umweltkriminalität der SPD Fraktion, BT-Drucks 12/376.

629 Breuer, JZ 1994, 1077; Kloepfer/Vierhaus, a.a.O., S. 65ff.

630 Detaillierte Legaldefinition der verwaltungsrechtlichen Pflichten (§ 330d, Nr. 4), Annerkenung der Rechtsmißbrauchslehre (§ 330 d Nr.5). Eingehend hierzu: Hundt, Die Wirkungsweise der öffentlich-rechtlichen Genehmigung, 1994, S. 24ff.; Kloepfer/Vierhaus, a.a.O. S. 23ff.; Winkelbauer, Zur Verwaltungsakzessorietät des Umweltstrafrechts; Wegener, Bernhard, Verwaltungsakzessorietät im Strafrecht – Zur Auslegung von § 330 d Nr.5 StGB, NStZ 1998, 608ff.; Ausführlich mit eigenem Reformvorschlag: Jünemann, Rechtsmißbrauch im Umweltstrafrecht, 1998.

631 Siehe dazu: amtl. Begr. BR-Drucks 126/90, S. 31f.

632 BT-Drucks 8/2382, S. 9f.; Leibinger, ZStW 90 (1978) Beiheft, 69; Sch./Schr./Cramer, vor §§ 324ff. Rn. 8; LK-Steindorf, vor § 324 Rn. 12; SK-Horn, 6. Auflage,

– Vorverlagerung des Strafrechtschutzes durch die Schaffung abstrakter Gefährdungsdelikte, zu denen auch die sog. potentiellen Gefährdungsdelikte zählen (§§ 325 II, 325a I, 326, 327, 328, 329)[633]

– Bedingter Umweltschutz durch die Verzahnung des strafrechtlichen mit dem verwaltungsrechtlichen Umweltschutz (Verwaltungsakzessorietät).[634] Nur § 330a stellt eine absolut verwaltungsunabhängige Vorschrift dar. Darum ist sie mit besonderen Kausalitätsproblemen belastet.[635]

– §§ 324ff. sind wegen ihrer Verknüpfung mit dem Umweltverwaltungsrecht als Blankettgesetze ausgestaltet.[636]

Eine gründliche Gesamtwürdigung des deutschen Umweltstrafrechts kann und soll an dieser Stelle nicht vorgenommen werden. Es sei nur festgestellt, daß der deutsche Gesetzgeber mit der Schaffung eines gesonderten Kernumweltstrafrechts in die richtige Richtung eines verstärkten Umweltschutzes gegangen ist.

Extrempositionen, wie "*Deutschland verfügt über das schärfste Umweltstrafrecht der Welt*"[637] oder das geltende Umweltstrafrecht sei "*ersatzlos zu streichen*",[638] sind nicht zu folgen.

Das Kernproblem des geltenden Umweltstrafrechts liegt nach richtiger Auffassung nicht in seiner theoretischen Konzipierung und auch nicht darin, daß es zu wenig oder zu viel ist. Es liegt vielmehr darin, daß dessen praktische Durchsetzung weitgehend fehlgeschlagen ist.

Dafür sind zwei Faktoren verantwortlich:

Als erstes kommt die weitgehende Abhängigkeit des Umweltstrafrechts vom Umweltverwaltungsrecht in Betracht, die einem eigenständigen verstärkten Umweltschutz vehement im Wege steht, aber trotzdem unvermeidbar erscheint. Man muß immer davon ausgehen, daß das Umweltverwaltungsrecht nur bedingt ökologisch orientiert ist und demzufolge auch das Umweltstrafrecht nicht weiter gehen kann. Es bleibt folglich in seinen Möglichkeiten begrenzt.

2001, vor § 324, Rn 2; Triffteter, Die Neuordnung des Umweltstrafrechts, S. 35; Kloepfer/Vierhaus, a.a.O., S. 13; NStZ 1987, 323; Rengier, NJW 1990, 2506.

633 Kloepfer/Vierhaus, a.a.O. S. 46; Martin, Strafbarkeit grenzüberschreitender Umweltbeeinträchtigungen, 1989, S. 48ff.; 57. DJT, Beschlüsse Nr. 17 u. 18, Bd. II, S. L 284f.

634 R. Schmitz, Verwaltungshandeln und Strafrecht, 1992; Winkelbauer, Zur Verwaltungsakzessorietät des Umweltstrafrechts 1985, S. 12, 33ff.; Heine/Meinberg, Gutachten zum 57. DJT, S. 4; Dölling, JZ 1985, S. 461ff.

635 Heine, NJW 1990, 2428; LK-Steindorf, § 330a, Rn. 15; Sch/Schr./Cramer, § 330 a, Rn. 8.

636 Kloepfer/Vierhaus, a.a.O., S. 26ff.

637 Kinkel, ZRP 1991, 414.

638 12. Strafverteidigertag, 1988, StV 1988, 276.

Darauf basierend gelangt man zum Schluß, daß Verbesserungen und Revisionen zwecks eines besseren Umweltschutzes primär im verwaltungsrechtlichen Bereich vorzunehmen sind.

Dem Umweltstrafrecht kommt ohnehin eine sekundäre Rolle zu. Wenn das Verwaltungsrecht verbessert wird, könnte man auch auf eine Verbesserung des strafrechtlichen Umweltschutzes hoffen. Vor allzu großen Erwartungen sei jedoch gewarnt.

Der zweite hemmende Faktor des geltenden Umweltstrafrechts ist seine Unfähigkeit, die gravierendste Umweltkriminalität – die Kriminalität der "Mächtigen", also der großen Unternehmen und Betriebe – effektiv einzudämmen. Dies stellt freilich kein endogenes Defizit des Umweltstrafrechts, sondern ein eigenes Kernproblem des allgemeinen Teils des Strafrechts dar.

II. Umweltstrafrecht in den USA

a) Allgemeine Grundlagen

Eine kurze Darstellung verdient an dieser Stelle das amerikanische Umweltstrafrecht und insbes. seine Leistungen im Bereich der Unternehmenskriminalität.

Das US-Umweltstrafrecht ist besonders aufschlußreich und hat sich bisher in der Praxis durchaus bewährt. Dies ist vorwiegend auf die ausgezeichnete Qualität dieses Rechtsgebiets zurückzuführen.[639]

In den USA besteht kein verfassungsrechtlich garantiertes Recht auf saubere Umwelt. Der Gesetzgeber hat sich für die "Zersplitterung" des Umweltstrafrechts entschieden und die umweltstrafrechtlichen Bestimmungen sind in verschiedenen Umweltgesetzen angesiedelt.

Diese Vorschriften beziehen sich in der Regel auf bestimmte verwaltungsrechtliche Umweltpflichten,[640] sie sind also verwaltungsakzessorisch ausgestaltet.[641] Die Umweltdelikte werden als "public health and welfare offenses" oder als "regulatory offenses as opposed to common law crimes" oder als bloße "mala prohibita crimes" bezeichnet.

---

639 Der "rule-making" Prozeß läuft übrigens in den USA unter der Beteiligung verschiedener Interessengruppen (Umweltbehörde, Industrie, Gewerbe, ökologische Verbände) und hat eine direkte und starke demokratische Legitimation, was sich für seine reibungslose Durchsetzung besonders positiv auswirkt.

640 "Federal Enforcement" ist das Kapitel, das die Strafbestimmungen in den einschlägigen Umweltgesetzen enthält.

641 Meinel, a.a.O., S. 107ff.

Obwohl es sich um "public welfare offenses" handelt, verbietet die Aufnahme eines subjektiven Tatelements in den Tatbestand jede Anwendung von "strict liability".[642]

Der Nachweis einer Schuldform, die meistens durch das Merkmal "knowingly" oder "knowledge" bezeichnet wird, ist in der Regel erforderlich.[643]

Neben den Umweltmedien Boden, Wasser und Luft geschützt sind im U.S.-Umweltstrafrecht auch die Individualrechtsgüter. Adressaten der relevanten Umweltschutzvorschriften sind hauptsächlich industrielle und gewerbliche Verursacher. Man könnte sogar von einem "Fachrecht" sprechen, da es gezielt an "große" Emittenten gerichtet ist.[644]

Rechtspolitisch gesehen, ist damit die Bändigung der schweren Umweltkriminalität beabsichtigt.[645] Die Straftatbestände beschränken sich auf vorsätzliche Umweltbeeinträchtigungen.

Nur einige Vorschriften stellen Fahrlässigkeit unter Strafe (negligent violations, im Wasserrecht (CleanWater Act § 309) und im Luftreinhalterecht (Clean Air Act § 113). Dies ist als eine bewußte Entscheidung des amerikanischen Gesetzgebers zu betrachten, da er vorwiegend die schwerwiegenden Umweltschädigungen bestrafen wollte. Die Verfolgungspraxis geht noch einen Schritt weiter, indem sie leichte vorsätzliche Fälle entkriminalisiert.

Der amerikanische Gesetzgeber hatte vermutlich mit Recht vor eine Überkriminalisierung mit unsicherer Wirksamkeit im Umweltbereich zu vermeiden. Er beschränkte sich folglich auf die gefährlichsten Formen der Umweltkriminalität.

Die anderen überläßt er dem Zivil- und dem Verwaltungsrecht. Zur Bekämpfung kommen hier die "civil penalties" in Betracht.[646] Die Tatsache, daß zur Zeit

---

642 Bei Public welfare offenses geht es um Gesetze, die zum Schutz der Allgemeinheit vor Gesundheitsgefahren oder Gefahren für die öffentliche Sicherheit bestimmt sind, z.B. das Gesetz zum Lebensmittel- und Bedarfsgegenständeschutz, die Arbeitssicherheitsbestimmungen oder die Umweltgesetze.
Die PWO sind i.d.R. schuldunabhängig ausgestaltet, bis auf die modernen Umweltstrafgesetze. Siehe zum ganzen: Quist, Public welfare offenses, S. 97, 204ff.

643 Dies stellt eine beachtenswerte Wende für die Entwicklung des amerikanischen Strafrechts dar. Siehe United States v. Johnson Towers, Inc., 21 ERC 1433, 1437, 1984-ERC= environment reporter cases.

644 Die Regelung sowohl der privaten Umweltbelastungen als auch solcher durch landwirtschaftliche Betriebe ist der lokalen Gesetzgebung überlassen. Meinel, a.a.O., S. 75.

645 Im Umweltstrafrecht werden verhältnismäßig mehr Unternehmen als sonst im Strafrecht verfolgt. Dominierend bei der Verurteilung der Unternehmen ist die Geldstrafe. Auf die Bestrafung einzelner Personen wird weitgehend verzichtet und statt dessen wird die juristische Person verantwortlich gemacht. Bartsch, Umweltschutz, S. 203.

keine grundlegende Reform des vorhandenen Instrumentariums in Sicht ist,[647] weist darauf hin, daß dieses seine Zwecke zufriedenstellend erfüllen kann.

Es ist jedoch verwunderlich, in welcher Weise die Durchsetzbarkeit dieser Gesetze sichergestellt wird, insbesondere hinsichtlich der Begrenzung der Kriminalisierung auf vorsätzliches Handeln.

Unseren Kriterien nach ist das noch mehr verwunderlich, im Hinblick nämlich auf die Tatsache, daß die meisten Umweltdelikte bei uns dem Fahrlässigkeitsbereich zuzuordnen sind.

Die enge Ausgestaltung der subjektiven Seite wird jedoch in den USA durch andere Mittel ausgeglichen:

– An die Stelle fahrlässiger Umwelttatbestände treten Unterlassungsdelikte. Die Strafbarkeit wird hier durch das Unterlassen einer unverzüglichen Benachrichtigung der Umweltbehörden begründet.[648]

Dieses Element ist jedenfalls leichter beweisbar als eine auf Sorgfaltswidrigkeit zurückzuführende Umweltbelastung. Gleichzeitig wird ein Anreiz dazu geschaffen, die Umweltbelastung den Behörden mitzuteilen. Durch diese Benachrichtigungspflichten wird auch die Verhinderung oder die Beseitigung von Umweltschäden erreicht.

– Hochinteressant sind auch die vorhandenen Kausalitätserleichterungen. Die objektive Tatseite basiert nur auf der Verletzung bestimmter verwaltungsrechtlicher Pflichten. Es kommt nämlich keinesfalls auf den Nachweis einer Umweltbeeinträchtigung oder der abstrakten Gefährlichkeit der Tathandlung an. Das bei uns fast unlösbare Problem des Kausalitätsnachweises taucht im U.S.-Umweltstrafrecht nicht auf.[649]

---

646 Die "civil penalties" des amerikanischen Rechts entsprechen den Geldbußen des deutschen Rechts und sind auf der strict-liability-Doktrin aufgebaut, d.h. sie setzen keinen Schuldnachweis voraus und erfassen auch die Fälle der Verursacher- oder Zustandshaftung. In der Regel werden sie von den Zivilgerichten verhängt.
Im Umweltrecht sind die civil penalties als verwaltungsakzessorische Blankettatbestände ausgestaltet. Was die Natur dieser Sanktionen angeht, wird ausdrücklich betont, daß sie ein "Aliud" gegenüber der Kriminalstrafe darstellen und "civil in nature" sind, so der Supreme Court, United States v. Ward. Ausführlich dazu: Meinel, a.a.O., S. 157.

647 Man beobachtet nur eine Tendenz zur Verschärfung der vorhandenen Mitteln, ohne wesentliche strukturelle Änderungen. Es wird trotzdem die Einführung konkreter Gefährdungddelikte diskutiert.

648 Meinel, a.a.O., S. 168.

649 Tiedemann, Die Neuordnung des Umweltstrafrechts, S. 30ff.

Bei Begehungsdelikten genügt nämlich der Nachweis einerseits der Begehung der relevanten Tathandlung und andererseits der subjektiven Tatseite zur Verurteilung der Täter völlig.[650]

Bei den Unterlassungsdelikten ist die Verfolgung auch dadurch erleichtert, daß der Nachweis der Pflichtwidrigkeit, der Vermeidbarkeit und der Voraussehbarkeit nicht erforderlich ist. Die Freisetzung von gefährlichen Substanzen und die Unterlassung der rechtzeitigen Benachrichtigung des dafür Verantwortlichen genügt zur Strafbarkeit.[651]

– Der entscheidende Beitrag der Rechtsprechung zur effektiven Anwendung der Umweltstrafvorschriften ist auch nicht zu übersehen. Durch ihre Erfassung als public welfare offenses wird die weite Tatbestandsauslegung ermöglicht.

Die Bundesgerichte haben auch bestätigt, daß der Vorsatz des Täters nicht die Kenntnis umweltrechtlicher Bestimmungen abdecken muß. Ein diesbezüglicher Verbotsirrtum geht zu Lasten des Täters und führt keinesfalls zum Freispruch.[652]

Auf die Vermeidbarkeit oder die Unvermeidbarkeit des Irrtums kommt es nicht an. Auch Tatbestandsirrtümer unter Beschäftigten der oberen Unternehmensebene werden nur beschränkt berücksichtigt.

Das US-Umweltstrafrecht ist vornehmlich auf die Ahndung der Unternehmenskriminalität im Umweltbereich ausgerichtet, die dort angesichts der Anerkennung der Strafbarkeit von juristischen Personen durchaus möglich und legitim vorkommt.[653]

Im Fall der modernen Umweltstraftaten, die auf den Schuldnachweis nicht verzichten, setzt aber diese Unternehmensverantwortung das Vorliegen subjektiver Elemente bei den Organen voraus. Insoweit ist die Strafbarkeit der juristischen Person akzessorisch zu der des Angestellten.[654]

Die subjektive Seite enthält meistens zwei Schuldformen: "knowledge" oder zumindest "recklessness", wobei die letzte auch den dolus eventualis umfaßt. Diese Elemente werden nach der Rechtsprechung vieler Bundesgerichte lediglich aus der führenden Position des Mitarbeiters im Unternehmen begründet.

---

650 Das Gericht hat nicht festzustellen, welche Beziehung zwischen der Tathandlung und der verursachten Umweltbeeinträchtigung besteht.

651 Meinel, a.a.O., S. 106.

652 Meinel, a.a.O., S. 130.

653 Note, Developments, S. 1246. Die "respondeat superior doctrine" erlaubt die Bestrafung des Unternehmens, wenn die Organe im Rahmen ihrer arbeitsvertraglichen Tätigkeit eine Straftat zugunsten der juristischen Person begehen. Es geht hier um strafrechtliche Verantwortung nach den Prinzipien des Zivilrechts, kraft Zurechnung ("imputed criminal liability")

654 Meinel, a.a.O., S. 140.

Die Kenntnis des Mitarbeiters muß nicht konkret fetsgestellt werden, da dies in Unternehmen mit besonders komplizierter Struktur äußerst schwierig ist.[655]

Diese Verfahrensweise der Rechtsprechung wird von der Literatur stark angegriffen, da sie eine schuldunabhängige, dem gesetzgeberischen Willen nicht entsprechende Konstruktion in das moderne Umweltstrafrecht einführt.

Im Bereich der verhängten Sanktionen gegen Unternehmen ist folgendes zu bemerken:

– Dominierend bei den Verurteilungen gegen Unternehmen ist die Geldstrafe. Die generalpräventive Wirkung dieser Sanktionen wird allerdings von einem Teil der Theorie stark kritisiert.[656] Ihre abschreckende Funktion wird nach dieser Meinung sehr dadurch beeinträchtigt, daß ein Unternehmen primär gewinnorientiert handelt. Die Geldstrafe könnte danach zu den "cost of doing business" gehören. Auf der anderen Seite betonen die Anhänger der "Chicago School", daß die generalpräventive Wirkung der Kriminalstrafe im Wirtschafts- und Umweltstrafrecht ausschließlich von der Höhe der Geldstrafe abhängig gemacht werden kann.[657]

– Abgesehen von den Geldstrafen finden im US-Umweltstrafrecht auch andere Sanktionsformen Anwendung. Die Gerichte können z.B. anstelle oder neben den Freiheits- und Geldstrafen auch die Verpflichtung zur Leistung oder Finanzierung gemeinnütziger Dienste als Sanktion verhängen.

Im Umweltstrafverfahren ist diese Sanktionsform besonders häufig, meistens aber gegen natürliche Personen gerichtet (community service orders). Eine andere Sanktionsform stellen die "orders of restitution" dar, welche als Wiedergutmachungszahlungen seitens des Täters erfaßt sind.[658]

Die harte Kritik an der generalpräventiven Wirkung der Geldstrafen gegen juristische Personen hat zur Entwicklung von Alternativen seitend der Lehre geführt: "managerial intervention" (= gerichtliche Kontrolle der Unternehmensführung), "redress facilitation" (= vereinfachte Schadenswiedergutmachung), "equity fines" (= Pflicht zur Emission von Aktien oder Gesellschaftsanteilen in Höhe der Geldstrafe), "adverse publicity" (= Veröffentlichung der Verurteilung).[659]

Die Veröffentlichung der Verurteilung wird von den Gerichten in Los Angeles praktiziert, obwohl sie nicht gesetzlich geregelt ist. Sie war anfänglich als Be-

---

655 S iehe U.S. v. Dee, 4th Cir.1990,912F. 2d.74, Eidam, Straftäter Unternehmen, S. 35.

656 Coffee, a.a.O., S. 418, 386.

657 Meinel, a.a.O., S. 282.

658 Fisse, S. Californien Law Review, 1983, 1141. Diese Sanktion wird in der Regel vom Strafrichter als Pflicht zur Entgiftung und Sanierung durch die Beseitigungsstelle auf Kosten des Täters ausgesprochen.

659 Siehe dazu: Fisse, S. Cal. L.R. 1983, S. 1221; Meinel, a.a.O., S. 165.

dingung eines plea agreements konzipiert.[660] Hauptzweck dieser Strafe ist das "corporate image" des Unternehmens zu verletzen.

Von den oben genannten Alternativen ist bisher nur die letzte ernsthaft diskutiert worden, auf Bundesebene aber noch nicht normiert.[661]

b) Umweltstrafrechtliche Praxis

Von besonderem Interesse und eigens aufschlußreich für unsere Untersuchung ist die verfahrensrechtliche Praxis des amerikanischen Umweltstrafrechts.

Den Kernpunkt dieser Praxis bildet die Tatsache, daß die Ermittlung der Umweltdelikte durch eine Verwaltungsbehörde, ihre gerichtliche Durchsetzung jedoch durch die Staatsanwaltschaft und die Gerichte erfolgt.

Zuständige Instanz für die Durchsetzung des Umweltrechts in den USA ist die EPA-Environmental Protection Agency. Die EPA ist eine Verwaltungsbehörde mit verschiedenen Fachabteilungen, "programs", welche für die Ausführung und Durchsetzung des Umweltrechts zuständig ist. Überdies kommt der EPA eine eigene Vollzugskompetenz zu.

Sie wurde im Jahre 1970 als unabhängige Behörde geschaffen und übernahm seither zahlreiche umweltbezogene Funktionen von verschiedenen Behörden. Sie unterstützt ferner andere Behörden beim Umweltschutz und hilft dem Council on Environmental Quality bei der Entwicklung neuer Programme und Ziele.[662]

Die EPA hat eigene Abteilungen für die strafrechtliche Verfolgung von Umweltverstößen. Diese Abteilungen bilden eine von den Fachabteilungen losgelöste Organisationeinheit, die insgesamt als das "Criminal Enforcement Programm" der EPA bezeichnet wird.

Diese Organisationeinheit wurde im Jahre 1982 gegründet und hat sämtliche Befugnisse, was die Verfolgung der Umweltdelikte angeht, aus den Händen der Fachabteilungen der EPA übernommen.[663]

---

660 Im Fall einer illegalen Müllablagerung in L.A. wurde das verurteilte Unternehmen gezwungen, sein Verbrechen im Wall Street Journal bekanntzumachen. Fisse, in: Liebl, Erfassung, S. 125.

661 Meinel, a.a.O., S. 165.

662 Kausch, Grundzüge des Umweltrechts in den USA am Beispiel der Luftreinhaltung, S. 36.

663 Struktur des Criminal Enforcement Programms:
– Area Offices: Sie sind für die strafrechtlichen Ermittlungen zuständig und deswegen mit polizeilichen Befugnissen ausgestattet.
– OECM: Office of Enforcement and Compliance Monitoring: Diese Abteilung leitet die Ermittlungstätigkeit der Area offices. Sie entscheidet weiterhin über die zukünftige Verfahrenserledigung.

Die EPA ist ausschließlich zur Durchführung der Ermittlungen berechtigt. Für die gerichtliche Erledigung der Umweltdelikte bleiben die StAen und die Gerichte zuständig. Die StA kann auch selbst, außerhalb der EPA, strafrechtliche Ermittlungen mit Hilfe der Polizei oder des FBI durchführen. Seit der Gründung des Criminal Enforcement Programms als Organisationseinheit im Jahre 1982 wird jedoch von dieser Möglichkeit ganz selten Gebrauch gemacht. Die Beamten der strafrechtlichen Abteilung, die zu den Ermittlungen befugt sind, sind übrigens hochspezialisiert. Diese Tatsache spiegelt sich auch in der Qualität der Ermittlungen wider, welche ihrerseits durch die geringe Zahl der Einstellungen seitens der StA bestätigt wird.

Wenn es zur Erhebung der Klage auf Verhängung von civil penalties oder zur Erhebung einer Anklage kommt, wird die örtliche StA eingeschaltet. Nach Abschluß der Ermittlungen muß das Verfahren an die StA überwiesen werden.

Die örtlichen Staatsanwaltschaften des Bundes sind dem US-Department of Justice, der für das Justizwesen zuständigen Bundesbehörde mit Sitz in Washington, D.C., unterstellt.

Dieses Department verfügt über eine gesonderte umweltrechtliche Abteilung, die "Land and natural resources Division". Innerhalb dieser Abteilung gibt es seit 1982 eine besondere Einheit, die "Environmental Crimes Unit". Einerseits unterstützt sie rechtlich als auch technisch die örtlichen StAen bei der Erhebung der Anklage und andererseits kann sie in besonders schwerwiegenden Fällen oder in Fällen mit nationalem Umfang die weitere Erledigung des Verfahrens selbst betreiben.

Die primäre Aufgabe der "Environmental Crimes Unit" besteht darin, die Tätigkeit sowohl der EPA als auch der StA bei der Strafverfolgung von Umweltverstößen zu koordinieren.

Nach der Übernahme durch die StA liegt der weitere Verlauf des Strafverfahrens ausschließlich in ihren Händen. Die EPA hat ab diesem Zeitpunkt keinerlei Einflußmöglichkeiten auf die Erledigung der Sache seitens der StA mehr.

Diese kurze Darstellung der Struktur der amerikanischen Umweltpraxis hat einen bewundernswerten Mechanismus und eine besonders praktikable Kompetenzenregelung des US-Umweltstrafrechts aufgezeigt.[664]

– NEIC: National Enforcement Investigation Center, welches für die technische Unterstützung der Ermittlungen verantwortlich ist.

664 Es sei jedoch bemerkt, daß die Verfolgungsbehörden sehr an "kooperativen Erledigungsmethoden" orientiert sind, was durch die Flexibilität des amerikanischen Strafverfahrensrechts durchaus möglich ist.; sie lassen sich nämlich häufig auf einvernehmliche Verfahrensbeendigungen ein, wie "consent orders" oder "plea agreements". Die Strafverfolgungspraxis ist in globo gesehen sehr pragmatisch und kooperativ ausgerichtet. Meinel, a.a.O., S. 262.

Dieser Mechanismus hat sich in der Praxis durchaus bewährt und zu einer intensiven Strafverfolgungstätigkeit seitens der EPA geführt.[665]

III. Griechisches Umweltrecht

1. Allgemeine Bemerkungen

Griechenland verfügt über ein umfangreiches, aber zugleich – was seine Konzipierung und seine Durchsetzung angeht – lückenhaftes rechtliches Instrumentarium im Bereich des Umweltschutzes.

Es überrascht, daß ein Land mit einem so niedrigen Industrialisierungsniveau über ein zum Teil weitentwickeltes rechtliches Instrumentarium im Bereich des Umweltschutzes verfügt. Das griechische Umweltrecht erscheint gemessen an der wirtschaftlichen und industriellen Situation Griechenlands äußerst entwickelt und fortschrittlich.

Im Vergleich zu den führenden Industrieländern der Europäischen Union weist die griechische Volkswirtschaft eine erhebliche "Industrialisierungslücke" auf.[666] Diese Lücke ist in den letzten Jahren durch das Wachstum des Anteils der industriellen Produktion am Bruttosozialprodukt relativ verringert worden.[667]

Trotz der vielen endogenen Eigenschaften und Probleme der griechischen Wirtschaft, die bisher keine beachtliche Entwicklung im Bereich der Industrialisierung ermöglicht haben, entdeckt man in der griechischen Gesetzgebung interessante und sogar fortschrittliche Züge eines modernen, an gegenwärtige internationale Strömungen angepaßten Umweltschutzes, wie z.B die folgenden: die verfassungsrechtliche Bestimmung über die Verpflichtung des Staates zum effektiven Schutz der natürlichen und kulturellen Umwelt,[668] die Gefährdungsregelung des §29 des Umweltgesetzes 1650/1986 oder die Haftung aus dem Recht des zivilrechtlichen Persönlichkeitsschutzes nach § 57 gr. ZGB für die Fälle einer umweltbedingten Persönlichkeitsverletzung.

---

665 Von entscheidender Bedeutung für diese Strafverfolgungspolitik sind zwei Faktoren: erstens die unumstrittene generalpräventive Wirkung der Verurteilungen wegen Umweltdelikten und zweitens die großen praktischen Schwierigkeiten, die mit der Anwendung außerstrafrechtlicher Mittel verbunden sind -erhebliche Kosten und enormer Verwaltungsaufwand. Siehe dazu Meinel, a.a.O. S. 236.

666 Die Industrialisierung erreichte in Griechenland ihre Hochphase zwischen 1958 und 1978. Nach 1980 konnte man eine erhebliche Verlangsamung des Industrialisierungsprozesses beobachten.

667 Magoulas/Mentis, in: Umweltschutz zwischen Staat und Markt, S. 589.

668 Griechenland war der erste EU-Staat, der den Umweltschutz als Staatszielbestimmung verfassungsrechtlich verankert hat.

Trotz dieser fortschrittlichen Elemente weist das griechische Umweltrecht jedoch in globo beträchtliche Lücken auf.

Noch beträchtlicher sind aber die Lücken bei der Durchsetzung des schon vorhandenen Instrumentariums und eine erste vorläufige Bilanz fällt unbefriedigend aus.

Es muß dennoch beachtet werden, daß die lex lata eines Landes in einem bestimmten Zeitabschnitt immer als das Ergebnis oder vielmehr als die Reflexion einer Vielzahl von Faktoren und Gegebenheiten betrachtet werden muß.

Man muß folglich den jetzigen Stand des rechtlichen Umweltschutzes in Griechenland nicht formal und rein juristisch, sondern als das Resultat komplexer historisch-politischer Umstände begreifen. Griechenland hatte bislang keine gewichtigen Umweltprobleme zu bewältigen. Dies ist grundsätzlich auf die mangelhafte wirtschaftliche Entwicklung des Landes zurückzuführen.

Nach westeuropäischen Kriterien befindet sich Griechenland heute in einer frühen Industrialisierungsphase mit vorindustriellen wirtschaftlichen Strukturen.

Gerade in der Periode nach dem zweiten Weltkrieg, wo die meisten westlichen Demokratien in eine intensive Industrialisierungsphase eingetreten sind, hatte Griechenland gewichtige politische Probleme zu überwinden. Die wirtschaftliche Entwicklung Griechenlands fand größtenteils relativ spät und ohne jede Rücksicht auf die Umwelt statt, da andere Dinge im Vordergrund standen.

Das fehlende ökologische Bewußtsein in einem Land, das erst in den letzten Jahren einen bestimmten materiellen Wohlstand erreicht hat, hat ebenfalls erheblich dazu beigetragen.

Dennoch verfügt Griechenland über ein, wie schon oben erwähnt, umfangreiches Rechtsinstrumentarium, das bedauerlicherweise wegen Durchsetzungsschwierigkeiten ungenutzt bleibt.

Die bestehenden Umweltprobleme Griechenlands sind als Umweltprobleme "sui generis" mit regionalem Charakter zu bezeichnen, so z.B. der Athener Smog,[669] die Waldbrände, die Meeresverschmutzung, die Abfallentsorgung, um nur die wichtigsten davon zu nennen.

---

669 Beachtenswert ist z.B. das rechtliche Instrumentarium für die Bekämpfung der Luftverschmutzung in Athen, einer extrem belasteten Region. In diesem Rahmen sei die seit 1983 bestehende Einschränkung bzw. das Verbot des Kraftfahrzeugverkehrs gennant, das bereits früher eingeführt worden war für Fälle und Zeitpunkte, in denen die Luftverschmutzung besonders hohe Werte erreicht. Gesetz Nr. 1327/1983: "Bekämpfung der Luftverunreinigung in Fällen außergewöhnlicher Umweltverschmutzung und Regelung damit zusammenhängender Fragen" EtK (Regierungsblatt), 1983, A/83.; Kallia/Pavlopoulou/Pavlopoulos, Der rechtliche Status des Umweltschutzes, S. 509. Dieses Problem hat in Athen während der letzten Jahre alarmierende Dimensionen erreicht, mit der Folge, daß derartige oder sogar strengere Maßnahmen benötigt werden. Das Auftreten einer "Smog-Wolke" (Nephos) ist fast zum

Ein wichtiger Faktor, der die Umwelt Griechenlands beachtlich beeinflußt hat, ist der Tourismus.[670] Der Anstieg des Massentourismus in den letzten Jahren hat zu einer erhöhten Bautätigkeit geführt, die nicht immer oder nicht genügend kontrolliert wird. Nach der Ansicht vieler stehen Bodenspekulationen hinter den enormen Brandkatastrophen der griechischen Wälder, die zu einem "sommerlichen Alptraum" geworden sind, zurück.[671]

Achillesferse des vorhandenen Regelungswerkes im Bereich des Umweltschutzes war und ist auch heute noch seine systemimmanente Durchsetzungsunfähigkeit, wie das übrigens auch in anderen Ländern bemerkbar ist.

Als Hauptursache für diese Disfunktionalität des griechischen Umweltrechts werden die vielfältigen administrativen Probleme genannt. Der Verwaltung kommt bei der Durchsetzung der relevanten Normen eine wichtig – wenn nicht die wichtigste – Rolle zu. Dies ist auf die verwaltungsrechtsakzessorische Gestaltung des gesamten Umweltrechts zurückzuführen.

Die griechische Verwaltung ist aber mit zahlreichen Problemen belastet und weist viele Besonderheiten auf.[672] Hauptverantwortlich für diese Probleme ist ihr weitgehender Zentralismus: Die wichtigsten Kompetenzen für die Einführung und die Durchsetzung eines effektiven, rechtlichen Instrumentariums bleiben den nationalen Ministerien in Athen vorbehalten.

Es versteht sich von selbst, daß ein administrativ so zentral strukturierter Mechanismus nur schwerfällig und ineffektiv sein kann.

Speziell für das Gebiet des Umweltschutzes bleiben die Zuständigkeitsbereiche der verschiedenen Ministerien (Umwelt-, Wirtschafts-, Energie- und Technologie-, Agrarministerium) nicht nur eng miteinander verflochten, sondern auch unsystematisch verteilt. Eine Delegation dieser Kompetenzen an die regionalen Behörden (Präfekturen) erfolgt nur in sehr begrenztem Maße. Die mangelnde Ortsnähe der zuständigen Ministerien bringt eine erhebliche Erschwerung bzgl. des Umgehens mit den verschiedenen Problembereichen mit sich.[673]

---

alltäglichen Phänomen geworden, so daß die Gesundheit der Bevölkerung hoch gefährdet ist.

670 Tourismus stellt einen wichtigen Sektor der Nationalökonomie dar und seine rapide Entwicklung in den letzten Jahren hatte einen extrem negativen Einfluß auf die natürliche und kulturelle Umwelt gehabt, näher hierzu: Kareklas/Fitrakis, in: Umweltstrafrecht in Mittel- und südeuropäischen Ländern, Landesbericht Griechenland, 1997, S. 148ff.

671 Typisches Beispiel für eine besonders belastete Region ist Attika: 40 % der attischen Mulde waren im Jahre 1936 mit Wäldern bedeckt. Der Anteil bewaldeter Flächen beträgt heute nur noch 13 %.

672 Siehe Athanassopoulos, Die griechische Verwaltung, 1983.

673 Magoulas/Mentis, a.a.O., S. 587.

2. *Die lex lata des griechischen Umweltrechts*

Das aktuelle griechische Umweltrecht und Umweltstrafrecht ist in einer Vielzahl von Spezialgesetzen zu finden, die in erster Linie verwaltungsrechtliche Materien enthalten.

An diese Verwaltungsgesetze sind auch die strafrechtliche Sanktionen angefügt.

Von einem Kern(umwelt)strafrecht ist in Griechenland noch nicht die Rede. Das griechische StGB enthält zwar einige Straftatbestände – Brandstiftung und die gemeingefährlichen Delikte – die eventuell auch dem Umweltschutz dienen können; sie sind aber nicht dem Umweltstrafrecht im aktuellem Sinne des Wortes zuzuordnen.

Eine vollständige Wiedergabe des griechischen Umweltrechts mit seinen verstreuten Strafbestimmungen wäre im Rahmen dieser Arbeit unangebracht. Bewußt ausgeklammert bleiben auch die internationalen Aspekte sowie die europarechtlichen Dimensionen des Umweltschutzes, da dies den Rahmen unserer Untersuchung sprengen würde.

Es wird daher im folgenden nur den grundlegenden Ansätzen des griechischen Umweltrechts nachgegangen, um dem Leser im Rahmen des Möglichen einen Überblick zu verschaffen.

a) *Verfassungsrecht*

Im Rahmen der griechischen Verfassung von 1975 regelt Art. 24 die Verpflichtung des Staates zum Schutze der natürlichen und der kulturellen Umwelt.[674]

"*Der Schutz der natürlichen und kulturellen Umwelt ist Pflicht des Staates. Der Staat ist verpflichtet, besondere vorbeugende oder hemmende Maßnahmen zu deren Bewahrung zu treffen. Das Nähere zum Schutze der Wälder und der sonstigen bewaldeten Flächen regelt ein Gesetz. Die Zweckentfremdung öffentlicher Wälder und öffentlicher bewaldeter Flächen ist verboten, es sei denn, daß deren landwirtschaftliche Nutzung oder eine andere im öffentlichen Interesse gebotene Nutzung volkswirtschaftlich erforderlich ist.*"

Abs. 2 regelt die neue Raumordnung und Städteplanung und bestimmt den Vorrang staatlicher Regelungszuständigkeit und Kontrolle nach den Kriterien der Funktionsfähigkeit und Sicherung bestmöglicher Lebensbedingungen.

---

674 Extensiver Umweltbegriff, der sowohl die natürliche als auch die kulturelle Umwelt erfaßt.

Abs. 3, 4 und 5 normieren die Rechte und Pflichten der Bürger und der Verwaltung im Rahmen der Städte- und Bauplanung, während Abs. 6 den Denkmalschutz zur Staatsaufgabe bestimmt:

"*Die Denkmäler und historischen Stätten und Gegenstände stehen unter dem Schutz des Staates. Ein Gesetz wird die zur Verwirklichung dieses Schutzes notwendigen eigentumsbeschränkenden Maßnahmen sowie die Art und Weise der Entschädigung der Eigentümer festsetzen.*"[675]

Art. 24 der griechischen Verfassung bildet den Drehpunkt der griechischen Rechtsordnung für den Bereich des Umweltschutzes.

Die Frage nach der Rechtsnatur dieses Artikels bleibt sowohl in der Literatur als auch in der Rechtsprechung äußerst umstritten.[676]

Der Streit besteht darin, ob es sich hierbei nur um eine Staatszielbestimmung oder auch um ein einklagbares Recht der Bürger auf Umwelt- und Denkmalschutz handelt.

Die h.M. nimmt nur eine objektive Staatspflicht bzw. Staatszielbestimmung an.[677]

Aus Art. 24 kann nämlich weder eine einklagbare Pflicht des Staates zum Umweltschutz noch ein gerichtlich durchsetzbares Menschenrecht auf Lebensqualität abgeleitet werden.[678] Solche Rechte und Pflichten stützen sich ausschließlich auf Gesetze.[679]

Eine Mindermeinung versucht dagegen aus Art. 24 der griechischen Verfassung ein Menschenrecht auf Lebensqualität und auf eine saubere natürliche Umwelt abzuleiten.[680]

In einer jüngeren Entscheidung (Nr. 3682/1986) hat allerdings der Staatsrat (das oberste griechische Verwaltungsgericht) von einem "*allen zustehenden Recht auf Nutznießung der Umwelt*" gesprochen.[681]

---

675 Übersetzung von Dagtoglou, Die Verfassung Griechenlands, herausgegeben vom griechischen Parlament, Athen 1976, wieder abgedruckt in: JÖR 1983, 355.

676 Über den Meinungsstand im Schrifftum siehe: Siouti, Die verfassungsrechtliche Garantie des Umweltschutzes, 1985, S. 119ff.; Antoniou, ToS 1987, 118ff.

677 Tachos, Arm. 1983, 4.; siehe auch die Entscheidungen des griechischen Staatsrates: Nr. 810, 811 /1977; 563/1979, in denen Art. 24 gr. Verfassung ausdrücklich als Staatsziel bezeichnet wird.

678 Staatsrat 4198/1988.

679 Näher dazu: Kareklas/Fitrakis, a.a.O., S. 163f.

680 Tachos, Recht des Umweltschutzes, S. 31ff.; eingehend dazu: Siouti, Umweltrecht, AT I, Öffentliches Recht und Umweltrecht, 1993, S. 32.; StE, 3146/1986

681 Ausführlich dazu Siouti, a.a.O., S. 119.; Antoniou, a.a.O., 118ff. Im gleichen Konzept ist auch die Frage der Anerkennung der Existenz und der Bestimmung des Umfangs von Rechten einzelner Bürger auf Teilnahme an staatlichen Entscheidungen, die sich primär auf die Umwelt beziehen, zu betrachten; siehe Siouti, S. 59.

Art.24 gr.Verfassung findet nämlich Anwendung, wenn die Rechtmäßigkeit eines Verwaltungsaktes, z.B. einer Genehmigung für die Inbetriebnahme oder den Weiterbetrieb einer Industrieanlage, im Rahmen einer Anfechtungsklage vor den Verwaltungsgerichten geprüft werden soll.

Voraussetzung der Zulässigkeit der Anfechtungsklage ist das rechtliche Interesse des Klägers, das "unmittelbar, persönlich und gegenwärtig" sein soll.

Der Staatsrat legt in Fällen einer solchen "Umwelt – Anfechtungsklage" den Begriff "rechtliches Interesse" sehr weit aus.[682]

In der Rechtsprechung des Staatsrates sind im übrigen die ersten Ansätze für die Etablierung einer Verbandsklage sichtbar.[683]

Durch eine Leitentscheidung aus dem Jahre 1977, die durch andere ähnlich begründete Entscheidungen ergänzt und bestätigt worden ist, hat der Staatsrat die Zulässigkeit von Klagen, die als eine Art eingeschränkte verwaltungsrechtliche actio popularis betrachtet werden könnten, völlig anerkannt.[684]

Er hat nämlich nicht direkt betroffenen Personenkreisen das Recht eingeräumt, Anfechtungsklage gegen einen Verwaltungsakt zu erheben.[685]

Der Staatsrat prüft ferner in Fällen solcher Umwelt-Anfechtungsklagen die Verfassungsmäßigkeit von Gesetzen oder Verordnungen, die auf Art. 24 gr. Verfassung beruhen. In diesem Rahmen hat er vor kurzem der Anfechtungsklage gegen eine Baugenehmigung stattgegeben, weil gewisse Vorschriften der neuen allgemeinen Bauordnung (Gesetz Nr. 1577/1985) für verfassungswidrig erklärt worden waren.[686]

Man stellt schon bei einem Überblick über die Rechtsprechung des Staatsrates fest, daß sich im Umweltverwaltungsrecht eine beachtenswerte Rechtsentwicklung etabliert hat.

---

682 Zur Erwähnung zahlreicher Entscheidungen siehe: Siouti, a.a.O., S. 70, 82

683 Für die Bedeutung der Verbandsklage und ihre Perspektive im Bereich des Umweltschutzes siehe: Kadner, Der Ersatz ökologischer Schäden, Teil 2.

684 Magoulas/Mentis, a.a.O., S. 574.

685 In der oben genannten Entscheidung ging es um die Anfechtungsklage gegen die Genehmigung einer Schiffbauanlage in Pylos. Der Staatsrat hatte in diesem Fall das rechtliche Interesse eines Vereins von Athen mit dem Namen "Athener Verein der Freunde des Waldes" anerkannt, Anfechtungsklage gegen die Genehmigung zu erheben, obwohl die Stadt Pylos weit entfernt von Athen liegt. Die von der beklagten Verwaltungsbehörde erhobene Einrede der Unzulässigkeit der Klage wegen fehlenden Interesses wurde mit der Begründung abgewiesen der allgemeine Schutz der Umwelt (d.h. Natur-, Landschafts- und Denkmalschutz) sei vorrangiger Gründungs- und Tätigkeitszweck dieses Vereins. Staatsrat, 810/1977.

686 Entscheidung Nr.10/1988, siehe Skordas, ToS 1988, 102ff.

b) Verwaltungsrecht

Die einzelnen administrativen Maßnahmen, die die Verpflichtung des Staates gemäß Art. 24 gr.Verfassung konkretisieren, sind in verschiedenen Verwaltungsgesetzen und -verordnungen zerstreut. Diese bilden das Hauptmittel und den Hauptteil – wie es auch international üblich ist – des rechtlichen Umweltschutzes.[687]

Das Hauptinstrument zur Durchsetzung des verwaltungsrechtlichen Umweltschutzes ist die Anfechtungsklage.

Die Anfechtungsklage ermöglicht dem Bürger, gegen Verwaltungsakte vor den Verwaltungsgerichten vorzugehen. Zuständig ist in der Regel das oberste Verwaltungsgericht; "Staatsrat".

Im Rahmen dieses Verfahrens wird die Rechtmäßigkeit des streitigen Rechtsaktes überprüft und dieser – falls er rechtswidrig ist – aufgehoben.[688] Aktiv legitimiert nach dem Gesetz 170/1973 sind sowohl natürliche als auch juristische Personen, insofern ihr Rechtsinteresse persönlich, unmittelbar und gegenwärtig betroffen ist. Der Staatsrat versucht den Kreis der betroffenen und deshalb aktiv legitimierten Personen auszudehnen. In Fällen von Anfechtungsklagen, die sich gegen umweltschutzrelevante Verwaltungsakte richten, sieht er deshalb vom starren Erfordernis eines strikt persönlichen Interesses ab und knüpft an das Kriterium der Gefährdung des Gemeingebrauchs der Umweltgüter und das öffentliche Interesse am Umweltschutz an.

Dies hat zur Folge, daß nicht nur die unmittelbar von einem umweltbeeinträchtigenden oder umweltgefährdenden Verwaltungsakt Betroffenen eine Anfechtungsklage erheben dürfen, sondern auch Personen, die ein besonderes Rechtsinteresse nachweisen können.

Zu diesem Kreis gehören – nach der Rechtsprechung des Staatsrates – sowohl juristische Personen des öffentlichen Rechts wie Städte und Gemeinden, als auch

---

687 Von besonderer Bedeutung für die Anwendungspraxis sind, um nur einige solche Gesetze oder Verordnungen zu erwähnen: Ministerialerlaß Nr. 42839/1110/1979: "Über die Meßkontrolle des Rauchs bei Gewerbebetrieben und Industrieanlagen", Ministerialerlaß Nr. 6565/81/1981: "Über die Bestimmung von Grenzwerten für Kohlenmonoxid-Emissionen aus dem Betrieb von Benzin-Kraftfahrzeugen", Ministerialerlaß Nr. 11394/345/1981: "Über die Benutzung von leichtem Heizöl in der attischen Mulde".
Siehe auch die Sammlung der wichtigsten Umweltgesetzen: Kallia/Pavlopoulos/Pavlopoulou, Der rechtliche Status des Umweltschutzes, 1984; ferner: Timagenis/Pavlopoulos, The Law and practice relating to pollution controll in Greece, The Commission of the EC, London 1982.

688 Ausführlich dazu: Karakostas, NuR 1990, 472.

juristische Personen des Privatrechts, die in ihrer Satzung den Umweltschutz berücksichtigen.

Ferner hat der Staatsrat die Aktivlegitimation von Personengruppen ohne juristische Persönlichkeit, wie z.B. Bürger einer Gemeinde, Bewohner einer Gegend, Nachbarn einer Anlage usw. anerkannt.[689]

c) *Strafrechtlicher Umweltschutz*

Der strafrechtliche Umweltschutz befindet sich im griechischen Recht in statu nascendi und hat bisher keine eigenständige Bedeutung gewonnen.

Der subsidiäre Charakter des strafrechtlichen (Umwelt)schutzes ist voll anerkannt[690] und der Schwerpunkt der Regelungen auf diesem Gebiet liegt vorwiegend beim Verwaltungsrecht.

Eine der deutschen Rechtslage entsprechende Entwicklung – Verankerung der wichtigsten Straftatbestände im StGB – fand in Griechenland nicht statt. Das griechische StGB enthält zwar einige Normen, die Bezug auf die Umwelt i.w.S nehmen.[691] Sie können aber keineswegs als umweltstrafrechtliche Normen, die dem Schutz der Umwelt als eigenständigem Rechtsgut dienen, betrachtet werden.

Ein systematischer und konsequenter strafrechtlicher Umweltschutz fehlt bisher in Griechenland. Der vorwiegende Teil der strafrechtlichen Bestimmungen zum Schutz der Umwelt ist in einer kaum überschaubaren Fülle von Verwaltungsgesetzen und -verordnungen zu finden.[692]

Die Verwaltungsakzessorietät stellt sich nach griechischem Recht als ein wesentliches Merkmal und zugleich als ein wesentliches Problem des Umweltstrafrechts dar.[693]

---

689 Siehe die relevante Rechtsprechung in: Rotis, Rechtsprechung des Staatsrates im Umweltschutz-Überblick, 1995; ders: Öffnung der Rechtsprechung, 1984; Karakostas, NuR 1990, 472; Siouti, S. 63ff.
Siehe ferner: Staatsrat Nr. 810/1977, Anfechtungsklage des Athener Vereins "Freunde des Waldes" gegen eine Anlage für Schiffreparaturen in Pilos. Rechtsanwaltskammer von Volos: Anfechtungsklage gegen eine Industrieanlage in Volos; Staatsrat Nr. 4576/1977. Für die Anerkennung des Rechtsinteresses der Nachbarn einer Gefahrenquelle hat sich weiter das Kriterium der "ökologischen Nachbarschaft" entwickelt.

690 Ergebnisse des V. Kongresses der EEPD, S. 165.

691 Siehe dazu die gemeingefährlichen Delikte des 13. Kapitels.

692 Vgl. Art. 13 Abs. 1 des Gesetzes Nr. 743/1977 (es wurde durch präsidiale Verordnung Nr. 55/1998 kodifiziert): "Über den Schutz der Meeresumwelt" ; Art. 7 der Präsidialverordnung Nr. 1180/1981; Notstandsgesetz Nr. 2520/1940; Art. 8 des Gesetzes Nr. 1197/1981: Über den Tierschutz.

693 Näher hierzu Papaneofitou, Das Verhältnis des strafrechtlichen Umweltschutzes zu den verwaltungsrechtlichen Vorschriften und Sanktionen, YPER. 1994, 538ff.

Ein Grundmodell der Gesetzestechnik bei diesen Verwaltungsgesetzen und -verordnungen stellen die verwaltungsrechtlichen Vorschriften mit strafrechtlichen Sanktionen (Blankettgesetze) dar.

Der griechische Gesetzgeber macht ferner bei der Ausgestaltung der entsprechenden Strafbestimmungen von verschiedenen Deliktstypen Gebrauch. Es finden sich also unter den strafrechtlichen Umweltbestimmungen sowohl Erfolgs- als auch Tätigkeitsdelikte, Verletzungs- wie auch Gefährdungsdelikte.[694]

d) Zivilrechtlicher Umweltschutz

Abgesehen vom Gesetz 1650/1986, welches mit §29 eine sehr wichtige Regelung zur zivilrechtlichen Umwelthaftung enthält, bestehen im griechischen Recht allgemeine und umfassende zivilrechtliche Anspruchsgrundlagen.

Besonders interessant sind die Vorschriften über die deliktische Haftung (§ 914 gr. ZGB) in Verbindung mit dem allgemeinen Persönlichkeitsrecht. Diese Kombination wird als ein beachtliches Instrument des Umweltschutzes angesehen.

Das griechische Zivilrecht enthält zwar kein subjektives Recht auf eine intakte Umwelt, es schützt jedoch umfassend das allgemeine Persönlichkeitsrecht.[695] Aus diesem Recht gehen, nach herrschender Auffassung in der Rechtsprechung und in der Literatur Individualrechte jedes einzelnen Bürgers auf Gebrauch der Allgemeingüter und der Sachen im Gemeingebrauch hervor.[696]

Dieses Recht stellt ferner einen Ausfluß der individuellen Freiheit dar, welche ihrerseits als unantastbares Element der Persönlichkeit zu verstehen ist. Allgemeingüter sind nach griechischem Recht die Luft und das Meer. Sachen im Gemeingebrauch sind z.B. das fließende Wasser, die Küste, große Seen und deren Ufer wie auch Parkanlagen und Wälder (§ 967 ZGB).[697]

Anhand von § 57 gr.ZGB, der das allgemeine Persönlichkeitsrecht normiert, kann der Kläger zivilrechtliche Ansprüche auf Schadensersatz und Unterlassung

694 Näher hierzu Kareklas/Fitrakis, a.a.O., S. 209f.

695 Das griechische ZBG normiert ausdrücklich den allgemeinen Persönlichkeitsschutz in §§ 57 und 59. Dieser Schutz ist nach dem Vorbild der actio quasi negatoria (§ 1108 gr. ZGB) konzipiert und enthält:
– Anspruch auf Beseitigung der Beeinträchtigung
– Anspruch auf Unterlassung
– Anspruch auf Schadensersatz nach den Vorschriften über die deliktische Handlung und
– Anspruch auf Ersatz des immateriellen Schadens, grundlegend dazu: Spyridakis, Allgemeiner Teil des ZGB, S. 338ff.

696 Georgiades, Sachenrecht, § 12, S. 101.

697 Karakostas, ZfU 1990, 29.

im Falle einer umweltbedingten Verletzung von Persönlichkeitsrechten begründen.[698]

Dies ist z.B. der Fall, wenn eine "Sache", die zum Allgemeingebrauch bestimmt ist (wie z.B. die Meeresküste von Athen), beeinträchtigt wird.

Jeder Bürger hat das Recht, diese Güter nicht nur zu benutzen, sondern auch zu genießen. Im Fall einer Beeinträchtigung dieser Güter hat der berechtigte Benutzer der Sache gemäß § 57 gr.ZGB das Recht, die Beseitigung der beeinträchtigenden Handlung und die Unterlassung weiterer Beeinträchtigungen zu verlangen, da sie gegen sein persönliches, in § 57 normiertes Persönlichkeitsrecht verstößt.

Besonderer Bedeutung im Hinblick auf den Umweltschutz kommt der Unterlassungsklage zu. Der Anspruch auf Unterlassung der Beeinträchtigung zielt auf eine Verhinderung neuer Beeinträchtigungen in der Zukunft.

Einer Unterlassungsklage wird aber nach herrschender Meinung auch dann stattgegeben, wenn die Beeinträchtigung droht und noch nicht stattgefunden hat (vorbeugende Klage).[699] Es ist offensichtlich, daß, insbesondere bezüglich des präventiven Umweltschutzes eine besondere Bedeutung dieser Möglichkeit zukommt.

Wenn der Kläger zugleich einen erlittenen Schaden nachweisen kann, ist er berechtigt, Schadensersatz zu verlangen (§§ 57, 914 gr. ZGB)[700]

Daneben kann er auch einen aus der Verletzung seines Persönlichkeitsrechts abzuleitenden Anspruch auf Ersatz eines immateriellen Schadens geltend machen (§ 59 gr. ZGB.).[701] Diese Möglichkeit des griechischen Zivilrechts wurde bisher von der Rechtsprechung nicht genügend berücksichtigt.

Das griechische Recht mit seiner Regelung des allgemeinen Persönlichkeitsrechts (§ 57 gr.ZGB) geht somit über das deutsche Regelungsniveau hinaus, indem es ein zusätzliches Mittel zum Schutze der Umwelt vorsieht. Diese Möglichkeit ähnelt ferner den "public nuisances" des amerikanischen Rechts.[702]

---

698 Ausführlich über den Anspruch aus dem umweltbezogenen Persönlichkeitsrecht: Karakostas, Umwelt und Zivilrecht, S. 41ff.

699 Spyridakis, a.a.O., S. 339.

700 Karakostas, a.a.O., S. 41ff.

701 Karakostas, a.a.O., S. 53ff.

702 "Public Nuisance" ist die Beeinträchtigung eines Rechts der Allgemeinheit. Einzelne Bürger haben über das Institut der public nuisance eine Anspruchungsgrundlage auch für ökologische Schäden. Hierzu reicht die bloße Beeinträchtigung des ästhetischen oder Erholungswertes eines Gebietes aus. Siehe dazu: Kadner, a.a.O., S. 185.

Von relevanter Bedeutung für den zivilrechtlichen Umweltschutz ist auch das im griechischen Recht ausdrücklich geregelte Verbot der mißbräuchlichen Rechtsausübung (§ 281 gr. ZGB).[703]

Andere Instrumente des zivilrechtlichen Umweltschutzes sind die individualrechtlich konzipierten Vorschriften des nachbarrechtlichen Immissionsschutzes und der deliktischen Haftung.

Anhand der Vorschriften des nachbarrechtlichen Schutzes in Verbindung mit dem zivilrechtlichen Schutz des Eigentums und des Besitzes (insbes. §§ 1003-1005, § 1007 i.V.m. §§ 1000 und 1108 gr. ZGB.) wird manchmal der Versuch unternommen, die Gefahren aus dem Bereich der Umweltzerstörung zu beseitigen.[704] Es wurde allerdings schnell festgestellt, daß diese Vorschriften, da sie für den Schutz individualrechtlicher Interessen bestimmt waren, völlig untauglich für die Erfassung umweltschädigender Verhaltensweisen sind.[705]

Wenngleich einige Rechtsmittel des griechischen Zivilrechts zum Zwecke des Umweltschutzes eingesetzt werden können, darf seine Leistungsfähigkeit in diesem Bereich nicht überbewertet werden. Das Zivilrecht ist hauptsächlich zur Lösung von privaten Konflikten und zum Schutz von privaten Interessen bestimmt und darf seine Grenzen nicht überschreiten. Die weitgehende Übertragung zivilrechtlicher Argumentationen auf den Umweltschutz scheint übermäßig und im Endeffekt auch unergiebig zu sein, da in dieser Weise die Funktion und die Zwecke des Zivilrechts mißbraucht werden, ohne zugleich effektivere Ergebnisse für den Bereich des Umweltschutzes herbeizuführen.[706]

Nach der kurzen Schilderung des Regelungsrahmens des griechischen Umweltschutzes folgt nun die Darstellung des Umweltgesetzes aus dem Jahre 1986, das eine eingehende und vertiefende Erörterung ohne weiteres verdient. Dieses Gesetz verkörpert alle bisherigen Reformüberlegungen und bildet im Moment das Hauptinstrument des Umweltschutzes in Griechenland. Eine weitere strukturelle Reform ist in der näheren Zukunft nicht zu erwarten.

703 Die Ausübung des Rechtes auf Nutzung der Allgemeingüter und der Sachen im Gemeingebrauch wird durch § 281 gr. ZGB eingeschränkt. Karakostas, NuR 1990, 471; ders., Umwelt und Zivilrecht, S. 141ff.

704 Siehe dazu Karakostas, NuR 1990, 470; Magoulas/Mentis, a.a.O., S. 570ff.

705 Georgiades, Sachenrecht, S. 255f.

706 Siehe dazu die Entscheidung des Areopags von 1979 (Nr. 231/1979) und den sich darauf stützenden, viel weitergehenden Übertragungsversuch von Karakostas, NoB 27, 1267; Karakostas, Umwelt und Zivilrecht, S. 82ff.

Den ersten Versuch des griechischen Gesetzgebers, die rechtliche Lage des Umweltschutzes einigermaßen zu systematisieren und zu verbessern, stellt das Gesetz 1650/1986 dar.[707]

Dieses Ermächtigungsgesetz enthält Vorschriften, die ein sehr breites Spektrum des verwaltungs-, zivil- und strafrechtlichen Umweltschutzes abdecken sollen. Im Jahre 1986 verkörperte es den erforderlichen institutionellen Rahmen für die Umsetzung des Art. 24 gr.Verfassung.

Das Gesetz 1650/1986 übernimmt die Funktion eines Rahmengesetzes,[708] obwohl es nicht nach der entsprechenden Verfahrensweise verabschiedet worden ist.[709]

Die Anwendung dieses Gesetzes stößt auf vielfältige Schwierigkeiten, da sie von der Verabschiedung zahlreicher Ausführungsnormen (präsidiale und ministerielle Verordnungen) abhängig ist.[710] Für die Aktivierung dieses Gesetzes ist nunmehr die rechtssetzende Verwaltung zuständig. Der parlamentarische Gesetzgeber hat nur den rechtlichen Rahmen geschaffen. Seine Befugnisse aber zum Ausfüllen dieses Rahmens hat er an die Exekutive delegiert, indem er sie zum Erlaß von Rechtsverordnungen ermächtigt hat.[711] Zur Umsetzung des Umweltgesetzes 1650/1986 benötigt man kraft ausdrücklicher Ermächtigung, ungefähr 70 solcher Verordnungen. Die Anwendungsschwierigkeiten eines solchen Umweltgesetzes für die Praxis der ordentlichen Gerichte sind schon in den ersten Entscheidungen des obersten Gerichtshofs (Areopags) zu erkennen.[712]

707 Als Anhang in: Karakostas, Umwelt und Zivilrecht, 1986, S. 209; EtK 1986, Teil I, S. 3257 FEK A, 160/16.10.1986.

708 Gesetze solcher Art sind als "Sammelbecken" zu bezeichnen, da sie eine Kombination aller zivil-, verwaltungs- und strafrechtlichen Instrumente enthalten.

709 Rahmengesetze werden nach griechischem Recht gemäß Art. 43 Abs. 4 gr. Verfassung verabschiedet; das Gesetz 1650/1986 ist jedoch gemäß § 76 Abs. 5 gr. Verfassung und § 81 Abs. 2 Parlamentsordnung – wegen seiner "außerordentlichen Bedeutung" – verabschiedet worden. Über die Entstehungsgeschichte siehe Tachos, Umweltrecht, 1992, S. 130,131.

710 Kareklas in: Eser/Huber (Hrsg.) Strafrechtsentwicklung 3, S. 431.

711 Bei Rechtsverordnungen handelt es sich um Vorschriften, die materiellrechtlich als Gesetze angesehen werden, im formellen Sinne jedoch nicht als Gesetze gelten, da sie nicht durch ein förmliches Gesetzgebungsverfahren erlassen werden.

712 AP 1005/99 mit Anmerkung von A. Papaneofitou in: PoinDik 2000, S. 711ff.

a) Gliederung des Gesetzes 1650/1986

Das Gesetz 1650/1986 besteht aus 7 Kapiteln und 32 Artikeln. Im ersten Kapitel werden sowohl die Hauptziele und die Grundprinzipien als auch die Grundbegriffe des Gesetzes geklärt.

Das zweite Kapitel enthält Vorschriften über den Schutz der Umwelt vor Anlagen und ökonomischer Tätigkeit im allgemeinen. An dieser Stelle wird auch die Umweltverträglichkeitsprüfung geregelt.

Das dritte Kapitel enthält Umweltschutzmaßnahmen gegen verschiedene Arten von Umweltbeeinträchtigungen.

Im vierten Kapitel sind besondere Maßnahme zum Schutze der Natur-, Pflanzen- und Tierwelt sowie der Landschaft vorgesehen.

Das fünfte Kapizel bezweckt den verstärkten Schutz schwerbelasteter Landesregionen mit akuten Umweltproblemen.

Im sechsten Kapitel ist die Gründung gesonderter, spezialisierter Verwaltungsbehörden vorgesehen (EFOP, KEPE).

Das siebte Kapitel enthält die straf- und verwaltungsrechtlichen Sanktionen gegen die zuwiderhandelnden Personen und normiert ferner die zivilrechtliche Haftung für Umweltschäden.

b) Zielbestimmungen des Gesetzes 1650/1986

Primäres Ziel eines konsequenten rechtlichen Umweltschutzes kann im Rahmen der modernen verfassungs- und wirtschaftlichen Ordnung kann nur eins sein: die Abmilderung der krassen Divergenz zwischen den beiden lebenswichtigen Größen unserer Zeit – der Ökologie und der Ökonomie.

Was ein sachgerechter Umweltschutz erreichen muß, ist die natürlichen lebenssichernden Grundlagen der Menschheit vor katastrophalen menschlichen Eingriffen zu schützen, ohne zugleich das wirtschaftliche Wachstum unangemessen zu bremsen. Trotz der erheblichen Schwierigkeiten scheint dieser Mittelweg der einzige gangbare Weg zu sein.

Sowohl ein absoluter Umweltschutz als auch eine maßlose wirtschaftliche Entwicklung sind abzulehnen, da beide unerwünschte, wenn nicht fatale Folgen mit sich bringen würden.

Wer eine rationale Umweltpolitik betreiben will, darf nicht aus den Augen verlieren, daß ökonomisches Wachstum und Umweltschutz unerläßliche Komponenten sowohl für den gegenwärtigen Wohlstand als auch für die Zukunftssicherung sind.

Solch einen Mittelweg zu einem Kompromiß zwischen den oben genannten Größen versucht auch der griechische Gesetzgeber zu betreten. Das Gesetz

1650/1986 demonstriert seinen klaren Willen zum effektiven Umweltschutz, ohne zugleich das wirtschaftliche Wachstum Griechenlands zu gefährden.

Die primäre Funktionszuweisung des rechtlichen Umweltschutzes in Griechenland besteht in einer allgemein anerkannten Bewirtschaftung der natürlichen Güter und nicht in einem absoluten Schutz der Umwelt. Die Umweltpolitik soll ferner einen demokratischen und dezentralen Charakter aufweisen.

Die Umwelt wird nicht um ihrer selbst willen als ideelles Gut, sondern in ihrer Funktion als elementare Lebensgrundlage der Menschen geschützt. Der gesamte Umweltschutz ist von seiner Konzeption her nicht Selbstzweck, sondern Dienst am heutigen und künftigen Menschen.

Zu den Grundprinzipien des Gesetzes 1650/1986 gehört auch das Präventionsprinzip. Es ist klar aus dem Gesetzestext zu entnehmen, daß das Umweltrecht hauptsächlich präventiv wirken soll.[713] Das Präventionsprinzip wird aber immer dann relativiert, wenn es auf die Bewirtschaftung der Umwelt zwecks der ökonomischen Entwicklung des Landes ankommt. Dies geschieht durch die Anerkennung des Grundsatzes "the polluter pays".[714] Wer die Umwelt in Anspruch nimmt, muß dafür bezahlen; der Staat setzt hier nur die Regeln.[715]

c) Strafrechtliche Bestimmungen des Gesetzes 1650/1986

– In § 28 Abs. 1 des Umweltgesetzes 1650/1986 ist das Grunddelikt gegen die Umwelt verankert. Dieses Delikt ist als Vergehen ausgestaltet:

"Mit Freiheitsstrafe von 3 Monaten bis zu zwei Jahren wird bestraft wer:

a) durch eine Tat oder Unterlassung, die gegen die Bestimmungen dieses Gesetzes oder die aufgrund dessen erlassenen Verordnungen verstößt, die Verschmutzung oder die Beeinträchtigung der natürlichen Umwelt verursacht.

b) durch unbefugtes (d.h. ohne die dazu erforderliche Genehmigung) Handeln oder durch Überschreitung der von der Verwaltung festgesetzten Grenzwerte eine Beeinträchtigung der Umwelt verursacht".

Das Grunddelikt des § 28 Abs. 1. bereitet erhebliche Schwierigkeiten bei seiner Einstufung.

---

713 Siouti, Umweltrecht, AT, 1993, S. 91ff.

714 Dies ist ausdrücklich in § 29 des Gesetzes 1650/86 vorgesehen- "pollueur payer", "the polluter pays".

715 Tachos behauptet, es werde noch ein Prinzip durch das Umweltgesetz garantiert: "der Nicht-Verschmutzer wird bezahlt". Durch diese beiden Prinzipien kann aber seiner Meinung nach das Ziel des Gesetzes nicht verwirklicht werden und ihm würde somit viel von seiner Kraft genommen. Tachos, in: Etairia Nomikon B. Ellados, Probleme des Umweltschutzes, 1989, S. 38.

Eine Meinung in der Literatur sieht hier ein klassisches Verletzungsdelikt. Bestraft wird die im objektiven Tatbestand vorgesehene Verletzung der natürlichen Umwelt. Damit würde die Umwelt als selbständiges Rechtsgut geschützt, was dieser Meinung nach auch der Ratio der Vorschrift entspricht.[716]

Nach anderer, herrschender Meinung handelt es sich dabei um ein potentielles (abstrakt-konkretes) Gefährdungsdelikt, da die Schädigung des Tatobjekts kein Tatbestandsmerkmal darstellt. Der Richter hat nämlich zu prüfen, ob die Möglichkeit besteht, daß die Handlung das Rechtsgut gefährdet.[717] Anhaltspunkte dafür bieten die im Gesetz enthaltenen Definitionen der Umweltverschmutzung und der Umweltbeeinträchtigung.[718]

Geschützt bleiben also dieser Auffassung nach die klassischen individuellen Rechtsgüter und nicht die natürliche Umwelt als eigenständiges Rechtsgut.[719]

– § 28 Abs. 2 Gesetzes 1650/1986: Im Falle der fahrlässigen Begehung der im Abs. 1 genannten Delikte wird eine Freiheitsstrafe von einem Jahr verhängt.

Qualifikationstatbestände – ein konkretes Gefährdungsdelikt und ein Verletzungsdelikt – des § 28 Abs. 1 finden sich im Abs. 3.

Dort sind verschärfte Strafen für die konkrete Gefährdung des Lebens oder der Gesundheit (Freiheitsstrafe von mindestens einem Jahr und Geldstrafe) vorgesehen. § 28 Abs. 3 ist als konkretes Gefährdungsdelikt ausgestaltet.[720]

Ergänzt wird Abs. 3a durch Abs. 3b, der die Verursachung des Todes oder einer schweren Körperverletzung mit Freiheitsstrafe bis zu zehn Jahren bestraft (Verletzungsdelikt).

Wenn durch die Umweltbeeinträchtigung der Tod oder die schwere Körperverletzung eines Embryos verursacht worden ist, wird eine Freiheitsstrafe von mindestens zwei Jahren und Geldstrafe verhängt (§ 28 Abs. 3 c).

aa) Geschütztes Rechtsgut der strafrechtlichen Vorschriften des Gesetzes 1650/1986

Die Überschrift des Gesetzes 1650/1986 ("Über den Umweltschutz...") bringt sein geschütztes Rechtsgut klar zum Ausdruck: Geschützt wird die Umwelt als

716 Panagopoulou-Beka, Das Rechtsgut, S. 112ff.

717 Über die abstrakt-konkreten Gefährdungsdelikte siehe Kaiafa/Gbanti, Die gemeingefährlichen Delikte, S. 33ff.

718 Vgl. dazu: Charalambakis, Straftaten gegen die Umwelt, in V. Kongress der EEPD, 1996, S. 43ff.: Contra: Giannopoulos, NoB 1987, 645; Alexiadis, in: H.H. Jescheck, S. 252f.; Papaneofitou, Yper. 1994, 546.

719 Charalambakis, a.a.O., S. 48ff.

720 Charalambakis, a.a.O., S. 43ff.

Gesamtschutzobjekt.[721] Einen festen Inhalt hat dieser Begriff noch nicht erhalten.[722]

Das Umweltstrafrecht stellt im übrigen ein ganz junges Rechtsgebiet dar. Deswegen ist auch die wissenschaftliche Diskussion über seine geschützten Rechtsgüter noch nicht abgeschlossen, besser gesagt, hat sie in Griechenland erst vor kurzem begonnen.

Das Schweigen des griechischen StGB in Bezug auf den strafrechtlichen Schutz der Umwelt hat die Entwicklung einer lebhaften wissenschaftlichen Debatte nicht im geringsten behindert.

In Griechenland wird eine heftige Diskussion auch über den allgemeinen Begriff des Rechtsgutes und seine zentrale Bedeutung bei der Bestimmung des Verbrechens geführt. Es handelt sich eigentlich um eine Übernahme des deutschen Bestehens auf dem Begriff des Rechtsgutes ins griechische Strafrecht.[723]

Es ist hier noch zu erwähnen, daß die Diskussion über das Rechtsgut der umweltstrafrechtlichen Vorschriften weit vor dem Erlaß des Umweltgesetzes 1650/1986 begonnen hatte.

Die Verabschiedung dieses Gesetzes hat den Ablauf der theoretischen Auseinandersetzungen aus zwei Gründen kaum beeinträchtigt:

– Erstens spielt das Gesetz 1650/1986 für das Umweltstrafrecht nur eine sekundäre Rolle und

– Zweitens hat es bisher die forensische Praxis – wegen seiner Unwirksamkeit – kaum beeinflußt.

---

721 Die übrigen umweltbezogenen Spezialvorschriften erkennen Umwelt-teilrechtsgüter an; siehe dazu: Kareklas/Fitrakis, S. 205ff.

722 Umfassend zum ganzen: Kareklas, Die Lehre vom Rechtsgut und das Umweltstrafrecht, 1990, S. 1ff.

723 Siehe dazu: Giannidis, StGB Kommentar, §§ 14-19, S. 15ff. Besonders interessant stellt sich in diesem Konzept die Theorie von Manoledakis über den "dialektischen Begriff des Rechtsgutes" dar. Nach dieser Lehre weist jeder einzelne Begriff eine empirische Seite auf; das Rechtsgut hat demzufolge einen "offenkundigen, objektiven Inhalt". Deswegen kann es immer in einem materiellen Objekt verkörpert werden. Das Verdienst dieser Lehre besteht – trotz ihres dogmatischen Defizits – darin, daß sie ein relativ sicheres Instrument in die Hände des Gesetzgebers, was die Auswahl der schutzwürdigen Güter angeht, gibt. Manoledakis kommt zum Schluß, daß alle Rechtsgüter ein materielles (greifbares) Objekt aufzuzeigen haben. Dadurch wird eine unzulässige Erweiterung des Rechtsgutsbegriffs – und demzufolge des ganzen Strafrechts – auf moralische Werte verhindert.
Die Identifizierung des Rechtsguts mit dem materiellen Objekt funktioniert für den liberalen Rechtsstaat wie ein Sicherheitsventil. Angegriffen wurde diese Theorie von Androulakis, der von zwei gesonderten Objekten des Verbrechens – einem materiellen und einem rechtlichen – spricht. Siehe zum ganzen: Spyrakos, Die kritische Funktion des Rechtsgutsbegriffs, 1996, S. 43-51.

Das Rechtsgut des Grunddelikts des Gesetzes 1650/1986 zu ermitteln fällt nicht so leicht. Aus diesem Grund sind auch die Meinungen in der griechischen Lehre weit gespalten.

Obwohl inzwischen weitgehend Konsens darüber herrscht, daß es ein Rechtsgut "Umwelt" gibt, sind erhebliche Bedeutungsunterschiede – was seinen Bezugspunkt betrifft – zu verzeichnen.

Es können dabei zwei Hauptrichtungen festgestellt werden: eine ökologische und eine anthropozentrische.

Die Verfechter des ökologischen Standpunktes wollen das Rechtsgut "Umwelt" um seiner selbst willen schützen. Die Umweltschutzvorschriften sind dieser Meinung nach zum autonomen Schutz der Umwelt bestimmt. Die individuellen menschlichen Rechtsgüter scheiden aus dem Schutzbereich der Umweltstrafvorschriften aus. Auch ihr mittelbarer Schutz wird abgelehnt. Der ökologische Ansatz bezieht sich auf den Menschen nur insofern, als damit das Interesse an Erhaltung der elementaren Lebensgrundlagen für die gegenwärtigen und die zukünftigen Generationen gewährleistet werden muß.[724]

Mehr konservativ und klassisch geprägt ist die andere große Strömung in der griechischen Literatur. Diese Lehre nimmt eine eher "anthropozentrische" Perspektive ein. Sie erachtet vornehmlich den Lebens- und Gesundheitsschutz als Aufgabe des Umweltstrafrechts. Die Umwelt wird unter diesem Blickwinkel nur als vitaler Lebensraum der Menschen geschützt.

Neue überindividuelle Rechtsgüter werden nicht eigenständig anerkannt, sondern nur insoweit mitgeschützt, als sie die existentiellen Lebensgrundlagen der Menschen bilden und sichern.[725]

---

724 Vertreter dieser Ansicht sind: Vougioukas K., Der strafrechtliche Umweltschutz, Armen. 1979, 988ff.; Kaiafa-Gbanti M., Gemeingefährliche Delikte, 1987, S. 73, 108ff.; Kaninias S. , Umweltschutzgesetz, P. Chr. LG' 1983, 92; Karamanidis G., Der strafrechtliche Umweltschutz in Griechenland, 1985, S. 75; Remelis K., Umweltschutz vor industriellen Anlagen, 1989, S. 156; Sakellaropoulos A. Überlegungen, 1985, S. 88; Panagopoulou, S. 114; dies., Arm 1994, 252f.; Tachos, Recht des Umweltschutzes, S. 71f.; Charalambakis, Straftaten gegen die Umwelt, gemeingefährliche Delikte und Gefährdungsdelikte in: V. Kongress, EEPD, S. 43ff. Der dialektische Begriff des Rechtsguts "Umwelt", im Sinne der Theorie von Manoledakis, wird auch von Panagopoulou vertreten. Er befürwortet nämlich die Anerkennung autonomer Umweltgüter, die eine "objektive-äußerliche empirische Seite" aufweisen. Diese objektive Seite besteht in den materiellen Objekten der einzelnen Umweltmedien (Wald, Boden, Gewässer usw.); Panagopoulou, S. 119

725 Vertreter: Alexiades, Der strafrechtliche Umweltschutz, 1981, S. 18f., 30f., 49f.; ders., in: H.H. Jescheck, S. 252; ders., in: V. Kongress EEPD, S. 55. Manoledakis, Epitomi AT, 1985, S. 101; Giannopoulos Th., No B, 1987, 645;

Eine erste fortschrittliche Strömung bzgl. der Anerkennung eigenständiger Umweltgüter spiegelt sich in der griechischen Rechtsprechung noch nicht wieder. Der Areopag bleibt bei der herkömmlichen Auffassung: Geschützte Rechtsgüter der Strafgesetze können nur die individuellen Rechtsgüter sein. Der Areopag hat das Thema nur oberflächlich behandelt. Er äußert sich nur in Bezug auf einzelne Umweltgüter, wie das Meer (Gesetz 743/1977) und den Wald (§ 265 gr. StGB).[726] Eine klare Äußerung seitens der Rechtsprechung, in bezug auf das Rechtsgut "Umwelt" als Ganzes, ist noch abzuwarten, da die Anwendung des Gesetzes 1650/1986 erst vor kurzem begonnen hat.[727]

Eine reine "anthropozentrische" Ansicht, die allein auf den Lebens- und Gesundheitsschutz der Menschen abstellt, ist ohne weiteres abzulehnen. Die Erforderlichkeit der Anerkennung eigenständiger Umweltgüter angesichts der gewichtigen, alarmiererenden Umweltprobleme der Gegenwart ist unerläßlich und muß nicht erneut betont werden.

Eine rein ökologische Ansicht ist auf der anderen Seite ebenfalls abzulehnen. Die Umwelt kann nicht um ihrer selbst willen (als Selbstzweck) geschützt werden. Ein absoluter Umweltschutz würde unserer (verfassungs)rechtlichen Ordnung widersprechen, da Mittelpunkt allen Rechts nur der Mensch sein kann.

Ein Rechtsgut Umwelt, das seinen Namen zu Recht führt, kann es nur in dem Sinne geben, daß darunter die natürlichen Lebensgrundlagen des Menschen in ihrer Gesamtheit verstanden werden.

Strafrechtlicher Umweltschutz ist folglich nur mit Blick auf den Menschen zu betreiben. Der Bezugspunkt des Rechtssystems bleibt immer der Mensch, und der Bezugspunkt des Ökosystems, dem sich der Umweltschutz widmet, darf ebenfalls nur der Mensch sein.

bb) Strafbarkeit der juristischen Personen und ihrer Organe

(1) § 28 Abs. 5 des Gesetzes 1650/1986

Für den Täterkreis der oben genannten Umweltdelikte gilt der allgemein herrschende Grundsatz "societas delinquere non potest". Insofern dürfen mit den Mitteln des Strafrechts nur natürliche Personen verfolgt und bestraft werden.

Eine Mittellösung wird von Kareklas aufgezeigt. Er betont die eigenständige Gewährleistung der Umweltgüter ohne zugleich den Bezug auf die klassischen Rechtsgüter zu verlieren. Kareklas, S. 169.

726 Panagopoulou, S. 89.

727 Erwähnenswert ist die Entscheidung 247/2000 des Areopags in bezug auf den Meereschutz. Dort findet man eine erste Beschreibung des Rechtsguts Umwelt als Ganzes, PoinDik. 2000, S. 716ff., mit Anmerkung von Panagopoulou-Beka, S. 717ff.

Das Umweltgesetz enthält jedoch eine hochinteressante Regelung. Diese Regelung ist im Rahmen des Versuchs des griechischen Gesetzgebers zu betrachten, die schwerwiegenden Konsequenzen aus der Befreiung der juristischen Personen vom Strafrecht auszugleichen.

Gemäß § 28 Abs.5 des Gesetzes 1650/1986 ist eine Bestrafung der Unternehmensleitung für Umweltdelikte der Abs. 1 und 2 immerhin insoweit möglich, als das Unternehmen als Einheit einen relevanten Straftatbestand erfüllt hat und eine Aufsichts-, Kontroll- oder Organisationspflichtverletzung vorhanden ist. In solchen Fällen kann die Geschäftsführung als Täter zur Verantwortung gezogen werden:

"*Den Vorsitzenden des Vorstandes, den Beauftragten oder leitende Mitglieder des Aufsichtsrates einer AG, den Geschäftsführern einer GmbH, dem Vorsitzenden des Vorstandes und des Aufsichtsrates einer Genossenschaft sowie den leitenden Organen sämtlicher juristischen Personen des öffentlichen und des privaten Rechts kommt die besondere rechtliche Pflicht zu, für die Einhaltung der umweltschützenden Vorschriften dieses Gesetzes zu sorgen.*

Für jede Handlung oder Unterlassung der juristischen Person werden die im Abs. 1 genannten natürlichen Personen als Täter bestraft, ungeachtet der eventuellen strafrechtlichen Verantwortung anderer natürlicher Personen und der zivilrechtlichen Haftung der juristischen Person selbst. Voraussetzung dafür ist die schuldhafte Verletzung ihrer besonderen rechtlichen Pflichten zur Einhaltung der Vorschriften dieses Gesetzes".

Diese rechtlichen Pflichten sind im Sinne der besonderen rechtlichen Pflichten des § 15 gr. StGB (unechtes Unterlassungsdelikt) zu sehen.[728]

Die griechische Lehre und Praxis sind sich des Bedrohungspotentials durch große Unternehmen im Umweltrecht längst bewußt. Die grundlegende Straffreiheit der juristischen Personen blockiert jedoch bisher jeden Versuch des Gesetzgebers, die Unternehmenskriminalität effektiv zu bändigen. Deswegen versucht er seit langem schon, mittels "halbherziger" Maßnahmen der Situation gerecht zu werden.[729]

Im neuen Umweltgesetz wurde also vom Gesetzgeber die Lösung der Abwälzung der Verantwortlichkeit nach oben bevorzugt. Eine Garantenpflicht der Unternehmensspitze, Rechtsverstößen durch Unternehmensangehörige entgegenzutreten, wurde dementsprechend gesetzlich (§28 Abs. 5) normiert. Die Garanten-

---

728 Siehe dazu auch: Ag. Papaneofitou, Die strafrechtliche Veantwortlichkeit der juristischen Personen, in: G. Bemmann/D. Spinellis (Hrsg.), 1999, S. 195, 222.

729 Siehe oben, individualstrafrechtliche Wege zur Ahndung der Unternehmenskriminalität im girechischen Strafrecht, S. 34ff.

pflicht der Unternehmensleitung wird durch die Festlegung von Aufsichts-, Kontroll- und Organisationspflichten begründet.

Die Verletzung dieser Pflichten führt bei Vorhandensein von Vorsatz oder Fahrlässigkeit zur Strafbarkeit der leitenden natürlichen Personen an der Unternehmensspitze; sie kommen also als Täter in Betracht.

Es handelt sich hier um die Etablierung einer Garantenstellung für leitende Personen. Dadurch versucht der Gesetzgeber die Verantwortung für unternehmensbezogene Zuwiderhandlungen nach oben zu verschieben.[730] Dieser Taktik des Gesetzgebers ist aus kriminalpolitischer Sicht zuzustimmen "auch wenn er sich des Kunstgriffs der Schaffung von unechten Unterlassungsdelikten bedient".[731] Sie hat allerdings recht wenig Chancen auf Erfolg. Trotz ihrer relativ befriedigenden theoretischen Konzipierung weist sie ein beachtliches Defizit auf: sie ist leicht umgehbar. Das Gesetz setzt als notwendige Bedingung der Strafbarkeit die Nichterfüllung bestimmter Aufsichtspflichten usw. voraus. Die Erfüllung dieser Pflichten kann aber dadurch erfolgen, daß die leitenden Unternehmensorgane ausführliche Anweisungen oder Gebote an das gesamte Personal bekanntgeben. Die besondere Rechtspflicht der juristischen Person ist dadurch erfüllt. Eine eventuelle Handlung oder Unterlassung der untergeordneteten Angestellten könnte die Haftung des Unternehmens – und somit seiner leitenden Organe – nicht auslösen, da diese ihre rechtliche Garantenpflicht durch Delegation erfüllt haben. Die praktische Wirkungslosigkeit dieser Vorschrift liegt auf der Hand.

(2) § 28 Abs.4 des Gesetzes 1650/1986

In § 28 Abs. 4 des Umweltgesetzes wird des weiteren das Problem der strafrechtlichen Haftung von juristischen Personen dadurch umgangen, daß sie als "gesamtschuldnerisch Verantwortliche" für die Zahlung der verhängten Geldstrafen haften.

Die juristische Person ist anhand dieser Regelung und mit Hilfe von zivilrechtlichen Kriterien (§481 gr. ZGB) zur Zahlung einer Geldstrafe verpflichtet, die nicht gegen sie, sondern gegen ihre gesetzlichen Organe verhängt worden ist.

Es geht um eine Art objektive Kollektivhaftung der juristischen Person zusammen mit den für sie handelnden natürlichen Personen.[732]

---

730 Alexiadis sieht hier eine unzulässige objektive Haftung dieser Personen in: H.H. Jescheck, S. 263.

731 Kareklas/Fitrakis, a.a.O. S. 222. Diese Vorschrift ist mit der Aufsichtspflichtsverletzung des § 130 OWiG des deutschen Rechts vergleichbar.

732 Tachos, Recht des Umweltschutzes, 1992, S. 153.

Der "zivilrechtlich" Verantwortliche ist nach gr.StPO im Rahmen der Zivilklage als zusätzliches Subjekt des Strafverfahrens zum Schadensersatz oder zur Erstattung der Geldstrafen und der gerichtlichen Kosten verpflichtet.[733]

(a) Zivilklage im Strafverfahren bzw. im Umweltstrafverfahren

Die Zivilklage bezieht sich, wie klar aus dem Wortlaut zu entnehmen ist, auf die zivilrechtlichen Ansprüche im Strafverfahren.[734] Nach griechischem, wie auch nach französichem und italienischem Recht wird dem Geschädigten aus einem Verbrechen das Recht eingeräumt, seine zivilrechtlichen Ansprüche statt im Zivilprozeß anhangsweise im wegen der Straftat anhängigen Strafprozeß geltend zu machen.

Auf diese Weise wird er mitwirkendes Subjekt des Strafverfahrens. Der "(Zivil)Kläger", der in den meisten Fällen das Strafverfahren in Gang setzt, übernimmt praktisch die Rolle der Gegenpartei, so daß sich das Strafverfahren zu einer Art streitigem Verfahren umwandelt.[735]

Das griechische System der Zivilklage ist nicht ohne Einschränkung zu akzeptieren.[736] Trotz der gewichtigen Argumente gegen die Zivilklage[737] kann ihre Leistungsfähigkeit im gesamten Prozeß der Verbrechensermittlung und -aufklärung nicht verachtet werden. Der Zivilkläger wirkt bei der Beschleunigung der Wahrheitsermittlung erheblich mit; hinzu kommen auch beträchtliche Argumente prozessualer Natur.[738]

Legitimiert zur Erhebung der Zivilklage beim Strafgericht sind gemäß §63 gr. StPO die nach §§ 914ff. gr. ZGB zur Entschädigung (Schadensersatz oder Schmerzensgeld) berechtigten Personen.

733 Androulakis, Grundbegriffe des Strafprozesses, 1972, S. 69ff. Dedes, Strafprozeßrecht, 1990, S. 120-124.

734 Der Terminus der Zivilklage ist französischen Ursprungs und ist der action publique (der öffentlichen Klage) gegenüberzustellen. Siehe zum Ganzen: A. Psarouda-Benaki, Die Zivilklage im Strafeverfahren, Athen 1982,

735 Androulakis, Grundbegriffe, 1972, S. 70. Eine andere interessante Möglichkeit bietet das deutsche Recht, durch das Adhäsionsverfahren gemäß § 403ff. StPO. Das deutsche und das griechische Modell unterscheiden sich dadurch, daß der Verletzte nach §§ 403ff. dt. StPO keine Stellung als Gegenpartei – und somit als Subjekt – im Strafverfahren übernimmt.

736 Psarouda-Benaki., a.a.O., S. 17ff.

737 Verzögerung des Strafverfahrens und "Verfälschung" seiner Zwecke werden u.a. geltend gemacht, Androulakis, Grundbegriffe, S. 79f.

738 Karras A., Opferrechte als Zivilkläger im Strafverfahren, II Kongress, EEPD, 1989, 97ff.

Die Beteiligung der Zivilkläger am Strafverfahren hängt einerseits von den materiellrechtlichen Voraussetzungen des Zivilrechts und andererseits von den prozessualen Voraussetzungen der StPO ab. Die Institution der Zivilklage setzt also ein Opfer (= einen Betroffenen) des Delikts voraus.[739] Berechtigte Personen im Sinne des § 63 gr. StPO sind nur solche, die einen unmittelbaren Schaden aus der Straftat erlitten haben.

Auf der Grundlage der griechischen Strafprozeßordnung tritt also die juristische Person mit Hilfe der Regelung des § 28 Abs. 4 des Gesetzes 1650/1986 unerwartet ins Strafrecht ein.

Gemäß § 28 Abs. 4 des Umweltgesetzes und § 89 gr. StPO taucht die Zivilhaftung von Unternehmen im Strafverfahren aufgrund von Umweltdelikten in zwei Formen auf:

– Erstens als zivilrechtliche Haftung auf Schadensersatz oder zur Wiedergutmachung des Umweltschadens. Für die Begründung einer solchen Haftung gemäß § 89 Abs. 1 StPO wird eine spezielle gesetzliche Vorschrift vorausgesetzt; dies wird hier durch § 28 Abs. 5 des G. 1650/86 (Haftung der Geschäftsleitung) ermöglicht.

– Zweitens als zivilrechtliche Haftung zur Kompensation der Geldstrafe und der gerichtlichen Kosten nach § 89 Abs. 2 gr. StPO.

Eine Verantwortung strafrechtlicher Natur für die verursachten Schäden trägt allerdings die juristische Person selbst nicht. Sie ist nur zur Erstattung der Kosten und der verhängten Strafen verpflichtet.

Hintergrund dieser Verpflichtung ist ihre vollanerkannte zivilrechtliche Haftung nach § 29 des Umweltgesetzes.

Die theoretische Haltbarkeit dieser Regelung ist äußerst fraglich. Sie wurde nämlich wegen Verfassungswidrigkeit seitens der Lehre stark angegriffen, und zwar wegen Verstoßes gegen Art.7 der griechischen Verfassung und Art. 6 II EMRK. Es ginge hier um eine verdeckte objektive Haftung, die keineswegs in Einklang mit dem griechischen Strafrechtssystem und mit seinen verfassungsrechtlichen Grundlagen zu bringen sei.[740]

Es muß aber darauf geachtet werden, daß Regelungsobjekt dieser Vorschrift die zivilrechtliche und nicht die strafrechtliche Haftung der juristischen Person ist (§ 71 gr. ZGB i.V.m. § 29 des Gesetzes 1650/1986).

Insbesondere nach dem Umweltgesetz ist die zivilrechtliche Haftung für Umweltschäden objektiv, d.h. verschuldensunabhängig, konzipiert.

---

739 Siehe dazu Androulakis, Grundbegriffe, 1972, S. 77ff.

740 Dazu Alexiadis, in: H.H. Jescheck, Das Strafrecht der BRD ins Griechische übersetzt von Kourakis/Kareklas/Livos, 1987, S. 263; Kareklas/Fitrakis, a.a.O., S. 221.

Problematisch erscheint vielleicht die Regelung des § 28 Abs. 4 des Umweltgesetzes deswegen, weil hiermit die juristische Person in den für sie ansonsten unzugänglichen Bereich des Strafverfahrens eintritt. Es ist allerdings offensichtlich, daß das Rechtsinstitut der Zivilklage eine entscheidende Rolle bei der Wiedergutmachung von Umweltschäden spielen kann.

Die Frage ist, wie der Kreis der aktiv-legitimierten Personen zur Erhebung dieser Zivilklage abzugrenzen ist. Hier muß die Tatsache berücksichtigt werden, daß in Fällen von Umweltschäden – oder vielmehr von Umweltgefährdungen – kein bestimmtes Rechtsgut und kein bestimmter Rechtsträger vorhanden sind. Es kommen vielmehr kollektive Rechtsgüter und kollektive Rechtsträger in Betracht.

Der Betroffene einer Umweltbeeinträchtigung und damit der Träger des Rechtsguts ist nicht leicht individualisierbar. Meistens ist der Kreis der Betroffenen umfangreich, und die Klagebefugnis bleibt somit unklar.

(3) § 28 Abs. 7 des Gesetzes 1650/1986

Aus den oben genannten Gründen führt das Umweltgesetz in § 28 Abs. 7 folgendes aus:

"*(Zivil-)Klagebefugt in einem Strafverfahren wegen eines Umweltdelikts dieses Gesetzes sind u.a. der Staat, die OTA, die Kommunen (Organisationen der Selbstverwaltung) und die Technische Kammer Griechenlands unabhängig davon, ob sie durch die Tat geschädigt worden sind oder nicht.*

Sie sind dazu befugt, die Wiedergutmachung des Schadens, soweit sie möglich ist, zu verlangen."

Mit dieser Regelung wird die Sensibilisierung der Bevölkerung in ökologischen Sachen bezweckt.[741] Die Legitimierung des Staates zur Erhebung einer Zivilklage nach § 63 gr. StPO ist nichts neues und ungewöhnliches in der gesetzgeberischen Praxis Griechenlands; es handelt sich jedoch um die Ausnahme.[742] Hiermit wird dem Staat die Rolle des Sachwalters für die "kollektiven, überindividuellen" Umweltgüter zuerkannt. Dies ist auch der Beweggrund für diese Re-

741 Alexiadis, in: H.H. Jescheck, S. 254; Kareklas/Fitrakis, a.a.O., S. 176.

742 Vergleichbare Vorschriften finden sich im Gesetz 1165/1918 Zoll-Gesetzbuch; Rechtsverordnung 86/1969 Forst-Gesetzbuch usw. Siehe dazu: Psarouda-Benaki, a.a.O., 137ff.

gelung.[743] Die gleichzeitige Legitimierung der Technischen Kammer trägt klare Züge einer Art actio popularis im Strafverfahren.[744]

Die Abgrenzung der aktivlegitimierten Personen zur Erhebung der Zivilklage spielt im Umweltstrafrecht eine entscheidende Rolle.

Da es sich hier um kollektive Rechtsgüter ohne konkreten Bezug auf einen abgrenzbaren Personenkreis handelt, wird nach herrschender Lehre die Erhebung der Zivilklage in solchen Verfahren ausgeschlossen.[745] Die Verletzung oder vielmehr die Gefährdung eines Umweltrechtsguts trifft, allerdings meistens nur mittelbar, eine große unkalkulierbare Zahl von Menschen. Dieses nur indirekte Betroffensein kann aber die Voraussetzungen des § 63 gr. StPO nicht erfüllen.[746] Diese Auffassung erscheint prima facie folgerichtig, da andernfalls eine unzulässige Erweiterung des Strafprozesses herbeigeführt würde.[747]

Eine gesetzliche Erweiterung des aktivlegitimierten Personenkreises in Rechtsgebieten wie z.B. dem Umweltstrafrecht, wo überindividuelle Rechtsgüter im Spiel sind, könnte ohne Zweifel zu einer effektiveren Durchsetzung der entsprechenden Vorschriften führen und demzufolge zu einem besseren Umweltschutz beitragen.

Der Areopag hat dennoch ausdrücklich erklärt, daß das geschützte Rechtsgut "Umwelt" sich auf die Allgemeinheit und nicht auf die einzelnen Individuen bezieht. Aus diesem Grund stehe diesen Individuen keine Klagebefugnis im Strafverfahren zu.[748]

De lege lata ist also eine (Zivil-) Klagebefugnis für Delikte gegen die Umwelt nicht gegeben.

Die ausschlaggebende Bedeutung der Zivilklage im Umweltstrafrecht, wie auch in anderen Gebieten der Wirtschaftkriminalität, wird allerdings vom überwiegenden Teil der Lehre anerkannt. Eine entsprechende Ausdehnung des zum Rechtsschutz berechtigten Personenkreises wird ausdrücklich befürwortet. Kourakis spricht z.B. von der Berechtigung (zur Zivilklage) aller von einer Umwelt-

743 Eine deutliche Tendenz der Rechtsprechung zur Ausdehnung des rechtlichen Interesses in umweltrelevanten Anfechtungsklagen ist übrigens im Verwaltungsrecht schon lange bemerkbar. Der Staatsrat zeigt eine außerordentliche Großzügigkeit, was die Frage des rechtlichen Interesses angeht.

744 Siehe zum ganzen: Georgatos G., Umweltdelikte – Die Suche nach dem Träger der Zivilklage im Strafprozeß, No B. 1991, 477ff.

745 Panagopoulou, S. 205f.

746 Aktivlegitimiert ist nach gefestigter Rechtsprechung nur der unmittelbar Geschädigte. Wenn eine Strafvorschrift dem sozialen Interesse dient, ist die Erhebung einer Zivilklage ausgeschlossen. AP (Plenarentscheidung) 518/1975, PoinChr. 1975, 845; AP. 171/1976, PoinChr. 1976, 624; AP 785/1987, PoinChr. 1987, 646.

747 Androulakis, Grundbegriffe, S. 79-80.;

748 AP 502/1988, NoVima, 1988, 785.

beeinträchtigung betroffenen Personen, soweit sie einen persönlichen und konkreten Schaden beweisen können.[749]

Es versteht sich von selbst, daß der Kreis der in Frage kommenden Personen in solchen Fällen echt umfangreich sein kann.

Dieselbe Ansicht wird auch von Remelis und Tachos vertreten. Sie meinen nämlich, eine Umweltverletzung könnte – trotz des universalen Charakters des Rechtsgutes – eine bestimmte und große Zahl von Menschen beeinträchtigen. Insbesondere, wenn diese Menschen in betroffenen Gebieten wohnen, sei ihre Beeinträchtigung offensichtlich und demzufolge müßten sie zur Einleitung des Strafverfahrens befugt sein.[750]

Ermutigt wurden diese Stimmen auch von zwei bahnbrechenden Entscheidungen der griechischen Strafgerichte.[751] Das LG Patras (809/1981) und das LG Mitilini (226/1982) haben das Problem der Legitimierung zur Zivilklage im (Umwelt-) Strafverfahren in revolutionärer Weise gelöst.[752]

Durch extensive Auslegung des § 13 des Gesetzes 743/1977 (über die Meeresverschmutzung) und der relevanten Vorschriften des Zivilrechts sind beide Gerichte zum Schluß gelangt, daß gesellschaftliche Gruppen, die im Rahmen ihrer Tätigkeit auch den Schutz von sozialen Rechtsgütern fördern, (zivil)klagebefugt vor Strafgerichten sein können. Die gleiche Befugnis käme auch einzelnen Bürgern zu, da sie meistens besser informiert und engagierter als die Staatsanwälte und die Verwaltung in Umweltsachen seien.

Der scharf kritisierten Verzögerung der Strafjustiz bei Umweltstrafsachen könnte durch aktive Verfahrensbeteiligung von interessierten und engagierten Bürgern entschieden entgegengewirkt werden. Wie dies geschehen soll, kann an dieser Stelle nicht weiter analysiert werden. Nur eines steht außer Frage: eine solche Erweiterung des Instituts der Zivilklage stößt de lege lata auf unüberwindbare strafprozessuale Hindernisse, die keinesfalls durch Auslegung zu beseitigen sind.[753] Eine derartige Neuerung im Prozeßrecht benötigte die weitere Erforschung seitens der Wissenschaft und die ausdrückliche Intervention des Gesetzgebers.[754]

Als Schlußfolgerung ist somit festzuhalten, daß die Rechtsinstitution der Zivilklage in Verbindung mit der Rechtsfigur des Zivilverantwortlichen im Straf-

749 Kourakis, Wirtschaftsdelikte, S. 234.

750 Remelis, Der Unweltschutz, S. 164; Tachos, Recht des Umweltschutzes, S. 79

751 Diese Entscheidungen sind merkwürdigerweise unveröffentlicht.

752 Darstellung in: Kourakis, Wirtschaftsdelikte, S. 234-235, Fn.80.

753 Stamatis, K. Das Problem der Aktivlegitimation im Strafverfahren, in: II Kongress EEPD, 1989, 76ff.

754 Übereinstimmend dazu: Panagopoulou, S. 212; Kourakis, Wirtschaftsdelikte, S. 234.

verfahren schon de lege lata als ein brauchbares Mittel zur Durchgriffshaftung innerhalb des Unternehmens angesehen werden könnte.

Insbesondere im Umweltrecht könnte die Kombination der relevanten Vorschriften (§ 63 gr. StPO i.V.m. § 28 Abs. 7 G. 1650/1986 und § 89 gr. StPO i.V.m. § 28 Abs. 4 1650/1986) einer Wiederherstellung des status quo ante in Umweltsachen bestimmt dienen.

(4) § 28 Abs. 6 des Gesetzes 1650/1986

In § 28 Abs. 6 wird weiterhin die Möglichkeit einer Milderung der Strafe nach § 83 gr. StGB bzw. eines Absehens von Strafe vorgesehen, falls der Täter nach Begehung der Tat versucht hat, das Ausmaß der Umweltverschmutzung zu verringern oder bestehende Gefahren für Menschen abzuwenden.

d) Zivilrechtliche Haftung

Was die zivilrechtliche Haftung angeht, sieht das Umweltgesetz folgende Regelung (§ 29) vor: "*Diejenige natürliche oder juristische Person, die eine Umweltverschmutzung oder andere Beeinträchtigungen der Umwelt verursacht, ist zum Schadenersatz verpflichtet, es sei denn, diese Person beweist, daß der Schaden auf höherere Gewalt oder auf vorsätzliche Handlung eines Dritten zurückzuführen ist*".

Durch diese Vorschrift wird eine echte objektive (verschuldensunabhängige) Haftung für die Verursachung von Umweltschäden eingeführt.[755]

Der Umweltschädiger ist mit dem Beweis seiner Unschuld belastet. Er kann nämlich nur dann entlastet werden, wenn er beweisen kann, daß der Schaden aufgrund von höherer Gewalt (z.B. Erdbeben) oder aufgrund der vorsätzlichen Handlung eines Dritten eingetreten ist.[756]

Die besonderen Beweisschwierigkeiten (die Umweltverschmutzung, der Eintritt und das Ausmaß des Schadens sowie der nur schwer nachweisbare Kausalzu-

---

755 Karakostas, NuR 1993, 471.; ders., Neue Entwicklungen des Umweltschutzes im griechischen Zivilrecht ZfU 1990, 304.; Nikas, Schutzstrategien und -Systeme in der gültigen Umweltgesetzgebung, NoB 1990, 259. Zur objektiven Haftung im griechischen Zivilrecht siehe ausführlich: Stathopoulos, Schuldrecht, AT II, S. 130ff.

756 Nach Tachos ist das Wort "vorsätzlich" bei den parlamentarischen Lesungen gestrichen und durch das Wort "schuldhaft" ersetzt worden. Im Regierungsblatt ist allerdings die alte Fassung veröffentlicht worden. Das heißt, daß nach der richtigen Fassung auch die fahrlässige Handlung des Drittens haftungsbefreiend wirken kann. in: Recht des Umweltschutzes, 1992, S. 155-156.

sammenhang im Bereich der umweltschädigenden Handlungen) bleiben auch nach Einführung dieser Klausel nicht beseitigt.

Nach der neuen Gefährdungshaftungsregelung des § 29 Gesetzes 1650/1986 wird also der Geschädigte nur von der Beweislast des Verschuldens bzw. der Rechtswidrigkeit befreit.

e) Administrative Haftung

Das Gesetz 1650/1986 regelt in § 30 die administrative Verantwortlichkeit der juristischen Person für Umweltschäden und sieht folgende verwaltungsrechtlichen Sanktionen vor:

– Geldbuße bis zu 10 Mio Drachmen. Zuständig dafür ist der jeweilige Präfekt. Im Falle einer schweren Umweltbeeinträchtigung und insbesondere wenn eine konkrete Gefahr für die Menschen (Tod oder schwere Körperverletzung) oder für die Natur (gewaltige Umweltkatastrophen) eintritt, wird vom Umweltminister eine Geldbuße i.s.d. § 30 Abs. 1b des Gesetzes 1650/1986 bis 100 Mio Dr. verhängt.

– Betriebsverbot einer Anlage, die die Umwelt stark verschmutzt. Dieses Verbot kann endgültig oder vorläufig sein, je nachdem, ob umweltschonende Maßnahmen noch getroffen werden können. Die Mißachtung dieses Verbots kann mit Geldbuße bis 1 Mio Dr. für jeden Tag der Inbetriebnahme belegt werden.

Die außerordentlich hohe Geldbuße dieser Vorschriften impliziert die klare Neigung des griechischen Gesetzgebers zu den verwaltungsrechtlichen Sanktionen.

Da der gesetzte Strafrahmen der Geldstrafe sowohl nach dem gr. StGB als auch nach den verschiedenen Umweltvorschriften äußerst gering ist und daher seine repressive und präventive Wirkung erheblich vermindert wird, versucht die Legislative häufig durch hohe Geldbußen diesen Mangel zu beseitigen; eine Praktik, die nicht ganz kritiklos von der Literatur angenommen wird.[757]

Den Grund für diese Praktik des griechischen Gesetzgebers bildet die Flexibilität der Verwaltung bei der Verfolgung der relevanten Fälle.[758]

Seitens der Lehre werden erhebliche Bedenken im Hinblick auf die Legitimität der Verhängung solcher astronomischen Geldbußen von der Verwaltung geltend gemacht (insbes. im Hinblick auf Art. 96 Abs. 1 gr. Verf.); es fragt sich

757 Das Höchstmaß für die Geldbuße erscheint im Vergleich zur Geldstrafe astronomisch hoch: bis 10 Mio Dr.(Gesetz Nr. 1327/1973 Art. 3 Abs. 3) oder 150 Mio Dr. im Falle einer Meeresverschmutzung (Art. 13 Abs. 1b Ges. 743/1977).

758 Siehe dazu: Panagopoulou, a.a.O., S. 178ff.

nämlich, ob die Tendenz der Legislative, das Schwergewicht bei der Verfolgung von Umweltdelikten auf die Verwaltung zu legen, als verfassungsmäßig erachtet werden kann.[759]

Dieses Problem ist übrigens keine Besonderheit des Umweltrechts, sondern taucht in mehreren Rechtsgebieten auf.[760] Abgesehen von den bestehenden Einwänden gegen den immer wachsenden Zuständigkeitsbereich der Verwaltung (insbes. angesichts Art. 96 Abs. 1 der griechischen Verfassung) ist die fortgesetzte Übertragung von Zuständigkeiten an verwaltungsrechtliche Organe noch nicht als verfassungswidrig erklärt worden.[761]

aa) § 25 des Gesetzes 1650/1986

Noch eine erwähnenswerte Regelung findet sich in § 25 des Umweltgesetzes. Dort wird die Gründung einer zentralen Umweltbehörde mit dem Name "Einheitlicher Träger des Umweltschutzes" (Eniaios foreas Perivallontos) vorgesehen.

Diese Verwaltungsbehörde sollte als juristische Person des öffentlichen Rechts ausgestaltet werden und in weitgehender "finanzieller und organisatorischer" Selbständigkeit handeln können. Hauptzuständigkeit dieser Verwaltungsbehörde, die dem Umweltminister unterstehen soll, ist die Aufsicht und die Kontrolle im Bereich des Umweltschutzes. Im einzelnen soll sie für folgende Teilbereiche zuständig sein:

– Für die Festlegung von Grenzwerten und die Entwicklung von Normen bzgl. des Betreibens verschiedener Anlagen,

– für die Erhebung, Sammlung, Auswertung und Systematisierung von umweltrelevanten Informationen,

– für die Förderung der Forschung im Bereich des Umweltschutzes,

– für die Errichtung eines nationalen Zentrums zur Kontrolle der Umweltqualität.

---

759 Alexiadis, Der strafrechtliche Umweltschutz, 1981, S. 32ff.; Papaneophytou, Yper. 1994, 537ff.

760 Siehe dazu Kourakis, StGB Kommentar, §§ 50-78, S. 26.

761 Staatsrat (Plenarentscheidung) 1825/1954, Staatsrat 1954,2277; Staatsrat 2930/1974 in: ToS 1, 1975, 701; Staatsrat (Plenarentscheidung) 1854/1977; Staatsrat 1977, 17; Staatsrat 1867/1978, ToS 4, 1978, 555. Staatsrat 1562/1979; Staatsrat 4532/1988. Eingehend hierzu: Lytras, Der Begriff, S. 278ff., 471ff.; Amugdalou, P.Chr.1986, 221ff. Es sei hier noch erwähnt, daß nach h.A. in der griechischen Lehre die verfassungsrechtlichen Prinzipien und Garantien auch auf die verwaltungsrechtlichen Sanktionen, sofern sie sich auf Delikte im materiellen Sinne beziehen, anwendbar sind. Kourakis, StGB, §§ 50-78, S. 28; Dagtoglou, Grundrechte, A, 1991, Rn. 435, S. 267.

In diesem Zusammenhang sieht § 26 des Gesetzes 1650/1986 die Gründung von regionalen Umweltbehörden vor, die für die Umsetzung der nationalen Umweltpolitik in den jeweiligen Präfekturen zuständig sein sollen. Diese sind durch den Ministerialerlaß 84498/25579/1990 (Reg. Bl. B 810/1990) schon gegründet worden.

4. Synthese und Zwischenergebnisse

Das vorhandene rechtliche Instrumentarium des griechischen Umweltrechts enthält, trotz der vorindustriellen Strukturen des Landes, interessante Elemente eines modernen, zukunftorientierten Umweltschutzes.

Zusammenfassend sind folgende zu erwähnen:

– die verfassungsrechtliche Garantie des Umweltschutzes als Staatsziel und die sich darauf stützenden verwaltungsrechtlichen Maßnahmen,

– die Elemente einer Popular- bzw. Verbandsklage im öffentlichen Recht und im Umweltstrafrecht, (insbes. im Hinblick auf die großzügige Rechtsprechung des Staatsrates und die Ansätze einer Popularklage im strafrechtlichen Adhäsionsverfahren),

– die verschuldensunabhängige Zivilhaftung für Umweltschäden (§ 29 des Gesetzes 1650/1986) und

– die Möglichkeit einer Zivilhaftung aus umweltbedingten Verletzungen von individuellen Persönlichkeitsrechten nach dem allgemeinen griechischen Zivilrecht gemäß § 57 gr. ZGB.

Von den oben genannten Möglichkeiten hat die bisherige Praxis nur von der zweiten in großem Maße Gebrauch gemacht.[762] Man stellt sogar – trotz des Fehlens eines festen gesetzlichen Rahmens – die allmähliche gerichtliche Etablierung einer Umweltverbandsklage fest. Diese Vorgehensweise des Staatsrates spricht für die besondere Rolle der griechischen Rechtsprechung beim Umweltschutz. Da die Legislative jahrelang (mit Ausnahme des Gesetzes 1650 von 1986) untätig geblieben ist, hat die Rechtsprechung die Initiative ergriffen. Mit Hilfe von Art. 24 der griechischen Verfassung hat sie intensiv versucht, das Rechtsgut Umwelt möglichst effektiv zu schützen.

762 Um die Zulässigkeit einer Umwelt -Anfechtungsklage zu begründen, legt das oberste griechische Verwaltungsgericht den Begriff des rechtlichen Interesses im Gegensatz zu seiner üblichen Praxis sehr großzügig aus. Siehe dazu: Siouti, Umweltrecht, AT, 1993, S. 58ff.

Trotz der oben genannten positiven und sogar progressiven Ansätze weist das griechische System des Umweltschutzes gewichtige Lücken und Mängel auf.[763] Diese Lücken haben in den letzten Jahren angesichts des wachsenden Industrialisierungstempo eine neue Dimension erhalten.

Das Umweltgesetz 1650/1986 stellt, trotz seiner Durchsetzungschwirigkeiten, ein relativ vollständige Mittel zum Umweltschutz dar. Es enthält, wenn auch nur ansatzweise, erste Gesichtspunkte einer Systematisierung des Umweltschutzes. Die gewichtigsten Mängel sind im Bereich des strafrechtlichen Umweltschutzes zu entdecken, der bisher vernachlässigt worden ist. Nicht nur die rechtliche Situation, sondern auch die gesamte Diskussion über das Umweltstrafrecht steckt in Griechenland noch in den Kinderschuhen.

Begrüßenswert wäre somit eine dogmatische Bearbeitung und daran anschließend eine Einführung der wichtigsten Umweltdelikte in das gr. StGB. Ein solcher Schritt könnte ohne jede Einschränkung einen effektiveren Umweltschutz bewirken. Außerdem würde die Bildung eines ökologischen Bewußtseins in der Bevölkerung bestimmt gefördert.

Die lex lata in Griechenland läßt jedoch für die nähere Zukunft keine entsprechenden Reformschritte erwarten.[764] Die wirtschaftshemmende Wirkung einer offensiven Umweltpolitik verhindert momentan gesetzgeberische Aktivitäten im Umweltschutzbereich.

5. Rechtsvergleichende Ergebnisse

Griechenland muß die Möglichkeit nutzen und von den bitteren Erfahrungen der führenden Industrieländer lernen.

Deutschland verfügt eindeutig über das europaweit umfangreichste Regelungswerk zum Umweltschutz; gleichzeitig verfügt aber Deutschland auch über die gewichtigsten Umweltprobleme, die nicht nur auf das deutsche Territorium begrenzt sind.[765]

---

763 Vollzugs- und Informationsdefizite, mangelhafte Ausgestaltung des Wasser-, Abfall-, und Bodenschutzrechts, Disfunktionalität der Verwaltung wegen zu weitgehendem Zentralismus, Fehlen eines effektiven strafrechtlichen Umweltschutzes usw.

764 Nur vereinzelte Stimmen in der Literatur sprechen für die Verankerung des strafrechtlichen Umweltschutzes im StGB nach dem Vorbild des deutschen Rechts. Diese Konzeption ist in Griechenland noch nicht reif.

765 Die Bundesrepublik war in den 80-er Jahren für mehr als ein Viertel der Schwefeldioxid -und der Kohlendioxide-Emmissionen innerhalb der EG verantwortlich. Bei den neuen Bundesländern beträgt dieser Anteil ein Drittel! Außerdem war schon die Bundesrepublik vor 1989 mit Abstand der größte Sonderabfallproduzent in der EU; seit dem Beitritt der DDR hat sich die Situation weiter verschlechert. Siehe Sighard Wilhelm, Umweltpolitik.

Der bewundernswerte deutsche Mechanismus zum umfassenden und allseitigen Umweltschutz ist erst zu Beginn der 80er Jahre entstanden.[766] Er ist mit dem Umweltprogramm der Bundesregierung vom 29.9.1971 in Gang gesetzt worden.[767]

Die Umweltzerstörung hatte aber damals einen alarmierenden Punkt erreicht. In den Jahren der raschen Wirtschaftsentwicklung schritt die Landschaftsinanspruchnahme und -zerstörung in einem bisher nicht gekannten Ausmaß fort. Abwasser- und Müllaufkommen nahmen rapide zu.

Der Umweltschutzgedanke gewann praktisch erst nach dem Abschluß dieser Periode Bedeutung, und ein ökologisches Bewußtsein im heutigen Sinn war vor 1969/1970 nicht ersichtlich.[768]

Insbesondere der strafrechtliche Umweltschutz wurde erst anfang der 80er Jahren mit der Einführung der wichtigsten Umweltvorschriften ins StGB systematisiert.

Das deutsche Paradigma könnte besonders lehrreich für die künftige griechische Umweltpolitik und Umweltpraxis sein.

Nach der Sicherstellung des erwünschten materiellen Wohlstandes kündigte sich in ganz Westeuropa ein Wertewandel an und der Umweltschutz wurde plötzlich an die erste Stelle gesetzt.[769]

Die Umweltprobleme hatten sich aber bis dahin schon dramatisch gehäuft und der wirtschaftliche Wohlstand zeigte seine schwerwiegenden Folgeerscheinungen für die Umwelt. Erst dann haben die Öffentlichkeit, die Politik und demzufolge der Gesetzgeber auf die nunmehr sichtbare, alarmierende Umweltsituation reagiert.[770]

---

766 Die Entwicklung des modernen Umweltrechts hat erst nach dem Regierungswechsel 1969 begonnen.

767 BT-Drucksache VI, 2710, S. 9f.

768 Zur Umweltrechtsentwicklung in Deutschland nach 1969/1970 siehe Kloepfer, Zur Geschichte des deutschen Umweltrechts, S. 95ff.

769 Die Entwicklung des Umweltschutzes ist anhand der "Problemdruck"-Theorie zu erfassen: Umweltbewußtsein und Umweltpolitik sind als Reaktion auf das in der Industriegesellschaft immer stärker wachsende Bedrohungspotential zu sehen. v. Prittwitz, Das Katastrophenparadox, 1990.

770 Die Umweltprobleme haben, z.B. in Deutschland, eine alarmierende Dimension erreicht: die Zahl der privaten Kraftfahrzeuge verdoppelte sich innerhalb von weniger als zehn Jahren und im Ruhrgebiet traten bedrohliche Smogwetterlagen auf.
Noch eine charakteristische Tatsache für die Umweltsituation Deutschlands: in der alten Bundesrepublik kann nicht mehr überall wegen des hohen Verseuchungsgrades eine Trinkwasserqualität hergestellt werden, die den EU-Vorschriften entspricht. Deutschland ist bereits zweimal vom EuGH verurteilt worden, da es EU-Vorschriften über die Wasserqualität nicht nachgekommen ist. Siehe zum ganzen, Sighard Willhelm, Umweltpolitik, S. 84.

Gerade von dieser Erfahrung könnte Griechenland profitieren. Griechenland hat noch die Chance und die Zeit, im Bereich des Umweltschutzes präventiv vorzugehen, da sich seine natürliche Umwelt in einem relativ intakten Zustand befindet.

Wenn in Griechenland gleichzeitig mit der jetzigen Industrialisierung der ensprechende rechtliche Rahmen für eine rationale Umweltpolitik geschaffen oder der schon vorhandene Rahmen aktiviert würde, könnten ähnliche gravierende Umweltprobleme vermieden werden.

Im Hinblick auf das viel beklagte, tatsächlich vorhandene Vollzugsdefizit im Umweltrecht beider Länder muß man immer daran denken, daß der entscheidende Faktor für die Effektivität des Umweltrechts seine erfolgreiche Durchsetzung ist, die ihrerseits von der inhaltlichen Qualität dieser Regelungsmaterie und nicht von der übermäßigen – aber leerlaufenden – Normenflut abhängt. "*Wie das deutsche Umweltrecht lehrt, ist es ein Irrtum zu meinen, viele Umweltrechtsnormen bedeuten auch viel Umweltschutz.*"[771]

Wir brauchen vielmehr ein der Rechtslage entsprechendes Umweltbewußtsein bei der Bevölkerung.

Gerade hierin liegt aber einer der grundlegendsten Unterschiede zwischen Deutschland und Griechenland. Eine wirkliche Sensibilisierung der griechischen Bevölkerung in Umweltsachen ist bedauerlicherweise kaum sichtbar. Nur in den letzten Jahren durch das relativ schnelle wirtschaftliche Wachstum stellt man Spuren eines beginnenden Umweltbewußtseins fest.

Bis vor wenigen Jahren war eine absonderliche Leichtfertigkeit seitens der Bevölkerung gegenüber der Umwelt, sowohl der natürlichen als auch der kulturellen festzustellen. Das mangelhafte Umweltbewußtsein in Griechenland zeigte sich an geringfügigen, aber wegen ihrer Häufigkeit bedrohlichen Umweltbeeinträchtigungen, wie z.B. an der unkontrollierten Abfallbeseitigung.

B. Empirische Befunde und kriminalpolitische Bemerkungen

"*Würden die Gerichte denjenigen, der ein Zündholz in ein schon brennendes Haus wirft, wegen Brandstiftung verurteilen, während sie die Brandstifter ungeschoren ließen, würde dies jedermann grotesk erscheinen; im Bereich der Umweltkriminalität ist die Groteske Wirklichkeit*".[772]

771 Kloepfer, Zur Geschichte des Umweltrechts S. 146.

772 Otto Backes, Strafgesetze gegen die Umwelt in: 12. Strafverteidigertag, 1988, S. 164.

Dieser bildhafte Ausdruck Backes gibt plastisch die ernüchternde Situation der umweltstrafrechtlichen Praxis wieder, welche im folgenden kurz erläutert werden muß.

Die ohnehin allgemein anerkannte Ineffizienz des Umweltstrafrechts bezieht und konzentriert sich vornehmlich auf das uns hier interessierende Thema der Unternehmenskriminalität.

Der Zusammenhang zu unternehmerischer Tätigkeit ist bei Umweltdelikten besonders deutlich. Gefahren für die Umweltgüter drohen nicht durch das Verhalten einzelner, sondern durch die Nebenfolgen industrieller Tätigkeit.

Die Bekämpfung gerade dieser Unternehmenskriminalität – von Großbetrieben und Industrie – im Umweltstrafrecht erweist sich als besonders dürftig und erbärmlich.

In der Praxis stellt die defizitäre strafrechtliche Verantwortlichkeit für unternehmensbezogene Rechtsverstöße kein eigenes Problem des Umweltstrafrechts dar, sondern kennzeichnet den gesamten Bereich der Wirtschaftskriminalität. Hohes Dunkelfeld, verzerrte Kontrolle und eine in globo Non-Interventions-Politik seitens der Verfolgungsbehörden und der Gerichte sind als Symptome einer vielseitigen Disfunktionalität des Individualstrafrechts in diesem Bereich anzusehen.[773]

Als Gründe für diese Disfunktionalität werden die Transparenzdefizite wegen hochkomplexer Organisation (Desorganisation) moderner Wirtschaftseinheiten und die daraus folgenden Beweis- und Zurechnungsschwierigkeiten genannt. Hinzu kommt die eigens verwickelte Struktur der entsprechenden Straftatbestände.

Zusammenfassend muß man also von einer Koinzidenz sowohl von theoretischen Besonderheiten als auch von Vollzugsdefiziten ausgehen, welche die Ermittlung und die Aufklärung der entstehenden Fälle erheblich erschweren.

Die Unternehmensleitenden lassen sich hinter der labyrinthmäßigen Unternehmensstruktur gut verstecken und von einer effizienten, in die Wurzel gehenden Bewältigung des Problems kann nicht ernsthaft die Rede sein. Es handelt sich nämlich um ein endogenes Problem der Verbandskriminalität. Die Strafverfolgungsbehörden stehen vor der schwierigen Aufgabe, den individuellen Täter innerhalb eines Verbandes feststellen zu müssen.[774]

---

773 Das Individualstrafrecht erreicht hier, wie bekannt, seine Kapazitätsgrenzen. Wie es Schünemann formulierte: "*Die Bestrafung des individuellen Täters dringt bei der echten Verbandskriminalität nicht immer bis zur Wurzel des Übels, sondern bedeutet nur ein Kurieren an den Symptomen*" in: Unternehmenskriminalität, a.a.O., S. 58.

774 Weiteres praktisches Symptom dieser Disfunktionalität des Wirtschaftsstrafrechts ist die hohe Quote der Absprachen, die in diesem Bereich besonders häufig vorkom-

Diese bedauerliche Situation der wirtschaftsstrafrechtlichen Praxis hat schon seit langem zur Annahme eines akuten kriminalpolitischen Bedürfnisses nach Sanktionierung der Unternehmen selbst geführt.[775]

Empirisch gesicherte Befunde, die eine solche Annahme untermauern könnten, sind jedoch nicht vorhanden.

Es wird nämlich davon ausgegangen, daß die Phänomene wirtschaftsdeliquenten Verhaltens und ihrer Präventabilität durch verschiedene Steuerungsmechanismen bis jetzt nicht ausreichend untersucht sind. Als Hauptgrund dafür wird die Unterentwicklung der Wirtschaftskriminologie genannt.

Es ist auch durchaus wahr, daß vertiefende Untersuchungen in diesem Bereich bisher fehlen.[776] Trotz der dürftigen empirischen Daten kann man jedoch immerhin von einem extrem gefährlichen Potential der in vielfältigen Bereichen unseres Sozial- und Wirtschaftslebens agierenden Unternehmen ausgehen.[777]

Angesichts des Umfangs und der Schwere der von Industrie und Gewerbe verursachten Schäden wird das geringere Risiko strafrechtlicher Sanktionierung für diese Tätergruppe als besonders ungerecht erachtet.

Trotz des im einzelnen bestehenden Streits ist man sich jedenfalls i.E. einig, daß man hier mit einem extrem gefährlichen Kriminalitätsbereich (mit einem in die Milliardenbeträge reichenden Schaden) und mit einem mega-dimensionalen Problem rechnen muß.[778]

Anhand der vorhandenen, wenn auch dürftigen, empirischen Daten wird im folgenen eine bündige Darstellung der wichtigsten Defizite der umweltstrafrechtlichen Praxis im Bereich der unternehmensbezogenen Kriminalität vorgenommen.

Zuerst empfiehlt sich aber eine kurze Schilderung des aktuellen Standes der umweltstrafrechtlichen Praxis.

---

men. Schünemann schätzt, diese Quote liege bei manchen Wirtschaftsstrafkammern bei über 80 %, Schünemann, FS für Baumann, S. 368.

775 Man stellt eine ganze Reihe kriminalpolitisch-orientierter Autoren fest, die eine Unternehmensstrafbarkeit schon aus praktischen Gründen befürworten, wie z.B. Busch, Schünemann, Kourakis.

776 Nur in den letzten Jahren ist die kriminologische Erforschung der Wirtschaftskriminalität schlagend in den Mittelpunkt des wissenschaftlichen Interesses gerückt.

777 Es wird in Deutschland geschätzt, daß etwa 80% aller Fälle schwerer Wirtschaftskriminalität unter dem Mantel eines Unternehmens begangen werden. Liebl, Bundesweite Erfassung von Wirtschaftsstraftaten, 1984, S. 135ff.

778 Kaiser, Kriminologie 3. Aufl. § 74 Rn. 15.; Schüler-Springorum, Kriminalpolitik, S. 246.

Die Euphorie vor und kurz nach Erlaß des 18. StrÄndG[779] hat nunmehr ihre Stelle einer nüchternen und skeptischen Betrachtungsweise gegeben und die Zwischenbilanz, nach fast zwanzig Jahren Anwendung des Umweltstrafrechts, fällt alles andere als positiv aus.[780]

Die Erwartungen von "sensationellen Effekten", die die Einführung des Umweltstrafrechts ins StGB begleiteten, ließen sich leider durch die nachfolgende Praxis nicht bestätigen.[781]

Wenn man die relevanten statistischen Daten näher betrachtet, erkennt man sofort, daß Diskrepanzen das gesamte Bild der registrierten Umweltkriminalität prägen und die Erfolgslosigkeit des Umweltstrafrechts kaum ernsthaft bestritten werden kann.[782]

Hat man das "schärfste Umweltstrafrecht der Welt",[783] gleichwohl scheinen die Umweltprobleme nicht im geringsten gelöst zu sein.

Folgende der Praxis entkommenen Fakten belegen das heutige Bild des Umweltstrafrechts:

– Anstieg der polizeilich registrierten Umweltdelikte seit der Einstellung in das StGB von 1980 bis 1990 um rund 310 %.[784]

Dieser Anstieg ist auf die wachsende Umweltsensibilität der Bevölkerung und auf die wachsende Anzeigebereitschaft der Behörden zurückzuführen.[785] Erwähnenswert ist auch der Anstieg der registrierten Umweltordnungswidrigkeitenverfahren.[786]

---

779 BT-Drs. 8/2382, S. 1; BT-Drs. 8/3633, S. 19; 399/78, S. 10ff.

780 Siehe die Abhandlung von Klaus Rogall, Probleme des Umweltstrafrechts in Deutschland in: Deutsch-polnisches Strafrechtskolloquium 1995, S. 171ff.; Zur praktischen Seite des Umweltstrafrechts vgl. Dölling, Grundprobleme des Umweltstrafrechts aus juristischer und kriminologischer Sicht, in: Natur- und Umweltschutzrecht, Heidelberg 1989, S. 81, 92ff.

781 Heine/Meinberg, 57. DJT S. D 22.

782 Heine/Meinberg, 57. DJT. S. D 14ff.; Seelmann, NJW 1990, S. 1258; Kloepfer/Vierhaus, Umweltstrafrecht, 1995, S. 141ff.

783 So der damalige Bundesjustizminister Kinkel in: ZRP 1991, 409, 414.

784 Franzheim, Umweltstrafrecht, S. 1ff.; in der Zeit zwischen 1973, dem Jahr ihrer erstmaligen Erfassung und 1991 hat sich die Zahl der polizeilich registrierten Umweltdelikte von 2.321 auf 23.202 erhöht. Siehe Eidam, Unternehmen und Strafe, S. 190.

785 Näher hierzu Eidam, a.a.O., S. 192ff.

786 Eidam a.a.O., S. 191.

– Wissenschaft und Praxis nehmen bei der Umweltkriminalität ein sehr großes Dunkelfeld an.[787]

– Hohe Einstellungsquote der umweltstrafrechtlichen Verfahren.[788]

– Kraße Diskrepanz zwischen Tatverdächtigen- und Verurteiltenzahl. Die von den Gutachtern zum 57.DJT diagnostizierte Diskrepanz zwischen Wahrnehmung und Sanktionierung von Umweltkriminalität wird besonders deutlich, wenn man die entsprechenden Zahlen für die Gesamtkriminalität zum Vergleich heranzieht.[789]

– Bagatellisierung des Umweltstrafrechts durch die Anwendungspraxis. Die registrierte Umweltkriminalität erschöpft sich im privaten und kleingewerblichen Alltagshandeln.[790]

Meistens geht es um einfache Fallkonstellationen und um Angeklagte mit relativ niedrigem Sozialstatus: Landwirte, Kleingewerbetreibende, einfache Privatleute.[791]

– Das Strafmaß bei der Umweltkriminalität bleibt im untersten Bereich der gesetzlichen Rahmen. Die seltenen Verurteilungen führen zu minimalen Geldstrafen.[792]

– Der Freiheitsstrafenanteil liegt bei den Umweltdelikten um 14 % unter dem Durchschnitt und von den verhängten Freiheitsstrafen werden fast alle zur Bewährung ausgesetzt.[793]

---

787 Meinberg/Link, Umweltstrafrecht, S. 8f.; zustimmend auch das BKA, siehe Kloepfer/Vierhaus, a.a.O., S. 145.

788 Verfahrenseinstellung als "zentrale Erledigungsmethode bei Umweltstrafsachen" Heine/Meinberg, 57. DJT D. S. 76.; 80 % Einstellungen von StA. Schall, NJW 1990, 1263; Franzheim, a.a.O., S. 3.; Meinberg, ZStW 1988, 112f.; Kloepfer/Vierhaus, a.a.O., S. 146ff.

789 Heine/Meinberg, 57.DJT. S. D 73; Vierhaus, ZRP 1992, 161; Franzheim, S. 2; Kloepfer/Vierhaus, S. 145; "Schereneffekt" zwischen den registrierten und den abgeurteilten Fällen. Rogall in: Deutsch-polnisches Kolloquium, S. 179.

790 Meinberg/Möhrenschlager/Link, S. 211, 219; Hümbsch-Krusche/Krusche, Strafrechtliche Erfassung von Umweltbelastungen, S. 108, 284; Meinberg/Link, MPI, Bd.32, S. 6ff.; Heine/Meinberg, 57. DJT. D. S. 161, A. 2.1.; Kaiser Kriminologie, 3. Aufl., S. 894ff.

791 Man kann bildlich von einem "Filterungsprozeß", der bei der Anwendung der umweltstrafrechtlichen Vorschriften auf drei Ebenen stattfindet, sprechen: erstens bei den Umweltbehörden, zweitens bei der Staatsanwaltschaft und drittens beim Gericht.

792 Vierhaus, ZRP 1992, 161; Schall, NJW 1990, 1263ff.; Heine/Meinberg, Gutachten zum 57. DJT, D 75; Kloepfer/Vierhaus, S. 150.

793 Kloepfer/Vierhaus, S. 148ff.; Dieser Trend entspricht nach Heine der gesamten europäischen Praxis. Heine, UPR 1987, 281ff.

Eine erste Bewertung dieser grob skizzierten empirischen Daten kann alles andere als Optimismus, was die Durchsetzung und die Effektivität des Umweltstrafrechts angeht, erzeugen.

Es herrscht heute vielmehr Ernüchterung und Skepsis seitens der Wissenschaft, die von einer extrem verzerrten Kontrollfunktion und einer sehr niedrigen Sanktionswahrscheinlichkeit im Bereich des Umweltstrafrechts spricht.[794]

Umweltstrafrecht wird als ein kontraproduktives und harmloses Mittel beklagt, welches nur politischen Handlungsbedarf herunterspielt.[795] Diese Ineffizienz hat übrigens zur Forderung seiner ersatzlosen Abschaffung geführt.[796]

Die Richtigkeit dieser auf jeden Fall bedrückenden Bewertung der bisherigen umweltstrafrechtlichen Praxis kann mit oder ohne gute Gründen bestritten, vielleicht auch nach Belieben ausgelegt werden; eine Bestätigung findet sie aber jedenfalls im Zustand der Umwelt, welcher nicht nur schlecht, sondern seit der Anwendung des Umweltstrafrechts sogar schlechter geworden ist.

1. Sonderproblem: Unternehmen und umweltstrafrechtliche Praxis

In bezug auf die uns hier interessierende Unternehmenskriminalität im Umweltbereich lassen sich folgende Ergebnisse aus der relevanten Praxis heranziehen:

– die gravierendsten Umweltbelastungen, welche vom gewerblichen und industriellen Bereich ausgehen, gelangen ganz selten in den Kontrollvorgang und fast nie zur Verurteilung.

Zur Verantwortung werden zumeist Klein- und Mittelbetriebe gezogen. Diese Aussage einer Bagatellisierung der Umweltkriminalität durch die Praxis, ist heute als communis opinio allgemein anerkannt.[797]

– die tatsächliche Kriminaliserungs-Wahrscheinlichkeit erhöhter Gefährdungspotentiale in diesem Bereich ist daher äußerst gering. Diesem Faktum ent-

794 Meinberg/Link, MPI Bd. 32, S. 8. Man spricht zutreffend von "legislativer Kriminalisierung einerseits und justizieller Dekriminalisierung andererseits" Kloepfer/Vierhaus, S. 158.

795 Backes in: Vereinigung der Strafverteidiger, S. 153ff.; Kuhlen, StV 1986, 544,549.

796 StV 1988, 275.; es soll einfach unvorstellbar sein, daß im Jahre 1984 nur ein Umweltdelikt so schwer war, daß es zur Verhängung einer Freiheitsstrafe ohne Bewährung führte. Ransiek, Unternehmensstrafrecht, S. 130.

797 Meinberg/Link, MPI, Bd.32, S. 6f.; Vorsätzliche Umweltdelikte der Großindustrie sind nur selten zu beobachten. Bekanntgewordene Fälle betreffen i.d.R. technische Fehler oder menschliches Verhalten. Der bekannteste Fall ist der Rosenmontag-Fall. Siehe dazu: Eidam, Unternehmen und Strafe, S. 190f.

spricht auch das festgestellte große Dunkelfeld, welches vorwiegend dem gewerblich-industriellen Sektor zugeordnet werden muß.[798]

– die oben erwähnte hohe Einstellungsquote (80 % bei der StA und nochmals 40 % bei den Gerichten) im Umweltstrafrecht bezieht sich hauptsächlich auf den Bereich der unternehmensbezogenen Umweltdelikte. Die Verfahrenseinstellungen beruhen hier meistens auf tatsächlichen oder rechtlichen Gründen (§ 170 StPO) und sind, im Gegensatz zur Jedermanns-Umweltkriminalität, keine Geringsfügigkeitseinstellungen (§§ 153, 153a StPO).

– angesichts des Fehlens einer echten Unternehmensstrafbarkeit nach geltendem deutschen Strafrecht richten sich die Ermittlungen in Fällen unternehmensbezogener Umweltstraftaten gegen den unmittelbar handelnden Täter, während sich ihr Endziel auf die Ahndung der Unternehmensleitung konzentriert.

Ermittelt wird in der Regel gegen den "Vordermann", soweit ein solcher vorhanden oder greifbar ist. Danach wird geprüft, ob Aufsichtspflichten vom Vorgesetzten verletzt worden sind oder ob Führungskräfte als Mittäter in Frage kommen.[799]

Wenn kein Handlungstäter herauszufinden ist, wird einfach nach oben durchermittelt, ohne eine wirkliche Überprüfung individuellen Fehlverhaltens.[800] Kommt es überhaupt zu einer Verurteilung der leitenden Personen, so beschränkt sich die Individualsanktion zumeist auf eine Geldstrafe, welche häufig vom Unternehmen selbst bezahlt wird.[801]

Es ist leicht verständlich, daß durch die Sanktionierung des Mitarbeiters anstelle des Unternehmens ein wichtiger wirtschaftlicher Vorteil für das letztere eintritt, da die Bemessung der Geldstrafe sich an den persönlichen Verhältnissen des Täters orientiert.

Die wirtschaftliche Potenz des Unternehmens wird dabei nicht berücksichtigt und das Unternehmen zieht aus den begangenen Taten nur den Profit und trägt nicht auch das Risiko. Von einer kriminalpolitischen Wirkung der Individualbestrafung in solchen Fällen zu sprechen, wäre sicherlich verfehlt.

Die Rechtsprechung hat jedoch neuerdings Anstrengungen unternommen, strafrechtliche Verantwortung im betrieblichen Bereich verstärkt den Leitungspersonen zuzuschreiben.

---

798 Heine/Meinberg, Gutachten D, S. 161, A. 2.5.; Sch./Schr./Cramer, vor §§ 324 ff., Rn. 2; Kloepfer/Vierhaus, S. 154.

799 Eidam, Die Organisation des betrieblichen Umweltschutzes, 1991, S. 164.

800 57. DJT, 1988, S. D.89; Hoch, Rechtswirklichkeit des Umweltstrafrechts, S. 135ff.

801 In der Praxis kommt es häufig vor, daß in Anstellungsverträgen für leitende Mitarbeiter eine "Freistellung" von Sanktionen, die wegen Taten im Zusammenhang mit der beruflichen Tätigkeit verhängt werden, vereinbart wird. Schall/Schreibauer, Gegenwärtige und zukünftige Sanktionen bei Umweltdelikten, NuR 1996, 448.

Die Dogmatik der Zurechnung von Umweltstraftaten mit unternehmerischem Hintergrund ist durch das Erdal-Urteil und das Holzschutz-Mittel-Urteil des BGH in Fluß geraten.[802]

Die dort aufgestellten Grundsätze sind auch auf das Umweltstrafrecht übertragbar. Es wird folglich behauptet, daß durch diese Schritte der Rechtsprechung ein verstärkter Druck auf die Unternehmen ausgeübt werden kann.[803]

2. *Kritische Bemerkung*

Die oben angezeigten Charakteristika der umweltstrafrechtlichen Praxis – sowohl was die Jedermanns-, als auch was die Unternehmenskriminalität in diesem Bereich betrifft – lassen das vielbeklagte Vollzugsdefizit dieses Rechtsgebiets – trotz der bestehenden Streitigkeiten über seinen Umfang – durchaus bestätigen.

Als hemmende Faktoren für die wirkungsvolle Verfolgung von Umweltstraftaten sind im großen und ganzen folgende zu erwähnen:

Schwierigkeiten der Erfolgsfeststellung (Flüchtigkeit der Umweltmedien), Beweisschwierigkeiten, Kausalitätsprobleme (naturwissenschaftliche Vorfragen, kumulative, summative und synergetische Effekte), Verwaltungsakzessorietät und Zurechnungsprobleme in komplexen Systemen, inkompetentes Anzeigeverhalten.[804]

Mit besonderem Nachdruck werden die durch die Verwaltungsakzessorietät entstehenden Vollzugsprobleme akzentuiert.[805]

Infolge der verwaltungsakzessorischen Anbindung des Umweltstrafrechts an Vorgaben des materiellen Umweltrechts sind die Strafverfolgungsbehörden auf Mithilfe der entsprechenden Verwaltungsbehörden stark angewiesen, was folglich große Hindernisse bei der Verfolgung gewichtiger Fälle mit sich bringt.

Im gleichen Zusammenhang wird auch die fehlende Bereitschaft der Verwaltung, mit der Strafverfolgung zusammenzuarbeiten, besonders heftig kritisiert.

Staatsanwaltschaft und Polizei verfügen zumeist nicht über die erforderlichen – technischen und rechtlichen – Mittel für die wirksame Bekämpfung der Umweltstörungen. Diese stehen in Verfügung der Verwaltungsbehörden, die aber meistens kein Interesse an Strafverfolgung haben. Sie versuchen bloß, im Rahmen der ihnen eingeräumten Beurteilungs- und Ermessensspielräume Umwelt-

---

802 Franzheim, S. 115ff.; Kuhlen, WiVerw 1991, 181,231ff.

803 Tiedemann, JuS 1989, 689; Schmidt-Salzer, NJW 1990, 2967; Kuhlen, WiVerw 1991, 181, 242.

804 Heine spricht zutreffend von der Trias "Komplexität-Ungewißheit-Zeitdimension", die als Mankos des Umweltstrafrechts gelten. Heine, ZUP 1995, 65ff.

805 So Schall, NJW 1990, 1263ff.; Heine/Meinberg, 57 DJT. Bd. I, D 55; Keller, 57. DJT. Bd. II, Referat L19; Ransiek, a.a.O., S. 130ff.; Kloepfer/Vierhaus, S. 23ff.;

güter zu bewirtschaften und gegebenfalls ordnungswidrige Zustände schnellstmöglich zu beseitigen, ohne das Vertrauens- und Kooperationsverhältnis zwischen ihnen und den betroffenen Unternehmen zu beeinträchtigen.[806]

Angesichts dieser Tatsache läßt sich zum Teil die mit Recht beklagte Verfolgung minimaler und unwichtiger Umweltbelastungen ausreichend erklären. Die Verfolgung der Klein-Kriminalität in diesem Bereich wird ferner durch die leichtere Verfolgbarkeit der entsprehenden Delikte – insbes. seitens der Polizei – und das geringfügige Auftreten großer Interessenkonflikte unterstützt.

Abgesehen von den oben allgemein anerkannten Defiziten der umweltstrafrechtlichen Praxis muß man sehr vorsichtig mit den Schlußfolgerungen aus dem vorhandenen empirischen Material umgehen und sich von vorschnellen Pauschalisierungen fernhalten.

Für eine zuverlässige Bewertung dieses Materials muß eine entscheidende Differenzierung zwischen der alltags- oder privaten und der gewerblich- industriellen Umweltkriminalität vorgenommen werden.

Für die erste – also für die tatsächlich sanktionierte Umweltkriminalität – trifft das vielbeklagte Vollzugsdefizit nicht zu.

In diesem Bereich der geringeren Umweltverletzungen erweist sich die entsprechende Verfolgungs- und Bestrafungspraxis als durchaus zufriedenstellend und effektiv.

Das Sanktionsniveau entspricht hier dem geringen Gefährdungspotential der Kleintäter und von daher kann es als angemessen bewertet werden.[807]

Auch die hohe Einstellungsquote nach §§ 153, 153a StPO läßt sich durchaus erklären und rechtfertigen. Es handelt sich nämlich um geringfügige Umweltbeinträchtigungen mit unterdurchschnittlicher Vorstrafenbelastung seitens der Täter, so daß ihre mildere Behandlung vollauf berechtigt ist.[808]

In globo betrachtet erfüllt also das Umweltstrafrecht im kleingewerblichen und privaten Bereich seine repressive Funktion und eine Intensivierung der Strafverfolgung ist nicht zu befördern; Verbesserungen und Ergänzungen zur

806 Steinke, Kriminalistik 1985, S. 361; Tiedemann, Umweltstrafrecht, S. 42.

807 Kaiser, Kriminologie, 8. Aufl., § 94 Rn. 5. Er sieht nämlich die Kritik an der Sanktionspraxis als verfehlt an.

808 Franzheim, Umweltstrafrecht, S. 3; Die hohe Einstellungsquote (im Ermittlungsverfahren) kann möglicherweise irreführend sein, da viele dieser Verfahren gerade in Überreaktion auf die öffentliche Meinung eingeleitet werden. Folgerichtig sind sie grundlos und müssen eingestellt werden.

Optimierung des strafrechtlichen Umweltschutzes sind aber jedenfalls empfehlens- und wünschenswert.[809]

Ganz anders stellt sich die Situation im gewerblich-industriellen Bereich dar, wo all die Aussagen über Ineffizienz, Machtlosigkeit und Unbrauchbarkeit des geltenden Umweltstrafrechts ihre tatsächliche Berechtigung finden.

In diesem Zusammenhang spricht man also mit Recht von einer "justiziellen Dekriminalisierung eines ganzen Deliktsbereichs"[810] und von einer "ökologischen Einäugigkeit" der strafrechtlichen Erfassung der Umweltkriminalität.[811]

Die repressive Wirkung des Umweltstrafrechts ist hier nicht nur als mangelhaft, sondern eher als "absent" zu bezeichnen.

Seine individualrechtliche Konzipierung blockiert die Aufklärung und die erfolgreiche Eindämmung verwickelter Sachkomplexe mit unternehmerischem Hintergrund.

Die empirischen Daten belegen vollauf diese Behauptung und führen zur Forderung entweder eines verstärkten Einsatzes des Strafrechts in diesem Bereich oder seines endgültigen Zurücktretens.[812]

Die natürliche Umwelt ist nicht von den Aktivitäten privater und kleingewerblicher Täter, sondern von den Massenbelastungen der Industrie bedroht und dadurch wird sie zunehmend zerstört.

Hierfür erweist sich das heutige Umweltstrafrecht als impotent und schwach, so daß wir über ein Rechtsmittel verfügen, das gerade dort versagt, wo es am meisten benötigt wird.

Während die repressive Wirkung des Umweltstrafrechts fast einhellig verneint wird, wird andererseits seine präventive Kraft von einem erheblichen Teil der Lehre eigens betont und gelobt.

Es wird behauptet, daß sich die Leistung des Umweltstrafrechts im Unternehmensbereich im Präventionsstadium konzentriert.

---

809 Siehe hierzu: L. Kuhlen, Umweltstrafrecht: Auf der Suche nach einer neuen Dogmatik, in: Eser/Kaiser (Hrsg.) II. Deutsch-ungarisches Kolloquium über Strafrecht und Kriminologie, 1995, S. 217ff.

810 Meinberg/Link, MPI, Bd.32, S. 9.

811 Meinberg/Link, a.a.O., S. 6; Kaiser, Kriminologie, 8. Aufl., § 94, Rn. 8.

812 Dies entspricht den zwei Grundrichtungen der Wissenschaft, die des 12. Strafverteidigertags – ersatzlose Streichung des Umweltstrafrechts, StV 1988, 276 – und die des 57. DJT – Intensivierung der Strafverfolgung, Verbesserung der Verwaltungsakzessorietät. NJW 1988, 3001ff. Rogall ist sogar der Auffassung, daß die Mängel des Umweltstrafrechts keineswegs Mängel des materiellen, sondern des Prozeßrechts sind und auf jedenfall sind sie beseitigbar. Rogall in: Deutsch-polnisches Kolloquium, 1995, S. 181; zur Reform des Umweltstrfarechts vgl. auch Dölling, ZRP 1988, S. 334ff.

Die Unternehmen sollen "panische Angst davor haben, in Umweltstrafsachen verstrickt zu werden oder sich gar auf der Anklagebank verantworten zu müssen".[813]

Das Vollzugsdefizit könnte also ein reiner Irrtum sein und die empirischen Daten könnten dementsprechend als Ergebnis der "Dunkelziffer des Erfolgs" uminterpretiert werden. "*Denn so wenig Genaues wir über die wirkliche Zahl von Umweltdelikten wissen, so wenig läßt sich ausschließen, daß die Existenz von Umweltschutzvorschriften das eine oder andere Unternehmen von einem Verstoß abgehalten hat*".[814]

Mangels genügenden Materials – der präventive Erfolg des Umweltstrafrechts kann sich in Strafverfolgungsstatistiken nicht niederschlagen – können diese optimistische Aussagen nur als Vermutungen erachtet werden und lassen sich kaum bestätigen.

Anhand des oben gesagten können wir mit Sicherheit zumindest von der Dysfunktionalität, wenn nicht von der Erfolglosigkeit des geltenden Umweltstrafrechts ausgehen, die insbes. in Fällen der unternehmensbezogenen Umweltkriminalität die Grenzen zur Machtlosigkeit erreicht.

II. Praktische Erfahrungen in Griechenland

Besondere Statistiken über die Umweltkriminalität werden in Griechenland nicht geführt. In der offiziellen, vom Nationalen Amt für Statistik veröffentlichten Statistik der Rechtspflege sind die Umweltdelikte nicht gesondert aufgenommen. Auch Gerichtsentscheidungen, die irgendeine der in der Gesetzgebung vorgesehenen Strafsanktionen gegen Umwelttäter vorsehen würden, sind ganz selten zu finden.[815]

Insbersondere in bezug auf das Gesetz 1650/86, es ist sehr jung, was seine Anwendung angeht, um uns feste praktische Ergebnisse anzubieten.[816] Die Schwierigkeiten der ordentlichen Gerichten in bezug auf die Auslegung und die Anwendung der strafrechtlichen Vorschriften des G. 1650/86 ist durch die erste

---

813 Franzheim, a.a.O., S. 5.

814 Eser in: Deutsch-ungarisches Kolloquium, S. 335.

815 AP 213/1984, PoinChr 1984, 787ff.

816 Siehe: AP 329/97, PoinDik 1998, 325; LG Thessaloniki 1602/92, PoinChr 1993, 311; OLG Patras 1142/98, PoinDik 1999, 346; OLG Patras 2044/98, PoinDik 1999, 573.

Entscheidungen des obersten Gerichtshofs (Areopag) allerdings schon sichtbar.[817]

Gebraucht wird vor allem das verwaltungsrechtliche Instrumentarium zur Verhängung von Geldbußen.[818]

Eine systematische (vielleicht die einzige) Untersuchung in Umweltstrafsachen wurde von Panagopoulou-Beka im Jahre 1992 durchgeführt und spricht ebenfalls für die ernüchternde Praxis des griechischen Umweltstrafrechts.

Diese Untersuchung bezieht sich auf die Anwendung der umweltstrafrechtlichen Normen bis auf das Gesetz Nr. 1650/1986, das wegen Zögerlichkeit der zuständigen Ministerien immer noch außer Kraft bleibt.

Die Untersuchung von Panagopoulou basiert auf unveröffentlichten gerichtlichen Entscheidungen aus dem Bereich des strafrechtlichen Umweltschutzes.[819]

Ausgewählt wurden 225 rechtskräftige strafrechtliche und 112 verwaltungsrechtliche Entscheidungen. Wir müssen hier erwähnen, daß der überwiegende Teil der Umweltkriminalität in Griechenland zwei Hauptbereiche betrifft: den Meeresschutz und den Waldschutz.[820]

Diese Untersuchung hat die gleichen Probleme und Mängel bei der Verfolgung von Umweltdelikten aufgezeigt, wie die des deutschen Umweltstrafrechts.

Man muß also auch in Griechenland von einer Disfunktionalität, sogar Hilflosigkeit des umweltstrafrechtlichen Instrumentariums ausgehen.[821]

C. Außerrechtliche Kontrolle der Unternehmens- bzw. der Umweltkriminalität

Die oben aufgezeigte Disfunktionalität, ja sogar Impotenz des Umweltstrafrechts insbesondere im Bereich der unternehmensbezogenen Umweltdelikte hat eine beachtenswerte Strömung in der wissenschaftlichen Diskussion ausgelöst, die sowohl unser Interesse als auch eine nähere Betrachtung verdient

---

817 Siehe dazu: AP 631/1996, PoinDik 2000, 724ff; AP 1104/97, PoinChr 1998, 388; AP 1005/1999 mit Anmerkung von Ag. Papaneofitou in: PoinDik 2000, S. 711ff. In bezug auf die Kausilitätsprobleme im Umweltstrafrecht siehe: Beschluß 130/1992, LG Ioan., mit Anmerkung von Panagopoulou, PoinDik 2000, S. 718ff. .

818 Siehe die Daten in: Umweltstrafrecht in Mittel- und Südeuropäischen Ländern, 1997, Landesbericht: Griechenland, S. 250ff.

819 Sie beziehen sich vornehmlich auf das Gesetz 743/1977 ("Über den Meeresschutz") Art.13 und auf § 266 Abs. 2 gr. StGB (fahrlässige Brandstiftung).

820 Von den 225 strafrechtlichen Entscheidungen dieser Untersuchung beziehen sich 211(!) auf den Waldschutz. Panagopoulou, a.a.O., S. 168.

821 Siehe ausführlich hierzu: Panagopoulou, S. 167ff.

Im folgenden sollen nämlich die verschiedenen Lösungsansätze zur Kontrolle der Unternehmensdelinquenz im Umweltbereich, die sich außerhalb des Strafrechts oder des Rechts überhaupt befinden, kurz dargestellt werden.

Anhand der oben geschilderten Erkenntnisse aus der bisherigen bedrückenden Praxis des Umweltstrafrechts kann man ohne weiteres feststellen, daß neben dem (straf-)rechtlichen Umweltschutz auch andere Maßnahmen benötigt werden, um die Unternehmen dazu zu ermutigen, die Umwelt möglichst effektiv zu schonen.

Wenn die Aussage, daß der Wert einer gesetzlichen Regelung sich erst im Vollzug erweist, wahr ist, steht dem heutigen Umweltstrafrecht keine ausreichende Überzeugungskraft zur Verfügung.

Die Situation der Umwelt hat sich in den letzten Jahren trotz der Gesetzesfülle kaum verbessert; man kämpft einfach um die Erhaltung des Status quo.

Obwohl wir von der Annahme ausgehen, daß das Umweltstrafrecht einen unverzichtbaren Teil unserer Umweltschutzkonzeption bildet, auf den keineswegs verzichtet werden darf, da ein Rückzug nur den gegenteiligen Effekt in der Öffentlichkeit auslösen würde, ist zuzugeben, daß das umweltrechtliche Instrumentarium durch außerrechtliche Maßnahmen bereichert und ergänzt werden muß.

Damit soll der Tatsache Rechnung getragen werden, daß das Umweltrecht gerade in einem Gebiet zu wirken hat, wo ein extrem starker Konflikt herrscht, nämlich der Zielkonflikt zwischen Ökonomie und Ökologie.

Die Unternehmen haben heutzutage zweierlei Aufgaben: einerseits müssen sie die Entwicklungen der wissenschaftlichen Disziplinen nachvollziehen, um mit ihren Produkten wettbewerbsfähig zu bleiben, und andererseits besteht eine strenge Pflicht, die sowohl vom Recht als auch von der Gesellschaft selbst unterstützt wird, die Umwelt bestmöglich zu schützen.

Für lange Zeit vertrat man das Argument, Ökonomie und Ökologie seien als unüberbrückbare Gegensätze zu verstehen. Die einzige Verwandtschaft sei die Tatsache, daß beide Begriffe vom selben Wortstamm her gebildet werden – oikos (griech.) = das Haus.

Im Prinzip handelt es sich um zwei jeweils autonome Systeme: die Ökonomie stellt einen zweckorientierten und linearen Prozeß dar, während Ökologie ein zweckfreier, zirkulärer und dynamischer Verband ist.

Auf keinem anderen Gebiet wie auf dem des Umweltschutzes fällt das Spannungsverhältnis zwischen Ökonomie und Ökologie eklatanter auf. Der Vollzug der Umweltschutznormen wirkt sich zwischen betriebs- und volkswirtschaftlicher Zumutbarkeit und Verantwortlichkeit einerseits und Verbesserung der Umweltverhältnisse andererseits in markanter Weise kostenverursachend aus, eine Tatsache, die vom Gesetzgeber immer berücksichtigt werden muß.[822]

822 Klinger, WiVerw. 1985, 149, 150.

Heutzutage herrscht allerdings die Auffassung, daß diese im Prinzip konfligierenden Größen nicht nur zu vereinbaren sind; sie müssen vielmehr erfolgreich zusammenarbeiten.

Die Mehrdimensionalität der Umweltprobleme hat folglich eine intensive Diskussion jüngsten Datums über Ergänzungen oder Alternativen zum tradierten rechtlichen Umweltschutz ausgelöst, ein Thema, welches bis vor kurzem vernachlässigt oder sogar ignoriert worden ist.[823]

Es ist nunmher unumstritten, daß man sich auf das Umweltrecht als einzigem Mittel zur Bekämpfung der vielfältigen Umweltprobleme nicht mehr verlassen kann.

Aus diesem Grund sprechen in den letzten Jahren alle an der Umweltdiskussion Beteiligten von einem stärkeren Einsatz außerrechtlicher ökonomischer Instrumente, die die Eigenverantwortung und die Eigeninitiative der Wirtschaft im Umweltbereich befördern müssen.[824]

In Anlehnung an die ökonomische Kriminalitätstheorie wird die Handlungssteuerung in diesem Bereich über marktwirtschaftliche Anreize gefordert.

Bezweckt ist damit die Errichtung eines integralen Umweltschutzes, der sowohl rechtliche als auch außerrechtliche Maßnahmen kombinieren muß. Eine solche Entwicklung bleibt leider noch abzuwarten, da Hauptinstrument der Umweltpolitik seit 1970 ausschließlich das Umweltrecht geworden ist.

An andere Maßnahmen wurde nie ernsthaft gedacht, da übliches Mittel der Ministerialbürokratie, die überwiegend aus Juristen besteht, für die Umsetzung politischer Entscheidungen schon immer die Rechtsnormen waren.

Es besteht darum ein Mangel an ökonomischen Instrumenten, die aber erfolgreich in anderen Ländern, wie z.B. in den USA, praktiziert werden und welche in der Lage sind, die Rahmenbedingungen des Marktes in Richtung eines effizienten Umweltschutzes zu beeinflußen.[825]

Grund hierfür ist die Tatsache, daß die Wirtschaftswissenschaftler zum Beginn der 70er Jahre und später keine vollständigen Umweltkonzepte hatten. We-

---

823 Zur Förderung der Eigeninitiative der Unternehmen siehe: Torsten Bartsch, Umweltschutz und Unternehmensorganisation, 1997, Abschnitt V.1.

824 In der Praxis ist jedoch bisher nur wenig geschehen. "*Es gibt nur wenige Bereiche, in denen Worte und Taten so eklatant auseinanderfallen wie bei der Umweltpolitik*", Sighard Wilhelm, Umweltpolitik, 1994, S. 93.; auch dazu: Walter Hirche, Mehr Umweltschutz durch mehr Eigenverantwortung? in: M. Kloepfer (Hrsg.) Selbst – beherrschung im technischen und ökologischen Bereich, 1. Berliner Kolloquium der Gottlieb Daimler und Karl Benz Stiftung 1998.

825 Die Frage der "self regulation" von Industrie- als alternative Kontrolle anstelle staatlicher Reglementierung- hat in den USA eine große Beachtung sowohl in der Wissenschaft als auch in der Praxis gefunden. siehe hierzu: Braithwaite, Enforced self-regulation, 80 Michigan Law Review, 1982, S. 1466ff.

gen des starken politischen Handlungsdrucks konnte also nur die Rechtswissenschaft mit ihrem rechtlichen Instrumentarium eingreifen.

Die Idee des Einsatzes außerrechtlicher (wirtschaftlicher) Mechanismen zur Steuerung der Unternehmenspolitik in Richtung eines wirkungsvollen Umweltschutzes stützt sich auf die Konzeption des "reflexiven" Rechts, die ihrerseits auf der rechtssoziologischen Systemtheorie basiert.[826]

Nach dieser Theorie muß – wie wir schon in der Einleitung erwähnt haben – das Unternehmen als ein autopoietisches System verstanden werden, das seine eigenen Elemente selbst produzieren und reproduzieren kann. Die Organisation in Form eines Unternehmens gewinnt mit der Größe eine eigenständige Dynamik durch Koordinierung der verschiedenen selbständig angelegten Funktionen.[827] Diese Doktrin befördert die Möglichkeit einer mittelbaren Lenkung der autopoietischen Systeme.

Als solches autopoietisches Teilsystem wird auch das "Recht" erfaßt, das ebenfalls über seine eigene Dynamik verfügt.[828] Das Teilsystem "Recht" kann jedoch die anderen Teilsysteme nur beobachten und keineswegs beeinflussen.

Von daher kommen wir zu einer doppelten Autopoiese – die des Rechts und die des Unternehmens, als geschlossene, eigenständige Subsysteme –, welche die Unmöglichkeit der direkten Rechtsintervention bedingt.[829]

Für die Beziehung des Rechts zu den anderen Teilsystemen hat "der Rechtsgehorsam im direkten Konflikt mit dem Profitmotiv ganz wenige Chancen"[830] und dies ist der Fall beim Wirtschafts- und Umweltstrafrecht.

Insbesondere, was die Steuerung von einzelnen Individuen in verflochtenen Organisationen angeht, ergeben sich unüberwindbare praktische Schwierigkeiten. Mit Dezentralisierung der Kompetenzen in modernen Unternehmensformen schwinden nicht bloß lineare Strukturen, sondern auch das Täterpotential.

Die Organisation gerät, individualstrafrechtlich gesehen, zum "close shop".[831]

---

826 Grundlegend dazu: Luhmann, Funktionen und Folgen formaler Organisation, 1995; ders., die Wirtschaft als Gesellschaft, 1988; ders., Soziale Systeme: Grundriss einer allgemeinen Theorie, 1991; ders., Rechtssoziologie, 3. Aufl. 1987.; Teubner, Autopoietische Systeme, 1989.

827 Teubner/Willke, ZfRSoz. 1984, S. 4ff.; Ladeur, ZfU 1987, 14; Luhmann, ZfSoz. 1984, 310; ders. Funktionen und Folgen, S. 23ff.; ders., Die Wirtschaft als Gesellschaft, S. 43ff.

828 Teubner, Recht als autopoietisches System, 1989, S. 36ff.

829 Teubner, a.a.O., S. 112, 117.

830 Teubner, a.a.O., S. 112, 113.

831 Von einem erheblichen Teil der Rechtssoziologen wird behauptet, die Umweltprobleme stellten als Probleme mit "Mega-Dimensionen" solcherlei Großrisiken dar, die sich kaum mit den Mitteln des Strafrechts bewältigen ließen. Siehe dazu: Schüler-Springorum, Kriminalpolitik, 1991.

Die Großrisiken, die aus verflochtenen Organisationen ausgehen, können nicht als Probleme individuellen Handelns angesehen werden, mit der Folge, daß sie sich nicht als tradierte Straftaten bekämpfen lassen; sie müssen vielmehr als Systemprobleme erfaßt werden.[832]

Aus den oben genannten Gründen befürworten die Verteter der Systemtheorie den Einsatz marktwirtschaftlicher, an Unternehmen angepaßte Instrumente.

Nach dem Standpunkt dieser Theorie muß man also Mechanismen im Unternehmen selbst aktivieren, die zur Gefahr-Regulierung führen können.

Um ein Gefüge direkter Unternehmenshaftung aufzubauen, müssen wir auf das Unternehmen als organisatorische und soziale Einheit abstellen und diese Gesamtheit muß ermutigt werden, ihre eigene Dynamik zur Selbstregulierung voll zu aktivieren.

In diesem Sinne spricht man von autopoietischer Kontrolle, welche in einem selbst regulierenden und kontrollierenden Unternehmen durchaus möglich und erstrebenswert ist.

An die Stelle der regulativen Intervention des Rechts soll also eine reflexive Intervention durch alternative Maßnahmen treten.[833]

Auf dem Boden dieser Theorie wird in der umweltpolitischen Diskussion immer öfter der Verzicht auf rechtliche und die Einführung markwirtschaftlicher Instrumente befürwortet.

Auf die Frage jedoch, ob das Teilsystem Unternehmen zur Selbstregulierung fähig ist oder ob es der rechtlichen Normbefehle bedarf, kann zur Zeit keine befriedigende Antwort gegeben werden, da wir bisher keine Erfahrung mit einem solcherart alternativen Umweltschutz gemacht haben.[834]

Auf diese Frage werden wir zurückkommen; zuerst empfiehlt es sich, eine Präsentation der relevanten vorgeschlagenen Instrumente vorzunehmen.

I. Alternative Maßnahmen

Wenn wir die Möglichkeiten des Umweltschutzes außerhalb des Umweltstrafrechts näher anschauen, stehen wir vor einem erstaunlich breiten Spektrum.

---

832 Prittwitz, Strafrecht und Risiko, 1993, S. 236, 364; Baurmann, Das Problem der sozialen Unordnung, 1993; dazu auch Schwinge, Strafrechtliche Sanktionen, S. 206ff.

833 Siehe dazu: Schall, wistra 1992, 7; Heine/Meinberg, GA 1990, 6f.; Stratenwerth, ZStW 1993, 687; Kuhlen, ZStW 1993, 723ff.

834 Siehe dazu: Hoffman, Entwicklung der Organisationsforschung 1973; Luhmann, Funktionen und Folgen, 1995; Endruweit, Organisationssoziologie, 1981; Türk, (Hrsg.) Organisationstheorie, 1975.

In Betracht kommen nämlich: Umstellung des Steuerrechts auf das Ziel des Umweltschutzes über verschiedene Abgabemodelle, Umwelthaftungsfondlösungen, marktwirtschaftliche Regulierungen der Umweltbelastungen durch Zuteilung handelbarer Verschmutzungsrechte, Einstellung von Betriebsbeauftragten.[835]

Eine Darstellung sämtlicher solcher Möglichkeiten würde die Grenzen dieser Untersuchung sprengen. Wir werden exemplarisch nur zwei dieser hoch interessanten Lösungen näher betrachten, um das Konzept des alternativen Umweltschutzes besser zu beleuchten:

– Das Zertifikatmodell oder Modell der Umweltlizenzen, das die Zuweisung von Verschmutzungsrechten über ihre Handelbarkeit Angebot und Nachfrage unterwirft.[836]

Dieses Modell, auch Lizenzmodell genannt, hat seinen Ursprung in der Luftreinhaltepolitik der USA, insbesondere in Kalifornien.

Der Staat legt für ein bestimmtes Gebiet eine zulässige Höchstemissionsmenge an Schadstoffen fest, für die in dieser Höhe Verschmutzungsrechte in Form von Emissionszertifikaten oder Lizenzen an die Emittenten verteilt werden. Diese Rechte sind innerhalb dieses Gebietes frei handelbar.

Die Anlagebetreiber haben zwei Möglichkeiten vor sich: entweder sie bezahlen für den Erwerb neuer Lizenzen, um die Produktion weiter zu steigern oder sie versuchen, den Emissionsanstieg durch den Einsatz moderner Umwelttechnologie abzufangen.

Dieses Modell könnte folglich die Innovation auf dem Gebiet der Umwelttechnologie fördern, da die Lizenzkosten und die Verschmutzungsgrenzen die Unternehmen zur Einführung fortschrittlicher Technologien bezüglich des Umweltschutzes ermutigen.

Dieses Modell mag, theoretisch gesehen, attraktiv erscheinen, jedoch wird es in praktischer Hinsicht von erheblichen Durchsetzungsschwierigkeiten begleitet; die Festlegung der zur Verfügung stehenden Gesamtbelastungsmenge, die fragliche Verringerung des staatlichen Kontrollaufwands, Informationsdefizite, die Konkurrenz zwischen einzelnen Regionen und Umgehungsmöglichkeiten seitens der Unternehmer stellen nur einige dieser Schwierigkeiten dar.[837]

– Abgabenmodell (Ökosteuern) : Mag die Effektivität des vorerwähnten Modells durchaus fraglich sein, verspricht eine Abgabelösung mehr Aussicht auf Erfolg. Dazu sind auch Umwelthaftungsfondlösungen zu zählen.[838]

---

835 Siehe dazu: Teufel, Öko-Steuern, ZRP 1988, 373.

836 Kloepfer, Umweltrecht 1989, § 4 Rn. 218ff.; Wasmeier, NuR 1992, 219; Ransiek, a.a.O., S. 404ff.

837 Insgesamt kritisch: Ladeur, in: Jahresbuch des Umwelt- und Technikrechts 1988, S. 305, 321ff.; siehe auch, P. Kircrhof, NVwZ 1988, 97, 102f.; Ransiek, S. 404ff.

838 Dazu: Köck, JZ 1993, 59ff.

Grundgedanke des Abgabenmodells: Für umweltbelastendes Verhalten wird in Form von Abgaben ein Preis erhoben. Ein Unternehmen bezahlt z.B. etwa zur Verbesserung der Luftreinhaltung diesen bestimmten Preis; die zu veranschlagenden Kosten sind um so geringer, je weniger im eigenen Interesse und zum Nutzen aller die Umwelt belastet wird.

Damit soll erreicht werden, daß die Kosten einer Umweltbelastung nicht von der Allgemeinheit, sondern vom Verursacher selbst getragen werden, was zu einer gerechten Lastenverteilung führt.[839]

Folgeeffekt dieses Preises ist die Steigerung des Interesses des Verursachers, diese Kosten zu vermeiden. Er wird also motiviert, umweltschonende Produktionsalternativen, Produkte usw. zu entwickeln.

Voraussetzung dieses Effektes ist der von der Abgabenhöhe ausgehende Anreiz zur Innovation.[840]

Dieses Modell wird, was seine Durchsetzung angeht, auch von erheblichen Einwänden begleitet.

An erster Stelle steht die Klärung der rechtlichen Voraussetzungen solcher Abgaben – unter Berücksichigung der geltenden Finanzverfassung – und an zweiter die richtige Bestimmung der Abgabenhöhe und damit ihr konkret zu erwartender Erfolg.[841]

Überdies stellt sich auch das Problem der konkreten Umsetzung der Abgabenregelungen angesichts des großen damit verbundenen Informations-, Kontroll- und Verwaltungsaufwands.

II. Kritische Bemerkung und Zwischenergebnis

Als Schlußfolgerung läßt sich festhalten, daß gemeinsamer Nenner dieser Maßnahmen die Ausnutzung der Marktkraft ist.

Sie sollen nämlich die Mechanismen des Marktes für den Umweltschutz nutzbar machen und den scheinbar unüberwindbaren Gegensatz zwischen Ökonomie und Ökologie auflösen.[842]

Ziel dieses utilitaristischen Handlungsmodells ist, den Unternehmer vor die Wahl zu stellen, entweder Vermeidungsmaßnahmen durchzuführen oder finanzielle Nachteile in Kauf zu nehmen.

---

839 Kloepfer, 1989, § 4, Rn. 177ff.; Ransiek, S. 408f.

840 Ransiek, S. 408ff.

841 Näher hierzu: Ransiek, S. 409ff.

842 Siehe Wicke, Umweltökonomie, 1993, S. 421ff.; Frey, Umweltökonomie, 1992, S. 105ff.

Richtigerweise wird das Unternehmen im Rahmen dieser Konzeption als profit-orientiertes Subjekt erfaßt, was ohne Zweifel zu einer wirksamen Einflußnahme auf die kriminogene Unternehmensstruktur beitragen kann. Der Nachteil der rechtlichen Reaktion, daß sie nämlich die Innovationskraft der Unternehmen kaum anreizt, wird durch diese Lösungsansätze kompensiert.

Der Staat übernimmt einfach die Rolle des Anbieters und demzufolge des Verwalters der Umwelt als soziales Gut und bestimmt über den Preis die Nachfrage.

Durch die Zuteilung von Kosten der Umweltbelastungen an die Verursacher und die Möglichkeit, diese Kosten zu senken, sollen Anreize zur Verminderung der Umweltbeeinträchtigungen geschaffen werden.[843]

Im Endeffekt soll dadurch die Selbstregulierung der Unternehmen als autopoietische Systeme erreicht werden.

So eindeutig diese Modelle in der Theorie anmuten, so schwierig gestaltet sich ihre Realisierung,[844] welche u.a. auf ernstzunehmende (verfassungs-)rechtliche Grenzen stößt.[845]

Das oben skizzierte "alternative" Konzept eines effektiveren Umweltschutzes im unternehmerischen Bereich läßt zwar gute Aussichten auf Erfolg erhoffen, ist jedoch nicht zu überschätzen.

Ein Bündel außer(straf-)rechtlicher Maßnahmen, die sich an Unternehmen als hochorganisierte, profit-orientierte Einheiten richten, muß immerhin als ein erstrangiges Ziel jeder modernen Umweltpolitik angesehen werden.

Nur so kann man dem Vorbeugegedanken und damit den Risikominimierungsstrategien im Unternehmen gerecht werden.[846]

---

843 Ransiek, S. 403.

844 Ein wichtiges Argument gegen solche außerrechtlichen Maßnahmen ist der enorme Kontrollaufwand, der für ihre Realisierung erforderlich ist. Ob die (Umwelt)-Verwaltung diesen Aufwand erbringen kann, bleibt durchaus fraglich. Siehe dazu: Ransiek, S. 422ff.

845 Speziell durch die Praktizierung des Betriebsbeauftragten im deutschen Umweltrecht hat sich gezeigt, daß die angestrebte Selbstregulierung komplexer Organisationen besonders kompliziert sein kann; die erwartete Innovationsfunktion wurde bisher auch nicht erfüllt. Hierzu: Bartsch Torsten, Umweltschutz und Unternehmensorganisation, S. 58ff. Der Betriebsbeauftragte wurde einfach ein "Mann des Betriebes", der die finanziellen Interessen des Unternehmens vertritt, Schwinge, a.a.O., S. 209f. Weiter zur Reform dieser Institution siehe: Rehbinder, in: FS für Steindorf, S. 218; ders., UGB-AT, S. 2 384; Breuer, 9. Trierer Kolloquium, 29, S. 46ff.; Schwinge, S. 244.

846 Zu diesem Problemkreis vgl. aus der umfangreichen Literatur insbes. Steger, (Hrsg.), Handbuch des Umweltschutzmanagements, 1992; Adam/Eidam, (Hrsg.), Die Organisation des betrieblichen Umweltschutzes, 1991; Knopp/Striegl, BB 1992, 2009ff.

Auf die Frage jedoch, ob diese Maßnahmen allein die Selbstregulierung der Unternehmen und damit den bestmöglichen Schutz der Umwelt vor unternehmensbezogenen Gefahren zu garantieren in der Lage wären, muß man mit einem klaren Nein antworten.

Hierzu paßt die zutreffende Äußerung Esers: "Denn so richtig die Feststellung sein mag, daß das gegenwärtige Umweltrecht seiner Aufgabe nicht gerecht zu werden vermag, so wäre es doch verfehlt, daraus den Schluß ziehen zu wollen, daß man an die Stelle der Rechtsordnung lediglich die Marktwirtschaft mit ihren Mechanismen treten zu lassen bräuchte....Denn wenn die eine Form von Recht versagt, ist dies noch kein Beweis, daß jede Form versagen müßte."[847]

Die Rolle des Rechts und insbesondere des Strafrechts beim Schutz lebenswichtiger Umweltgüter bleibt unersetzbar. Die Selbstkontrolle der Unternehmen muß jedenfalls vom Staat angereizt und unterstützt werden, andererseits muß aber die Endkontrolle beim Umweltschutz dem Staat selbst und insbesondere dem Recht überlassen bleiben.

Die verschiedenen alternativen Möglichkeiten eines Umweltschutzes im unternehmerischen Konzept sind nur ergänzend in der Lage, neben dem vorhandenen rechtlichen Instrumentarium zu funktionieren und dürfen es keinesfalls ersetzen.

Bei der Einführung außerrechtlicher Umweltschutzmaßnahmen muß ferner immer darauf geachtet werden, daß die verfassungsrechtlich gesicherte Unternehmensfreiheit – insbesondere die wirtschaftliche Organisationsfreiheit, Art. 12 Abs. 1, Art. 14 Abs. 1. GG – unversehrt bleiben muß. Vor allem kleinere Unternehmen könnten durch solche Maßnahmen erheblich finanziell belastet werden.

Im Falle einer intensiven Intervention des Staates droht die Gefahr einer heftigen Reaktion seitens der betroffenen Unternehmen und dadurch einer Minimierung der Erfolgschancen der entsprechenden Maßnahmen.

847 Eser in: Natur und Geschichte, S. 373.

Gesamtergebnisse und Ausblick

A. Eine Synthese

Die im einzelnen behandelten Aspekte der Unternehmenskriminalität im Umweltbereich können als allgemeine Schlußfolgerungen für beide Länder folgendes deutlich werden lassen:

– Erstens kann man von einem starken und unumstrittenen kriminalpolitischen Bedürfnis nach Ahndung dieser Kriminalitätsform im Bereich des Umweltstrafrechts ausgehen.

Betrachtet man die vorhandenen empirischen Daten aus diesem Regelungsfeld näher, verstärkt sich die Auffassung, das geltende Umweltstrafrecht erfülle seine Aufgabe zum effektiven Umweltschutz nur lückenhaft, da es gerade im Bereich der gefährlichsten Umweltkriminalität keinen beachtlichen Einfluß nehmen kann.

Die Umsetzung der umweltstrafrechtlichen Vorschriften erweist sich insgesamt als ausgesprochen bescheiden.

Das herkömmliche Strafrecht, mit seiner starken individuellen Bezogenheit, bildet kein taugliches Instrument für die Erfassung der "Mega"-Kriminalität im Umweltbereich.

– Auf der anderen Seite hat die ausführliche Untersuchung der dogmatischen Aspekte der Unternehmensstrafbarkeit die Untragbarkeit der Einführung einer echten Unternehmensstrafe im klassischen Strafrecht aufgezeigt.

Die Idee der Erforderlichkeit reicht allein nicht aus, um eine solche Reform zu legitimieren. Die dogmatischen Grundlagen des Strafrechtssystems stehen einem solchen Schritt vehement im Wege und dürfen nicht ignoriert oder unterschätzt werden.

Sie spielen bei der gesamten Argumentation die primäre Rolle und sind als eine unüberwindbare Sperre für eine derartige radikale Reform anzusehen.

Die Bekämpfung der Unternehmenskriminalität kann und darf auch nicht im Rahmen und anhand des vorhandenen Individualstrafrechts erfolgen.

Hauptschranke gegen die Unternehmensstrafbarkeit ist der Schuldgrundsatz als sozial-ethisch fundierter Vorwurf gegen den Täter für begangenes Unrecht. Ein solcher Vorwurf gegen juristische Personen als fiktives Gebilde würde das Schuldprinzip und damit das ganze Strafrechtssystem in seinem Kern verletzen.

Die Einführung der echten Kriminalstrafe gegen juristische Personen hätte den Bruch des klassischen Strafrechts mit seinen Grundprinzipien und Voraussetzungen zur Folge. Die Nebenwirkungen eines solchen Vorgehens sind schwer abschätzbar. Der ethische Bezug des Strafrechts auf den Menschen muß erhalten bleiben.

Der ultima-ratio-Gedanke läßt ebenfalls an der Zulässigkeit der Unternehmensstrafbarkeit zweifeln, und das kriminalpolitische Bedürfnis muß anders befriedigt werden.

Außerdem ist der Einsatz des Strafrechts im Bereich der Unternehmens- wie auch im ganzen Bereich der Wirtschaftskriminalität äußerst fraglich und wenig erfolgversprechend.

Die weitere Kriminalisierung der wirtschaftlichen Tätigkeit würde erstens die Wirtschaft insgesamt beeinträchtigen und hätte zweitens ganz wenige Chancen auf Erfolg. Es ginge bloß um übermäßige Kriminalisierung.[848]

B. Die Rolle des europäischen Rechts – Verpflichtung des nationalen Gesetzgebers zur Einführung der Unternehmensstrafe?

Wir müssen an dieser Stelle noch einen wichtigen Faktor erwähnen, nämlich die Verflechtung des nationalen mit dem europäischen Recht und die eventuell daraus folgende Verpflichtung des nationalen Gesetzgebers zur Einführung der Unternehmensstrafe.

Es wird häufig vorgebracht, die Unternehmensstrafbarkeit sei auch aus europäischem Recht geboten oder indiziert. Diesem Argument kann allerdings aus folgenden Gründen nicht zugestimmt werden.

Mit der Frage, ob aus europäischem Recht die Verpflichtung der Mitgliedsstaaten zur Einführung und Normierung der Strafbarkeit von juristischen Personen hergeleitet werden kann, hat sich der EuGH im Fall Vandevenne auseinandergesetzt.[849]

---

848 Im Recht des antiken Athen soll es ein Gesetz gegeben haben, das die Einbringung eines unzweckmäßigen Gesetzes mit Strafe bedrohte. Es soll an dieser Stelle an den Standpunkt der Frankfurter Schule erinnert werden.

849 EuGH 1991, I, 4371ff. RS-C-7/90 – Vandevenne. Folgender Sachverhalt lag zugrunde: Dem Lastwagenfahrer Vandevenne wurde vorgeworfen, die gemeinschaftlich vorgeschriebenen Lenk- und Ruhezeiten nicht eingehalten zu haben. Nach belgischem Recht konnten allerdings nur der Fahrer und die im Betrieb verantwortlichen Personen zu Rechtenschaft gezogen werden. Die Firmen selbst konnten nicht bestraft werden, da nach belgischem Recht juristische Personen von der strafrechtlichen Verantwortlichkeit befreit sind.

Das belgische Gericht legte dem EuGH als Frage u.a. vor, ob sich aus der betreffenden Verordnung die Verpflichtung zur Einführung strafrechtlicher Verantwortlichkeit juristischer Personen oder objektiver Haftung ergebe. Eine solche Verpflichtung der Mitgliedstaaten wurde aber vom EuGH unter Zustimmung des Generalanwalts Gerven nicht festgestellt. Die Mitgliedstaaten sind hiernach weder verpflichtet noch allerdings gehindert eine solche Haftung einzuführen.

Der EuGH wiederholte in dieser Entscheidung die im griechischen Mais-Skandal vorgebrachten Argumente.[850] Er betonte nämlich erneut das Gleichstellungerfordernis und die Mindesttrias ohne jene Verpflichtung der Staaten, die juristischen Personen mit strafrechtlichen Mitteln ahnden zu müssen. Ausreichend sei, wenn die Staaten dem Art. 5 EWGV Rechnung tragen.

Der EuGH hat also bloß die Anforderungen konkretisiert, die er aus Art. 5 EWGV im Mais-Urteil entwickelt hat.

Aus europarechtlicher Sicht ergibt sich damit lediglich, daß die Mitgliedstaaten die Unternehmensstrafbarkeit einführen dürfen. Dies ist weder verboten, noch sind sie dazu verpflichtet. Was das Gemeinschaftsrecht interessiert, ist die Berücksichtigung der Mindestanforderungen, die der EuGH zum Schutz der gemeinschaftlichen Interessen aufgestellt hat.[851]

Dies kann auch anhand anderer Mittel als mit Hilfe des Strafrechts erreicht werden. Der nationale Gesetzgeber bleibt weiterhin darin frei, entweder Straf- oder Verwaltungssanktionen zum Schutz der gemeinschaftlichen Interessen anzuordnen.

C. Ausblick – "Quid juris"?

Nach der zusammenfassenden Darstellung der zentralen Schlußfolgerungen, die in einem klaren Nein zur Unternehmensstrafbarkeit münden, soll jetzt die Frage "Quid juris" behandelt werden.

Trotz der Unmöglichkeit einer Einführung der echten Kriminalstrafe gegen juristische Personen soll versucht werden, Wirkungen in anderer Weise als durch das klassische Strafrecht zu erzielen.

---

850 Siehe zum Mais-Urteil: EuGH Rs. 68/88, Slg. 1989 S. 2965f.; Tiedemann, EuZW 1991, 99f.; Bleckmann, FS für Stree und Wessels, S. 1071ff.; Gröblinghof, Die Verpflichtung des deutschen Gesetzgebers zum Schutz der Interessen der EG, 1996, S. 12f.; Kareklas, in: Eser/Huber (Hrsg.) Strafrechtsentwicklung in Europa 3, S. 543.

851 Diesen Interessen ist nunmehr auch der Umweltschutz zuzuorden. Siehe: Art. 130 r, s EWGV. Speziell für den Umweltschutz siehe: "Draft Convention for the protection of the environment through criminal law", Möhrenschlager, wistra 1996, Heft 1, S. IV.

Anhand des oben gesagten muß also die Lösung außerhalb des klassischen Strafrechts gesucht werden. Wo und wie ist eine solche Unternehmensverantwortlichkeit zu normieren?

Unser Lösungsansatz erfolgt getrennt für die zwei Länder. Grund hierfür bildet die Tatsache, daß in den beiden Ländern gemeinsame dogmatische, aber unterschiedliche praktische Gegebenheiten herrschen.

I. Lösungsansatz für Deutschland

1. Materiellrechtliche Seite

Leitsatz: Einführung einer Verbandsgeldbuße als §30 a OWiG speziell für den Bereich des Umweltschutzes.

Angesichts der Unantastbarkeit des Schuldprinzips und unter Berücksichtigung der – ultima – ratio Funktion des Strafrechts wird als geeigneter Standort für die Einführung einer umfassenden Unternehmenshaftung das Corpus der Ordnungswidrigkeiten angesehen.

Man muß eine Kriminalpolitik der "kleinen Schritte" befolgen.

Die schon vorhandenen Möglichkeiten sind noch nicht erschöpft, und eine dieser Möglichkeiten stellt die deutsche Regelung des Ordnungswidrigkeitenrechts über die Verbandsgeldbuße (§ 30 OWiG) dar, die bis zum letzten eingesetzt werden muß.

Dafür ist aber eine Reform notwendig. Die materiellrechtliche Seite dieser Reform soll schrittweise wie folgt ausgestaltet werden:

– Die Verbandsgeldbuße des § 30 OWiG sollte nach dem Vorbild des EU-Kartellrechts umgestaltet werden. Der neue Tatbestand sollte nach der Regelung des Art.15 VO 17/62 konzipiert werden.

Benötigt wird dazu eine Loslösung von der strengen individualrechtlichen Doktrin des geltenden OWi-Rechts und die Umstellung auf eigenes Unternehmensverschulden.

Das Unternehmen muß nicht nur als Normadressat, sondern auch als tauglicher und vollverantwortlicher Täter erfaßt werden.

Dies setzt eine eigene Unternehmensschuld und nicht bloße Zurechnung fremden Verschuldens der handelnden Organe voraus.

Diese eigene Unternehmensschuld ist als Pflicht des Unternehmens durch entsprechende interne Organisation und Kontrolle normgemäßer Tätigkeiten sicherzustellen und zu konkretisieren. Diese Pflicht muß dem Unternehmen selbst, nicht ihren Angestellten auferlegt werden.

Im Fall einer Zuwiderhandlung muß die gesamte unternehmerische Attitude und nicht die zugerechnete Tätigkeit des einzelnen Mitarbeiters bewertet werden.

Hinreichende und überzeugende Grundlage für diese Unternehmenstäterschaft bietet der Gedanke der Pflichtverletzung durch das Unternehmen.

Für diese Umstellung auf die Unternehmenstäterschaft im Bereich der Ordnungswidrigkeiten benötigt man eine Ausweitung des Täterkreises der Anknüpfungstat.

Alle für das Unternehmen handelnden Personen und nicht nur Organe und gesetzliche Vertreter müssen haftungsauslösend handeln können: Ausgenommen werden müssen allein Exzeß- und eigennützige Taten dieser Organe.

Die heutige Regelung des § 30 OWi-Rechts ist zu eng gefaßt, da nur Zuwiderhandlungen eines sehr begrenzten Täterkreises – der leitenden Angestellten – die Verbandshaftung auslösen können, während die gleichen Handlungen aus unteren und mittleren Hierarchieebenen zur Bußgeldfreiheit des Unternehmens führt.[852]

Insbesondere in umweltrechtlicher Hinsicht ist dieser Ansatz in Frage zu stelllen, da es dort vorwiegend nicht um Leitungsdelikte, sondern um Zuwiderhandlungen aus dem unteren Hierarchiebereich geht. Aber auch wenn Umweltbeeinträchtigungen von untergeordneten Mitarbeitern veranlaßt werden, was am häufigsten im Umweltrecht der Fall ist, kommt darin die Unternehmenspolitik zum Ausdruck und eine Sanktionsfreiheit des Unternehmens wegen der engen Fassung des § 30 OWiG erscheint unberechtigt.

Wenn wir jedoch auf das Unternehmen als Täter und nicht nur als Sanktionssubjekt abstellen, sollte die Stelle der handelnden natürlichen Personen von nebensächlicher Bedeutung sein.

Empfehlenswert wäre ferner ein weiterer Unternehmensbegriff durch eine faktisch-wirtschaftliche Betrachtungsweise in Angleichung an die Normen des EU-Kartellrechts.[853]

Eine solche Erfassung der Unternehmenstäterschaft würde zudem die Orientierung der Unternehmensgeldbuße am Gesamtumsatz des Unternehmens ermöglichen, da nunmehr die Sanktion an der Unternehmensschuld angerichtet wäre und dies problemlos die Verhängung hoher, schuldangemessener Geldbußen rechtfertigen würde.

– Nach dieser Reform der Unternehmensgeldbuße des § 30 OWiG sollte als zweiter Schritt eine spezifische umweltrechtliche Unternehmensgeldbuße als lex specialis – § 30a OWiG – eingeführt werden.

---

852 Als Notanker funktioniert die Aufsichtspflichtverletzung des § 130 OWiG.

853 Siehe oben im EU-Kartellrecht.

Damit soll die Unternehmensverantwortlichkeit speziell für den Regelungsbereich des Umweltrechts gesichert und konkretisiert werden. Grund für diese spezielle Regelung ist die Größe und der Umfang der Unternehmensdelinquenz im Umweltbereich.

Das Umweltrecht bildet, genau wie das Kartellrecht, einen von Unternehmen dominierten Bereich, welcher einer besonderen Normierung darf.

Damit soll im übrigen der gesetzgeberische Wille akzentuiert werden, das normgemäße Verhalten der Unternehmen und dadurch den wirksamen Umweltschutz sicherzustellen.

Es muß nunmehr nicht um die persönliche Verantwortlichkeit, sondern um die objektive Vermeidbarkeit von Umweltverstößen gehen, ohne danach zu fragen, wer im konkreten Fall gehandelt hat. Das Unternehmen soll als tauglicher Täter der Umweltdelikte betrachtet werden.

Dies ist mit Hilfe der oben beschriebenen Reform der Regelung der Unternehmensgeldbuße durchaus möglich. Erhofft wird, damit einen Anreiz für die Unternehmen zu schaffen, ihre interne Organisation auf die Vermeidung von Umweltgefahren auszurichten.

2. *Verfahrensrechtliche Seite*

Was die verfahrensrechtliche Seite betrifft, taucht folgendes Problem auf: Wer soll zuständig für die Verhängung dieser umweltrechtlichen Unternehmensgeldbuße sein?

Hierfür wird die Gründung einer spezialisierten Umweltverwaltungsbehörde vorgeschlagen, welche für die allgemeine Aufsicht und die Kontrolle im Bereich des betrieblichen (unternehmerischen) Umweltschutzes zuständig sein muß.[854] Sie sollte u.a. zur Ermittlung der Umweltdelikte befugt sein.

Der Anstoß für diesen Vorschlag gibt uns das amerikanische Umweltstrafrecht. Dort gibt es eine entsprechende Verwaltungsbehörde, die EPA, welche über verschiedene Abteilungen verfügt. Eine davon, die strafrechtliche Abteilung, ist für die Ermittlungen der Umweltstraftaten zuständig.[855]

Komplikationen könnten sich eventuell bei der Zuständigkeitsverteilung ergeben. Wer soll zuständig für die Verhängung der umweltrechtlichen Unternehmensgeldbuße sein? Die Gerichte oder das Bundesumweltamt?

Hierzu kommen drei Möglichkeiten in Betracht:

---

854 Eine Vorbildrolle könnte dabei das Bundeskartellamt spielen.
855 Siehe dazu oben im Kapitel USA.

i) Selbständiges Verfahren nur gegen das Unternehmen. Für ein selbständiges Verfahren gegen die Unternehmen könnte diese spezialisierte Verwaltungsbehörde – das Bundesumweltamt – zuständig sein.

Dies entspricht der Lösung des deutschen Kartellrechts i.d.F des Gesetzes zur Bekämpfung der Korruption vom 13.8.1997.[856]

Neuheit dieses Gesetzes ist, daß es durch die Sonderregelung des § 81a-GWB den Grundsatz der einheitlichen Verfolgung von Unternehmensgeldbuße und Anknüpfungstat durchbricht. Danach ist die Kartellbehörde ausschließlich zuständig für das Verfahren gegen Unternehmen (§ 30 OWiG), auch wenn eine Straftat zugrundeliegt.

Damit wird die Zuständigkeit für die Bestrafung der natürlichen (StA und Gericht) und der juristischen Person (Kartellbehörde) zum ersten Mal im deutschen Recht aufgespalten.[857]

Gegen diese Regelung werden aber erhebliche Einwände erhoben, und zwar die Gefahr widersprüchlicher Entscheidungen, die Gefahr einer Doppelbestrafung und schließlich prozeßwirtschaftliche Gründe gegen die Aufspaltung des Verfahrens.

ii) Unselbständiges, verbundenes Verfahren gegen beide Personen, sowohl gegen die natürliche als auch gegen die juristische.

Will der Gesetzgeber die Gefahr einander widersprechender Urteile vermeiden, kommt selbstverständlich nur die ausschließliche Zuständigkeit der ordentlichen Gerichte in Betracht. (Möglicherweise könnte man die Errichtung spezieller Umweltstrafkammern empfehlen).

iii) Die dritte und von uns auch bevorzugte Möglichkeit ist folgende Spaltung des umweltstrafrechtlichen Verfahrens:

Für die Ermittlungen soll die neue Umweltbehörde zuständig sein, nach Abschluß der Ermittlungen sollen aber die Staatsanwaltschaft und die Gerichte eingeschaltet werden, welche sowohl für die natürlichen Personen als auch für die delinquenten Unternehmen entscheiden sollen.

Damit wird der Regelung des US-Umweltstrafrechts gefolgt.

Durch diese Verfahrensregelung kann zweierlei erreicht werden:

– Erstens soll die Qualität der Ermittlungen verbessert werden, da sie nunmehr in die Hände von Experten gelegt wird, was für die Effektivierung des ganzen Verfolgungsmechanismus spricht. Die entsprechenden Erfahrungen in den USA, wo dieses Modell praktiziert wird, sind durchaus erfolgversprechend und

---

856 BGBl. I. 2038.

857 Einen Rettungsanker bietet nun § 81a S. 2 GWB, wonach die Kartellbehörde die Zuständigkeit für § 30 OWiG an die Staatsanwaltschaft abgeben kann, wenn sie das möchte.

– Zweitens bleibt der Grundsatz des einheitlichen Verfahrens weiterhin gewahrt.

Damit sind wir am Ende unseres Lösungsvorschlags für das deutsche Recht angekommen. Die prozessuelle Seite könnte und müßte noch weiter untersucht werden, was aber im Rahmen dieser Arbeit nicht mehr möglich ist.

II. Lösungsansatz für Griechenland

Für das griechische Recht stellt sich die Situation ganz anders dar, da wir dort von ganz unterschiedlichen Ausgangspunkten und Rechtsstrukturen im Umweltrecht ausgehen müssen.

Eine dem deutschen Recht entsprechende Lösungskonzeption kommt für Griechenland nicht in Frage, denn dort sind zwei Grundvoraussetzungen abweichend: Griechenland verfügt nämlich weder über ein Kernumweltstrafrecht noch über ein Ordnungswidrigkeitenrecht.

Deshalb ist der Lösungsansatz für das griechische Umweltrecht modifiziert.

Der theoretische strafrechtliche Rahmen ist jedoch in beiden Rechtsordnungen deckungsgleich.

Deutschland hat aber einen weiteren Weg im Umweltschutzbereich hinter sich, während sich Griechenland noch weit entfernt vom deutschen Status befindet.

An unseren generellen Schlußfolgerungen – in dogmatischer Hinsicht- muß jedenfalls festgehalten werden. Griechenland bedarf ebenfalls eines Mittels zur Bekämpfung der unternehmensbezogenen Umweltkriminalität, denn wenn sie auch keine der deutschen Lage entsprechende Dimension erreicht hat, ist sie doch deutlich sichtbar und stetig bedrohlicher geworden.

Wir haben schon oben erläutert, daß Griechenland noch die Chance hat, präventiv im Umweltrecht vorzugehen, da die Umweltbelastungen sich dort noch in einem relativ frühen Stadium befinden.

Deutschland hat leider diese Chance verpasst und muß sich nunmehr hart darum bemühen, die Umweltkatastrophen im Rahmen des Möglichen rückgängig zu machen und weiteren vorzubeugen. Das passende Mittel für die Bekämpfung der Unternehmenskriminalität im Umweltstrafrecht muß auch in Griechenland außerhalb des herkömmlichen Strafrechts gesucht werden, welches ebenso wenig und aus den gleichen dogmatischen Gründen wie das deutsche Strafrecht eine echte Unternehmensstrafbarkeit zuläßt.

Dazu wird folgendes vorgeschlagen:

– Einführung eines neuen Abschnitts in das Kernstrafrecht mit dem Titel "Delikte gegen die Umwelt" nach dem Beispiel des deutschen Rechts.

Dieser Abschnitt sollte im besonderen Teil nach dem dreizehnten Kapitel – gemeingefährliche Delikte – angesiedelt werden, und zwar sollte die Umwelt nicht als einheitliches Rechtsgut, sondern in ihren verschiedenen Medien geschützt werden.

Ein solcher Schritt ist aus drei kriminalpolitischen Gründen angezeigt:

– Der klare Wille des Gesetzgebers, die natürliche Umwelt mit allen verfügbaren Mitteln und in Einklang mit den verfassungsrechtlichen Geboten (Art. 24 gr. Verf. von 1975) effektiv zu schützen, soll damit zum Ausdruck kommen.

– Eine Einführung ins StGB würde die Harmonisierung und die Effektivierung der umweltstrafrechtlichen Vorschriften wirksam befördern. Das geltende Recht sieht wie ein rechtliches Kreuzworträtsel aus, wodurch seine Durchsetzungskraft erheblich beeinträchtigt wird.

– Als dritter Grund für einen solchen Schritt des griechischen Gesetzgebers ist die generalpräventive Stärkung des öffentlichen ökologischen Bewußtseins zu erwähnen, welches sich leider in Griechenland auf einer niederen Entwicklungsstufe befindet. Die Schaffung eines Kernumweltstrafrechts hätte hoffentlich einen erzieherischen Einfluß auf die Bevölkerung.

– Für die Ahndung der Unternehmenskriminalität im Umweltbereich bräuchte man eine der deutschen Unternehmensgeldbuße entsprechende Regelung, welche jedoch ihrerseits das Vorhandensein eines Ordnungswidrigkeitenrechts voraussetzt.

Griechenland verfügt aber über kein solches Instrumentarium. Was man im Rahmen der zur Verfügung stehenden Möglichkeiten empfehlen kann, ist folgendes:

i) Eine ausdrückliche Ermächtigung der Verwaltung zur Verhängung einer Unternehmensgeldbuße wegen der ins StGB eingeführten Umweltdelikte.

ii) Gesetzliche Grundlage für diese Geldbuße könnte eine ausdrückliche Regelung in § 30 des Umweltgesetzes 1650/1986 sein, welcher die administrative Haftung regelt. Danach sollte die Verwaltung befugt sein, hohe Unternehmensgeldbußen in Fällen der neuen Umweltdelikte gegen die in Frage kommenden Unternehmen zu verhängen.

iii) Zuständige Behörde für diese Umweltdelikte könnte ohne weiteres die schon vom Umweltgesetz 1650/1986 im § 25 vorgesehene Umweltbehörde sein (der einheitliche Träger für die Umwelt, EFOP).

Damit sind wir am Ende des Lösungsvorschlags auch für das griechische Recht angekommen. Angesichts der dort herrschenden Gegebenheiten könnte eine solche Reform als erster Schritt in Richtung eines effektiven strafrechtlichen Umweltschutzes ratsam sein.

D. Unternehmenssanktionen

Befürwortet wird der Einsatz von Geldbußen als Hauptsanktionen gegen die juristischen Personen und zwar aus folgenden Gründen:

– Die Umweltdelikte werden ebenso wie die Wirtschaftsdelikte im allgemeinen aus Profitstreben begangen. Da Tatmotiv der delinquierenden Unternehmen im Umweltbereich ausschließlich das übermäßige Profitstreben ist, kommt der Idee des jus talionis bzw. der Geldsanktion eine tragende Bedeutung zu.[858]

Die ökonomische Analyse des Strafrechts, insbesondere im Fall des Wirtschaftsstrafrechts, hat gezeigt, daß es tatsächlich um Kosten geht. Der Straftäter "Unternehmen" richtet sich nach dem Modell des homo oeconomicus aus und d.h., sein Verhalten wird von wirtschaftlichen Faktoren bestimmt und ist rational und absehbar.

Die Abschreckungswirkung bzw. die Effektivität einer solchen Sanktion hängt ausschließlich von ihrer Höhe ab, weil das Unternehmen im Wege einer Kosten-Nutzen-Analyse die ersparten Kosten und die daraus resultierenden Wettbewerbsvorteile mit einer zu erwartenden Geldsanktion vergleicht.

Ist der zu erwartende Nachteil durch drohende Sanktionen bei vermeidbaren Rechtsverletzungen größer als der zu erlangende Vorteil, macht es keinen Sinn für das Unternehmen, die Rechtsverletzung nicht zu vermeiden.[859]

Ist die Sanktion dagegen zu niedrig, so wird sie vom Unternehmen als "the cost of doing business" verstanden. Dies bildet den Standpunkt der Chicago-School.[860]

Das Unternehmen hätte nunmehr ein gravierendes eigenes Interesse daran, sich selbst intern so zu organisieren oder seine Organisation derart umzustellen, daß Verstöße gegen das Umweltstrafrecht nach Möglichkeit vermieden werden.[861]

---

858 Siehe dazu: Androulakis in: Wirtschaftsdelikte, EEPD, IV Kongress, S. 26.; Alexiadis, 1981, S. 65f.; Tachos, Arm. 1983, 1, 10. Kourakis, Wirtschaftsdelikte, S. 201.

859 Ransiek, a.a.O., S. 264f.; Schmidt, wistra, 1990, 131, 137.

860 Meinel, a.a.O., S. 282. Die generalpräventive Wirkung einer Kriminalstrafe im Wirtschafts- und Umweltstrafrecht muß ausschließlich von der Höhe der Geldstrafe abhängig gemacht werden. Die Gegenmeinung vertritt dagegen, daß die abschreckende Funktion der Geldstrafe dadurch beeinträchtigt wird, daß ein Unternehmen primär gewinnorientiert handelt, so daß eine Geldstrafe zu den "cost of doing business" gehört. Coffee, a.a.O., S. 418, 386.

861 Für eine Geldsanktion bei Umweltdelikten setzen sich in der griechischen Lehre ein: Alexiades, der strafrechtliche Umweltschutz, S. 65-66 und Kourakis, Die Wirtschaftsdelikte, S. 201.

– Die Gefahr einer Abwälzung der durch die Geldbuße erlittenen Verluste auf Verbraucher über Preiserhöhungen besteht nicht, da dadurch die Wettbewerbsfähigkeit des Unternehmens erheblich beeinträchtigt würde.

Die Auffassung, das Unternehmen werde einfach die angedrohte Geldsanktion in Kauf nehmen, steht mit der Erfassung der Unternehmen als rational handelnde Täter nicht in Einklang. "*The pass-through problem can exist only if one believes that a firm, having received a criminal fine, will then proceed to schott itself in the foot by impairing its own ability to pay the fine and generate future profits.*"[862]

– In schwerwiegenden Fällen sollte kumulativ dazu die Veröffentlichung (die Publikation) der rechtskräftigen Entscheidung als Nebensanktion normiert werden.

Die generalpräventive Wirkung dieser Sanktionsform ist beeindruckend und sie wird erfolgreich sowohl vom EU- und vom deutschen Kartellrecht als auch vom amerikanischen Strafrecht (z.B. vom Kartell- und Umweltstrafrecht) praktiziert.[863]

Diese Sanktionsform wird übrigens vom Europarat empfohlen und ist in den Niederlanden schon eingeführt worden.[864]

Im griechischen Strafrecht ist die Veröffentlichung der verurteilenden Entscheidung in § 68 gr. StGB vorgesehen und zählt zu den Nebenstrafen.[865] Im deutschen Strafrecht ist eine solche Regelung nicht vorhanden.[866]

Zweck dieser Strafe ist die Stigmatisierung des Unternehmens in den Augen der Öffentlichkeit und die Verletzung des Unternehmens-Prestiges. Sie wird auch als Anti-Werbung bezeichnet.

Gerade heute, da die Unternehmen sehr viel in ihr Öko-Image investieren, könnte diese Sanktion mit schwerwiegenden Konsequenzen sowohl in ideeller als auch in finanzieller Hinsicht verbunden sein.[867]

---

862 Parker, 26. American Criminal Law Review 513, 573, 1989.

863 Siehe dazu: Fisse, in: Liebl, S. 125; Meinel, a.a.O., S. 165. Im kartellrechtlichen Bußgeldverfahren wird sie erfolgreich praktiziert. Ihre Wirkung wird besonders hoch eingeschätzt, da die Unternehmen mittels verschiedener Zugeständnisse ihre Anwendung zu vermeiden versuchen, siehe dazu: Heyse, Publizität, S. 5.

864 Siehe Waling, Umweltstrafrecht, S. 170.

865 "Das Gericht kann die Veröffentlichung der verurteilenden Entscheidung anordnen, wenn dies aufgrund des öffentlichen Interesses geboten erscheint". Kourakis, StGB Kommentar, §§ 50-78, Rn. 47, S. 57; Androulakis, AT, S. 24.

866 Sie wurde für den Bereich des Steuerrechts von der Sachverständigenkommission zur Bekämpfung der Wirtschaftskriminalität abgelehnt, und auch auf dem 49. DJT stieß sie auf Mißbilligung. Siehe dazu: Schwinge, a.a.O., S. 171.

867 Heyser, a.a.O., S. 193.

Aufgrund ihrer starken stigmatisierenden Kraft wurde sie mehrmals kritisiert, da sie ein unangemessen hartes Mittel darstelle, das sehr an die Prangerstrafe erinnere. Mit den heutigen herrschenden Auffassungen über die Zwecke der Kriminalpolitik sei ein solches Mittel kaum vereinbar (Pranger-Argument).[868]

Dieses Argument wie auch die gesamte Kritik an der Veröffentlichung als Sanktionsform kann aber nur in bezug auf natürliche Personen und nur für den Bereich des Kernstrafrechts Berechtigung haben.

– Im gleichen Rahmen ist die dritte in Frage kommende Sanktionsform zu erörtern. In Fällen rückfällig gewordener Unternehmen, die schwere Umweltverletzungen herbeigeführt haben, soll die corporate probation vorgesehen werden.

Diese vom amerikanischen Strafrecht übernommene Sanktionsform stellt ein besonders drastisches und anpassungsfähiges Instrument dar, welches den Besonderheiten jedes einzelnen Falles gerecht werden kann.[869]

Ihr Hauptzweck liegt darin, ein rechtskonformes, in unserem Fall umweltschondendes Unternehmensverhalten dadurch zu gewährleisten, daß dem Unternehmen besonders drastische, seine Struktur treffende Maßnahmen auferlegt werden.

Auf der anderen Seite wird durch die corporate probation und ihre verschiedenen Modifikationen sehr in die unternehmerische Freiheit eingegriffen[870] und aus diesem Grund sollte diese Sanktionsform streng unter dem Verhältnismäßigkeitsprinzip stehen. Die Unternehmensfreiheit muß im Rahmen des Möglichen unberührt bleiben und der Einsatz dieser Sanktionsform kann nur sehr vorsichtig und nur außerhalb des Strafrechts erfolgen.

Für besonders schwerwiegende Fälle ist also unter den oben genannten Bedingungen ein "temporales Unternehmenskuratel" vorzusehen, das den Aufbau eines umweltschondenden Risikomanagements sicherstellen soll. Der Kurator muß nur für den Bereich des Umweltschutzes und nicht für sämtliche Sektoren des Unternehmensmanagements eingesetzt werden.

Die Kombination der damit vorgeschlagenen Mittel sollte die Unrentabilität der Umweltverstöße sicherstellen und einen besseren Umweltschutz bewirken.

---

868 Schwinge, a.a.O., S. 172ff.; Schüler-Springorum in: FS für Henkel, S. 147.

869 Siehe dazu: Ehrhardt, a.a.O., S. 127ff.; Wray, 101 Yale Law Journal 1991-92, III, S. 2023.

870 Note in: Yale Law Journal 1979, S. 353ff.

Literaturverzeichnis

Achenbach Hans, Ahndende Sanktionen gegen Unternehmen und die für sie Handelnden, in: Schünemann (Hrsg.), Bausteine des europäischen Wirtschaftsstrafrechts. Coimbra Symposium für Roxin, Köln 1995. S. 285ff.

Achenbach, H., Das Zweite Gesetz zur Bekämpfung der Wirtschaftskriminalität, NJW 1986, 1835ff.

Achenbach, H., Die Sanktionen gegen die Unternehmensdelinquenz im Umbruch, JuS 1990, 601ff.

Achenbach, H., Diskrepanzen im Recht der ahndenden Sanktionen gegen Unternehmen in: Festschrift für Walter Stree und Johannes Wessels, 1993, S. 545ff.

Achenbach, H., Historische und dogmatische Grundlagen der strafrechtssystematischen Schuldlehre, Berlin 1974.

Achenbach, H., Pönalisierung von Ausschreibungsabsprachen und Verselbständigung der Unternehmensgeldbuße durch das Korruptionsbekämpfungsgesetz 1997, WuW 1997, 958ff.

Achenbach, Hans, Frankfurter Kommentar zum OWiG, 32/35, Lfg. 1993/1994, vor §§ 38, 19.

Ackermann, Bruni, Die Strafbarkeit juristischer Personen im deutschen und im ausländischen Recht, Frankfurt 1984.

Adams Heinz/Eidam Gerd, Die Organisation des betrieblichen Umweltschutzes, Frankfurt, 1991.

Albrecht, P.A., Das Strafrecht auf dem Weg vom liberalen zum sozialen Interventionsstaat. KritV 1988, 182ff.

Albrecht, Peter-Alexis, Unsicherheitszonen des Schuldstrafrechts, GA 1983, 193ff.

Albrecht/Beckmann, Strafrecht als ultima ratio. Empfehlungen der niedersächsischen Kommission, 1992.

Alexiadis, St., Der strafrechtliche Umweltschutz, Athen-Komotini 1981.

Alexiadis, St., in: Hans Heinrich Jescheck, Das Strafrecht der BRD. Ins Griechische übersetzt von Kourakis/Kareklas/Livos, Athen 1987. (zitiert Alexiadis in H.H. Jescheck)

Alexiadis, St., Prozessuale Probleme der Straftaten gegen die Umwelt in: EEPD, Der Strafrechtliche Umweltschutz. Protokolle des 5. Panhellenischen Kongresses. Athen 1996, S.55ff.

Alwart, Heiner, Strafrechtliche Haftung des Unternehmens – vom Unternehmenstäter zum Täterunternehmer, ZStW 1993, 752ff.
Amygdalos, Nik., Die Verfassungsmäßigkeit der Geldbußen, Poin.Chr. (LST) 1986, 221ff.
Anagnostopoulos, I., Der strafrechtliche Schutz der Meeresumwelt in: EEPD, Protokolle des 5. Panhellenischen Kongresses, Athen 1996, S. 81ff.
Androulakis, N., Allgemeiner Teil, Die Verbrechenslehre, Athen 2000.
Androulakis, N., Grundbegriffe des Strafprozesses, Athen 1972.
Androulakis, N., Menschliches Verhalten als zentraler Bezugspunkt rechtlicher und insbesondere strafrechtlicher Normierung, Festschrift für Zepos, Bd. I, 1973.
Androulakis, N., Strafrecht. Allgemeiner Teil, Bd. I: Die Grundlagen, Athen-Komotini, 1985. Bd. II: Der objektive Tatbestand, Athen 1986. Bd. III: Die Schuld, Athen 1986.
Androulakis, N., Studien zur Problematik der unechten Unterlassungsdelikte, München, 1963.
Androulakis, N., Über die Wirtschaftskriminalität, in: EEPD, Protokolle des IV Panhellenischen Kongresses, Athen 1993, S.9.
Androulakis, N., Zurechnung, Schuldbemessung und personale Identität, ZStW 1970, 496ff.
Androulakis, N., Der Einfluß der Verfassung aus dem Jahre 1975 auf das private und das öffentliche Recht, Athen 1978.
Antoniou, Theodora, Das soziale Recht zur Nutznießung der Umwelt, ToS 1987, 116ff.
Arzt/Weber, Strafrecht. Besonderer Teil. Wirtschaftsstraftaten, Vermögensdelikte. Fälschungsdelikte, LH 4, 2. Aufl. 1989.
Athanassopoulos, G., Die griechische Verwaltung, 1983.
Backes, Otto, Strafgesetze gegen die Umwelt, in: Bad.-Württbg. Strafverteidiger e.V. (Hrsg.), Mehr gesellschaftliche Konflikte – mehr oder weniger Strafrecht? 12. Strafverteidigertag, 11.-24. April 1988, Landsberg 1989, S. 153ff.
Badura, Peter, Generalprävention und Menschenwürde, JZ 1964, 337ff.
Badura/Ehlers/Erichsen/Ossenbühl/Papier, Allgemeines Verwaltungsrecht, 11. Aufl. 1998.
Bähr, Erich, Strafbarkeit ohne Verschulden im Strafrecht der USA, 1974, Baden-Baden 1974.
Baratta, Alessandro, Philosophie und Strafrecht, 1985.
Bartsch, Torsten: Umweltschutz und Unternehmensorganisation, 1997.
Baumann, Jürgen/Weber, Ulrich/Mitsch, Wolfgang: Strafrecht. Allgemeiner Teil. Lehrbuch, 10. Auf. 1995.
Baurmann, Michael, Das Problem der sozialen Unordnung, 1993.

Baurmann, Michael, Zweckrationalität und Strafrecht, Opladen 1987.
Bausteine des europäischen Wirtschaftsstrafrechts. Coimbra Symposium für Klaus Roxin, Schünemann (Hrsg.) Köln u.a. 1995.
Bausteine des europäischen Wirtschaftsstrafrechts. Madrid Symposium für Klaus Tiedemann, Schünemann/Gonzáles (hrsg.) Köln 1994.
Beck, Ulrich, Gegengifte. Die organisierte Unverantwortlichkeit, Frankfurt 1988
Beling, Ernst, Grundzüge des Strafrechts, 11. Aufl. Tübingen 1930.
Beling, E., Die Lehre vom Verbrechen, Tübingen 1906, Neudruck 1964.
Bennet, Steven, Development in the movement against corporate crime, in: 65 New York Law Review 1990, I, S. 871ff.
Beulke, Werner/Bachmann, Gregor, Die "Lederspray Entscheidung"- BGHSt 37, 106, JuS 1992, 737ff.
Binding, Karl, Die Normen, 4. Aufl. Bd. I, 1922. Neudruck 1991.
Binding, K., Strafrecht. Besonderer Teil I, Bd. 2, 1902. Neudruck 1969.
Binding, K., Handbuch des Strafrechts, Leipzig 1885
Bindokat, Fahrlässige Mittäterschaft im Strafrecht, JZ 1979, 434ff.
Bleckmann, Albert, Die Überlagerung des nationalen Strafrechts durch das europäische Gemeinschaftsrecht, in: Festschrift für Stree/Wessels, Johannes, 1993, S. 107ff.
Bock, Michael, Ideen und Schimären im Strafrecht, ZStW 1991, 636ff.
Bock, M., Prävention und Empirie – Über das Verhältnis von Strafzwecken und Erfahrungswissen, JuS 1994, 89ff.
Bode, H. Jürgen, Grundzüge des neuen Rechts der Ordnungswidrigkeiten, NJW 1968, 1449ff.
Boldt, Karl, Die Rolle der Strafverfolgungsbehörden beim Umweltschutz aus polizeilicher Sicht, Die Polizei 1992, S. 77ff.
Bosetzky, Horst, Grundzüge einer Soziologie der Industrieverwaltung, Stuttgart 1970.
Bottke, Wilfried, Das Wirtschaftsstrafrecht in der BRD, wistra 1991, 1ff.
Bottke, W., Haftung aus Nichtverhütung von Straftaten Untergebener, Berlin 1994.
Bottke, W., Empfiehlt es sich die strafrechtliche Verantwortlichkeit für Wirtschaftsstraftaten zu verstärken? wistra 1991, 81ff.
Braithwaite, Enforced self-regulation, 80 Michigan Law Review, 1982, 1466ff.
Brammsen, Joerg, Kausalitäts- und Täterschaftsfragen bei Produktfehlern. BGH-Urteil vom 6.7.1990. Jura 1991, 533ff.
Brender, Markus, Die Neuregelung der Verbandstäterschaft im Ordnungswidrigkeitenrecht, Rheinfelden 1989.
Breuer, Rüdiger, Verwaltungsrechtlicher und strafrechtlicher Umweltschutz, JZ 1994, 1077ff.

Breuer/Kloepfer/Marburger/Schröder, (Hrsg.), Umweltschutz und technische Sicherheit in Unternehmen. 9. Trierer Kolloquium zum Umwelt- und Technikrecht 1993, Heidelberg 1994

Busch Richard, Grundfragen der strafrechtlichen Verantwortlichkeit von Verbänden, Leipzig 1933.

Busch, Ralf, Unternehmen und Umweltstrafrecht, Osnabrück 1997.

Charalambakis, Aristoteles, Straftaten gegen die Umwelt, gemeingefährliche Delikte und Gefährdungsdelikte, in: EEPD, Protokolle des V. Panhellenischen Kongresses, Athen 1996. S. 43ff.

Chorafas, Nikolaos, Über den Begriff der Schuld, 1923, Neudruck, 1992

Chorafas, N., Strafrecht, Bd. I. Bearbeitet von Stamatis, 9. Aufl., Athen 1978.

Clinard, M./Quinney, Richard, Criminal Behaviour Systems, A typology, 2. Aufl. New York 1973

Clinard, Marschall/Yeager, Peter, Corporate Crime, New York, 1980

Coffee, John C., "no soul to damn, no body to kick". An unscandalised Inquiry into the Problem of corporate punishment in: Michigan Law Review (79) 1981, S. 386ff.

Coffee, John C., Corporate crime and punishment, 17 American Criminal Law Review 1980, 419.

Cohen, Stanley/Short, James, Zur Erforschung delinquenter Subkulturen, in: Sack/König, (Hrsg.) Kriminalsoziologie, 3. Aufl. Frankfurt 1979, S. 372ff.

Coing, Helmut, Grundzüge der Rechtsphilosophie, 5. Aufl. 1993

Cross, Rupert/Jones, Philip Asteley, An introduction to criminal law, 6. Aufl. 1968. 8. Aufl 1976., 11. Aufl. 1988

Dagtoglou, Prodromos, Die Grundrechte, Bd. I, Athen 1991

Dagtoglou, Pr., Die griechische Verfassung von 1975. Eine Einführung, JÖR 1983, 355ff.

Dannecker, Gerhard, Sanktionen und Grundsätze des allgemeinen Teils im Wettbewerbsrecht der EG in: Bausteine eines europäischen Wirtschaftsstrafrechts, Schünemann/Gonzáles (Hrsg.) Madrid Symposium für K. Tiedemann, Köln 1994.

Dannecker, G./Fischer-Fritsch, Jutta, Das EG-Kartellrecht in der Bußgeldpraxis, Köln 1989.

Dannecker, G., Die Verhängung von Geldbußen gegen Unternehmen als Mittel zur Durchsetzung des Europäischen Wettbewerbs, MSchrKrim 1991, 268ff.

Danner, Tatvergeltung oder Tätererziehung, 2. Aufl. 1972

De Frenes, Michael, Das US-amerikanische Kartellstrafrecht, Köln 1984.

Dedes, Christos, Strafprozeßrecht, Athen 1990

Dedes, Chr., Die Arten der Unterlassungsdelikte, GA 1977, 230ff.

Delmas-Marty, Mireille, La responsabilité pénale des groupments, Revue internationle de droit pénal, 1980, 39f.
Delmas-Marty, M., Die Strafbarkeit juristischer Personen nach dem neuen französischen code pénal, in Schünemann/Gonzáles (Hrsg.) Madrid Symposium für Klaus Tiedemann, 1994, S. 305.
Dencker, Friedrich, Gefährlichkeitsvermutung statt Tatschuld?, StV 1988, 262ff.
Deruyck, Filiep, Verbandsdelikt und Verbandssanktion. Eine Untersuchung zum belgischem und deutschem Recht, Gießen 1990
Dervenzas, Vas., Die Umweltverschmutzung und ihre strafrechtliche Bewältigung, Poin. Chr. 1977, S.609ff.
Deutscher Juristentag, Verhandlungen des 49. Deutschen Juristentages Düsseldorf 1972, Band II, Sitzungsberichte, München 1972.
Dimitratos, N., Kriminalpolitik und symbolisches Strafrecht, Nomiko Vima, 1993, 1045.
Dreher, Eduard, Plädoyer für den Einheitstäterschaft im Ordnungswidrigkeitenrecht, NJW 1970, 217ff.
Dreher, Eduard, Die Willensfreiheit, 1987.
EEPD, Protokolle des IV. Panhellenischen Kongresses: Die Wirtschaftsdelikte, Athen 1993.
EEPD, Protokolle des V. Panhellenischen Kongresses: Der strafrechtliche Umweltschutz, Athen 1996.
Ehrhardt, Anne, Unternehmensdelinquenz und Unternehmensstrafe, Berlin 1994.
Eidam, Gerd, Straftäter Unternehmen, Köln 1997.
Eidam, Gerd, Unternehmen und Strafe, Vorsorge und Krisenmanagement, Köln u.a., 1993.
Eisenberg, Ulrich, Kriminologie, 4. Aufl. 1995.
Ellscheid/Hassemer, Strafe ohne Vorwurf. Bemerkungen zum Grund strafrechtlicher Haftung, in: Civitas, Bd. 9, 1970, S. 27ff.
Endruweit, Günther, Organisationssoziologie, 1981.
Engisch, Karl, Empfiehlt es sich die Strafbarkeit von juristischen Personen gesetzlich vorzusehen? in: Verhandlungen des 40. DJT 1953, Bd. II, 1954, S.E7ff.
Erbs, Georg/Kohlhaas, Max, Strafrechtliche Nebengesetze, 4. Aufl. 1991
Erichsen Sven, Der ökologische Schaden im internationalen Umwelthaftungsrecht, 1993
Eser, Albin, Umweltschutz: Eine Herausforderung für das Strafrecht – national und international, in: Kühne/Miyazawa (Hrsg.) Neue Strafrechtsentwicklungen im deutsch-japanischen Vergleich, 1995, S. 97ff.
Eser, A./Huber, Barbara, (Hrsg.), Strafrechtsentwicklung in Europa, 1982/1984, Freiburg 1985

Eser, Albin, Ökologisches Recht, in: Markl (Hrsg.), Natur und Geschichte, München 1983, S.349ff.
Etairia Nomikon Boreiou Ellados, (Gesellschaft der Juristen Nordgriechenlands), Probleme des Umweltschutzes, Thessaloniki 1989
Figueiredo Dias Jorge, Vom Verwaltungsstrafrecht zum Nebenstrafrecht. Eine Betrachtung im Lichte der neuen portugiesischen Rechtsordnung, in: Festschrift für H. H. Jescheck zum 70. Geburtstag, 1985, S.79ff.
Fisse, Brent., Sanktionen gegen Unternehmen: Grenzen der Geldstrafe und das Potential alternativer Sanktionen in: Liebl, Karlhans (Hrsg.) Internationale Forschungsergebnisse auf dem Gebiet der Wirtschaftskriminalität, 1987, S. 117ff.
Fisse, Brent, Reconstructing corporate criminal law, 56 Southern California Law Review 1983, 1141.
Flume, Werner, Allgemeiner Teil des bürgerlichen Rechts, Bd. I, 2.Teil, Die juristische Person, Berlin 1983
Frank, Über den Aufbau des Schuldbegriffs in: FS für die juristische Fakultät Gießen, 1907, S. 3ff.
Franzheim, Horst, Umweltstrafrecht. Eine Darstellung für die betriebliche und forensische Praxis, 1991
Frey, Umweltökonomie, 1992
Frisch, Prognoseentscheidung im Strafrecht. Zur normativen Relevanz empirischen Wissens und zur Entscheidung bei Nichtwissen, Hamburg u.a. 1983
Fuchs, Niklas Luhmann – beobachtet. 2. Aufl. 1993
Georgakis, I., Geistesgeschichtliche Studien zur Kriminalpolitik und Dogmatik Franz von Liszts, 1940
Georgakis, I., Strafrecht, Bearbeitet von A. Charalambakis. Athen-Komotini 1991
Georgatos, G., Umweltdelikte. Die Suche nach dem Träger der Zivilklage im Strafverfahren, No. V. 1991, 477ff.
Georgiades, Apostolos, Sachenrecht, Athen, 1983
Giannopoulos, Th., Die neuen strafrechtlichen Bestimmungen zum Umweltschutz, NoB 1987, 644ff.
Gierke, Otto von, Die Genossenschaftstheorie und die deutsche Rechtsprechung, Berlin 1887
Glanville, Williams, Criminal Law. The General part, 1. Aufl., 1953, 2. Aufl. 1961
Göhler, Erich, Die strafrechtliche Verantwortlichkeit juristischer Personen, Beiheft zur ZStW 1978, S.100ff.
Göhler, E., Gesetz über Ordnungswidrigkeiten, 12. Auflage, 1998

Göhler, E., Zur strafrechtlichen Verantwortlichkeit des Betriebsinhabers für die in seinem Betrieb begangenen Zuwiderhandlungen, in: Festschrift für Eduard Dreher zum 70. Geburtstag, 1977. S. 611ff.

Goldschmidt, James, Das Verwaltungsstrafrecht, Berlin 1902

Gröblinghof, Stefan, Die Verpflichtung des deutschen Strafgesetzgebers zum Schutz der Interessen der Europäischen Gemeinschaft, 1996

Grünhut, Max, Das englische Strafrecht in: Mezger/Schönke/Jescheck, Das ausländische Strafrecht der Gegenwart, Bd. III, 1959

Habermas, Jürgen, Legitimationsprobleme im Spätkapitalismus, 1973

Haffke, Wird das materiell Strafrecht von dem geplanten Strafvollzugsgesetz unterlaufen? MSchrKrim 1975, 40ff.

Hafter, Ernst, Lehrbuch des schweizerischen Strafrechts. Allgemeiner Teil, 1926

Hafter, Ernst, Die Delikts- und Straffähigkeit von Personenverbänden, 1903

Hall, Jerome, General Principles of Criminal Law, 2. Aufl. 1960

Hamann, Hartmut, Das Unternehmen als Täter im europäischen Wettbewerbsrecht, 1992

Hans de Doelder, Die Strafbarkeit der juristischen Personen in den Niederlanden, in: Bausteine des europäischen Strafrechts. Schünemann/Gonzáles (Hrsg.) Madrid Symposium für K. Tiedemann, 1994, S. 311.

Hartung, Fritz, Empfiehlt es sich die Strafbarkeit der juristischen Personen gesetzlich vorzusehen? in: Verhandlungen des 40. DJT 1953, Bd.II, Tübingen 1954, S. E 43ff.

Hassemer, Winfried, Alternativen zum Schuldprinzip in: Baumgartner/Eser, Schuld und Verantwortung, S. 89ff.

Hassemer, W., Entkriminalisierung im Betäubungsmittelstrafrecht, KritV 1993, 198ff.

Hassemer, W., Grundlinien einer personalen Rechtsgutslehre, in: Phillips, L./Scholler, H. (Hrsg.) Jenseits des Funktionalismus, Arthur Kaufmann zum 65. Geburtstag, Heidelberg 1989, S.85ff.

Hassemer, W., Kennzeichen und Krisen des modernen Strafrechts, ZRP 1992, 378ff.

Hassemer, W., Produktverantwortung im modernen Strafrecht, Heidelberg 1994

Hassemer, W., Strafziele im sozialwissenschaftlich orientierten Strafrecht in: Hassemer/Lüderssen/Naucke, Fortschritte im Strafrecht durch Sozialwissenschaften, Heidelberg 1983 S.39ff.

Hassemer, W., Symbolisches Strafrecht und Rechtsgüterschutz, NStZ 1989, 553ff.

Hassemer, W./Meinberg, V., Umweltschutz durch Strafrecht, Neue Kriminalpolitik, 1989, 46ff.

Hassemer, Winfried, Prävention im Strafrecht, JuS 1987, 257ff.

Hegel, Georg Wilhelm Friedrich, Grundlinien der Philosophie des Rechts, hrsg. von Hellmut Reichelt, Frankfurt u.a. 1972
Heine Günther, Beweislastumkehr im Strafverfahren?, JZ 1995, 651ff.
Heine G., Umweltstrafrecht im Rechtsstaat, ZUP 1995, 63ff.
Heine G., Von individueller zu kollektiver Verantwortlichkeit. Einige Grundfragen der aktuellen Kriminalpolitik in: Arnold,J./Burkhardt B./Gropp,W./ Koch, H-G.,
Grenzüberschreitungen, Beiträge zum 60. Geburtstag von Albin Eser, Freiburg 1995, S. 51ff.
Heine G., Die strafrechtliche Verantwortlichkeit von Unternehmen, Baden-Baden 1995
Heine, G., Die strafrechtliche Verantwortlichkeit von Unternehmen: internationale Entwicklung – nationale Konsequenzen, ÖJZ 1996, 211ff.
Heine, G., Erkennung und Verfolgung von Umweltstraftaten im europäischen Rechtsraum, UPR 1987, 281ff.
Heine, G., in: Breuer/Kloepfer/Marburger/Schröder (Hrsg.) Umweltschutz und technische Sicherheit in Unternehmen, 9. Trierer Kolloquium zum Umwelt- und Technikrecht 1993, Heidelberg 1994
Heine, G., Verwaltungsakzessorietät des Umweltstrafrechts, NJW 1990, 2425ff.
Heine, G./Meinberg, V., Das Umweltstrafrecht – Grundlagen und Perspektiven einer erneuten Reform, GA 1990, 1ff.
Heine, G./Meinberg, V., Empfehlen sich Änderungen im strafrechtlichen Umweltschutz, insbesondere in Verbindung mit dem Verwaltungsrecht? Gutachten D zum 57. DJT 1988, München 1988
Heine, G./Prabhu, M./ Alvazzi del Frate, A.: Environmental Protection. Potentials and limits of criminal justice, 1997.
Heine, G./Waling, C., Die Durchsetzung des Umweltstrafrechts in den Niederlanden, JR 1989, 402ff.
Heinitz, Ernst, Empfiehlt es sich die Strafbarkeit der juristischen Personen gesetzlich vorzusehen? Verhandlungen des 40. DJT, Bd. I, 1953, S.69.
Heinz, Wolfgang, Die Bekämpfung der Wirtschaftskriminalität mit strafrechtlichen Mitteln, GA 1977, 193ff.
Herzberg, Rolf Dietrich, Die Sorgfaltswidrigkeit im Aufbau der fahrlässigen und der vorsätzlichen Straftat, JZ 1987, 536ff.
Herzberg, Rolf Dietrich, Die Unterlassung im Strafrecht und das Garantienprinzip, Berlin 1972
Herzberg, Rolf Dietrich, Täterschaft und Teilnahme, München, 1977
Herzog, Felix, Gentechnologie – Forschungskontrolle durch Strafrecht, ZStW 1993, 727ff.

Herzog, Felix, Gesellschaftliche Unsicherheit und strafrechtliche Daseinsvorsorge, Frankfurt 1990
Hesse, Konrad, Grundzüge des Verfassungsrechts der BRD, 20. Aufl. 1995
Heyser, Sylvia, Publizität im kartellrechtlichen Bußgeldverfahren, 1990
Hilgendorf, Eric, Gibt es ein Strafrecht der Risikogesellschaft? – Ein Überblick, NStZ 1993, 10ff.
Hilgendorf, Eric, Fragen der Kausalität bei Gremienentscheidungen am Beispiel des Lederspray-Urteils, NStZ 1994, 561ff.
Hippel, Robert von, Lehrbuch des Strafrechts, Berlin 1930
Hippel, R. von, Deutsches Strafrecht, Bd. 2. Berlin 1930
Hirche, Walter, Mehr Umweltschutz durch mehr Eigenverantwortung? in: M. Kloepfer (Hrsg.), Selbstbeherrschung im technischen und ökologischen Bereich, 1. Berliner Kolloquium der Daimler/Benz Stiftung, 1998
Hirsch, Hans Joachim, Das Schuldprinzip und seine Funktion im Strafrecht, ZStW 1994, 746ff.
Hirsch, H. J., Die Frage der Straffähigkeit von Personenverbände, Opladen 1993
Hirsch, H. J., Straf- und Strafprozeßrecht gegenüber neuer Formen und Techniken der Kriminalität, in: Hirsch/Hofmanski/Plywaczeski/Roxin (Hrsg.), Neue Erscheinungsformen der Kriminalität und ihre Auswirkungen auf das Straf- und Strafprozeßrecht, Deutsch-Polnisches Kolloquium, Bialystok 1995. S. 33ff.
Hirsch, H. J., Die Entwicklung der Strafrechtsdogmatik nach Welzel, in: Festschrift der Rechtswissenschaftlichen Fakultät zur 600 Jahr-Feier der Universität zu Köln, 1988, S. 399ff.
Hoch, Hans, Die Rechtswirklichkeit des Umweltstrafrechts aus der Sicht von Umweltverwaltung und Strafverfolgung, Freiburg 1994
Hoffmann, Entwicklung der Organisationsforschung, 1973
Honig, Richard, Das amerikanische Strafrecht in: Mezger/Schönke/Jescheck, (Hrsg.) Das ausländische Strafrecht der Gegenwart, Bd. IV, Berlin 1962, S. 7ff.
Hsü, Yü-hsiu, Garantenstellung des Betriebsinhabers zur Verhinderung strafbarer Handlungen seiner Angestellten? Pfaffenweiler 1986
Hümbsch-Krusche, M.,/Krusche, M., Die strafrechtliche Erfassung von Umweltbelastungen – Strafrecht als ultima ratio der Umweltpolitik? Stuttgart/Berlin/Köln/Mainz 1983
Hundt, H., Die Wirkungsweise der öffentlich-rechtlichen Genehmigung im Strafrecht, Berlin 1993
Hundt, H., Von der Repression zur Legalisierung, ZRP 1993, 213ff.
Iliopoulos, T., System des griechischen Strafrechts, 4. Aufl. 1927. 5. Aufl. 1936

Jakobs, Günther, Das Schuldprinzip, Rheinisch-Westfälische Akademie der Wissenschaften, 1993
Jakobs, G., Norm, Person, Gesellschaft, 1998
Jakobs, G., Schuld und Prävention, 1976
Jakobs, G., Strafrecht. Allgemeiner Teil. Die Grundlagen und die Zurechnungslehre, 2. Aufl. Berlin/New York 1991
Jakobs, G., Anmerkung zu BGH, NStZ 1994, 537. NSTZ 1995, 26ff.
Jecheck, Hans-Heinrich/Weigend, Thomas, Lehrbuch des Strafrechts, Allgemeiner Teil, 5. Aufl. Berlin 1996
Jescheck, H. H., Das deutsche Wirtschaftsstrafrecht, JZ 1959, 457ff.
Jescheck, H. H., Die Behandlung der Personenverbände im Strafrecht, SchwZStr 1955, 242ff.
Jescheck, H. H., Die strafrechtliche Verantwortlichkeit von Personenverbänden, ZStW 1953, 210ff.
Jescheck, H. H., Zur Frage der Strafbarkeit von Personenverbänden, DÖV 1953, 539ff.
Jünemann, Matthias, Rechtsmißbrauch im Umweltstrafrecht, 1998
Jung, Heike, Die Bekämpfung der Wirtschaftskriminalität als Prüfstein des Strafrechtssystems, Berlin 1979
Kadner, Thomas, Der Ersatz ökologischen Schäden 1995
Kaiafa/Gbanti, M., Die gemeingefährliche Delikte, Thessaloniki 1987
Kaiser, Günther, Kriminologie 10. Aufl. 1997
Kaiser, G., Kriminologie, Eine Einführung in die Grundlagen, 8. Aufl. 1988
Kaiser, G., Kriminologie. Ein Lehrbuch, 3. Aufl. 1996
Kaiser, Volker, Verbandssanktionen des Ordnungswidrigkeitenrechts, Münster 1975
Kallia, A./Pavlopoulou, V./Pavlopoulos, P., Der rechtliche Status des Umweltschutzes, Athen-Komotini, 1984
Kaninias, Sp., Umweltgesetz, Poin. Chr. (LG) 1983, 92ff.
Kant, Immanuel, Metaphysik der Sitten, 1979, neu hrsg. von Vorländer 1954
Karakostas, Ioan., Neue Entwicklungen des Umweltschutzes im griechischen Zivilrecht, ZfU 1990, 295ff.
Karakostas, I., Rechtsmittel zum Schutz der Umweltgüter im griechischen Recht, NuR 1993, 467ff.
Karakostas, I., Umwelt und Zivilrecht, Athen-Komotini, 1986
Karamanidis, G., Der strafrechtliche Umweltschutz in Griechenland, Pfaffenweiler 1985
Kareklas, Stefanos., Die Lehre vom Rechtsgut und das Umweltstrafrecht, Tübingen 1990

Kareklas, St., Landesbericht Griechenland. In: Eser/Huber (Hrsg.) Strafrechtsentwicklung in Europa 2. Landesberichte 1984/1986, Teilbd. 1. Freiburg, 1988, S. 593ff.
Kareklas/Fitrakis, Landesbericht Griechenland in: Umweltstrafrecht in Mittel- und südeuropäischen Ländern, Freiburg 1997, S. 141ff.
Kargl, Walter, Kritik des Schuldprinzips, Frankfurt 1982
Karlsruher Kommentar zum OWiG, hrsg. von Karlheinz Boujong, München 1989
Karras, A., Opferrechte als Zivilkläger im Strafverfahren, in: EEPD Protokolle des II. Panhellenischen Kongresses, Athen 1989, 97ff.
Katsantonis, Al., Der Handlungsbegriff in existenzial-ontologischer Sicht, ZStW 1960, 351ff.
Katsantonis, A., Strafrecht. Allgemeiner Teil, Bd. I, Das Verbrechen, Athen 1969.
Katsantonis A., Strafrecht, AT, Bd. II, Athen 1978.
Kaufmann, Arthur, Das Schuldprinzip. Eine strafrechtliche-rechtsphilosophische Untersuchung, Heidelberg 1976
Kaufmann, Arthur, Schuld und Prävention, in: Festschrift für Wassermann, Darmstadt, 1985 S. 889ff.
Kaufmann, Arthur, Schuldprinzip und Verhältnismäßigkeitsgrundsatz, in: Festschrift für R. Lange, 1976, S. 27ff.
Kaufmann, Arthur, Unzeitgemäße Betrachtungen zum Schuldgrundsatz, Jura 1986, 225ff.
Kausch, H.G., Grundzüge des Umweltrechts der USA am Beispiel der Luftreinhaltung, 1972
Keller, Rolf, in: Verhandlungen des 57. DJT, Bd.II, Referat, München 1988 L 7ff.
Kinkel, Klaus, Liberale Rechtspolitik in der 12. Legislaturperiode, ZRP 1991, 409ff.
Kirchof, Paul, Kontrolle der Technik als staatliche und private Aufgabe, NVwZ 1988, 97ff.
Kloepfer, Michael, Geschichte des Umweltrechts, Berlin 1989
Kloepfer, Michael, Umweltrecht, Berlin 1989
Kloepfer, Michael/Vierhaus, H. Peter, Umweltstrafrecht, München 1995
Knopp, L./Striegl, St., Umweltschutzorientierte Betriebsorganisation und Risikominimierung, BB 1992, 2009ff.
Koch, Birgit, Die Strafbarkeit juristischer Personen nach dem neuen französischen Code pénal, ZStW 1995, 405ff.
Köck, Wolfgang, Umweltabgaben – Quo Vadis? JZ 1993, 59ff.
Köhler, H., BGB. Allgemeiner Teil, 1998

Köhler, M., Deutsches Strafrecht. Allgemeiner Teil, 1997

Köhler, Michael, Der Begriff der Strafe, Heidelberg 1986

Kourakis, Nestor Constantin, Wirtschaftsdelikte in Griechenland. Erscheinungsformen und Kriminalpolitik, in: K. Liebl, Internationale Forschungsergebnisse auf dem Gebiet der Wirtschaftskriminalität 1987, S. 73ff.

Kourakis, N.C., Die Wirtschaftsdelikte I, 2. Auflage, Athen 1998.

Kourakis, N.C., Wirtschaftsdelikte und Wirtschaftsstrafrecht in: Strafrechtliche Nebengesetze, Athen 1985, S. 66ff.

Kourakis, N. C., Struktur und Auslegungsaspekte im angelsächsischen Strafrecht, GA 1981, S. 533ff.

Kourakis N. C., Das Wirtschaftsdelikt in Griechenland heute, in Poiniki Dikaiosini 2000, S. 644 ff.

Koutsoumaris, Die strafrechtliche Verantwortlichkeit von juristischen Personen, Elliniki Dikaiosini, 1970, 111ff.

Krauß, Detlef, Sicherheitsstaat und Strafverteidigung, StV 1989, 315ff.

Krauß, D., Probleme der Täterschaft in Unternehmen, Plädoyer 1/ 1989, 40ff.

Kuhlen, Lothar, Zur Rechtfertigung der Gewässerverschmutzung, StV 1986, 544ff.

Kuhlen, L., Fragen einer strafrechtlichen Produkthaftung, Heidelberg 1989

Kuhlen, L., Strafhaftung bei unterlassenem Rückruf gesundheitsgefährdeter Produkte, NStZ 1990, 566ff.

Kuhlen, L., Umweltstrafrecht – Auf der Suche nach einer neuen Dogmatik, ZStW 1993, 697ff.

Kuhlen, L., Umweltstrafrecht: auf der Suche nach einer neuen Dogmatik in: 2. Deutsch-Ungarisches Kolloquium über Strafrecht und Kriminologie, 1995, 217ff.

Kuhlen, L., Zum Umweltstrafrecht in der BRD, WiVerw 1991, 181ff., WiVerw 1992, 215ff.

Kuhlen, L., Grundfragen der strafrechtlichen Produkthaftung, JZ 1994, 1142ff.

Lackner, Karl, Prävention und Schuldfähigkeit, in: Festschrift für Kleinknecht, 1985, 245ff.

Lackner, Karl/Kühl, Kristian, Strafgesetzbuch mit Erläuterungen, 22. Aufl. München 1998

Ladeur, Karl-Heinz, Jenseits von Regulierung und Ökonomiesierung der Umwelt: Bearbeitung von Ungewißheit durch (selbs-)organisierte Lernfähigkeit, ZfU 1987, 1ff.

Ladeur, Karl-Heinz, Umweltrecht und technologische Innovation, Jahrbuch für Umwelt- und Technikrecht, 1988, UTR Band 5, München 1988, S. 305ff.

Lampe, Ernst Joachim, Systemunrecht und Unrechtssysteme, ZStW 1994, 683ff.

Lampe, E. J., Wirtschaftsstrafrecht, in: Albers u.a.(Hrsg.), Handwörterbuch der Wirtschaftswissenschaft, Bd.9, Stuuttgart, 1981.

Lampe, E. J., Aktuelle Probleme der Wirtschaftskriminalität in: Neue Erscheinungserscheinungsformen der Kriminalität und ihre Auswirkung auf das Straf- und Strafprozeßrecht, Deutsch-polnisches Strafrechtskolloquium, 1995, S. 33ff.

Lang-Hinrichsen, Dieter, "Verbandsunrecht". Zugleich ein Beitrag zur Lehre der Ordnungswidrigkeiten, in: Festschrift für Hellmuth Mayer, Berlin 1966, 49ff.

Lange, Richard, Der Strafgesetzgeber und die Schuldlehre, JZ 1956, 73ff.

Lange, R., Zur Strafbarkeit von Personenverbänden, JZ 1952, 261ff.

Lange, R., Nur eine Ordnungswidrigkeit?, JZ 1957, 233ff.

Larenz/Wolf, Allgemeiner Teil des deutschen BGB, 8. Auf. 1998

Leigh, Leonard H., Criminal liability of corporations in englisch law, London 1969

Leipziger Kommentar zum Strafgesetzbuch. Großkommentar herausgegeben von Hans-Heinrich Jescheck, Wolfgang Ruß, Günther Wilms, 10. Aufl. Berlin/ New York ab 1985, 11. Aufl. ab 1992. (zitiert LK-Bearbeiter)

Liszt, Franz von/Schmidt, Lehrbuch des deutschen Strafrechts, 26. Aufl. 1932

Liszt, Franz v., Lehrbuch des deutschen Strafrechts, 21/22. Aufl. Berlin/Leipzig, 1919

Liszt, Franz von, Aufsätze und Vorträge, Bd. II, Berlin 1905

Lüderssen, Klaus/Sack, Fritz, (Hrsg.), Seminar abweichendes Verhalten, II, 1, 1975, S. 266ff.

Lüderssen, K., Die Krise des öffentlichen Strafanspruchs, Frankfurt 1989

Luhmann Niklas, Funktionen und Folgen formaler Organisation, 4. Aufl. 1995

Luhmann, N. Rechtstheorie als Grundlagenwissenschaft der Rechtswissenschaft, 1972.

Luhmann, N., Die Wirtschaft als Gesellschaft, Frankfurt 1988

Luhmann, N., Die Wirtschaft der Gesellschaft als autopoietisches System, ZfRSoz. 1984, 308ff.

Luhmann, N., Rechtssoziologie, 3. Aufl. Opladen 1987

Luhmann, N., Soziale Systeme: Grundriss einer allgemeinen Theorie, 1. Aufl. 1987.

Lytras, Sotirios, Bedeutung und grundsätzliche Differenzierungen der Sanktionen im griechischen Recht, Athen 1984.

Magoulas/Mentis, Umweltrecht und Umweltschutz in Griechenland in: Donner/Magoulas/Simon (Hrsg.) Umweltschutz zwischen Markt und Staat, 1989.

Maiwald, Manfred, Zum fragmentarischen Charakter des Strafrechts, Festschrift für Maurach, 1972, S.9ff.

Maiwald, Manfred, Gedanken zu einem sozialen Schuldbegriff, in: Festschrift für Lackner, 1982, S. 149ff.

Mangakis, Georgios A., Strafrecht. Allgemeiner Teil, 2. Aufl., Athen 1982.

Mangakis, G.A., Über das Verhältnis von Strafrechtsschuld und Willensfreiheit, ZStW 1963, 499ff.

Mangakis, G.A., Über die Erfolgs- und Schuldhaftung als Kategorien geschichtlicher Betrachtung, ZStW 1971, 283ff.

Mangakis, G.A., Das Problem des Wirtschaftsstrafrechts, Poin.Chr. 1958, 385ff., 465ff.

Manoledakis, Ioannis, Die Wirtschaftsdelikte des Nebenstrafrechts in: EEPD, Protokolle des IV. Panhellenischen Kongress Athen 1993, S. 97ff.

Manoledakis, I., in: EEPD, Protokolle des V. Panhellenischen Kongress, Der strafrechtliche Umweltschutz, Athen 1996, S. 125.

Manoledakis, I., Strafrecht. Allgemeiner Teil. (Epitomi), Thessaloniki 1985

Manoledakis, I., Allgemeine Strafrechtslehre, Thessaloniki, 1976, 1978, 1981.

Martin, Jörg, Strafbarkeit grenzüberschreitender Umweltbeeinträchtigungen, Freiburg 1989.

Mattes, Heinz, Die Problematik der Umwandlung der Verkehrsübertretungen in Ordnungswidrigkeiten, ZStW 1970, 25ff.

Maurach, Reinhart/Zipf, Heinz, Strafrecht. Allgemeiner Teil, Teilband I, 8. Aufl., Heidelberg 1992

Mayer, Hellmut, Strafrecht. Allgemeiner Teil, Stuttgart 1953. Mayer, H., Strafrecht. Allgemeiner Teil, 1968

Mayer, M.E., Der allgemeine Teil des deutschen Strafrechts, Heidelberg, 1915

Meier, Bernd Dieter, Verbraucherschutz durch Strafrecht?, NJW 1992, 3193.

Meinberg, Volker, Empirische Erkenntnisse zum Vollzug des Umweltstrafrechts, ZStW 1988, 112ff.

Meinberg, Volker/Möhrenschlager, Manfred /Link, Wolfgang (Hrsg.), Umweltstrafrecht, Düsseldorf 1989

Meinberg/Link, Umweltstrafrecht in der Praxis, Falldokumentation zur Erledigung von Umweltstrafverfahren, Max Planc Institut Freiburg 1988

Meinel, Johannes, Umweltstrafrecht und Umweltkriminalität in den USA, Frankfurt, 1988

Mestre, Achilles, Les personnes morales et le probléme de leur responsabilité pénale, Paris 1899

Mezger, Edmund, Strafrecht. Ein Lehrbuch, 3. Aufl. Berlin/München 1949

Mezger/Schönke/Jescheck (Hrsg.), Das ausländische Strafrecht der Gegenwart: Das griechische Strafrecht dargestellt von Mangakis, G.A., und Gafos, E., Bd. III, 1959. S. 255ff.

Mintberg, Strukture in Systems: a Synthesis of the research on organisations-design, 1980

Möhrenschlager, Manfred, Revision des Umweltstrafrechts – Das zweite UKG-, NStZ 1994, 513ff., 566ff.

Mueller, Gerhard, Das amerikanische Bundesstrafrecht, ZStW 1957, 301ff.

Müller, Ekkehard, Die Stellung der juristischen Person im Ordnungswidrigkeitenrecht, Köln 1985

Müller-Dietz, Heinz, Aspekte und Konzepte der Strafrechtsbegrenzung, in: Festschrift für R. Schmitt, 1992, S. 95ff.

Münchener Kommentar zum BGB, herausgegeben von Kurt Rebmann und Franz Jürgen Säcker, Band 1 (Allgemeiner Teil) 3. Aufl 1993

Naucke, Wolfgang, Strafrecht. Eine Einführung, 7. Aufl. Neuwied/Kriftel/Berlin 1995

Naucke, Wolfgang, Die Wechselwirkungen zwischen Strafrecht und Verbrechensbegriff, Neuwied 1985

Niese, Werner, Rechtsprechung des Bundesgerichtshofs in Strafsachen, JZ 1955, 320ff.

Nikas, D., Die juristische Problematik des Umweltschutzes, Athen 1985

Nikas, D., Schutzstrategien und -Systemen in der gültigen Umweltgesetzgebung, NoV. 1990, 259ff.

Noll, Peter, Schuld und Prävention unter dem Gesichtspunkt der Rationalisierung des Strafrechts, in: Festschrift für Hellmuth Mayer, 1966, S. 219ff.

Noll, P., Welche strafrechtlichen Mittel empfehlen sich für eine wirksamere Bekämpfung der Wirtschaftskriminalität? in: Verhandlungen des 49. DJT 1972, Bd. II, S. M 20ff.

Note, Developments in the law. Corporate crime. Regulating corporate behaviour through criminal sanctions, Harvard Law Review (92) 1979, 1127ff.

Note, Developments in the Law. Structural crime, Yale Law Journal 1979, 353ff.

Ostermayer, Helmut, Kollektivschuld im Strafrecht, ZRP 1971, 75ff.

Otto, Harro, Das Strafrecht als Instrument der Wirtschaftspolitik, MschrKrim 63 (1980) 397ff.

Otto, H., Die Strafbarkeit von Unternehmen und Verbänden, Berlin 1993

Otto, H., Konzeption und Grundsätze des Wirtschaftsstrafrechts, ZStW 1984, 339ff.

Otto, H., Mittäterschaft beim Fahrlässigkeitsdelikt, Jura 1991, 308ff.

Otto, H., Täterschaft, Mittäterschaft und mittelbare Täterschaft, Jura 1987, 246ff.

Otto, H., Über den Zusammenhang von Schuld und Menschenwürde, GA 1981, 481ff.

Otto, H./Tiedemann, K., Literaturbericht – Wirtschaftsstrafrecht, Teil I, ZStW 1990, 94ff.

Otto, H., Strafrechtsdogmatische Aspekte der Wirtschaftskriminalität, in: A. Eser/G. Kaiser, 5. Deutsch-sowjetisches Kolloquium, 1992. S.183ff.
Palandt, Otto, Bürgerliches Gesetzbuch, 57. Aufl. 1998.
Paliero, Carlo Enrico, Probleme der Entkriminalisierung in Italien, ZStW 1982, 404ff.
Panagopoulou-Beka, G., Das Rechtsgut "Umwelt", Thessaloniki, 1992
Panagopoulou-Beka, G., Die Festsetzung des unter dem Namen "Umwelt" geschützten Rechtsguts, Arm. 1994, 252f.
Papaneofitou Ag., Ass. Prof., Panteion Universität Athen, Das Verhältnis des strafrechtlichen Umweltschutzes zu den verwaltungsrechtlichen Vorschriften und Sanktionen, YPER. 1994, 533ff.
Papaneofitou Ag., Die strafrechtliche Verantwortung von juristischen Personen oder von den für ihre Tätigkeit verantwortlichen natürlichen Personen? in: G. Bemann/D. Spinellis (Hrsg.), Festschrift für Georgios-Alexandros Mangakis, Athen 1999, S. 195ff.
Perkins, Rollin M., Criminal law, 2. Aufl. 1969
Phillipides, Tilemachos, Der Einfluß der deutschen Strafrechtswissenschaft in Griechenland, ZStW 1958, 291ff.
Phillipides, Tilemachos: Die strafrechtliche Verantwortlichkeit von juristischen Personen, Thessaloniki 1950
Pingel, Klaus, Überblick über das geltende Devisen- und Strafverfahrensrecht, JZ 1952, 549ff.
Plack, Arno, Plädoyer für die Abschaffung des Strafrechts, München 1974
Pohl-Sichtermann, Rotrau, Geldbuße gegen Verbände, Bochum 1974
Pompe, W.P.J., Das niederländische Strafrecht, in: Mezger/Schönke/Jescheck, Das ausländische Strafrecht der Gegenwart, Bd. V. 1976, S.7ff.
Prittwitz, Cornelius, Strafrecht und Risiko, Frankfurt, 1993
Psarouda-Benaki Anna, Straftaten und Ordnungswidrigkeiten, Poin Chr. (IZ), 1967, 65ff.
Psarouda-Benaki, Anna, Die Zivilklage im Strafverfahren, 1983.
Puppe, Ingeborg, Anmerkung zu BGH Urteil vom 6.7.1990, JZ 1992, 30ff.
Puppe, I., Naturgesetze vor Gericht, JZ 1994, 1147ff.
Puppe, I., Probleme der Kausalität und Zurechnung insbesondere im Umweltstrafrecht in: Deutsch-Polnisches Strafrechtskolloquium 1995, S.231ff.
Quist, Rolf, Die public welfare offenses im amerikanischen Strafrecht, 1971
Radbruch, Gustav, Anglo-amerikanische Jurisprundenz und der Geist des englischen Rechts, 1965
Ransiek, Andreas, Unternehmensstrafrecht. Strafrecht, Verfassungsrecht, Regelungsalternativen, Heidelberg 1996

Durchbrochen wird dieser Grundsatz durch Abs. 4. S.2 (mit Gesetz v. 13.8.1997 BGBl. I 2038), der eine Aufspaltung des Verfahrens durch eine besondere Regelung erlaubt.

Dies ist jetzt in § 81 a S.1 GWB bestimmt, wonach die Kartellbehörde die ausschließliche Zuständigkeit für die Verhängung der Verbandsgeldbuße auch in Fällen, in denen eine Straftat einer natürlichen Person zugrunde liegt, behält (z.B. § 298 StGB). Gleichzeitig ermöglicht es die Änderung des § 40 OwiG, die umfassende Zuständigkeit der StA für das Strafverfahren durch Gesetz abweichend zu regeln (so geschehen in § 81 a GWB). *Göhler* bezeichnet die Regelung als "tiefgreifenden Einschnitt in Grundprinzipien rechtsstaatlicher Ordnung".[598]

Die dogmatische Konzeption der Verbandsgeldbuße nach geltendem deutschen Recht wird als weitgehend unklar angesehen.

Solange sie (vor dem 2.WiKG) als Nebenfolge erfaßt war, waren keine erheblichen Bedenken gegen sie zu erheben.

Entscheidend für die Wiederbelebung der dogmatischen Diskussion war jedoch die ersatzlose Streichung dieser Bezeichnung durch das 2. WiKG.[599]

Durch diese Fassungsänderung der Verbandsgeldbuße treten die dogmatischen Aporien einer Unterscheidung zwischen illegitimer Verbandsstrafe und zulässiger Verbandsgeldbuße deutlicher in den Vordergrund.

Es ist unbestreitbar, daß im Bereich des OWi-Rechts, speziell in bezug auf seine dogmatische Fundierung, weitgehende Verwirrung herrscht und bisher eine zufriedenstellende Begründung der Verbandsgeldbuße der Rechtswissenschaft nicht gelungen ist.

---

598 Göhler, OWiG Rn. 34; kritisch dazu auch Achenbach, WuW 1997, 958.

599 Die Entscheidung des Gesetzgebers, die Verbandsgeldbuße als Hauptsanktion zu erfassen, beruht, nach überwiegender Meinung, auch auf einer berühmten, vielzitierten Entscheidung des BVerfG aus dem Jahre 1966. In dieser Entscheidung hat das BVerfG in erstaunlicher Weise und nur in Form eines obiter dictums zugelassen, daß die Schuld der für die juristische Person handelnden natürlichen Personen jener zugerechnet wird. BVerfGE 20, 323ff., 335f.
Diese Entscheidung war, insbes. nach dem starken Echo des 40. DJT, alles andere als erwartet und kann nur skeptisch und mit Überraschung entgegengenommen werden, da sie nicht nur leichtfertig, sondern auch dogmatisch ungefestigt erscheint. Nach der ausdrücklichen Manifestation der Geltung eines normativen Schuldbegriffs durch den BGH im Jahre 1952, aber auch vom BVerfGE selbst in den Enscheidungen BVerfGE 22, 49, 80 und 27, 18, 33, wonach das individuelle Andershandelnkönnen unabdingbare Bedingung der Strafbarkeit ist, kann die Entscheidung des BVerfGE 14 Jahre später, welche die Zurechnung als Begründung der Schuld zuläßt und demnach zivilrechtliche Maßstäbe in das Strafrecht einführt, nur als voreilig und unbedacht bezeichnet werden. So auch Schünemann in: Schünemann/Suárez (Hrsg.), Madrid Symposium für Klaus Tiedemann 1994, S. 282; ders., Unternehmenskriminalität, S. 234; ders., Taiwan/ROC Chapter, AIDP 1992, S. 433, 453ff.

Rudolphi, Hans-Joachim, Strafrechtliche Verantwortlichkeit der Bediensteten von Betrieben für Gewässerverunreinigungen und ihre Begrenzung durch den Einleitungsbescheid, Festschrift für Lackner, Berlin/New York 1987, S. 863ff.
Russel William Oldnall, Russel on Crime, I. 12. Auflage by J.W.C. Turner, London 1964
Sakellaropoulos, A., Überlegungen über das Umweltproblem vom juristischen Standpunkt, Athen-Komotini 1982
Samson, Erich, Kausalitäts- und Zurechnungsprobleme im Umweltstrafrecht, ZStW 1987, 617ff.
Savigny, Friedrich Carl v., System des römischen Rechts, Bd. II, Berlin 1840
Schaffmeister, Dieter, Das niederländische Wirtschaftsstrafgesetz, ZStW 1973, 782ff.
Schall, Hero, Möglichkeiten und Grenzen eines verbesserten Umweltschutzes durch Strafrecht, wistra 1992, 1ff.
Schall, H., Umweltschutz durch Strafrecht: Anspruch und Wirklichkeit, NJW 1990, 1263ff.
Schall, H./Schreibauer, Marcus, Gegenwärtige und zukünftige Sanktionen bei Umweltdelikten, NuR 1996, 440ff.
Schall, H., in: Schünemann (Hrsg.), Deutsche Wiedervereinigung, Arbeitskreis Strafrecht "Unternehmenskriminalität", Bd. III, 1996.
Schild, Wolfgang, Täterschaft als Tatherschaft, Berlin 1994
Schlüchter E., Zweites Gesetz zur Bekämpfung der Wirtschaftskriminalität, Heidelberg 1987
Schmidt, Eberhard., Das neue westdeutsche Wirtschaftsstrafrecht, Tübingen 1950
Schmidt, Eb., Schrifftum zum neuen Ordnungswidrigeiten, JZ 1969, 401.
Schmidt, Eb., Soziale Handlungslehre, in: Festschrift für Karl Engisch, 1969, 338.
Schmidt, Eb., Neues deutsches Wirtschaftsstrafrecht, 1949
Schmidt, Karsten, Zur Verantwortung von Gesellschaften und Verbänden im Kartell-Ordnungswidrigkeitenrecht, wistra 1990, 131ff.
Schmidt-Salzer, Joachim, Strafrechtliche Produktverantwortung. Das Lederspray-Urteil, NJW 1990, 2966ff.
Schmidt-Salzer, J., Verbraucherschutz, Produkthaftung, Umwelthaftung und Unternehmensverantwortung, NJW 1994, S. 1305ff.
Schmidt-Salzer, J., Produktverantwortung, Bd. I, Strafrecht, 2. Aufl., Heidelberg 1988
Schmitt, Rudolf, Ordnungswidrigkeitenrecht, Köln 1970
Schmitt, Rudolf, Strafrechtliche Maßnahmen gegen Verbände, Stuttgart, 1958

Schmitz, Roland, Verwaltungshandeln und Strafrecht. Zur Verwaltungsakzessorietät des Umweltstrafrechts, Heidelberg 1992

Schneider, Hans-Joachim, Jugendstrafrecht, Wirtschaftsstrafrecht und Strafvollzug, 3. Aufl. München 1992

Schönke, Adolf/Schröder, Horst: Strafgesetzbuch, Kommentar 25. Aufl., München 1997. (zitiert Sch/Schr-Bearbeiter)

Schorheit, Armin, Die sogenannten Ordnungswidrigkeiten, GA 1967, 225ff.

Schroeder, Friedrich Christian, Der Sprung des Täters hinter dem Täter, JR 1995, 177ff.

Schroeder, F.C., Täter hinter dem Täter, Berlin 1965

Schroeder, F. C., Buchbesprechung GA 1984, 39ff.

Schroth, Hans Jürgen, Der Regelungsgehalt des 2. WiKG, wistra 1986, 158ff.

Schroth, H. J., EG-Geldbußen gegen existenzbedrohte Unternehmen, wistra 1984, 164ff.

Schroth, H. J., Unternehmen als Normadressaten und Sanktionssubjekte, Gießen, 1995

Schroth, H. J., Economic offenses in EEC Law, Kehl 1983

Schüler-Springorum, Horst, Kriminalpolitik für Menschen 1991.

Schüler-Springorum, Horst, Prügel und Pranger, Festschrift für Henkel, 1974, S. 141.

Schulz, Josef, Das französische Umweltstrafrecht 1983

Schünemann, Bernd, Die deutschsprachige Strafrechtswissenschaft nach die Strafrechtsreform im Spiegel des Leipziger Kommentars und des Wieners Kommentars, GA 1985, 341ff.

Schünemann, B., Die Entwicklung der Schuldlehre in der Bundesrepublik Deutschland, in: Hirsch/Weigend (Hrsg.), Strafrecht und Kriminalpolitik in Japan und Deutschland, Berlin 1990, S. 147ff.

Schünemann, B., Die Funktion des Schuldprinzips im Präventionsstrafrecht in: Grundfragen des Strafrechtssystems, Berlin u.a. 1984, S.153ff.

Schünemann, B., Die Strafbarkeit der juristischen Person aus deutscher und europäischer Sicht, in: Schünemann/Gonzáles, Bausteine eines europäischen Wirtschaftsstrafrechts, Madrid Symposium für Klaus Tiedemann, Köln/ Berlin, 1994, S. 265ff.

Schünemann, B., Grund und Grenzen Unterlassungsdelikte, Göttingen 1971

Schünemann, B., in: Breuer (Hrsg.), Umweltschutz und technische Sicherheit in Unternehmen, 9. Trierer Kolloquium 1993, 1994, 139ff.

Schünemann, B., Ist eine direkte Haftung von Wirtschaftsunternehmen zulässig und erforderlich? in: International Conference on environmental law, Taiwan, Roc Chapter AIDP 1992, S. 433ff.

Schünemann, B., Strafrechtsdogmatische und kriminalpolitische Grundfragen der Unternehmenskriminalität, wistra 1982, 41ff.
Schünemann, B., Strafrechtssystem und Kriminalpolitik, in: Festschrift für Rudolf Schmitt zum 70. Geburtstag, 1992, S. 117ff.
Schünemann, B., Unternehmenskriminalität und Strafrecht, Köln u.a. 1979
Schünemann, B., Die informellen Absprachen als Überlebenskrise des deutschen Strafverfahrens, Festschrift für Baumann, 1992, S.368.
Schwinge, Christina, Strafrechtliche Sanktionen gegenüber Unternehmen im Bereich des Umweltstrafrechts, Pfaffenweiler 1996
Seelmann, Kurt, Atypische Zurechnungsstrukturen im Umweltstrafrecht, NJW 1990, 1257ff.
Seidel, Dietmar, Erscheinungsformen und Hintergründe der Wirtschaftskriminalität in der BRD, NJ 1972, 359ff.
Seiler, Walter, Strafrechtliche Maßnahmen als Unrechtsfolgen gegen Verbände, Freiburg/Schweiz 1967
Siegert, Karl, Haftung für fremde Schuld im Steuer- und Wirtschaftsstrafrecht, NJW 1953, 529.
Sighard Willhelm, Umweltpolitik 1994
Siohl, Ulrich, Die Schuldfeststellung bei Unternehmen oder Unternehmensvereinigungen im Rahmen des Art. 15 VO 17 zum EWG Vertrag, Frankfurt 1986
Siouti, Gl., Die verfassungsrechtliche Sicherstellung des Umweltschutzes, Athen-Komotini, 1985
Siouti, G., Umweltrecht. Allgemeiner Teil I. Öffentliches Recht und Umweltrecht, Athen-Komotini 1993
Skordas, Der Umweltschutz, ToS 1988, 102ff.
Smith & Hogan, Criminal law. 2. Aufl., 5. Aufl. 1984, 8. Auflage 1996.
Spinellis, Dion., Fünf Jahre seit dem Inkrafttreten der Verfassung von 1975, Athen 1981
Spyrakos, D., Die kritische Funktion des Rechtsgutsbegriffs, Athen 1996.
Spyrakos, D., Die strafrechtliche Haftung der Unternehmen in: "Gedaechtnisschrift II" Bd. 1, Athen 1996, S. 385ff.
Spyridakis, I. S., Zivilgesetzbuch. Allgemeiner Teil. Bd. I, Athen 1987
Stamatis, K., Das Problem der Aktivlegitimation im Strafverfahren, in: EEPD Protokolle des II. Kongresses 1989, 76ff.
Stathopoulos, M., Schuldrecht, Allgemeiner Teil, Bd. I., Athen 1979., Bd. II, Athen 1983.
Staudinger (Begr.), Kommentar zum Bürgerlichen Gesetzbuch mit Einführungsgesetz und Nebengesetze.
Stefanie/Levasseur/Bouloc, Droit pénal général, 14. Aufl. 1992.
Steger, Ulrich, (Hrsg.), Handbuch des Umweltschutzmanagements, 1992.

Steinke, Wolfgang, UMPLIS und INFUCHS gegen Umweltkriminalität, Kriminalistik 1985, 361ff.

Stratenwerth, Günther, Die Zukunft des strafrechtlichen Schuldprinzips, Heidelberg, 1977

Stratenwerth, G., Zukunftssicherung mit Mitteln des Strafrechts, ZStW 1993, 679ff.

Stratenwerth, G., Strafrechtliche Unternehmenshaftung, in: Festschrift für R. Schmitt zum 70. Geburtstag, 1992, S. 295ff.

Streng, Franz, Schuld ohne Freiheit? Der funktionale Schuldbegriff auf dem Prüfstand, ZStW 1989, 273ff.

Streng, Fr., Schuld, Vergeltung, Generalprävention, ZStW 1980, 637ff.

Streng, Fr., Strafrechtliche Sanktionen – Grundlagen und Anwendung, Stuttgart 1991

Sutherland, Edwin, White-Collar Criminality, in American Sociological Review 5 (1940) S.1ff.

Sutherland, Edwin H., White Collar Crime, New York, 1949. 2. Aufl 1961

Systematische Auslegung des griechischen Strafgesetzbuchs. Kommentar. Gesamtredaktion, N. Androulakis/G.A. Mangakis/D. Spinellis/K. Stamatis/A. Psarouda-Benaki. Athen Ab 1993. (zitiert StGB – Kommentar)

Systematischer Kommentar zum Strafgesetzbuch. Loseblattsammlung, Gesamtredaktion H.J. Rudolphi, Band I, Allgemeiner Teil, 5., 6, 7 Aufl. 1995, 2000. (zitiert SK-Bearbeiter).

Tachos, A., Der Schutz der Umwelt, Armenopoulos 1983, 4ff.

Tachos, A., Probleme des Umweltschutzes in: Etairia Nomikon Boreiou Elladas, 1989, S. 38ff.

Tachos, A., Recht des Umweltschutzes, 3. Aufl., Thessaloniki 1992

Teubner, G./Willke Helmut, Kontext und Autonomie: Gesellschaftliche Steuerung durch reflexives Recht, ZfRSoz 1984, 4ff.

Teubner, Gunther, Die Wirtschaft als Gesellschaft. Frankfurt 1988

Teubner, G., Recht als autopoietisches System, Frankfurt 1989

Teubner, G., Unternehmensinteresse – das gesellschaftliche Interesse des Unternehmens an sich, ZHR 1985 (149), 470fff.

Teufel, Dieter, Öko-Steuern als marktwirtschaftliches Instrument im Umweltschutz, ZRP 1988, 373ff.

Tiedemann Klaus, (Hrsg.) Multinationale Unternehmen und Strafrecht, Köln 1980

Tiedemann Kl., Die strafrechtliche Vertreter- und Unternehmenshaftung, NJW 1986, 1842ff.

Tiedemann Kl., Wirtschaftsstrafrecht und Wirtschaftskriminalität, Bd. I, Reinbek 1976

Tiedemann Kl., Wirtschaftsstrafrecht – Einführung und Übersicht, JuS 1989, 689ff.
Tiedemann, Kl., Anmerkung zum Mais-Urteil, EuZW 1990, 100.
Tiedemann, Kl., Der allgemeine Teil des europäischen supranationalen Strafrechts, Festschrift für H. H. Jescheck, 1985, S. 1411f.
Tiedemann, Kl., Die "Bebußung" von Unternehmen nach dem 2. WiKG, NJW 1988, 1169ff.
Tiedemann, Kl., Die Neuordnung des Umweltstrafrechts, Berlin 1980
Tiedemann, Kl., Europäisches Gemeinschaftsrecht und Strafrecht, NJW 1993, 23ff.
Tiedemann, Kl., Kartellrechtsverstöße und Strafrecht, Köln 1976
Tiedemann, Kl., Kommentierung von §§ 38, 19 GWB in: Immenga, Ulrich, Mestmäcker, Ernst-Joachim, Gesetz gegen Wettbewerbsbeschränkungen. Kommentar, München 1981.
Tiedemann, Kl., Strafbarkeit und Bußgeldhaftung von juristischen Personen und ihren Organen in: Eser/Thormudson (Hrsg.), Old ways and new needs in criminal legislation, Freiburg 1989, S.157ff.
Tiedemann, Kl., Strafrecht in der Marktwirtschaft, in: Festschrift für Walter Stree und Johannes Wessels, 1993, S. 527ff.
Tiedemann, Kl., Welche strafrechtlichen Mittel empfehlen sich für eine wirksame Bekämpfung der Wirtschaftskriminalität?, Gutachten C für den 49. DJT. München 1972
Timagenis/Pavlopoulos, The law and practise relating to pollution controll in Greece, The Commission of the EC, London 1982
Többens, Hans, Die Bekämpfung der Wirtschaftskriminalität durch die Troika der §§ 9, 130, und 30 des Gesetzes über Ordnungswidrigkeiten, NJW 1999, S.1
Triffteter, Otto, Die Rolle des Strafrechts beim Umweltschutz in der BRD ZStW 1979, 309ff.
Triffteter, Otto, Umweltstrafrecht. Einführung und Stellungnahme zum Gesetz zur Bekämpfung der Umweltkriminalität, 1980.
Tröndle, Herbert, Strafgesetzbuch und Nebengesetze, 48. Aufl. München 1997
Tsolka, Olga, Der allgemeine Teil des europäischen supranationalen Strafrechts, Franfurt 1995
Tzortzopoulos, Chr., Die Schuldlehre im neugriechischen Strafrecht, 1935
Van de Meer, Die Polizei 1992, 89ff.
Vierhaus, Hans Peter, Die Reform des Umweltstrafrechts durch das 2. UKG, ZRP 1992, 161ff.
Vitt, Elmar, Tagungsbericht. Diskussionsbeiträge der Strafrechtslehrertagung 1993 in Basel, ZStW 1993, 803ff.

Vogler, Theo, Möglichkeiten und Wege einer Entkriminalisierung, ZStW 1978, 132ff.
Volk, Klaus, Strafrecht und Wirtschaftskriminalität – Kriminalpolitische Probleme und dogmatische Schwierigkeiten, JZ 1982, 85ff.
Volk, Klaus, Zur Bestrafung von Unternehmen, JZ 1993, 429ff.
Voß, Monika, Symbolische Gesetzgebung, Ebelsbach 1989
Vougioukas, K., Der strafrechtliche Schutz der natürlichen Umwelt in Griechenland, Armenopoulos 1979, 981ff.
Waling, Cornélie, Das niederländische Umweltstrafrecht, Freiburg 1991
Wasmeier, Martin, Marktfähige Emmissionslizenzen – Das Zertifikatmodell und seine Umsetzung in den USA, NuR 1992, 219ff.
Weber, Helmuth von, Über die Strafbarkeit juristischer Personen, GA 1954, 237ff.
Weber Ulrich, Die Überspannung der staatlichen Bußgewalt, ZStW 1980, 313ff.
Weber, Ulrich, Konzeption und Grundsätze des Wirtschaftsstrafrechts (einschließlich Verbraucherschutz), ZStW 1984, 376ff.
Wegener Bernhard, Verwaltungsakzessorietät im Strafrecht. Zur Auslegung von § 330 d Nr. 5 StGB, NStZ 1998, 608ff.
Welzel, Hans, Das neue Bild des Strafrechtssystems, 4. Aufl. 1961
Welzel, H., Der Verbotsirrtum im Nebenstrafrecht, JZ 1956, 238ff.
Welzel, H., Die deutsche strafrechtliche Dogmatik der letzten 100 Jahren und die finale Handlungslehre, JuS 1966, 421ff.
Welzel, H., Kausalität und Handlung, ZStW 1931, 703ff.
Welzel, H., Das Deutsche Strafrecht. Eine systematische Darstellung, 11. Aufl., Berlin 1969
Wessels, Johannes/Beulke, Strafrecht. Allgemeiner Teil, 28. Aufl. 1998
Wicke, Lutz, Umweltökonomie, 1993
Wilfferodt, Der Berliner Stahlprozeß, DDevR 1954, 21ff.
Wilfrid, Jeandidier, Droit pénal général, 2. Aufl. 1991
Williams, Glanville L., Criminal Law, the general part, 2. Aufl., London 1961
Willke, Helmut, Systemtheorie, 4. Aufl. 1993
Willmanns-Urbach, Strafbarkeit juristischer Personen nach dem gegenwärtigen Devisenrecht, BB 1953, 102ff.
Winkelbauer, Wolfgang, Zur Verwaltungsakzessorietät des Umweltstrafrechts, Berlin 1985
Winkelbauer, W., Umweltstrafrecht und Unternehmen, Festschrift für Lenckner, 1998, S. 645ff.
Winkler, Die Rechtsnatur der Geldbuße im Wettbewerbsrecht der Europäischen Wirtschaftsgemeinschaft, 1971

Wolf, E., Die Stellung der Verwaltungsdelikte im Strafrechtssystem, Festgabe für Frank, Bd. 2, Tübingen 1930, S. 516ff.

Wolf, Rainer, Zur Antiquiertheit des Rechts in der Risikogesellschaft, Leviathan 1987, S. 357ff.

Wolff, Erns Amadeus, Das neuere Verständnis von Generalprävention und seine Tauglichkeit für eine Antwort auf Kriminalität, ZStW 1985, 786ff.

Wray, Christopher A.,: Corporate probation under the new organisational sentencing guidelines, in: 101 Yale Law Journal, 1992, III, 2017ff.

Abkürzungsverzeichnis

a.a.O.	am angegebenen Ort
ABl	Amtsblatt
Abs.	Absatz
AE	Alternativentwurf
AIDP	Association Internationale de Droit Pénal
AktG	Aktiengesetz
AO	Abgabenordnung (1977)
AP	Areios Pagos (Kassationsgericht)
Arm.	Armenopoulos (juristische Zeitschrift)
Art.	Artikel
AT	Allgemeiner Teil
Aufl.	Auflage
BB	Der Betriebsberater
Bd.	Band
BGB	Bürgerliches Gesetzbuch
BGBl	Bundesgesetzblatt
BGH	Bundesgerichtshof
BGHSt	Entscheidungen des Bundesgerichtshofes in Strafsachen
BGHZ	Entscheidungen des Bundesgerichtshofes in Zivilsachen
BR	Bundesrat
BR-Drs.	Bunderatsdrucksache
BT	Besonderer Teil
BT-Drs.	Bundestagsdrucksache
BVerfG	Bundesverfassungsgericht
BVerfGE	Entscheidungen des Bundesverfassungsgerichts, Amtliche Sammlung
bzgl.	bezüglich
bzw.	beziehungsweise
cp	Code Pénal
d.h.	das heißt
DDR	Deutsche Demokratische Republik
ders.	derselbe
DJT	Deutscher Juristentag
DÖV	Die öffentliche Verwaltung

Dr.	Drachmen
EEPD	Elliniki Etairia Poinikou Dikaiou (Griechische Gesellschaft für Strafrecht)
EG	Europäische Gemeinschaft
EtK	Ephimeris tis Kyverniseos (Regierungsblatt)
EU	Europäische Union
EWG	Europäische Wirtschaftsgemeinschaft
f.	folgend
ff.	folgende
Fn.	Fußnote
FS	Festschrift
GA	Goldtammer's Archiv für Strafrecht
gem.	gemäß
GG	Grundgesetz für die Bundesrepublik Deutschland vom 23.5.1949
GWB	Gesetz gegen Wettbewerbsbeschränkungen
h.L.	herrschende Lehre
h.M	herrschende Meinung
Hrsg.	Herausgeber
i.d.R.	in der Regel
i.S.v.	im Sinne von
i.V.m.	in Verbindung mit
JR	Juristische Rundschau
Jura	Juristische Ausbildung
JuS	Juristische Schulung
JZ	Juristen Zeitung
KK	Karlsruher Kommentar
krit.	kritisch
KritV	Kritische Vierteljahresschrift für Gesetzgebung und Rechtswissenschaft
LK	Leipziger Kommentar
m.w.N.	mit weiteren Nachweisen
Mio.	Millionen
MschrKrim	Monatsschrift für Kriminologie und Strafrechtsreform
MünchKomm	Münchener Kommentar zum BGB
NG	Notgesetz
NJ	Neue Justiz
NJ	Neue Justiz
NJW	Neue Juristische Wochenschrift
NoB	Nomiko Vima (juristische Zeitschrift)

Nr.	Nummer
NStZ	Neue Zeitschrift für Strafrecht
NuR	Natur und Recht
NVwZ	Neue Zeitschrift für Verwaltungsrecht
o.g.	oben genannte
ÖJZ	Österreichische Juristen-Zeitung
OLG	Oberlandesgericht
OWiG	Gesetz über Ordnungswidrigkeiten
Poin. Chr.	Poinika Chronika (strafrechtliche Zeitschrift)
Poin. Dik.	Poiniki Dikaiosini (strafrechtliche Zeitschrift)
RG	Reichsgericht
RIDP	Revue internationale de droit pénal
Rn.	Randnummer
S.	Seite
s.o.	siehe oben
Sch/Sch	Schönke/Schröder
SK	Systematischer Kommentar
Slg.	Sammlung der Entscheidungen des Gerichtshofes der Europäischen Gemeinschaften
sog.	sogenannte
SPD	Sozialdemokratische Partei Deutschlands
StA	Staatsanwaltschaft
StE	Symvoulion tis Epikrateias (Staatsrat = Oberstes Verwaltungsgericht)
StGB	Strafgesetzbuch
StGB gr.	Griechisches Strafgesetzbuch
StPO	Strafprozeßordnung
StPO gr.	Griechische Strafprozeßordnung
StrÄG	Strafrechtsänderungsgesetz
StV	Strafverteidiger
ToS	To Syntagma = Die Verfassung (juristische Zeitschrift)
u.a.	unter anderem
U.S	United States
u.U.	unter Umständen
UGB-AT	Umweltgesetzbuch. Allgemeiner Teil
UKG	Gesetz zur Bekämpfung der Umweltkriminalität
UPR	Umwelt- und Planungsrecht
UTR	Umwelt- und Technikrecht
v.	vom/von
Verf.	Griechische Verfassung von 1975

vgl.	vergleiche
VO	Verordnung
WiKG	Gesetz zur Bekämpfung der Wirtschaftskriminalität
WiStG	Wirtschaftsstrafgesetz
wistra	Zeitschrift für Wirtschaft Steuer Strafrecht
YPER	Yperaspisi (strafrechtliche Zeitschrift)
z.B.	zum Beispiel
z.T.	zum Teil
ZfRSoz	Zeitschrift für Rechtssoziologie
ZGB	Griechisches Bürgerliches Gesetzbuch (Astikos Kodikas)
ZHR	Zeitschrift für das gesamte Handels- und Wirtschaftsrecht
ZRP	Zeitschrift für Rechtspolitik
ZStW	Zeitschrift für die gesamte Strafrechtswissenschaft
ZUR	Zeitschrift für Umweltrecht

FSC
www.fsc.org
MIX
Papier | Fördert
gute Waldnutzung
FSC® C083411

Kolibri 360 GmbH
Ferdinand-Jühlke-Straße 7
99095 Erfurt, Deutschland
produktsicherheit@kolibri360.de

Druck:
CPI Druckdienstleistungen GmbH
im Auftrag der
Kolibri 360 GmbH
Ferdinand-Jühlke-Str. 7
99095 Erfurt